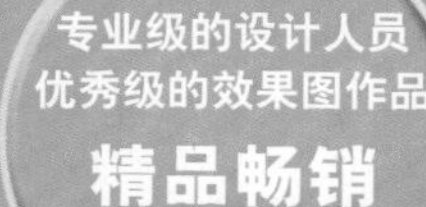

效果图制作的必备教材

- 深度探求技术核心：通过室内效果图案例，使读者在制作过程中学会设计并逐渐积累经验
- 紧跟最新技术热点：通过精心挑选的8大案例，帮助读者从入门走向精通，完美表现设计
- 提升专业实战技能：手把手地教授读者获取室内设计效果图的金钥匙，激发创意和灵感
- 超值附赠配套资源：近4GB的超值配套资源，包括500多个场景文件和贴图文件，以及300多分钟的视频教学文件，使您的学习更加轻松、快捷

深度 3ds Max/VRay 室内效果图 完美空间表现

第二版

孙启善　王玉梅　编著

北京希望电子出版社
Beijing Hope Electronic Press
www.bhp.com.cn

内容简介

本书是一本讲解如何使用 3ds Max/VRay 制作室内精品效果图的专著。全书以实战经验为基础，详细介绍了 3ds Max/VRay 在绘制效果图的过程中所起到的重要作用，以及更方便、更快捷、更灵活地绘制真实感效果图的实用技法与技巧。

本书共 15 章，内容涵盖效果图制作的基础知识、建模知识、VRay 的基础参数、VRay 的基本操作与参数设置、Photoshop 的后期处理，以及材质的基础知识与调制、灯光的基础知识与调制、家装与工装常见空间的设计表现等。

作者根据多年从事室内设计和课堂教学所积累的经验，精心策划并编写了本书，全书集知识与技巧、疑难问题解决方案、制作思路与创意于一体，读后有茅塞顿开、豁然开朗之感。

本书结构清晰、语言简洁、实例精彩，可作为室内设计人员的参考手册，也可作为大中专院校及社会各类电脑设计培训班的学习教材。

本书附赠配套光盘内容包括书中部分实例的素材文件、场景文件和语音视频教学文件，读者可以通过微信公众号和微博获取（详见封底说明）。

图书在版编目（CIP）数据

3ds Max/VRay 室内效果图完美空间表现/孙启善, 王玉梅编著. —2 版. —北京：北京希望电子出版社，2013.7

ISBN 978-7-83002-088-0

Ⅰ. ①3… Ⅱ. ①孙…②王… Ⅲ. ①室内装饰设计－计算机辅助设计－三维动画软件 Ⅳ. ①TU238-39

中国版本图书馆 CIP 数据核字(2013)第 114239 号

出版：北京希望电子出版社

地址：北京市海淀区中关村大街 22 号
中科大厦 A 座 10 层

邮编：100190

网址：www.bhp.com.cn

电话：010-82620818（总机）转发行部
010-82626237（邮购）

传真：010-62543892

经销：各地新华书店

封面：深度文化

编辑：李小楠

校对：刘　伟

开本：787mm×1092mm　1/16

印张：22（全彩印刷）

字数：503 千字

印刷：北京博图彩色印刷有限公司

版次：2019 年 3 月 2 版 1 次印刷

定价：69.80 元

窗帘（第2章）

单人沙发（第2章）

躺椅（第2章）

现代椅子（第2章）

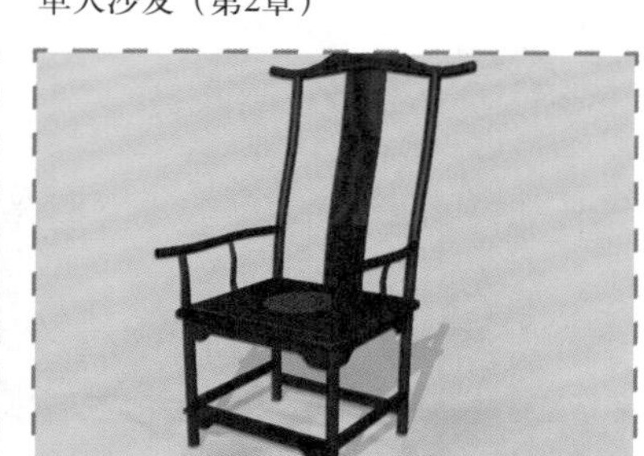
中式餐椅（第2章）

中式椅子（第2章）

桌布（第2章）

组合沙发（第2章）

VRay的整体介绍（第4章）

VRayHDRI（高动态范围贴图）（第4章）

VRay的焦散效果（第4章）

VRay渲染参数（第4章）

调整图像的亮度及对比度（第5章）

制作光晕效果（第5章）

后期处理代替三维模型（第5章）

调整图像的色阶（第5章）

调整图像的色相及饱和度（第5章）

使用匹配颜色调整色调（第5章）

制作无缝贴图（第5章）

白陶瓷材质（第6章）

布纹材质（第6章）

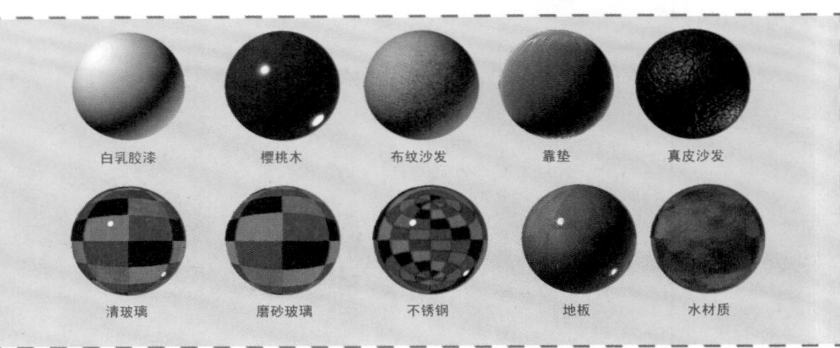

材质库（第6章）

地砖材质（第6章）

镜面不锈钢材质（第6章）

裂纹玻璃材质（第6章）

磨砂玻璃材质（第6章）

木地板材质（第6章）

木纹材质（第6章）

清玻璃材质（第6章）

乳胶漆材质（第6章）

使用VRay置换模式表现地毯（第6章）

水材质（第6章）

哑光不锈钢材质（第6章）

真皮材质（第6章）

壁灯效果（第7章）

灯槽效果（第7章）

日光效果（第7章）

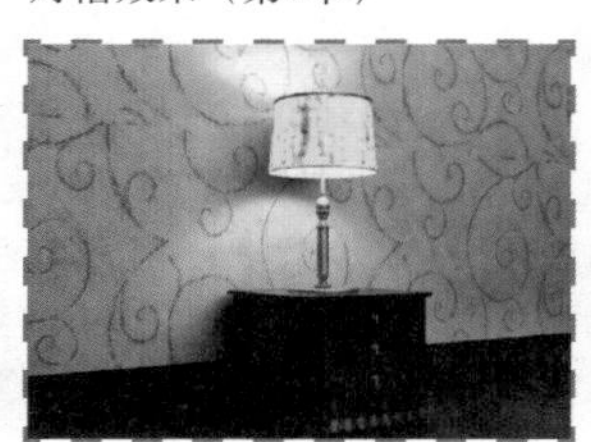
台灯效果（第7章）

新古典主义的卧室（第8章）

欧式风格的卫生间（第9章）

欧式风格的厨房（第10章）

欧式风格的书房（第11章）

餐厅看客厅（第12章）

客厅看餐厅（第12章）

客厅看书房（第12章）

电梯间（第13章）

敞开式办公区（第14章）

大堂02（第15章）

大堂01（第15章）

前言 Preface

在飞速发展的信息社会，人们的审美水平逐步提高，对于室内外装修美观与实用的要求也越来越多元化，这使得设计师必须及时充电，以丰富的设计知识来满足不同客户的设计要求，并把设计效果完美地表现出来。

与此同时，效果表现的相关软件也进行了更新，不合时宜的软件慢慢退出了历史的舞台。如今，在3ds Max中使用的一些渲染插件已经可以将效果表现得如同实景，如现在最为常用的VRay渲染器等。

那么如何提高设计与表现水平呢？在认真听取读者们的建议、了解读者们的要求的基础上，结合当前室内设计的特点，我们以VRay为侧重点精心策划并编写了本书。

本书从室内效果图空间表现的基础知识开始，重点学习与VRay相关的建模及灯光、材质等的调制，再配合不同的场景进行实战操作，从而全面掌握软件的应用。

本书采用书盘结合的形式，读者既可以通过书中操作步骤的讲解进行学习，也可以在遇到问题时参考配套光盘中的多媒体教程演示。

在写作过程中，我们始终坚持严谨、求实的作风，并追求“高水平、高质量、高品位”的目标，但不足之处在所难免，敬请读者、专业人士和同行批评指正，我们将诚恳接受意见，并在以后推出的图书中不断改进。

本书由无限空间设计工作室策划，由具有多年教学和工作经验的设计师孙启善、王玉梅编写，在写作的过程中得到了胡爱玉、王梅君、王梅强、孙启彦、孙玉雪、陈俊霞、戴江宏、徐丽、张传记、宋海生、孙平、张双志、任香萍、陈云龙、况军业、姜杰、杨丙政、孙贤君、管虹、孔令起、李秀华、王保财、张波、杨立颂、马俊凯、孙美娟等人的大力帮助和支持，在此表示由衷的感谢。

在本书的编写过程中，韩宜波老师审阅了本书的初稿，并提出了许多宝贵的意见，在此真诚地感谢，同时还要感谢一直关注本书的学生以及帮助过我们的朋友们！

编著者

Contents

目录

第1章 室内效果图完美空间表现——基础知识

第2章 室内模型的制作——建模

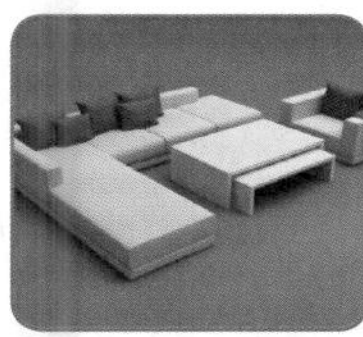

第3章 VRay基础参数——真实渲染

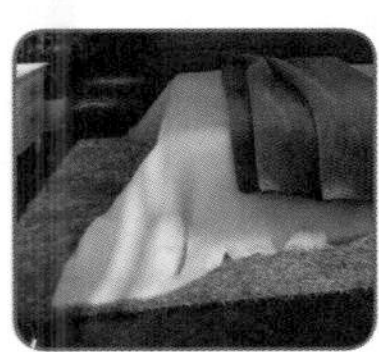

第4章 VRay的基本操作及特效——真实渲染

第5章 Photoshop后期处理——锦上添花

第6章 真实材料的模拟——材质

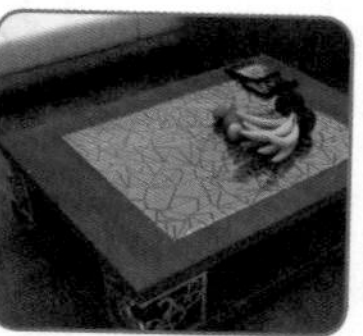

第7章 真实灯光的表现——灯光

第8章 家装——卧室的设计表现

第9章 家装——卫生间的设计表现

第10章 家装——厨房的设计表现

第11章 家装——书房的设计表现

第12章　家装——客厅的设计表现

第13章　工装——电梯间的设计表现

第14章　工装——敞开式办公区的设计表现

第15章　工装——酒店大堂的设计表现

第1章

室内效果图完美空间表现——基础知识

Chapter 01

本章内容

- 室内外电脑效果图的概念
- 室内外电脑效果图的优势
- 美术与效果图之间的关系
- 摄影原理在效果图中的应用
- 室内设计与效果图之间的关系
- 色彩在效果图中的作用
- 灯光在效果图中的作用
- 怎样制作好的效果图
- 制作效果图的工作流程
- 小结

电脑效果图作为表达和叙述设计意图的工具，是专业人员与非专业人员沟通的桥梁。在商业领域工程投标中所用的建筑效果图、室内设计效果图，能够真实地将设计师的意图表达出来，其效果的优劣直接关系到竞争的成败。电脑效果图所具有的直观性、真实性、艺术性，使其在设计表达上享有独特的地位和价值，又因为其制作过程快捷简便、易于操作和修改，在行业内被广泛普及应用开来，这已被我国近年来电脑效果图艺术领域的飞速发展所证明。本章将带领大家学习关于室内外电脑效果图制作的一些基础知识。

1.1 室内外电脑效果图的概念

室内外电脑效果图又被称为“电脑建筑画”，顾名思义，是“以电脑为创作工具而绘制的建筑画”，它是随着电脑技术的发展而出现的一种新兴的建筑画绘制方式。现在，在各种设计方案的竞标、汇报以及房产商的广告中，都能找到室内外电脑效果图的身影。它已成为广大设计人员和建筑效果创作者展现自己作品、吸引业主以及获取设计项目的重要手段。

室内效果图是设计人员展示其作品的设计意图、空间环境、色彩效果与材料质感的一种重要手段。它根据设计人员的构思，利用准确的透视原理、快速的绘画技巧，将三维空间转换成具有立体感的二维画面，图1-1所示是利用电脑制作的两幅室内效果图。

图1-1　利用电脑制作的室内效果图

早期的效果图大都由手工绘制，一般由专业美术工作者运用素描、水粉、水彩等技法加以制作，耗费时间长，过程复杂且不易修改和复制。随着电脑技术被广泛应用以及设计技术的高速发展，借助电脑平台，通过相关专业软件来完成室内外效果图已逐渐成为设计人员采用的主流方式。

1.2 室内外电脑效果图的优势

在如今的设计行业中，室内外电脑效果图的流行，必然是因为它所具备的优势。那么，它的这些优势都体现在哪里呢？下面来分析一下。

1. 方便、快速、易学易用

室内外电脑效果图的制作周期短，可以根据具体情况详细制定绘制目标，操作简洁、方便。它对制作者的绘画技术要求不高，只要熟练掌握相关软件就可以将效果图制作出来。但要想制作出高质量、高品质的优秀效果图，还必须具有一定的艺术素养与审美能力。

2. 成本低

材料成本及制作成本均低于传统手绘效果图。室内外电脑效果图只要有电脑就可以了，这可能算是一次性的比较大的投资了，以后就可以利用电脑制作无数幅体现不同设计方案的效果图了。相对来说，手绘效果图无论从成本上还是人工上，都要花费很多。画稿用过一次后，就没有办法重复利用了，一旦方案修改，就需要重新绘制，绘画的工具也相应地随之损耗。这些还不是重点，人工的重复浪费也是非常可观的。正因为如此，才成就了室内外电脑效果图的广泛应用。

3. 效果表现丰富

室内外电脑效果图不但能轻松实现空间与层次的多视角表现，而且还具有丰富的形式与风格，能表达出照片级的真实感效果，反映真实的工程等。例如，在表现一些室外建筑楼群时，可以轻松地用电脑制作出该楼群的地势、坡度，然后从不同的角度进行观察、渲染；手绘效果图实现这一点就有些难度了，因为同一个场景，如果需要有不同的角度，就必须额外绘制，工作量会大大增加。

4. 修改方便、易于复制

室内外电脑效果图是在电脑中制作的，生成的是数字化的文件，因此可以根据需要对作品进行实时的修改以及大量复制，这样可以非常快速地完成目标任务，以达到提高工作效率的目的。

根据绘制目的和最终表达效果的不同，效果图主要用于展示设计方案、表达设计意图、方便沟通交流。设计人员可以充分利用效果图所具有的透视清晰、用色宽广、修改便捷等特点，在电脑中进行设计意图的构思，并在工程没有开工之前将自己的设计方案通过电脑以效果图的形式表现出来，这样方便观察与修改。同时，客户看到效果图就相当于看到施工后的效果，对于不满意的地方，设计人员可以及时与客户交流并进行修改，直接而方便。

1.3 美术与效果图之间的关系

具有一定的美术基础，对于室内外设计或者效果图绘制有很大的帮助，尤其可以将造型、色彩等方面的创意更好地运用到空间中。素描是美术的基础，通过本节的介绍，读者可以了解素描的含义、比例关系、三大面五大调子、近大远小、近实远虚、细节处理等知识点，为接下来的学习打好基础。

1.3.1 素描的含义

使用木炭、铅笔、钢笔等工具，用线条勾勒出物体明暗面的绘画形式，被称为“素描”。素描是一切绘画艺术必须经过的阶段，它可以用交错的线条表现出物体的轮廓、光感及质感，如图1-2所示。

静物素描

石膏像素描

图1-2 素描的表现效果

优秀的素描作品可以很好地刻画出物体的光感和质感。要做到这些并不容易，需要具备扎实的基本功，要不断地努力，还要多思考。在效果图的制作过程中，可以将素描中的美术知识应用到效果图的整体氛围中。

通过观察素描作品，可以发现它们具有几个共同的特点。首先，它们都是单色的，而且都是由一些粗犷和细小的线条构成。其次，当人们觉得某些作品看起来很舒服时，这主要是因为这些作品把握好了物体的比例关系。初学者常常由于把握不好物体的比例关系，而无法正确地完成效果图，本书希望通过对一些美术知识进行讲解，可以为初学者提供帮助。

根据以上特点，进行以下总结。

- 交叉的线条可以很好地体现出面的变化，当两点之间可以连成一线时，多条线就可以构筑成一个面。
- 无论是黑白的还是彩色的作品，都离不开黑、白、灰三种色调。这三种色调是一切图像的基础。
- 自然界中一切物体的形态都具有三度的特征，即长度、宽度和高度。“度”是指程度和尺度，是构成形体特征最主要的因素，形体自身各度与形体之间的尺度比值被称为“比例”。

其中，黑、白、灰和比例是需要大家牢记并掌握的。

1.3.2 比例关系

在上面的内容中讲解了素描的含义，其中也提到了比例关系。

在把握比例关系时，主要是靠感觉，特别是要在具有一定审美基础的前提下感觉和捕捉对象的形态特征。比例的概念不仅仅局限于此，还涉及到亮度、数量度、疏密度等因素。

在素描中应该强调比例关系的准确性，物体的比例关系是客观存在的，如形状、长短、高低、大小、粗细等。比例是各物体之间或物体自身的一种度量关系，任何物体都可以用一个特定的比例来衡量和判断，如图1-3所示。

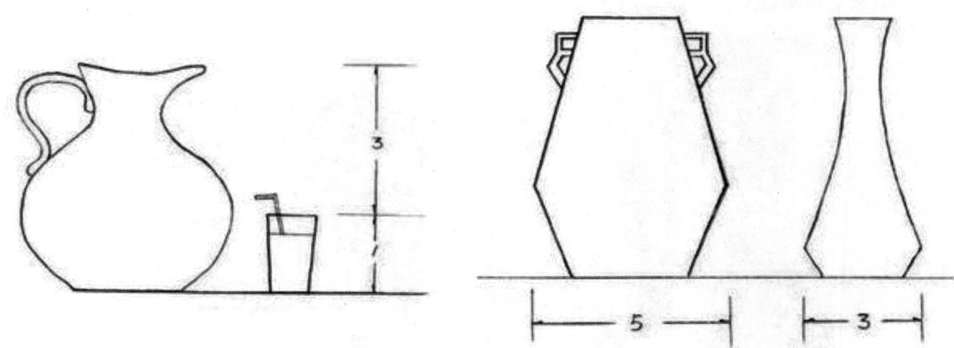

图1-3　物体之间的比例关系

确定比例关系的方法是，先从整体出发确定大的比例关系，然后再确定局部的细小的比例关系，如图1-4所示。写生时，要正确掌握比例关系，不仅需要依靠仪器或工具测量，更主要的是依靠目测，要注意训练眼睛的观察能力和判断能力。

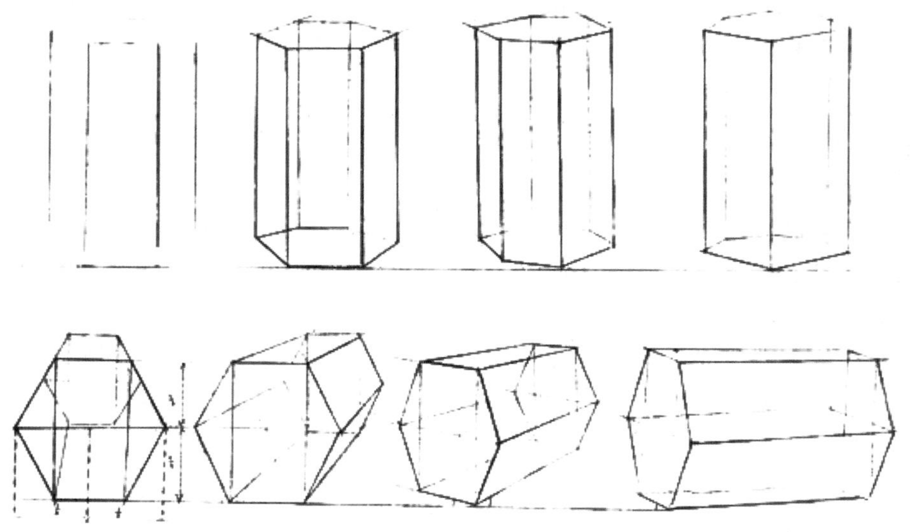

图1-4 同一个物体从不同的观察视角得到的效果

就笔者个人经验而言，素描中对物体形态的把握决定着绘画的成败，效果图中的建模也同理。要想制作出照片级的效果图，就必须确定好物体之间的比例关系，最好能与实际物体的比例关系相符合。

1.3.3 三大面五大调子

三大面即亮面、暗面和反光面，五大调子即高光、中间色、明暗分界线、反光和阴影。

受到光照的区域被称为“亮面”；暗面和亮面相反，光照不到的区域被称为“暗面”；而反光面则存在于暗面中，是物体在光的作用下产生的一种光反射效果所形成的区域，如图1-5所示。

高光是指物体中最亮的区域；中间色和高光比较接近，简单理解，就是亮面和暗面中间的过渡色；明暗分界线，顾名思义，是亮面和暗面交界的地方；反光与三大面中的反光面意思相同；阴影，有光必然有影。这五大调子是素描最重要的基本元素，如图1-6所示。

图1-5 素描中的三大面

图1-6 素描中的五大调子

在制作商业效果图时，常说的素描关系也就是指这三大面五大调子。产生这种明暗关系的最根本原因是光源和物体的体积。很明显，光照射到有体积的物体上就会产生调子。它的规律是受光面亮、背光面暗，在它们交界的区域产生明暗分界线。

1.3.4 绘图中的透视原理

本节将为大家讲解透视的知识。透视涉及的知识点有很多，这里只介绍一些基本内容。“透视”一词源于拉丁文“perspclre”（看透）。最初研究透视，是采取通过透明的平面去看景物的方法，将所见景物准确地描画在平面上，形成该景物的透视图。后来，将在平面画幅上根据一定原理用线条来显示物体的空间位置、轮廓和投影的科学称为“透视学”。

在日常生活中随时随地都可以看到近大远小或近实远虚等物体特征，这是典型的透视知识。那么，还有哪些需要掌握呢？首先为大家介绍一些名词。

- 视点：人眼所在的地方。
- 视平线：与人眼等高的一条水平线。
- 视线：视点与物体任何部位的假想连线。
- 视角：视点与任意两条视线之间的夹角。
- 灭点：透视线的消失点。

图1-7中标出了上述其中几个名词所对应的位置。

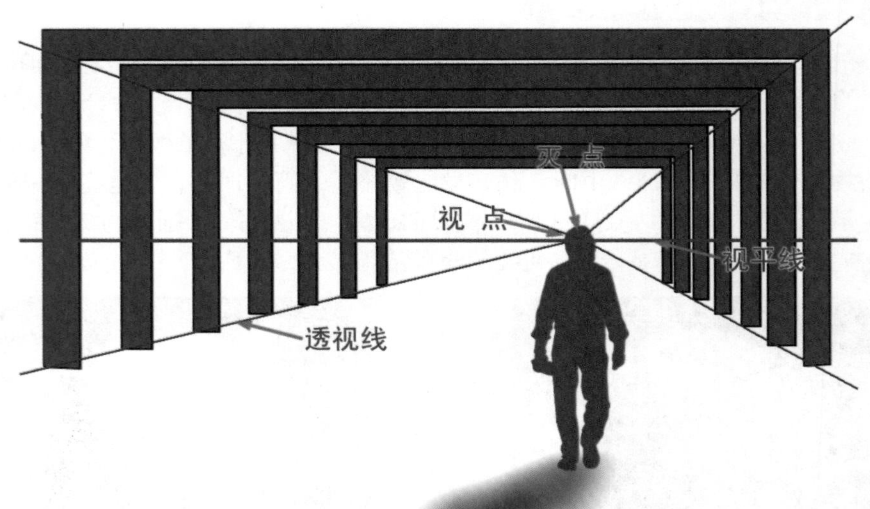

图1-7　透视图解

在图1-7中，人眼的位置被称为“视点”；由视点出发，红色的线就是视平线，它与人的眼睛一样高，蓝色的线是透视线；在远端相交在一起的点被称为“灭点”。在制作效果图时，软件系统已经自动调整好了准确的透视关系，只需要绘制好墙体、窗户，然后再创建一架摄影机，透视关系便生成了。在制作效果图时，客户们往往会有些其他要求，对照照片进行建模是最直接的解决方法。这时透视会起到关键性的作用，这里考验的不仅仅是建模能力，更是对建筑美感的把握能力。

图1-8所示为近大远小的透视效果。相同大小的盒子，由于离视点越来越远而逐渐变小，越远处的物体也越看不清楚细节。

图1-8　物体呈现近大远小的透视效果

图1-9所示为带有景深效果的图片。眼睛是有目标性的，也就是说，把视线放在目标点上，那么离这个目标点越远的物体就越模糊。大家可以做个试验，将注意力集中在第二个盒子上，再用余光去看周边的盒子，根本看不清细节，只能看出大概的形态。根据这点，可以认为目光是有衰减的，眼睛所看到的范围也是有限的。

图1-9　物体呈现近实远虚的透视效果

在素描中最基本的形体是立方体，多是以对三个面进行观察的方法来决定立方体的形态。另外，利用面与面的分界线所造成的角度，可以暗示物体的深度，这涉及到透视规律。透视分一点透视（又称“平行透视”）、两点透视（又称“成角透视”）及三点透视（俯视或者仰视），下面分别进行讲解。

1. 一点透视

“一点透视”是指在一个空间内只有一个灭点。以常见的立方体为例，就是将立方体放在一个水平面上，前方的面（正面）的四边分别与画纸四边平行，上部朝向纵深的平行直线与眼睛的高度一致，消失成为一点，而正面则为方形，如图1-10所示。一点透视在室内效果图中经常会用到，如图1-11所示。

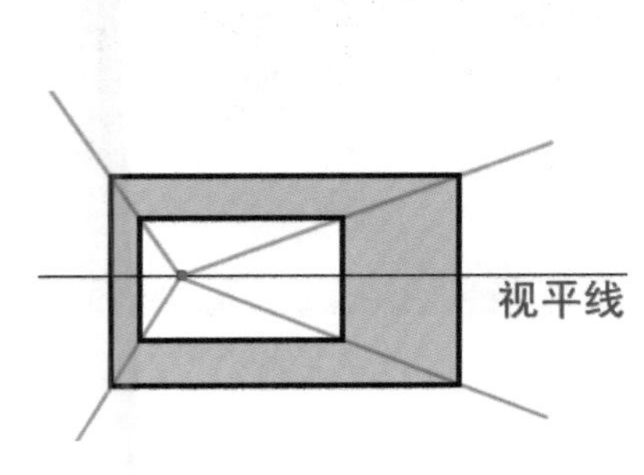

图1-10　立方体的一点透视

图1-11　一点透视的效果图

2. 两点透视

“两点透视”是指在一个空间内有两个灭点，也就是说，立方体的四个面相对于画面倾斜成一定角度时，向纵深平行的直线产生了两个消失点。在这种情况下，与上下两个水平面相垂直的平行线也产生了长度的变化，如图1-12所示。无论在室内效果图还是室外效果图中，经常会用到两点透视，如图1-13所示。

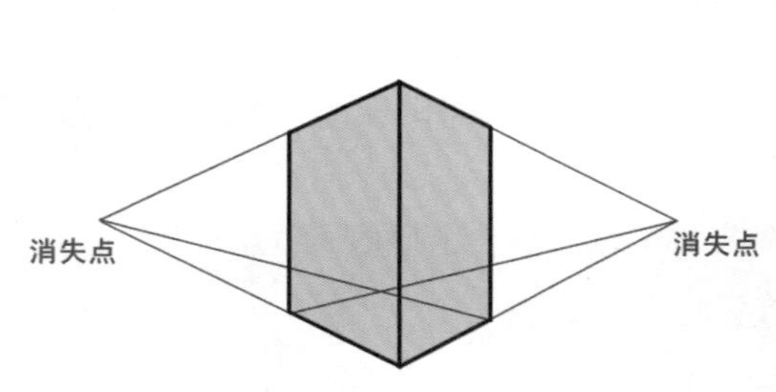

图1-12 立方体的两点透视

图1-13 两点透视的效果图

大家可以观察一下这两种透视，不难发现横向和竖向效果的区别。竖向都是垂直向下的，与地面成90°角，而横向则不同。在一点透视中，因为它只有深度上的透视变化，并且透视线延长到远端交于一点，在横向和竖向上都是平行的，所以它们都无法交于一点；两点透视的横向平行线却可以交于一点。在X、Y方向上都有变化（横向用X轴来表示，深度用Y轴来表示，高度用Z轴来表示），这就是两点透视与一点透视的区别所在。

3. 三点透视

三点透视与上面两种透视的区别在于在Z轴方向上有了透视的变化，多数被用于表现建筑的庄严、宏伟，但是在真正的效果图制作中只能作为附加图，三点透视的应用并不多。图1-14和图1-15所示为三点透视的原理及效果图。

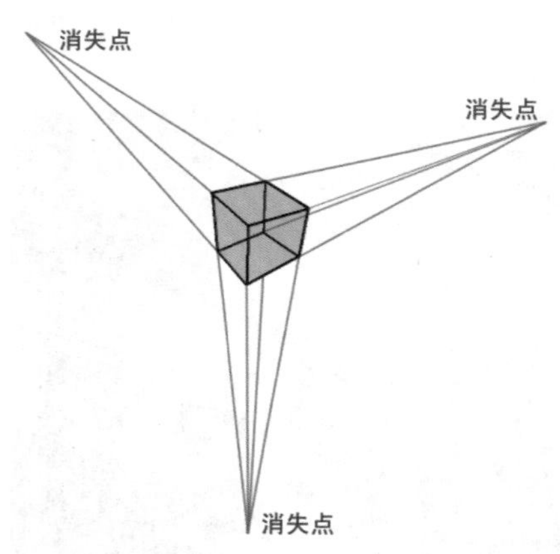

图1-14 立方体的三点透视

图1-15 三点透视的效果图

通过上面的学习，希望大家掌握这3种透视的识别方法，多锻炼自己的眼力，以便在以后的工作中能准确、快速地把握好透视关系，为效果图的制作打好基础。

1.4 摄影原理在效果图中的应用

摄影，是指使用某种专门设备进行影像记录的过程，一般是使用机械照相机或者数码照相机。有时摄影也会被称为“照相”，即通过物体所反射的光线使感光介质曝光的过程。有人说过一句精辟的话：“摄影家的能力是把日常生活中稍纵即逝的平凡事物转化为不朽的视觉图像”。一幅摄影作品的好坏取决于若干因素，如摄影机的品质、被摄对象、构图、光感等。就像在制作效果图的过程中建立的模型是否精致、材质贴图是否真实、灯光效果是否准确、构图是否恰当，都与最终的成图有着密切的联系。对于摄影知识，这里就针对与效果图有关的构图和光感来进行学习。

构图是指利用视觉特征将现实生活中三维空间环境下的物体，有机地再现于由边角限定的二维空间内的过程。构图具有突出主体、吸引视线、简化杂乱并给出均衡和谐画面的作用。好的构图通过画面布局传达阐释更多的信息，反映作者对事物的认知和情感，是揭示形象的全部手段的总和。同样的一个场景，恰到好处的构图可以让作品更加出色。

摄影创作离不开构图，就像写文章离不开章法一样，它是作品能否获得成功的重要因素之一。效果图的表现也同样如此，好的构图可以更全面、更有力地表现制作者的思想意图，如图1-16所示。

图1-16　相同场景不同构图所产生的不同效果

通过图1-16不难发现，左图采取的是横构图，没有将复式别墅客厅的气势展现出来，而右图采取了竖构图，将客厅的恢宏气势表现得淋漓尽致，从而可以轻松看清空间的结构。作为一幅效果图，这样就有了成功的基础。在摄影构图学中有句话叫“意在摄先”，说的是在摄影之前必须立意，“意”也就是要突出的主题。在制作效果图模型时，也要先明白这个空间需要具体表现的是哪一部分，然后根据实际结构来考虑什么样的构图更能体现这个空间的重点。

那么光又是怎么来影响摄影作品的呢？光是摄影的媒介，是摄影的根基，摄影艺术是光与影的艺术。没有光就不能获得影调，也就不能形成摄影艺术形象。在摄影构思中要有光的造型意识，充分发挥光在摄影艺术造型中的作用。光感在摄影作品中的体现如图1-17所示。

图1-17　光感在摄影作品中的体现

通过图1-17不难发现，不同的场景和拍摄者不同的表现意图都可以借助光感来表达。左图中，在太阳的照耀下，祖孙二人一个在织毛衣，一个在看书，近处还有一只慵懒的猫咪在打盹，暖洋洋的光晕诉说着天伦之乐的温馨；右图则是通过冷色的天空、粗犷的岩石与隧道里的暖色灯光进行对比，意喻回家路上的归心似箭。

灯光在效果图的制作过程中起着举足轻重的作用，整体气氛和画面主题都需要灯光来体现。制作完模型、确定好构图，然后就要考虑可以烘托气氛的灯光效果了。灯光的设置过程被简称为“布光”。虽说一个复杂的场景由不同的灯光师分别来布光，会有若干种不同的方案与效果，但是布光的原则是大家都会遵守的。

对于室内效果图与室内摄影，有个著名而经典的布光理论是“三点照明”，下面对其进行讲解。

三点照明，又被称为“区域照明”，一般用于较小范围的场景照明。如果场景很大，可以把它拆分成若干个较小的区域进行布光。一般有3盏灯即可，分别为主体光、辅助光与背景光。通常用主体光照亮场景中的主要对象与其周围区域，并且为主体对象制造投影，主要的明暗关系由主体光决定，包括投影的方向等。根据需要也可以用几盏灯光共同承担主体光的功能，主体光常用VRay平面光来完成，效果如图1-18所示。

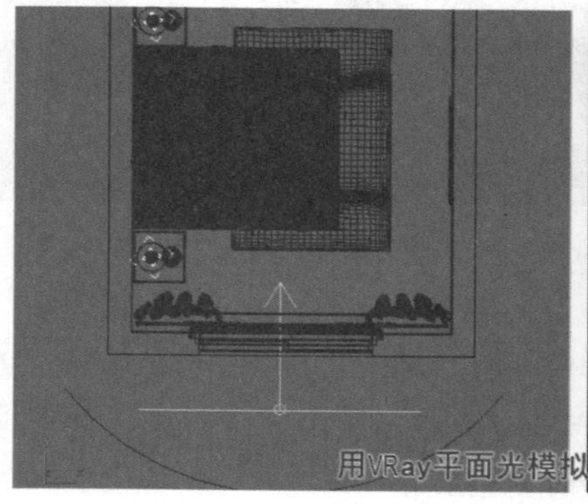

图1-18　主体光的模拟效果

如果是表现白天效果，场景中以室外的天空光和太阳光为主要照明光源，这时采用的灯光要亮一些。为了增加室内的灯光效果，可以再设置一些辅助光源。

室内场景中的辅助光又被称为“补光”。用一个聚光灯照射扇形反射面，以形成均匀的、非直射性的柔和光源，用它来填充阴影区以及被主体光遗漏的场景区域，并调和明暗区域之间的反差，同时形成景深与层次。这种广泛均匀布光的特性，使辅助光为场景打上了一层底色，定义了场景的基调。由于要达到柔和照明的效果，通常辅助光的亮度只有主体光的50%~80%，效果如图1-19所示。

图1-19　辅助光的模拟效果

背景光的作用是增加背景的亮度，从而衬托主体对象，并使主体对象与背景分离。背景光一般使用泛光灯，亮度宜暗不宜太亮，效果如图1-20所示。

图1-20　背景光的模拟效果

通过上面的讲解，总结出布光的顺序如下。

- 确定主体光的位置与强度。
- 确定辅助光的强度与角度。
- 分配背景光与装饰光。

这样产生的布光效果能达到主次分明、互相补充的效果。

在为效果图布光的时候，还有几个方面需要特别注意。

- 灯光宜精不宜多。过多的灯光使工作过程变得杂乱无章、难以处理，显示速度与渲染速度也会受到严重影响，只有必要的灯光才能被保留。另外，灯光投影、阴影贴图及材质贴图的用处很大，能用贴图替代灯光的地方最好用贴图去做。例如，要表现晚上从室外观看到的室内灯火通明的效果，用自发光贴图去做会方便得多，效果也很好，而不要用灯光去模拟。切忌随手布光，成功率会非常低。对于可有可无的灯光，要坚决不予保留，同时，灯光过多也会影响电脑的渲染速度。

- 灯光要体现场景的明暗分布，有层次感，切不可把所有灯光统一处理。根据需要选用不同种类的灯光，如选用聚光灯还是泛光灯；根据需要决定灯光是否需要投影，以及阴影的浓度；根据需要决定灯光的亮度与对比度。如果要达到更真实的效果，一定要在灯光衰减方面下一番功夫。可以利用暂时关闭某些灯光的方法排除干扰，对其他的灯光进行更好地设置。
- 在3ds Max中的灯光是可以超现实的，要学会利用灯光的“排除”与“包括”功能决定灯光对某个物体是否起到照明或投影作用。例如，要模拟烛光的照明与投影效果，通常在蜡烛灯芯位置放置一盏泛光灯。如果这盏灯不对蜡烛主体进行投影排除，那么蜡烛主体会在桌面上产生很大一片阴影，这样可能会影响画面的整体效果。在建筑效果图中也往往会通过“排除”的方法，使灯光不对某些物体产生照明或投影效果。
- 布光时应该遵循由主体到局部、由简到繁的过程。对于灯光效果的形成，应该先调整角度定下主格调，再调整灯光的衰减等特性增强现实感，最后调整灯光的颜色进行细致修改。如果要逼真地模拟自然光效果，还必须对自然光源有足够深刻的理解。多看些摄影用光的书、多做试验，会很有帮助的。不同场景下的布光用灯是不同的，在室内效果图的制作中，为了表现出金碧辉煌的效果，往往会把一些主灯光的颜色设置为淡淡的橘黄色，以达到材质不容易做到的效果。

任何事物都有它的形态，可以将眼睛所能看到的事物用艺术的手法表现出来。但也不是看到什么就做什么，要有取舍，艺术讲究的是乱中有序。图1-21显示了不同物体的细节，如模型细节、材质细节、渲染细节等。

图1-21　不同物体的细节

- 模型细节：包括物体的大小、形状及物体之间的比例关系。
- 材质细节：包括物体本身的固有颜色、物体之间的溢色、反射强度等。
- 渲染细节：包括光源的种类、光源方向、所处环境等。

这些都是在制作中需要把握的。以图1-22所示的红酒为例，首先从颜色方面来看，这杯红酒是上等品，台面上的葡萄也是经过精挑细选的。除了这些，还要看到更深层面的东西。杯中酒的清亮透彻，还有葡萄表面的白色绒毛与高光，都形象地表达出物体的形态。虽然这是一张渲染的图片，但是观者可以感觉到它真实的存在，这就是一幅好的作品。在作图时要注意细节的刻画，以生动地表现物体。

图1-22　细节决定品质

1.5 室内设计与效果图之间的关系

设计是把计划、规划或设想通过视觉的形式传达出来的活动过程，而效果图则属于设计方案中的一部分。可是，当人们谈论设计的时候，总是不知不觉地把重点放到效果图当中。由此可见，效果图带来的视觉触动是多么的直观，它可以非常真实地反映设计方案中所有的内容。

- 效果图的直观性。效果图能直观、生动地表达设计师方案所产生的最终意图，从而使客户能够更进一步地认识和肯定设计师的设计理念与设计思想。
- 效果图的普遍性。效果图已经成为中国设计行业中的“通行证”或者说是行业内的“货币”，它可以很方便地进行各种各样的“流通”。不管观者是否专业，从效果图所展现的内容里，都可以清楚地明白设计的效果。本来只是属于设计方案一部分的效果图，逐渐成为设计方案的“代言人”，成为设计方案成功与否的必然条件，也成为设计竞争中最重要的比拼。

从主观上来说，一套完整的设计方案，应该是由现场取证、合理分析、草拟方案、确定设计思路、深化设计、将设计转化成效果图、设计展示等几部分组成。一套优秀的建筑装饰设计，应该根据甲方要求的期望效果来确定设计思路，这是所有设计完成的前提。它所包含的不仅仅是设计方案最后的效果图，还有对设计对象的使用功能，从以人为本的原则出发，达到设计为人服务的根本目的。

1.6 色彩在效果图中的作用

置身于五彩斑斓的世界中，色彩与生活是密不可分的，小到穿衣戴帽，大到生存环境，无一例外都是由不同的色彩组成的，而不同的色彩给人们的心理暗示又是不同的，这些因素也被充分应用在了室内、室外的设计理念中。也就是说，不同的场景、气氛，对色彩的要求也是不同的。那么怎么来应用色彩呢？下面就来学习这一方面的相关内容。

1.6.1 色彩在建筑装饰中的心理作用

在效果图设计中，色彩的心理作用主要表现在悦目性和情感性两个方面。它可以给人以美感，影响人的情绪，引起联想，具有象征的作用。不同年龄、性别、民族、职业的人，对于色彩的爱好是不同的。在不同的的时期内，人们对色彩的好恶倾向也是不同的。色彩给人的联想可以是具体的，也可以是抽象的。

- 红色：红色是血和火的颜色，富有刺激性。它与热情、热烈、喜悦、吉祥、活跃等相关，也可以使人想到危险、动乱。
- 橙色：橙色是丰收之色，象征明朗、甜美、温情，可以使人想到成熟和丰美，也可以引起烦躁的感觉。
- 黄色：黄色是古代帝王服饰和宫殿的颜色，能给人以辉煌、华贵、威严、神秘的印象，还可以使人感到光明和喜悦。
- 绿色：绿色是森林的主调，富有生机，可以使人想到新生、青春、健康和永恒，也是安详、平和、宁静的象征。
- 蓝色：蓝色象征着天空和大海，它使人想到沉静、安宁、理智和理想，但也容易激起阴郁、寂寞、冷淡等情感。

无论是室内装饰设计还是室外装饰设计，都离不开色彩。色彩能影响人们的情绪，如果色彩搭配和谐，会使人觉得很美，情绪也会因此而逐渐松弛，感到平和与温馨，反之则会使人感到紧张或烦躁。色彩还可以反映出建筑的使用功能和室内居住者的性格和品位。例如，在室外建筑效果图中，住宅楼的楼体主色调多用浅黄色等暖色调，让居住在里面的人有一种家的温馨；而行政办公楼的楼体主色调多采用灰色系的冷色调，营造出庄严、肃穆的气氛。在室内家居环境的设计中，卧室大多采用暖色调，让房间主人的睡眠空间安适而放松；书房则大多采用冷色调，让置身于其中的人有一个静谧的阅读空间。

还可以利用色彩能够使人眼产生空间错觉的特性，来调整室内空间的大小。色彩对室内空间的大小、高低以及封闭感，都具有很好的调整功效。如果室内空间较大，可采用变化较多的色彩；如果室内空间较小，则要采用单纯而统一的色彩。此外，色彩还能够改善物理环境。例如，比较寒冷的地区，色彩应以暖色调为主，再配合较低明度、较高彩度的色彩；而比较温暖的地区，则应以冷色调为宜，再配合高明度、低彩度的色彩。

1.6.2 效果图设计中色彩运用的原则

在效果图的色彩搭配中，用色的尺度要把握好。无论室内室外，都应尽量避免太过花哨，色系统一比较容易令人接受。当然，如果是游乐场的建筑，就要在色彩上丰富一些，这样可以很好地调动游人的情绪；而室内的娱乐场所（如KTV的包房、大厅等），搭配的色彩可以多一些，通过不同的材料和不同色彩的灯光来控制空间的气氛。总的来说，根据室外建筑和室内空间使用功能的不同，配合建筑的设计气氛，调制符合其氛围的色系。在调制色彩的时候，参照下面的内容，可以有的放矢地进行整个房间或者整体建筑外观的色彩调制。

- 注意色彩与材料的配合。同一色彩用于不同质感的材料，效果相差很大，能够使人们在总体协调的前提下感受到细微的差别。颜色相近，统一协调；质地不同，富于变化。好的色彩搭配使人能够很容易地从坚硬与柔软、光滑与粗糙的对比中领略到设计者的匠心，效果如图1-23（左）所示。充分运用材料的本色，可减少雕琢感，使色彩关系更具自然美，我国南方民居和园林建筑中以不加粉饰的竹子作为装饰，格调清新淡雅、淳朴自然、极具个性，效果如图1-23（右）所示。

图1-23 不同材质在同一空间所体现的质感

- 把握色彩的地域性、民族性。色彩的运用和审美基于大多数人的感受而决定，但受不同地理环境和气候状况的影响，不同的民族与人种对色彩也有着不同的喜好。例如，汉族习惯将红色作为喜庆和吉祥的象征；藏族由于身处白雪皑皑的自然环境和受到宗教活动的影响，多以浓重的色彩和对比色装点服饰和建筑；意大利人和法国人喜欢明快的颜色，如黄色和橙色等；非洲人深色肤色者居多，服饰和建筑装饰多用黄色和白色；北欧人钟情于木材的本色等。在制作效果图时，进行装饰色彩的设计，既要掌握一般规律，又要了解不同民族和人种的不同习惯。不同地域、民族的房间装饰效果如图1-24所示。

图1-24 不同地域、民族的房间装饰效果

- 照明灯具是影响室内色彩的重要因素。在同一空间、同一陈设、不同光源的情况下，各式各样的灯具会使室内色彩产生各种不同的心理感受。因此，在效果图设计中应充分考虑该因素。

通过上面的内容不难发现，室内外设计效果图在色彩控制的过程中是有所依据的，希望大家在具体操作中可以灵活运用。

1.7 灯光在效果图中的作用

在现实生活中，室外白天有太阳光、天空光，夜晚有月光和路灯光，室内有吊灯、筒灯、射灯等不同类型的灯光。这些光源的颜色是可以选择的。如果想让空间温馨一些，可以采用暖黄色的灯光；反之，冷色的光源可以让空间产生清冷的效果，一般家居空间多考虑暖色灯光。由此可见，灯光在效果图中起到了非常重要的作用，出色的灯光可以使整个画面更有层次，内容更生动。要想制作出色的电脑效果图，应该和摄影师一样，对光线保持高度的敏感，它是电脑效果图创作中不可捉摸但又必须驾驭的因素。

1.7.1 灯光的软分隔

在室内空间中，灯光除了在晚间作为光源进行照明外，还可以对空间进行软分隔。在现在装饰风格多样的情况下，灯光的合理运用可以具有一定的区域意识，即使地面没有特意的制作分割性质的隔断，也可以使人在主观上有一个方向上的引导。例如，餐厅上方多采用低垂下来的吊灯，这样会让制作的菜肴在灯光的照射下更有色泽，再搭配圆形的内置灯带吊顶，使进餐更有气氛。灯光的软分隔效果如图1-25所示。

图1-25　利用灯光进行区域分隔

1.7.2 光的色彩

灯光的色彩会直接影响室内效果的整体色调，在制作效果图的过程中要根据不同的空间采用不同的灯光色彩。室内灯光大部分采用偏暖的黄色，室外天光大部分采用偏冷的蓝色，注重冷暖对比。办公室灯光的色彩运用如图1-26所示。

图1-26　效果图中灯光色彩的运用

1.7.3 光的对比

在效果图的制作过程中，对于光线的变化是最难以把握的，需要从多方面考虑如何来表达设计意图。没有经过深思熟虑的灯光，常常会令最有希望成为好作品的构图苍白平淡、缺乏灵气，因为光线能够表现作品的灵魂与思想。图1-27所示是一张餐厅效果图。在处理该效果图灯光的时候，采取了强烈的明暗对比法，画面层次更丰富，突出了设计的主题。

图1-27　对比强烈的室内灯光效果

1.7.4 光效的运用

有过三维制作经验的朋友都知道，光效处理在三维创作中是很重要的。三维作品的制作到最后，难度往往不在建模上，而在于对材质和光效的处理上。光效对于整体作品气氛的营造和把握是很见效果的。很多时候光效不只是随便打几盏灯那么简单，如果有了一定经验或者技巧，制作往往会事半功倍。图1-28所示的作品正是进行光效分析的典型图例。

图1-28　光的效果

1.8 怎样制作好的效果图

俗话说，爱好是最好的老师。无论做什么行业，有了爱好并不断地学习、练习，再加上些许灵感，肯定会成功的。

其实制作效果图并不难，软件很好操作，重要的是，个人对生活中事物的细微光影变化与材质性质等要有独特的理解。

随着3ds Max软件版本的不断升高，其功能也越来越强大，目前已经成为大多数建筑装饰设计师制作效果图的首选工具软件。3ds Max、Photoshop是效果图制作的最佳拍档。由于工作原因，经常看到一些业余三维设计者的作品，感觉到一些设计者的软件运用技术虽然已经很熟练，但由于缺乏专业知识和软件使用技巧，导致其设计水平长期得不到提高。现为大家列出一些效果图的制作心得，供大家借鉴。

1. 加强专业知识储备

建筑效果图不同于艺术绘画，在制图时不仅要追求艺术性、美观性，还要注意建筑装饰行业的一些特殊要求。另外，近年来建筑装饰效果图越来越多地被当成工程合同的附件，从而具有了一定的法律效力。如果在制图时像搞艺术创作那样天马行空而不注重科学性、严谨性，那么小则闹出笑话，大则引起合同纠纷。

举例来说，如果在制作建筑外观玻璃幕墙时为了好看而选择了一种颜色，但在实际市场上并没有这种颜色的玻璃，那么就很容易引起甲乙双方的分歧。另外，也许会遇到这种情况，制图人员事前没有与设计师和预算员进行沟通，就擅自把红榉木改为柚木，结果使施工成本增加了近一倍。要避免这种情况的发生，除了要系统地学习建筑装饰的专业知识外，还要经常与工程师甚至是一线施工人员进行沟通，否则永远也无法成为专业的设计师。

2. 积累设计方案

无论设计什么样的空间，最好有一些设计方案进行借鉴。如果全凭自己的大脑去想象，相对来说就比较繁琐而没有头绪。例如，当接到一个新方案的工程图纸时，可以有针对性地找出与之类似的设计方案并和客户进行交流、探讨，以便明确思路，这有利于后面的设计工作，将其中合适的部分渗透到设计方案中，根据实际场景进行变通，从而得到更为优秀的设计作品。

3. 制图前要先进行整体规划

俗话说，磨刀不误砍柴工。做图前最好先进行规划：整个工程要几个场景才能展示清楚？每个场景要有哪些元素构成？哪些元素需要进行建模？哪些元素可以在素材库或光盘中找到？然后还要考虑整体的颜色搭配、材质选择等。只有这样，制图时才能做到有的放矢，少走弯路。

4. 分清重点，减少工作量

把场景建立起来之后，先设置摄影机，挑选好出图视角。对于那些不可视的面，不必为其太费功夫，这样能省去不少建模和赋予材质的工作量。对于那些较远的物体，建模时不必考虑细节，有个大致的形状和材质就可以了，因为不管最终渲染出图的是A 2 还是A3 图纸，那些场景深处的物体细节根本无法呈现。

5. 尽量不要在总场景中直接建模

很多业余效果图设计者喜欢在总场景中建模，除非使用的是专业级的图形工作站，否则不推荐这样做。因为即便是一个简单的室内装饰效果图，通常也会由近万个面构成，加上灯光材质贴图，每次渲染下来对CPU、内存、显卡都是一次满负荷的考验。有经验的设计师通常会在独立的场景中为不同的物体建模，然后再将不同的子场景进行合并，从而合理地利用电脑资源，提高制图效率。

6. 一定要为几何元素命名

制图时千万不要为了图一时痛快而忽略了为几何元素命名，否则等到场景一合并，就会出现上百的box01、box02等。模型一多，根本分不清哪一个几何元素属于哪一个物体。每当完成一个物体的建模后，要及时地对相关元素进行命名，或者及时为模型进行编组并命名，同样也要及时地为材质进行命名，以免出现混乱。

7. 建立模型素材库

作为一名专业的设计师或效果图制作人员，搜集自己的理想素材并把它们建立成一个对自己很有帮助的素材库是一件非常重要的事情。如果没有好的素材库，将直接影响到制图的速度与质量。在平时应注意搜集、整理制作效果图的素材库，以便于以后使用时调用。整理模型和材质库也是有技巧的，下面就来学习。

所谓模型素材库，就是三维模型资料库，是用3ds Max制作的房间、家具等可以直接调用的线架对象。如果在制作效果图的过程中每一个造型都要花费时间去一一制作，那势必会影响到制图的效率。另外，如果不了解它的具体形态，再加上对命令的掌握不是很熟练，可能制作起来会比较吃力，制作出来的形状也不一定好看。当对软件的掌握熟练了，并且设计水平也有了很大的提高，就可以自己动手制作一些喜欢的或者比较新颖的家具，然后将它保存到建立的模型素材库中。或者，也可以时刻留意，遇到合适的三维模型，就把它们加入到自己的模型素材库中。

模型素材库的建立大体分为沙发、电视、灯具、桌子、椅子、床、隔断、洁具等。这些文件全部是*.max格式的，再将每一个*.max文件经过渲染保存成图片格式的文件，这样查找起来比较方便。图片的保存格式最好是*.jpg格式，因为它的容量比较小，不会占用很大的空间。建立好的模型素材库如图1-29所示。

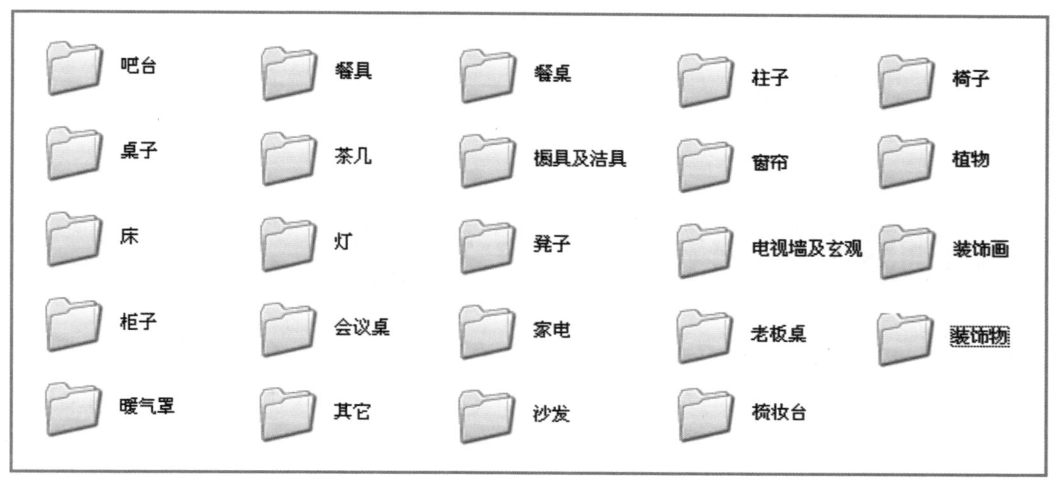

图1-29 建立的模型素材库

8. 搜集贴图

贴图的搜集也是必不可少的，因为很多真实的材质就是通过贴图来表现的。搜集的途径有很多种，可以到相关的网站上下载，也可以自己用数码相机拍摄材料市场或施工现场一些真实的材料，然后存入电脑里。建立一个专门放置贴图的文件夹，将每一种贴图分类，文件通常为*.jpg、*.png等格式。贴图种类包括布纹、木纹、地板、地毯、大理石、画、风景、广告等，如图1-30所示。

图1-30　搜集贴图

搜集整理贴图只是一部分，更专业的方法是建立材质库，也就是将自己认为调制得比较好的贴图材质保存起来，在后面制作效果图时直接将它调用，这样可以减少很多调配贴图材质的时间。

9. 应用灯光文件

在3ds Max中，光域网文件的应用也是必不可少的，文件格式为*.ies。通过使用不同的光域网文件能够创建出不同亮度分布、不同形状的光源效果，模拟出真实、自然的灯光照明。光域网文件包括筒灯、台灯、壁灯、吊灯、落地灯等，效果如图1-31所示。

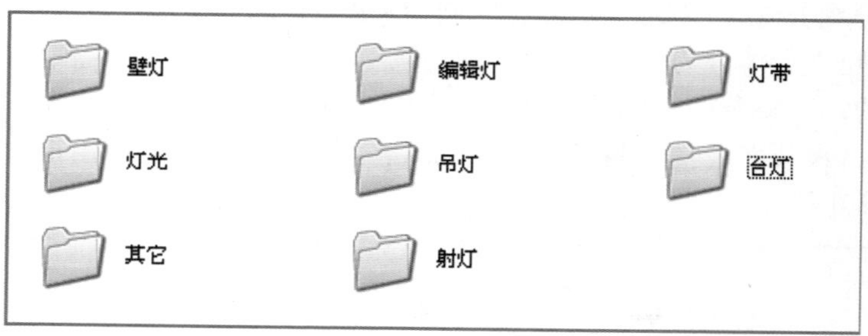

图1-31　光域网文件

1.9 制作效果图的工作流程

无论是室内还是室外效果的空间表现，它们的制作过程大致是相同的。理顺了工作流程，在实际操作过程中就会更轻松。使用3ds Max制作效果图的过程与现实生活中盖楼的过程相似，首先用三维对象或二维线形建立地面，以模拟现实中场地的面积，再依次建立模型的其他部分，并赋予相应的材质及设置摄影机和灯光，然后渲染成图，最后用Photoshop软件进行后期修饰，以达到理想的效果。运用3ds Max制作效果图，一般包括建立模型、设置摄影机、调制材质、设置灯光、渲染输出以及后期处理这6个阶段。下面针对每个阶段进行详细的阐述。

1. 建立模型

首先可以将设计完成的Auto CAD图纸导入到3ds Max中，作为参照以进行准确建模。在制作室内效果图时，将该户型的墙面、天花及地面的模型先制作出来，然后建立相对应的电视背景墙、沙发背景墙、餐厅背景酒柜等装饰造型；在制作室外效果图时，则是对照图纸建立楼体的墙体、楼顶、窗户和装饰线等主体造型。

在3ds Max中建立模型大致有两种方法。第一种是直接使用3ds Max建立模型，不过用此方法建立的模型如果对单位把握得不好，常常会导致比例失调问题的产生，因此不提倡使用该方法。第二种方法是在Auto CAD软件中绘制出模型的平面图和立面图，然后将其导入到3ds Max中，通过旋转、移动等操作，将不同的图纸进行对齐并作为参照建立模型，这种方法不仅尺寸准确，还可以对照图纸中的家具进行安排布置，极大地提高了制图速度。场景图纸调整对齐后的效果如图1-32所示。

图1-32　调整对齐后的图纸效果

以导入的线形作为参考建立三维模型，最后将一些合适的家具、装饰物等合并到场景中，这是一些装饰公司或制图公司最常使用的方法。最好的习惯是，建立完成一个造型后先不要着急调制材质，而是为该造型赋予一种颜色以观看效果（最好为该材质球进行命名），这被称为“专业制图模式”。场景效果图的建模效果如图1-33所示。

图1-33　效果图的建模效果

无论采用哪种建模方法，都各有其优、缺点及适用范围。使用不同方法制作出来的模型虽然形状相同，但其点、线、面的复杂程度却千差万别。制作时不仅要选择一种既准确又快捷的建模方法，还要考虑到在后续编辑中是否有利于修改。最主要的是，一定要注意场景模型在空间上的尺寸比例关系，以确保建立的模型不会出现比例失调等问题。

2. 设置摄影机

设置摄影机主要是为了模拟现实中人们从何种角度观察事物的效果，以得到一个最理想的观察视角。设置摄影机在制作效果图中比较简单，但是要想得到一个最佳的观察角度，必须了解摄影机的各项参数与设置技巧。场景效果图设置摄影机后的效果如图1-34所示。

3. 调制材质

当模型建立完成后，视图中的对象是以颜色块的方式显示。以这种方式显示的模型就如同儿童用积木建立起的楼房，只有赋予其材质才能将对象的真实质感表现出来。例如，大理石地面、玻璃幕墙、哑光不锈钢、塑料乳胶漆等，这些都可以通过3ds Max系统中的材质编辑器来模拟。另外，不需要调制每一种材质，有时直接使用材质库里的材质进行修改就可以了。为场景调制材质后的效果如图1-35所示。

图1-34　设置摄影机后的场景效果

图1-35　赋予材质后的场景效果

4. 设置灯光

没有了光，世界将处于黑暗中。可见，光是多么重要。同样，在效果图制作中，光源也是整个模型创建过程中最重要、最具有技巧性的一步。因为灯光及其产生的阴影将直接影响到场景中对象的质感以及整个场景中对象的空间感和层次感。材质虽然有自己的颜色与纹理，但还是会受到灯光的影响。

室内灯光的设置要比室外灯光复杂一些，制作者需要提高各方面的综合能力，包括对3ds Max 2013灯光的了解、对现实生活中光源的了解、对光能传递的了解、对真实世界的分析等。掌握了这些知识，就一定能设置出理想的灯光效果。为场景设置灯光后的效果如图1-36所示。

图1-36　设置灯光后的场景效果

5. 渲染输出

无论在使用3ds Max制作效果图的过程中，还是在已经制作完成后，都要通过渲染来预览制作的效果是否理想，这样渲染所占用的时间非常多，制图速度势必会受到影响。那么什么时候渲染才比较合适呢?第1次为建立好基本结构框架时，第2次为建立好内部构件时（有时为了观察局部效果，也会进行多次局部放大渲染），第3次为整体模型完成时，第4次为摄影机设置完成时，第5次为在调制材质与设置灯光时（这时可能也要进行多次渲染以便观察具体效果的变化），第6次为一切完成准备出图时（这时应确定合理的渲染尺寸）。渲染的每一步都是不一样的，在建模初期常采用整体渲染，只看大效果，到细部刻画阶段则采用局部渲染，以便看清具体细节。本书的场景全部采用的是V-Ray Adv 2.30.01进行渲染的。

为了能更好地进行后期处理，不仅要渲染一张大尺寸的效果图，还要渲染一张通道图。场景效果图渲染输出后的效果如图1-37所示。

图1-37 渲染输出后的效果

6. 后期处理

后期处理主要是指通过图像处理软件为效果图添加一些符合其透视关系的配景和光效等。配景主要包括装饰物、植物、人物等，可以使场景显得更加真实、生动。这一步的工作量虽说不大，但对一张完美的效果图来说，却可以起到画龙点睛的作用。直接从3ds Max中输出的效果图或多或少都会有一些不足的地方，如某个角落的光照效果不够、某个材质的质感不强等，一般都需要借助图像处理软件进行进一步的修饰。但是后期处理又是一项很感性的工作，需要制作者本身具有较高的审美力和想象力，处理好将为最终效果增色，处理不好则会画蛇添足。

常用的图像处理软件包括Photoshop、CorelDRAW、PhotoImage等，本书主要是用Photoshop软件进行后期处理，在后面的章节中将以实例的形式对该软件的用法进行讲解。经过后期处理的效果如图1-38所示。

图1-38 后期处理后的效果

1.10 小结

本章系统地介绍了室内效果图制作的一些基础知识、效果图的概念及优势、效果图与美术的关系、摄影原理在效果图中的应用、室内设计与效果图之间的关系、色彩在效果图中的作用、灯光在效果图中的作用等，最后还简要讲解了运用3ds Max怎样制作效果图以及制作效果图的工作流程，为广大初学者指明了学习的方向。在以后的章节中，还要详细介绍软件各项命令的作用。千里之行始于足下，希望读者朋友能够透彻理解本章所学知识，灵活掌握基本操作，为今后的学习打下牢固的基础。

第2章

Chapter 02 室内模型的制作——建模

本章内容

- 3ds Max 2013系统界面简介
- 掌握3ds Max建模的一些命令
- 效果图制作的常用设置
- 建模的实例操作
- 在3ds Max中建立优化模型
- 小结

建模是效果图制作过程中的第一个阶段。对于一些规则的造型，可以使用软件所提供的三维建模的方法直接创建，这种建模方法比较简单，而且容易操作。在3ds Max中提供了标准基本体、扩展基本体、AEC扩展、楼梯、门、窗等几类三维建模工具，使用这些工具可以完成一些简单造型的制作。它们拥有强大的造型创建与编辑修改的功能。但是，如果想制作一些复杂的造型，必须使用一些修改命令来完成了。

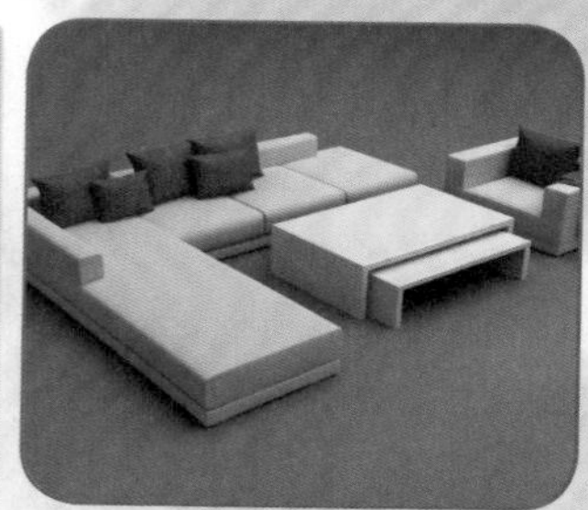

2.1 3ds Max 2013系统界面简介

掌握并熟悉3ds Max 2013系统的界面及基本命令是制作室内效果图的一个重要前提。如果读者对3ds Max 2013系统的界面及基本命令已经十分熟悉的话，可以跳过本节内容，直接阅读后面的章节。

确认电脑中已经安装了3ds Max 2013，双击桌面上的按钮，启动3ds Max 2013中文版，此时可以看到3ds Max 2013中文版的界面，如图2-1所示。

图2-1　3ds Max 2013中文版的界面

如果在电脑中安装了QuickTime播放器，可以单击不同的按钮，观看基本技能示范影片。如果想将该界面关闭，单击 关闭 按钮就可以了。整个界面可以分为8部分：标题栏、菜单栏、主工具栏、视图区、命令面板、视图控制区、提示及状态栏、动画控制区。

下面对3ds Max 2013中文版的工作界面进行简单的介绍。

1. 标题栏

标题栏位于3ds Max 2013中文版界面的最顶部，它显示了当前场景文件的文件名、工程目录、软件版本等基本信息，如图2-2所示。位于标题栏最左侧的是3ds Max 2013的程序图标，单击它可打开一个图标菜单，紧随其右侧的是“快速访问工具栏”，再右侧依次是软件名和文件名、信息中心，最右侧是Windows 7的3个基本控制按钮（即“最小化”、“最大化”、“关闭”）。

图2-2　标题栏

2. 菜单栏

菜单栏位于标题栏的下方。它与标准的Windows文件菜单模式及使用方法基本相同。菜单栏为用户提供了一个用于文件的管理、编辑、渲染及寻找帮助的用户接口，如图2-3所示。

编辑(E) 工具(T) 组(G) 视图(V) 创建(C) 修改器 动画 图形编辑器 渲染(R) 自定义(U) MAXScript(M) 帮助(H)

图2-3 菜单栏

菜单栏的使用方法很简单，将鼠标移动到每一个命令上单击左键，就会弹出其相应的下拉菜单。在菜单命令中带有“……”（省略号）的表示会弹出相应的对话框；命令后带有小箭头的表示还有下一级子菜单。但因为大部分命令操作都可以在主工具栏或者命令面板中进行，所以一般不需要进入菜单中进行选择。

3. 主工具栏

在3ds Max菜单栏下面有一行工具按钮，这行被称为“主工具栏”，为操作时大部分常用任务提供了快捷而直观的图标和对话框，其中一些在菜单栏中也有相应的命令，但是一般情况下还是习惯使用主工具栏来进行操作，其显示全部工具时的形态如图2-4所示。

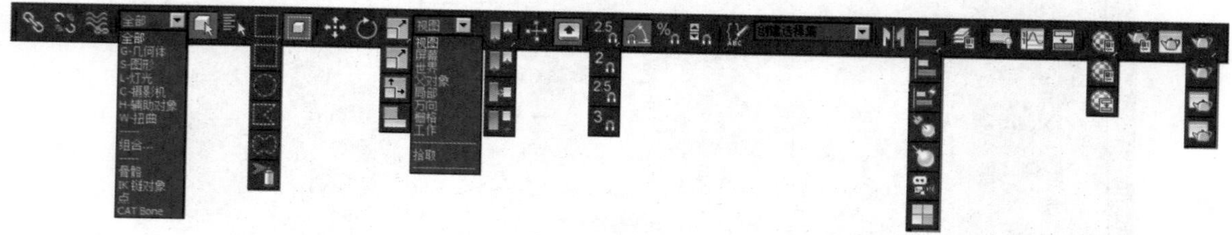

图2-4 主工具栏

主工具栏中的工具用于对已经创建的对象进行选择、变换、着色、赋予材质等。如果屏幕的分辨率或屏幕尺寸不够时，主工具栏中的工具不能全部显示，可以将鼠标光标移动到按钮之间的空白处，当鼠标光标变为手形状时，可以按住鼠标左键，左右拖动主工具栏来进行选择。

注 意

许多按钮的右下角带有三角标记，表示该按钮含有可供多重选择的复选按钮。在这样的按钮上按下鼠标左键不放，会弹出按钮选择菜单，将鼠标光标移动到所需要的命令按钮上点击鼠标即可进行选择。

另外，在学习3ds Max软件时，难免会遇到由于操作失误导致主工具栏丢失的情况。这时有些初学者可能会认为这个问题需要通过重启电脑来解决。但如果在重新启动电脑后也不能恢复工作界面，可以执行工具栏中的【自定义】|【加载自定义UI方案】命令，弹出【加载自定义UI方案】对话框，在3ds Max 2013的根目录下选择并打开【ui】对话框，然后再选择其中的【DefaultUI.ui】选项，单击 打开(O) 按钮即可恢复工作界面。

4.视图区

视图区是效果图制作的工作场地，系统默认的视图区模式分为4个视图，即顶视图、前视图、左视图和透视图，如图2-5所示，也可以切换为单视图显示方式，便于进行细部编辑。

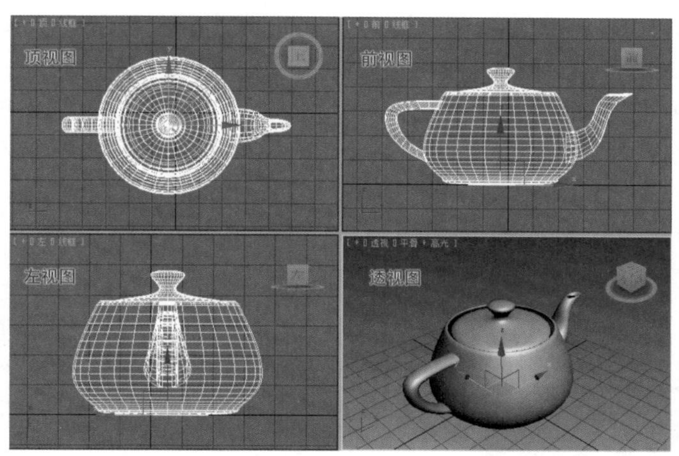

图2-5 4个视图显示的对象形态

- 顶视图：显示从上往下看到的物体形态。
- 前视图：显示从前往后看到的物体形态。
- 左视图：显示从左往右看到的物体形态。
- 透视图：一般用于从任意角度观察物体的形态。

注 意

在建立模型时，通常在顶视图、前视图、左视图这3个视图中对物体进行移动、旋转、缩放并进行组合、修改、调整处理，以便于对物体位置和状态进行控制。

这4个视图的位置不是固定不变的，它们之间可以互相转换，另外还存在一些其他的视图，各个视图之间的转换可以通过快捷键来实现。

首先将要转换的视图激活，然后按键盘上相应的快捷键来完成它们之间的转换。

- T=顶视图（Top）
- B=底视图（Bottom）
- L=左视图（Left）
- U=用户视图（User）
- F=前视图（Front）
- P=透视图（Perspective）
- C=摄影机视图（Camera）

如果读者不喜欢这种视图布局，还可以选择其他布局方式。更换布局的方法是，执行菜单栏中的【视图】|【视口配置】命令，在弹出的对话框中选择【布局】选项卡，如图2-6所示，这里提供了多种布局方式，可以选择任意一种，然后单击 确定 按钮即可更改。

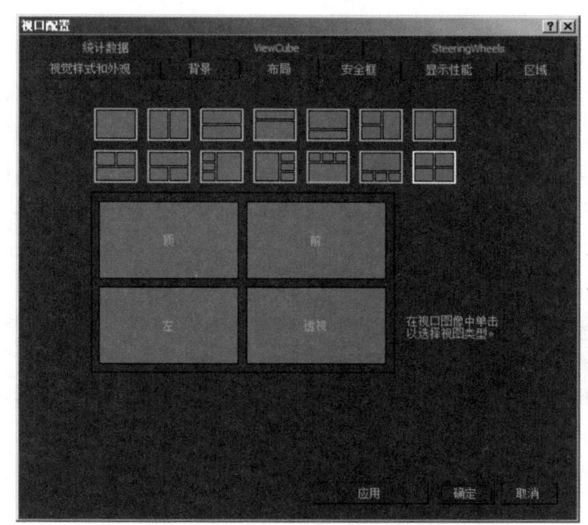

图2-6 【视口配置】对话框

每个视图的大小都可以根据需要加以调整，只要把鼠标光标移动到视图的边界位置上，当光标变为左右或上下双向箭头的形态时，左右或上下拖曳鼠标，就可以实现视图大小的调整。

5. 命令面板

命令面板位于3ds Max 2013界面的右侧，由切换标签和卷展栏组成。该部分是3ds Max的核心工作区，为用户提供了丰富的工具及修改命令，用于完成模型的建立编辑、动画轨迹的设置、灯光和摄影机的控制等，外部插件的窗口也位于这里，是3ds Max中使用频率较高的工作区域。因此，熟练掌握命令面板的使用技巧是学习3ds Max的重点。

命令面板包括【创建】命令面板、【修改】命令面板、【层级】命令面板、【运动】命令面板、【显示】命令面板，以及【工具】命令面板，如图2-7所示。单击切换标签，即可切换到相应的命令集合下。

图2-7　命令面板

另外，在各命令面板下还包含着很多卷展栏，其中，带有"+"符号的卷展栏表示该卷展栏处于关闭状态，带有"-"符号的卷展栏表示该卷展栏处于展开状态。单击卷展栏的标题栏，将切换该卷展栏的展开或关闭状态。

对于一些卷展栏较多的命令面板，当所有卷展栏全部被展开后，其包含的设置参数会非常多，控制参数的排列往往超过了命令面板所能显示的范围长度，这时可以通过滚动命令面板的方式来显示其全部内容。具体操作方法是，将鼠标光标移动到面板中的空白处，当鼠标光标变成状时，按住鼠标左键并上下拖动命令面板，以显示更多的设置参数。

6. 视图控制区

在屏幕右下角有8个图标按钮，它们是当前激活视图的控制工具，主要用于调整视图显示的大小和方位，可以对视图进行缩放、局部放大、满屏显示、旋转以及平移等显示状态的调整。其中有些按钮会根据当前被激活视图的不同而发生变化。

选择顶视图（前视图、左视图等）、透视图、摄影机视图时，视图控制区的显示分别如图2-8所示。

顶视图　透视图　摄影机视图

图2-8　视图控制区各按钮的形态

可以看出，视图类型不同，显示的视图控制工具也不同。熟练掌握这些按钮的操作，可以大大地提高工作效率。

动手操作　设置个性化界面

Step 01 双击桌面上的按钮，快速启动3ds Max 2013中文版。

Step 02 选择菜单栏中的【自定义】|【自定义UI与默认设置切换器】命令，此时弹出【为工具选项和用户界面布局选择初始设置】对话框，在【用户界面方案】列表中选择一个选项，单击 设置 按钮，如图2-9所示。

Step 03 执行上述操作后，操作界面将变为如图2-10所示的效果。如果想恢复到原状，只需要选择【DefaultUI】选项即可。

图2-9　选择界面

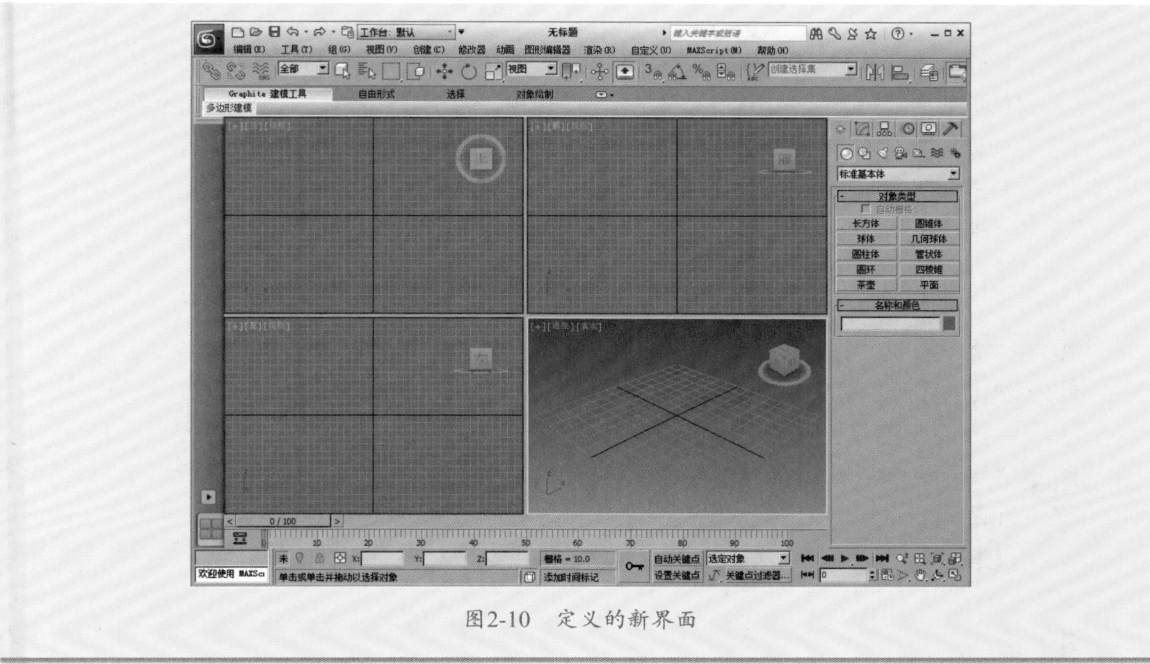

图2-10 定义的新界面

2.2 掌握3ds Max建模的一些命令

建立模型是制作效果图的第一步，必须掌握理论性的知识，要理解经常用到的命令，为以后制作模型打下坚实的基础。无论什么样的效果图，都是从建模开始，然后利用材质、光源对其进行修饰、美化，因此，模型建立的好坏直接影响到效果图的最终效果。

2.2.1 基础建模

1. 标准基本体

3ds Max中提供了非常容易使用的标准基本体建模工具，只需拖动鼠标，即可创建一个几何体，这就是标准基本体，它们的形态如图2-11所示。

【标准基本体】创建命令面板提供了10种标准基本体，分别为长方体、球体、圆柱体、圆环、茶壶、圆锥体、几何球体、管状体、四棱锥、平面。它们的创建方法比较简单，单击相应的按钮，在视图中拖动鼠标即可。有的物体是一次创建完成，有的是两次，有的需要三次。

如果想对它们的基本形态进行修改，需要进入【修改】命令面板。如果想得到复杂的造型，必须执行三维修改命令进行细部调整。

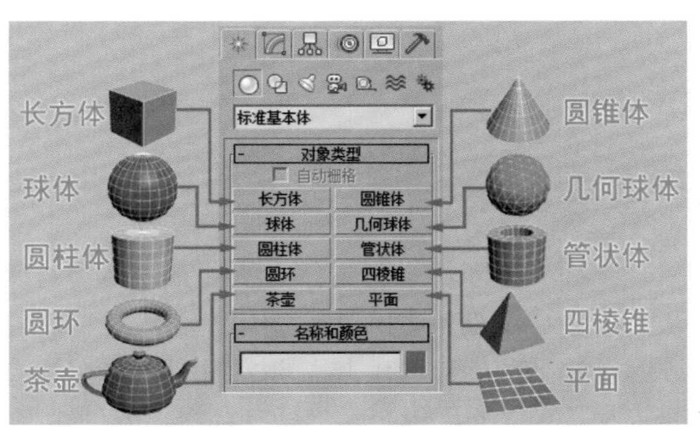

图2-11 【标准基本体】创建命令面板

2. 扩展基本体

单击【标准基本体】右侧的▼按钮，从下拉列表中选择【扩展基本体】选项，出现【扩展基本体】创建命令面板，所创建的几何体要比标准基本体更复杂，这是对标准基本体略加变化而形成的。对于这些形体，要注意它们的参数变化，充分挖掘潜力，以达到最大的利用率，如图2-12所示。

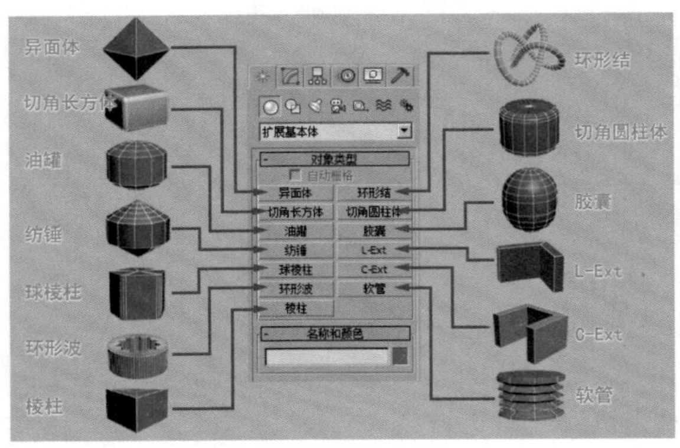

图2-12 【扩展基本体】创建命令面板

【扩展基本体】创建命令面板提供了13种扩展基本体，包括异面体、切角长方体、油罐、纺锤、球棱柱、环形波、棱柱、环形结、切角圆柱体、胶囊、L-Ext、C-Ext、软管。

在制作一些家具时经常用到【切角长方体】命令，尤其是制作沙发，其他的物体用得比较少。

3. 特殊几何体

3ds Max提供了创建主要用于建筑工程领域的特殊几何体，如AEC扩展、楼梯、门和窗等。这些模型都已经进行了参数化处理，用户只需调整参数就可以得到需要的造型，这使得三维设计更加方便，也为高效快捷地创建室内外效果图提供了有利条件。但是在真正制作效果图的时候这些命令基本用不到，希望大家注意，它们的形态及功能，如图2-13所示。

AEC扩展		楼梯		门		窗			
植物 植物可产生各种植物对象，如树种。		U 型楼梯 创建一个两段的楼梯，这两段彼此平行并且它们之间有一个平台		枢轴门 枢轴门只在一侧用铰链接合。		遮篷式窗 “遮篷式”窗口具有一个或多个可在顶部转枢的窗框。		平开窗 平开窗口具有一个或两个可在侧面转枢的窗框（像门一样）	
栏杆 围栏对象的组件包括栏杆、立柱和栅栏。		L 型楼梯 创建带有彼此成直角的两段楼梯		推拉门 使用“滑动”门可以将门进行滑动，就像在轨道上一样。		固定窗 固定的窗口不能打开，因此没有“打开窗口”控件。		旋开窗 具有一个窗框，中间通过窗框面用铰链接合起来。其可以垂直或水平旋转打开。	
墙 由三个子对象类型构成.这些对象类型可以在“修改”面板中进行修改。		螺旋楼梯 使用螺旋楼梯对象可以指定旋转的半径和数量，添加侧弦和中柱。		折叠门 可以在中间转枢也在侧面转枢，该门有两个门元素。		伸出式窗 伸出式窗口具有三个窗框：顶部窗框不能移动，底部的两个窗框像遮篷式窗口那样旋转打开，但是却以相反的方向。		推拉窗 推拉窗口具有两个窗框：一个固定的窗框，一个可移动的窗框。	
		直线楼梯 创建一个简单的楼梯，侧弦、支撑梁和扶手可选。							

图2-13 特殊几何体的形态及功能

2.2.2 二维线形建模

上面介绍了标准基本体、扩展基本体和特殊几何体的相关命令，但是在制图时还会遇到更为复杂的造型，仅靠基本的三维物体无法满足构建复杂场景的要求，这时就需要用到二维线形了。二维线形在效果图的建模中起着非常重要的作用，有时建立的模型全部是在二维线形的基础上添加适当的修改器完成的。因此，学好二维线形的创建与修改会对以后的工作有很大的益处。

单击命令面板 【创建】| 【样条线】按钮，此时列出了11种样条线类型，分别是线、圆、

弧、多边形、文本、截面、矩形、椭圆、圆环、星形、螺旋线、Egg（卵形样条线），如图2-14所示。

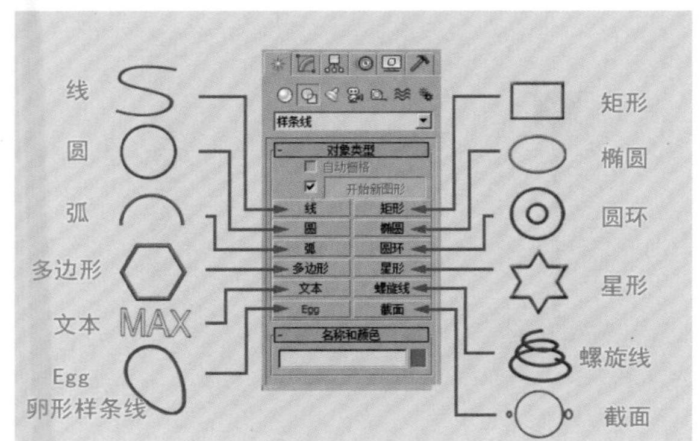

图2-14 【样条线】创建命令面板

【样条线】创建命令面板下的参数卷展栏都是相同的，分别是【渲染】、【插值】、【创建方法】、【键盘输入】，如图2-15所示。

参数详解

- 渲染:在该展卷栏中可以开关线形的可渲染属性，并可以指定渲染时的粗细和边数，还可以设置矩形。
- 插值：用于设置样条曲线的步数，也就是样条曲线上两个顶点之间的短直线数量。步数越多，样条曲线越光滑，但是面片会越多。
- 创建方法：控制以哪一种方式创建线形。
- 键盘输入：通过输入具体的数值控制生成线形的尺寸和位置。通常很少使用这种方法，因为它需要计算具体的坐标位置来确定图形的位置，很麻烦、不方便。

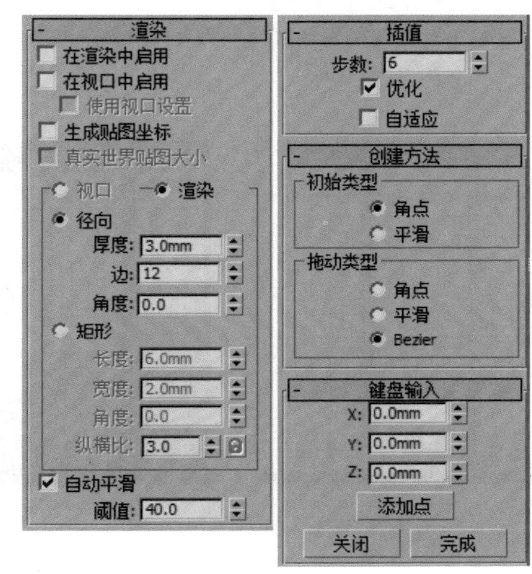

图2-15 参数卷展栏

2.2.3 二维生成三维建模

二维线形在效果图的制作过程中是使用频率较多的建模手法。标准基本体可以用来创建一些简单的三维造型，稍微复杂一些的三维造型就需要二维线形来绘制了。但这里所绘制的线形毕竟是二维的，要想生成三维造型，必须执行一些编辑命令，如挤出、车削、倒角、倒角剖面、放样等，只有这样才可以得到想要的三维造型。图2-16所示是绘制二维线形后再执行编辑命令得到的造型。

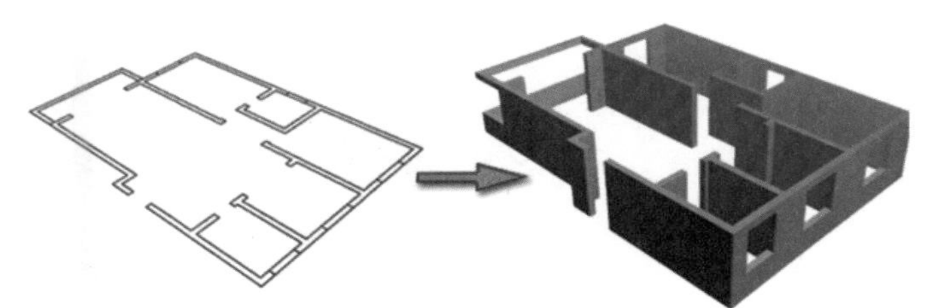

使用【挤出】命令生成的墙体

使用【车削】命令生成的台灯

图2-16 用二维线形生成的三维造型

1. 挤出

【挤出】命令是制作效果图时用到最多的命令。它使二维线形沿着其局部坐标系的Z轴方向生长，增加其厚度，还可以沿着挤出方向为它指定段数，执行挤出的线形必须是封闭的，否则挤出得到的三维物体里面是空的。

通常用【挤出】命令制作墙体、窗、装饰板、窗格等一些造型。对于复杂的形状，可以用AutoCAD先绘制出它的截面，然后再输入到3ds Max中执行挤出操作，图2-17所示的中式花格门就是这样制作出来的。

图2-17　使用【挤出】命令制作的中式花格门

2. 车削

【车削】命令是非常实用的造型工具，只需将要制作物体的截面线绘制出来，执行车削操作就可以了；还可以围绕不同的轴向对二维线形进行旋转，旋转的角度可以是0°～360°的任何数值；或者选择【对齐】下的3个选项，分别是【最小】、【中心】、【最大】，通常选择【最小】选项。如果要制作带有厚度的餐具、花瓶等造型，必须为绘制的线形施加一个轮廓，作为它们的厚度。

一般常用【车削】命令制作餐具、装饰柱、花瓶及一些对称的圆形三维模型。在执行此命令时，线形通常是封闭或带有轮廓的线形。图2-18所示的效果就是用【车削】命令制作出来的。

3. 倒角

【倒角】命令可以使线形造型增加一定的厚度并形成立体造型，还可以使生成的立体造型产生一定的线形或圆形倒角。

通常使用【倒角】命令制作倒角文字、二级天花等造型。倒角文字效果如图2-19所示。

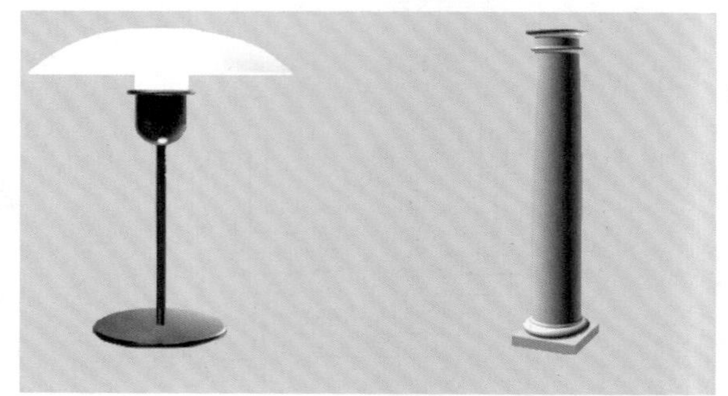

台灯　　装饰柱

图2-18　使用【车削】命令制作的台灯及装饰柱

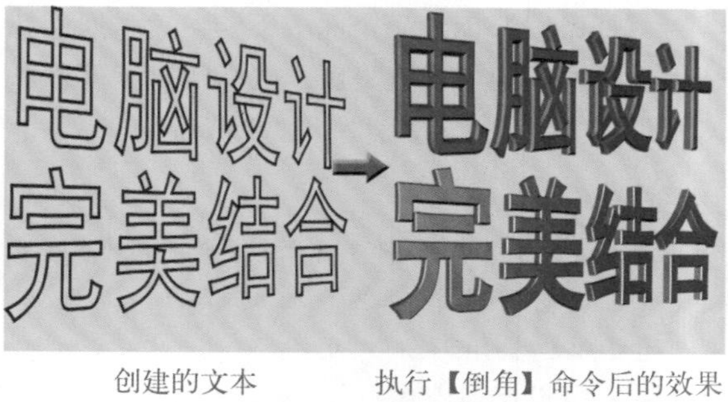

电脑设计
完美结合

电脑设计
完美结合

创建的文本　　执行【倒角】命令后的效果

图2-19　使用【倒角】命令制作的文字效果

4. 倒角剖面

这是一个新的倒角命令，可以说是从【倒角】命令中衍生出来的。它要求提供一个倒角的剖面和一条倒角的路径，有些类似于下面要讲解的【放样】命令，但在制作完成后不能删除剖面线。

通常使用【倒角剖面】命令制作装饰柱、装饰线、阶梯等一些造型。使用【倒角剖面】命令制作的阶梯效果如图2-20所示。

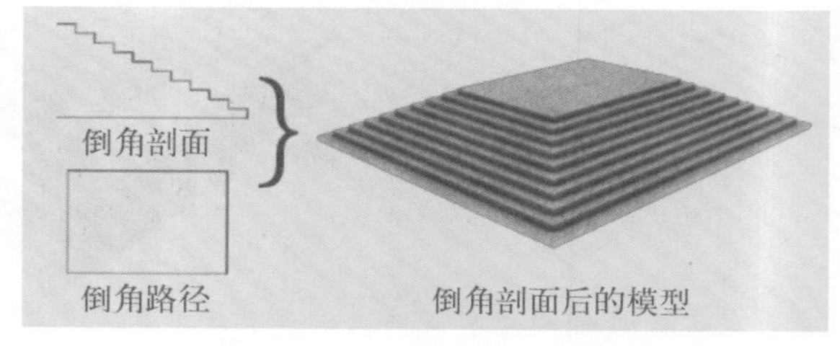

图2-20　使用【倒角剖面】命令制作的阶梯

5. 放样

使用二维线形如何生成三维物体呢？也许有的读者会说使用【挤出】、【车削】等一系列命令。不过要想创建一些造型更为复杂的物体，这些基本的修改命令就无能为力了。

【放样】命令是在制作效果图时常用的一种创建复杂造型的命令，在造型制作上具有很大的灵活性，利用它可以创建各种特殊形态的造型。不仅如此，3ds Max系统还为放样物体提供了强大的修改编辑功能，可以更加灵活地控制放样物体的形态。图2-21所示的造型就是使用【放样】命令制作出来的。

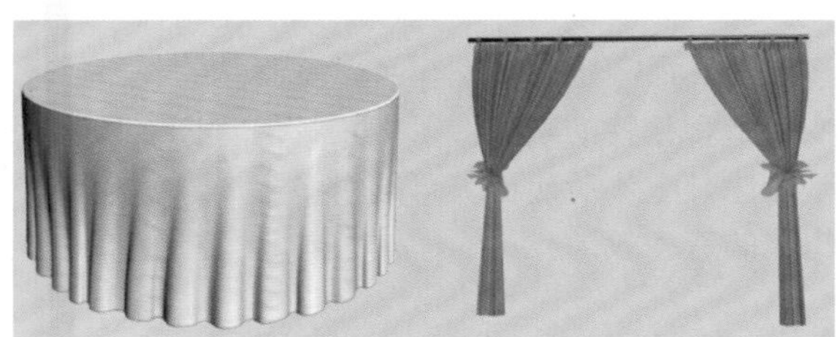

桌布　　窗帘

图2-21　使用【放样】命令制作的桌布及窗帘

2.2.4 三维修改建模

1. 弯曲

使用【弯曲】命令，可以对选择的物体进行无限度数的弯曲变形操作，并且通过X、Y、Z轴向控制物体弯曲的角度和方向，也可以用【限制效果】下的【上限】、【下限】参数限制弯曲在物体上的影响范围，通过这种控制可以使物体产生局部弯曲效果。

通常使用【弯曲】命令制作旋转楼梯、弧形墙及一些弯曲的造型，效果如图2-22所示。

旋转楼梯　　弧形墙

图2-22　使用【弯曲】命令制作的旋转楼梯与弧形墙

注意

在为物体执行【弯曲】命令时，物体一定要有足够的段数，否则将达不到弯曲的效果。

2. 锥化

【锥化】命令通过缩放物体的两端而产生锥形轮廓来修改物体，还可以加入光滑的曲线轮廓，允许控制锥化的倾斜度、曲线轮廓的曲度，并且可以实现物体的局部锥化效果。

通常使用【锥化】命令来表现一些弧形状的造型。图2-23所示是对茶壶造型执行了【锥化】命令后的效果。

图2-23　对茶壶执行【锥化】命令后的各种形态

3. 噪波

对造型执行【噪波】命令，可以使物体表面各点在不同方向进行随机变动，使造型产生不规则的表面，以获取凹凸不平的效果。

通常使用【噪波】命令可以制作山峰、水纹、布料的皱纹等。制作效果如图2-24所示。

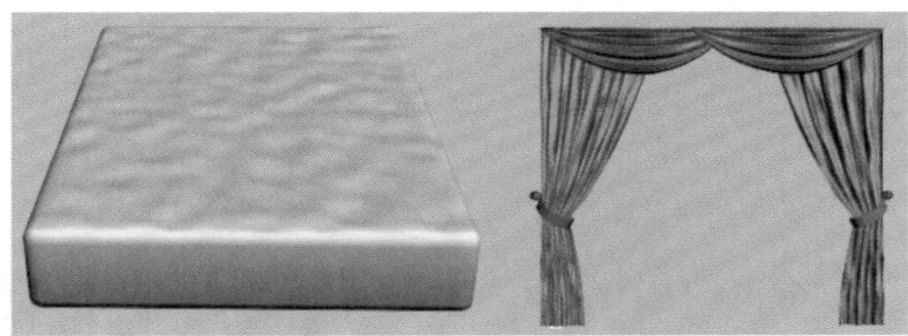

床垫　　窗帘

图2-24　使用【噪波】命令制作的床垫与窗帘

4. FFD

FFD不仅可作为空间扭曲物体，还可作为基本修改工具，用来灵活地弯曲物体的表面，有些类似于捏泥人的手法。FFD在视图中以带控制点的网格方体显示，可以移动这些控制点对物体进行变形。

FFD是3ds Max中对网格对象进行变形修改最重要的命令之一。它的优势在于，通过控制点的移动，使网格对象产生平滑一致的变形，尤其是在制作室内效果图中的家具时。

FFD分为多种方式，包括FFD2 × 2 × 2、FFD3 × 3 × 3、FFD4 × 4 × 4、FFD（长方体）、FFD（圆柱体）。它们的功能与使用方法基本一致，只是控制点数量与控制形状略有变化。常用的是FFD（长方体），它的控制点可以根据需要随意设置，从而得到需要的造型。

通常使用【FFD】命令表现一些家具的造型，在使用其他命令没有达到效果的时候，也可以使用【FFD】命令进行调整。图2-25是创建长方体后用【FFD】命令修改的效果。

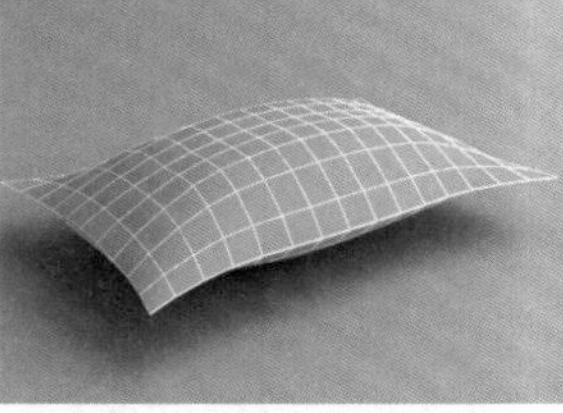

图2-25　对长方体使用【FFD】命令修改后的效果

5. 可编辑多边形

【可编辑多边形】命令是3ds Max中一个很强大的建模命令，可用于人物、植物、机械、工业产品、装潢设计等的建模制作。使用【可编辑多边形】命令建立模型，可以将简单的长方体改变成造型独特的家具、工业设计等。图2-26所示是创建长方体后使用【可编辑多边形】命令制作出来的造型效果。

创建长方体　　使用【可编辑多边形】命令进行修改　　使用NURMS细分

图2-26　创建长方体后使用【可编辑多边形】命令编辑完成的分餐盒的初步效果

图2-27所示是赋予材质、设置灯光、使用VRay渲染后的效果。

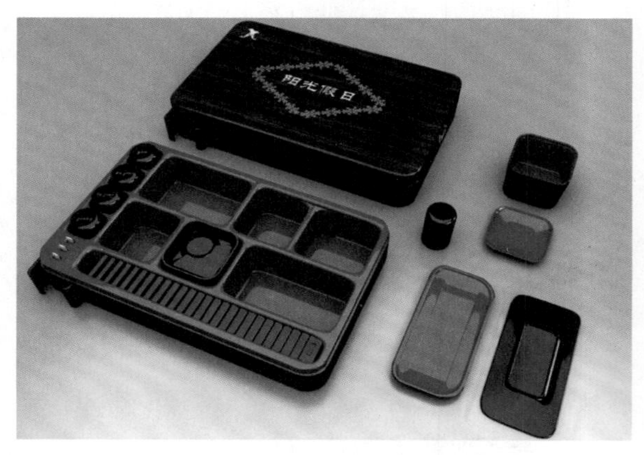

图2-27　分餐盒的最终效果

2.3 效果图制作的常用设置

在3ds Max中制作效果图，之前必须进行环境设定，主要包括单位设定、网格设定、捕捉设定、组的使用等。如果想提高制图速度，还要有一套自己的快捷键。下面讲解一些制作效果图时需要掌握的基础知识。

2.3.1 单位设置

单位的设置是制作效果图前第一个要考虑的问题，因为它直接影响到后面的整体比例。无论是室外建筑还是室内装饰，一般情况下使用的单位都是mm（毫米）。使用CAD绘制图纸时使用的单位是mm（毫米），使用3ds Max制图时同样使用mm（毫米），只有这样才能更好地控制整体比例。

下面详细地讲解操作过程。

动手操作 设置单位

Step 01 执行菜单栏中的【自定义】|【单位设置】命令，弹出【单位设置】对话框。

Step 02 在【单位设置】对话框中单击【公制】单选按钮，在下方的下拉列表中选择【毫米】选项。再单击 系统单位设置 按钮，弹出【系统单位设置】对话框，在【系统单位比例】参数区的下拉列表中选择【毫米】选项，然后单击 确定 按钮，如图2-28所示。

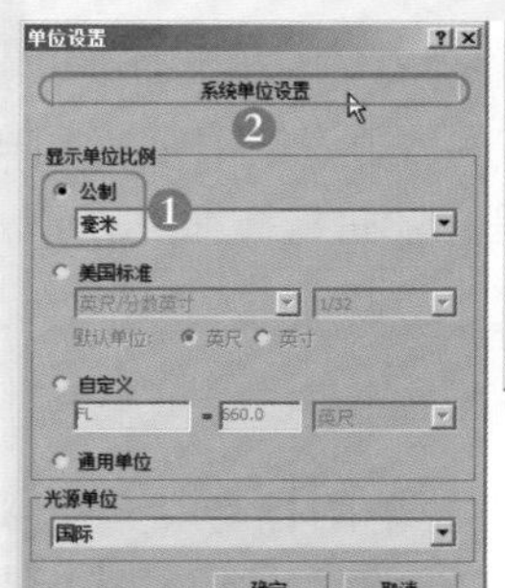

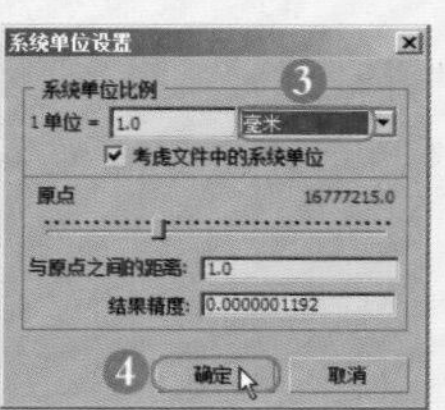

图2-28 进行单位设置

Step 03 返回到【单位设置】对话框中，单击 确定 按钮。

场景的单位设置完成，在下面制作造型时使用的单位全部是mm（毫米）。

另外，当所打开场景的单位设置与当前的系统单位不相符时，系统会显示类似【文件加载：单位不匹配】对话框，如图2-29所示。

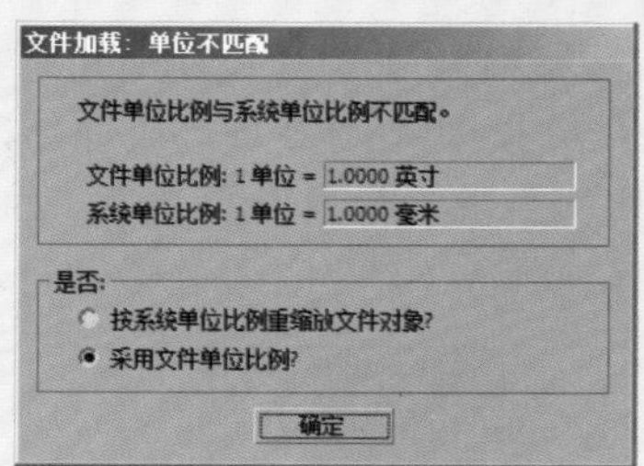

图2-29 【文件加载：单位不匹配】对话框

如果需要使用当前系统单位对打开场景中的对象进行重缩放，单击【按系统单位比例重缩放文件对象】单选按钮后单击 确定 按钮，一般采用默认的【采用文件单位比例】设置。

在单击【按系统单位比例重缩放文件对象】单选按钮后，如果重缩放的视图中的几何体不再可见，则使用【所有视图最大化显示】按钮；在单击【采用文件单位比例】单选按钮后，使用【UVW 展开】命令的对象可能丢失其纹理坐标信息，如果出现这种情况，请单击【按系统单位比例重缩放文件对象】单选按钮。

2.3.2 组的使用

【组】命令是将多个物体组织在一起，对它们进行共同编辑的一个命令。可以为组添加一个修改器或者动画，取消组后的每个物体都会保留组的修改器和动画。在组中还可以包含其他组，但组中的层最好不要过多，否则会影响到系统的运行速度。

在使用【组】命令时，需要掌握以下特点。

- 执行【组】命令后，成组的多个物体将被作为一个物体来处理。
- 如果需要编辑组中的单个物体，需要打开组。
- 在场景中选择组中的任意一个物体，整个组将被选择。
- 在物体列表中，不再显示单个物体的名称，而显示组的名称。

2.3.3 隐藏和冻结

可以暂时将不用的模型隐藏或冻结，这对管理场景、高效利用系统资源很有用。

首先在场景中选择要隐藏或冻结的物体，然后单击鼠标右键，在弹出的菜单（如图2-30所示）中选择隐藏或冻结的相关命令即可。

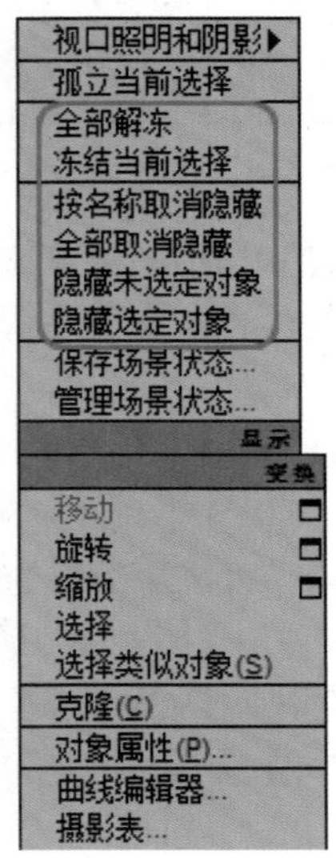

图2-30　右键菜单

命令详解

- 全部解冻：对场景中已经冻结的对象全部解冻。
- 冻结当前选择：只冻结当前处于被选择状态的对象。
- 按名称取消隐藏：选择该命令，会弹出如图2-31所示的【取消隐藏对象】对话框，在对话框中选择需要取消隐藏的对象，然后单击对话框右下角的取消隐藏按钮，即可将选择的对象取消隐藏。

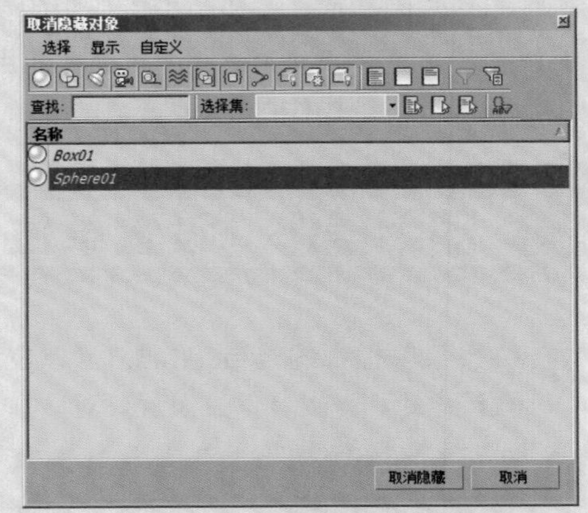

图2-31　【取消隐藏对象】对话框

- 全部取消隐藏：取消场景中所有的隐藏对象。
- 隐藏未选定对象：隐藏场景中未选择的所有对象。
- 隐藏选定对象：隐藏场景中当前选择的对象。

冻结的对象显示在场景中且在渲染时参与渲染计算。另外，更多隐藏和冻结的相关命令可以在【显示】命令面板下的【显示】卷展栏和【冻结】卷展栏中找到，这里就不进行详细讲解了。

2.3.4 对象的选择操作

选择物体是一个很简单的操作，只需要单击主工具栏中的【选择对象】按钮，然后直接点取物体即可，被选择的物体以白色线框形式显示。配合Ctrl键，在场景中点击目标物体，可以加入一个选择物体；配合Ctrl键，在场景中进行框选，可以加入多个物体。配合Alt键，在场景中点击目标物体，可以减去一个选择物体；配合Alt

键，在场景中进行框选，可以减去多个物体。

1. 使用对话框选择

通过物体名称指定选择的方式快捷、准确，在进行复杂场景的操作时必不可少。为物体起的名称要尽量具有代表性和可读性，便于在选择时进行识别。

可以按键盘中的H键，快速打开【从场景选择】对话框，场景中所有物体的名字会全部出现在对话框中。如果想选择某个物体，可以在该对话框中选择，然后单击 确定 按钮，如图2-32所示。

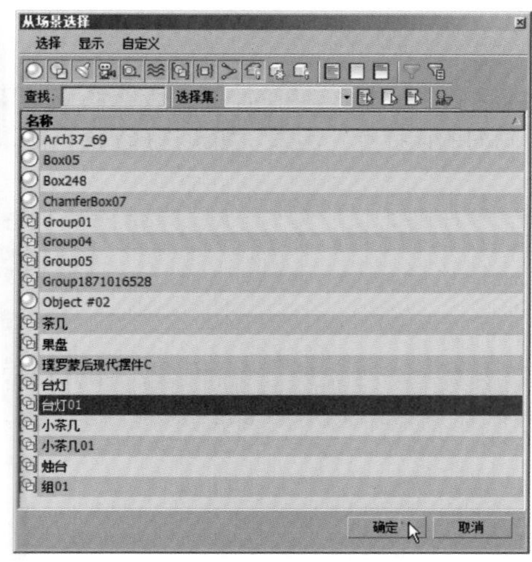

图2-32 【从场景选择】对话框

2. 使用区域选择

单击主工具栏中的按钮，按住鼠标不放，会弹出五种形状的选择区域方式，包括【矩形选择区域】、【圆形选择区域】、【围栏选择区域】、【套索选择区域】和【绘制选择区域】。

另外，区域选择还受到主工具栏中【交叉】和【窗口】控制按钮的影响。

按钮详解

- 【窗口】：只有完全被包含在虚线框内的物体被选择，局部在虚线框内的物体将不被选择。
- 【交叉】：虚线框所触及的所有物体都被选择，即使只有局部在框选范围内。

3. 使用选择过滤器

从宏观上对物体类型进行选择过滤的控制，可以屏蔽其他类型的物体并快捷准确地进行选择。默认设置为【全部】选项，即不产生过滤作用。这种方式非常适合在复杂场景中对某一类物体进行选择操作，如只对场景中的灯光进行选择调节。

在主工具栏中单击 全部 【选择过滤器】右侧的三角按钮，弹出所有创建物体的类型，包括【全部】、【G-几何体】、【S-图形】、【L-灯光】、【C-摄影机】、【H-辅助对象】、【组合…】、【骨骼】、【IK链对象】、【点】、【CAT Bone】等。

选择过滤器是针对选择同一类型的物体而设计的。当在一个非常复杂的场景中需要选择同一类型的物体时，可以使用选择过滤器来完成。当在【选择过滤器】下拉列表中选择一个物体类型后，在视图中选择物体就只能选取在【选择过滤器】中选定好的物体类型，其他类型的物体将被排除在外，不能被选择。在系统默认状态下，选择过滤器中的物体类型为所有类型。

2.3.5 捕捉

3ds Max中的捕捉功能可以约束在执行变换操作时的变换量。捕捉功能被划分为3部分，分别是捕捉切换（都可以控制）、角度捕捉切换（控制旋转）、百分比捕捉切换（控制缩放）。

使用捕捉可以在创建、移动、旋转和缩放对象时进行控制，因为捕捉可以在对象或子对象的创建和变换期间捕捉到现有几何体（或网格）的特定部分。

将光标放在主工具栏的按钮上，单击鼠标右键，弹出【捕捉设置】窗口，可以设置【捕捉】选项卡的参数，如图2-33所示。

选择【选项】选项卡，然后设置参数，如图2-34所示。

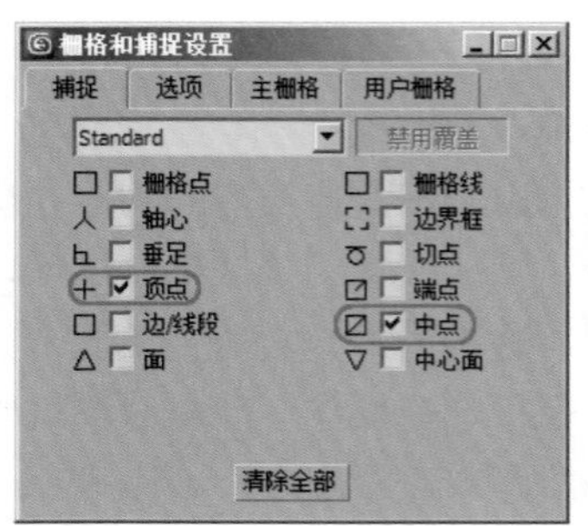

图2-33　设置【捕捉】选项卡参数

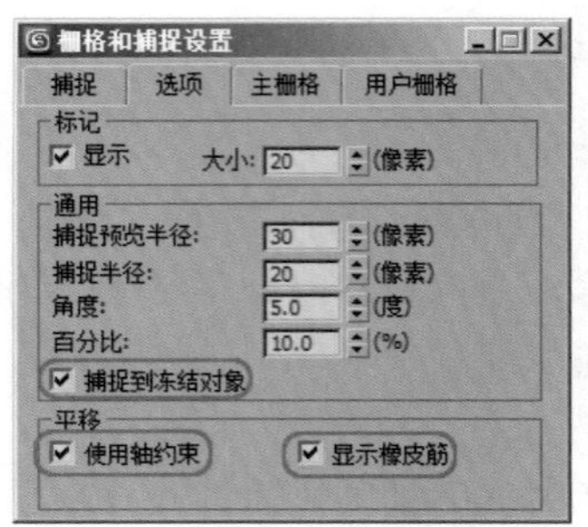

图2-34　设置【选项】选项卡参数

在实际工作中，最好选择捕捉模式，最常用的是顶点、中点捕捉。一定要养成运用捕捉的习惯，以大大提高建模的效率及精度。

技 巧

在【选项】选项卡中选中【使用轴约束】复选框，对于效果图制作是十分有用的。它表示当约束到某一轴向时，物体只能在该轴向移动，并可以同时捕捉到另外一个轴向的捕捉点。例如，如果选择Y轴，物体只能沿Y轴移动，但可以捕捉到X轴的捕捉点。

2.3.6 调整轴点

3ds Max为场景中的每一个对象都提供了一个轴点。当场景中的对象经过各种修改器的调整（如从对象中将子对象分离出来）后，其原有的轴点可能不方便在轴点中心下对对象进行调整，这就需要重新定位轴点。

动手操作　调整轴点

Step 01 重新设置系统。在顶视图中创建一个茶壶造型。观察茶壶造型目前的轴点位置（位于茶壶的底部），如图2-35所示。

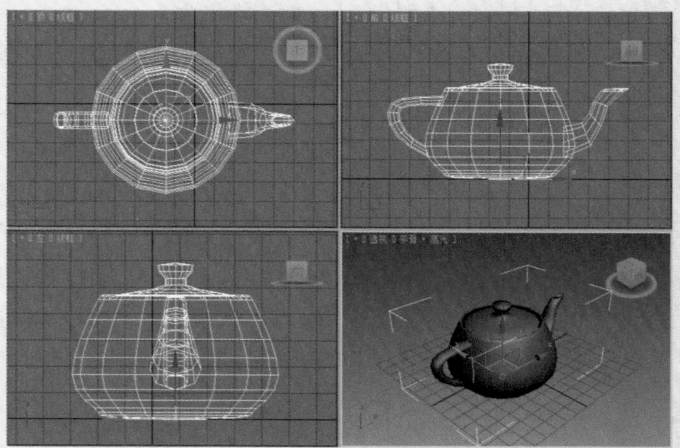

图2-35　轴点在底部

下面将茶壶造型的轴点调整到茶壶造型的中间。

Step 02 单击品按钮，进入【层级】命令面板。在【调整轴】卷展栏下单击[仅影响轴]按钮，然后单击[居中到对象]按钮，将茶壶造型的轴点调整到茶壶的物理中心位置，效果如图2-36所示。

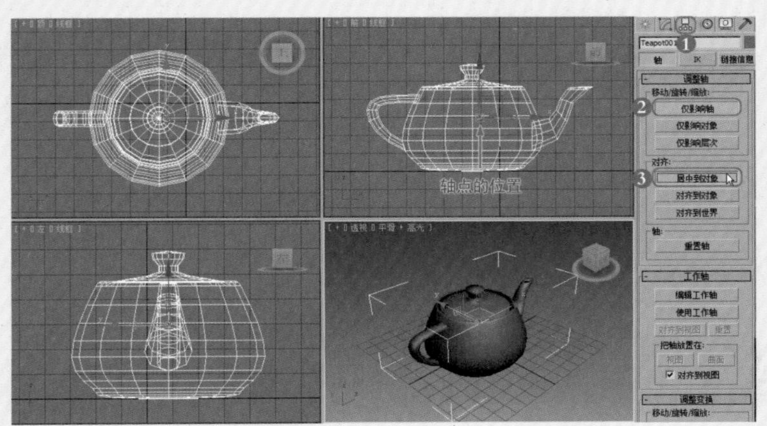

图2-36 调整轴点的位置

轴点调整完成后，需要取消轴调整命令。

Step 03 再次单击[仅影响轴]按钮，结束轴调整命令。

注 意

单击其他命令面板切换标签，也可以取消轴调整命令。

除上述调整方法外，还可以使用移动、旋转命令手动调整轴点的位置、方向等，在这里就不再一一讲解了。

2.3.7 自动备份的设置

在实际工作中，经常会遇到3ds Max无故跳出、断电、死机等问题，那么辛苦制作的效果图会不会要重新制作呢？为了安全起见，最好养成随手保存的好习惯。3ds Max可以自动备份文件，默认状态下5分钟保存一次，一共可以保存3个备份文件。执行菜单栏中的【自定义】|【首选项】命令，在弹出的【首选项设置】对话框中选择【文件】选项卡，如图2-37所示。

3ds Max自动备份文件的默认路径是“我的文档\3ds Max \ autoback\”，如图2-38所示。

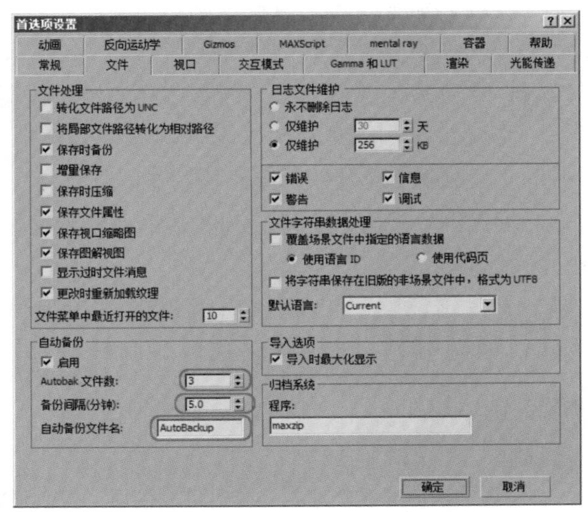

图2-37 【首选项设置】对话框

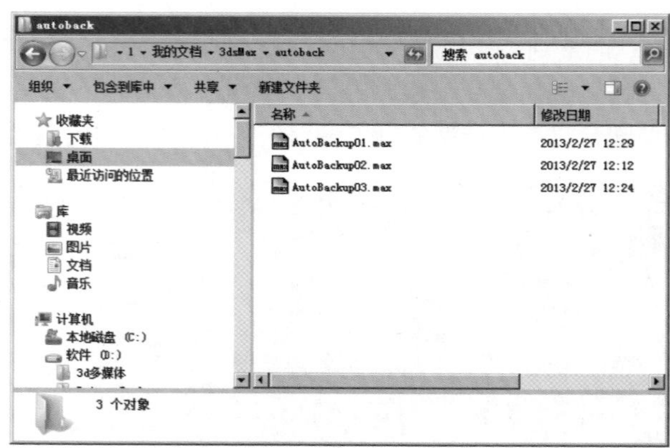

图2-38　自动备份文件

2.3.8 快捷键的设置

专业的设计师在制图时几乎不用主工具栏和菜单栏，而完全采用键盘快捷键来操作。键盘快捷键是使用鼠标进行初始化操作的键盘替换方法。例如，要打开【选择对象】对话框，可以按 H 键；要将当前视图切换到底视图，可以按B 键。键盘快捷键提供了一种更有效率的工作方法。

一般情况下，很多常用操作都已经被设置好了键盘快捷键。另外，还可以自己修改或添加新的快捷键，使操作变得更加快捷。

下面介绍如何设置自己的快捷键。

动手操作　设置快捷键

Step 01 启动3ds Max 2013中文版。

Step 02 执行菜单栏中的【自定义】|【自定义用户界面】命令，弹出【自定义用户界面】对话框，切换到【键盘】选项卡。

Step 03 在列表中选择【显示所有栅格切换】选项，在【热键】右侧的文本框中输入“Ctrl+1”，单击 指定 按钮，如图2-39所示。

按照同样的方法，可以为其他命令设置习惯使用的快捷键。

Step 04 单击 保存... 按钮，将设置的快捷键保存起来，格式为*. Kbd。

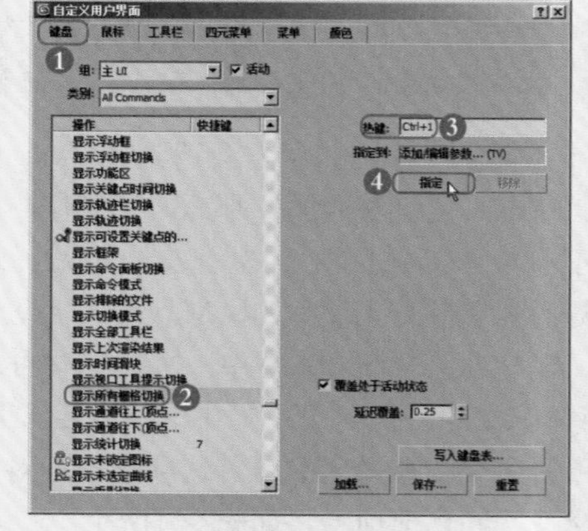

图2-39　【自定义用户界面】对话框

技 巧

设置的快捷键在其他电脑中也可以使用，但必须将保存的格式为*. Kbd的快捷键文件复制到3ds Max\UI下。在【自定义用户界面】对话框中单击 加载... 按钮，将先前保存的快捷键文件加载到当前的文件中。

2.4 建模的实例操作

为了彻底掌握上面提到的各项命令，下面带领大家制作一些效果图中常用的家具。

2.4.1 制作单人沙发

这个单人沙发造型的制作方法，主要是在创建长方体后将其转换为可编辑多边形并进行修改，效果如图2-40所示。

图2-40　制作的单人沙发

现场实战　制作单人沙发

Step 01 启动3ds Max 2013中文版，将单位设置为mm（毫米）。

Step 02 单击【创建】|【几何体】| 长方体 按钮，在顶视图中创建一个800mm × 1200mm × 160mm的方体，修改段数为4 × 6 × 1，效果如图2-41所示。

图2-41　创建的长方体

技巧

为了便于观察，在透视图中可以按F4键，此时物体将会显示出边面，这样就可以清楚地观看到物体的结构形态。在透视图中物体的边缘会显示白色线架，影响观察物体的形态，可以按J键取消显示。

Step 03 单击鼠标右键，在弹出的菜单中选择【转换为】|【转换为可编辑多边形】命令，如图2-42所示。

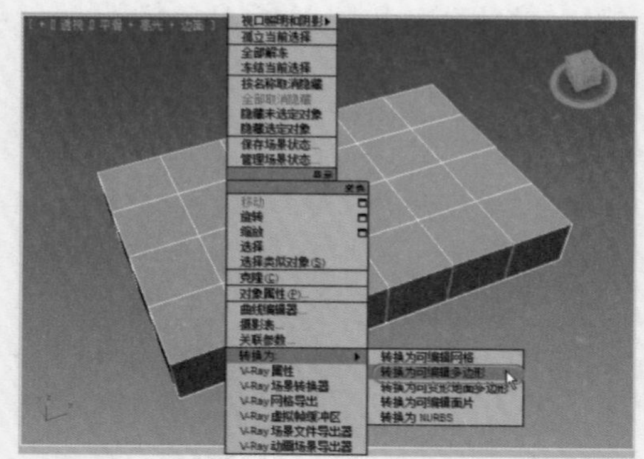

图2-42 将长方体转换为可编辑多边形物体

Step 04 按4键，进入▣【多边形】层级子物体，在透视图中选择上面的12个面，单击【挤出】右侧的▣按钮，设置【挤出高度】为20.0mm，使选择的面挤出，如图2-43所示。

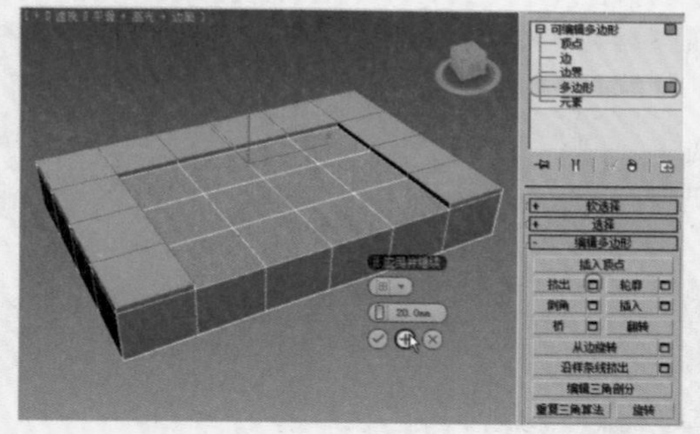

图2-43 对面进行挤出

Step 05 调整【挤出高度】为120.0mm，单击两次⊕【应用并继续】按钮，制作出沙发扶手及后背的高度，效果如图2-44所示。

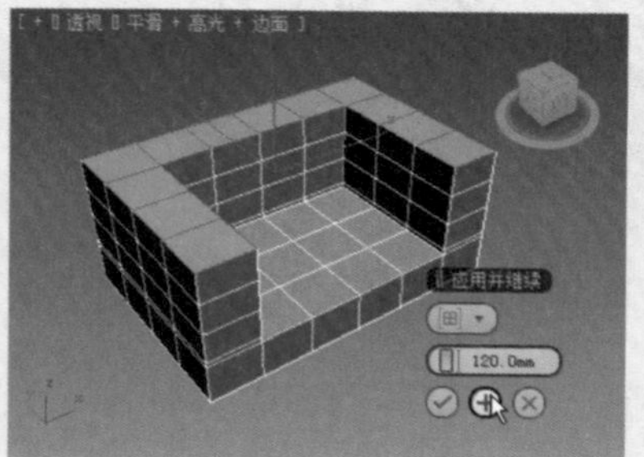

图2-44 对面进行挤出

Step 06 调整【挤出高度】为20.0mm，单击✓【确定】按钮，效果如图2-45所示。

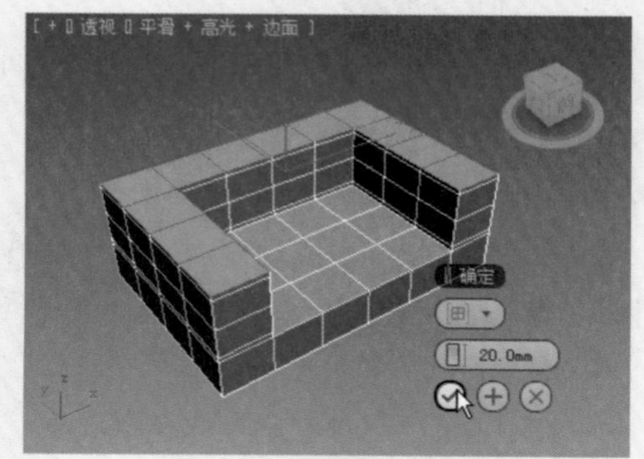

图2-45 对面进行挤出

Step 07 在透视图中选择沙发底座的面，如图2-46所示。

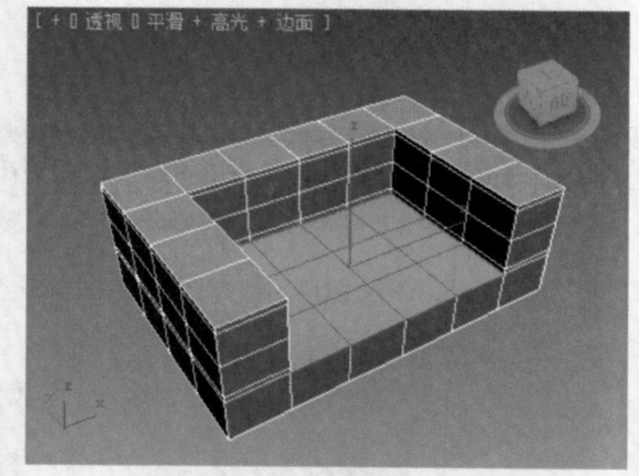

图2-46 选择的面

Step 08 单击 倒角 右侧的▣按钮，设置相关参数，单击✓【确定】按钮，制作出底座，效果如图2-47所示。

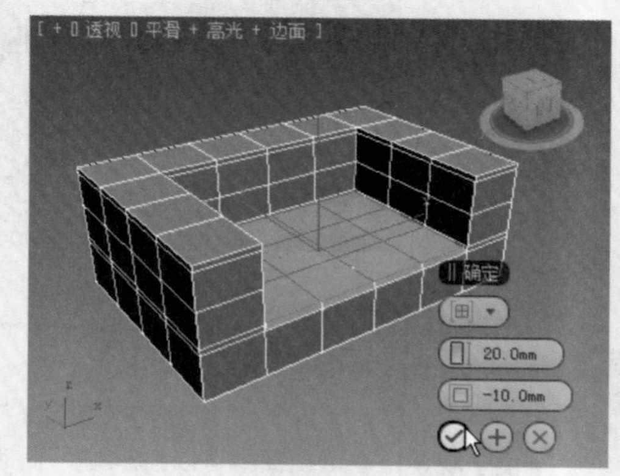

图2-47 对面进行倒角

下面制作沙发边的凹槽效果。

Step 09 按2键，进入【边】层级子物体，在不同的视图中选择如图2-48所示的边。

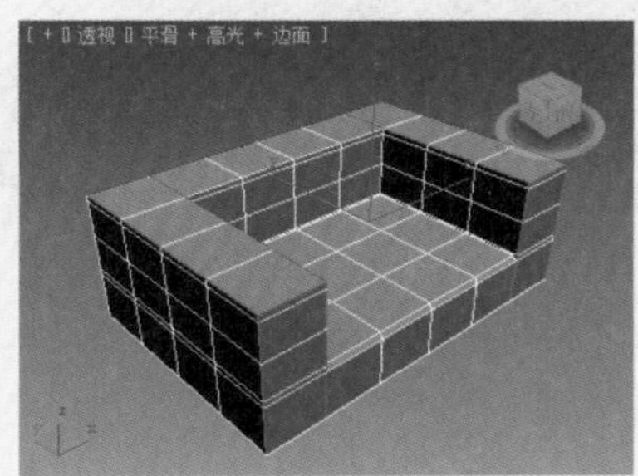

图2-48 选择的边

Step 10 单击 挤出 右侧的按钮，设置相关参数，单击【确定】按钮，生成凹槽，效果如图2-49所示。

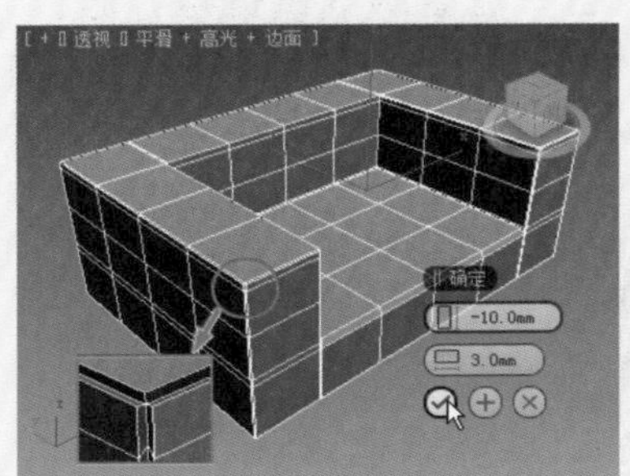

图2-49 对边进行挤出

Step 11 进入【边】层级子物体。

Step 12 在修改面板中选中【细分曲面】卷展栏下的【使用NURMS细分】复选框。修改【迭代次数】为1，使面光滑，效果如图2-50所示。如果将【迭代次数】设置为2的话，面片太多，会影响机器的运行速度。

图2-50 选中【使用NURMS细分】复选框

从效果可以看出，形状不太理想，说明物体的段数不合理，有的位置缺少段数，造成圆角过大，下面进行修改。

Step 13 取消选中【使用NURMS细分】复选框，退出圆滑效果。

Step 14 按5键，进入【元素】层级子物体，选择所有元素，使用 快速切片 或者其他方法增加段数，效果如图2-51所示。

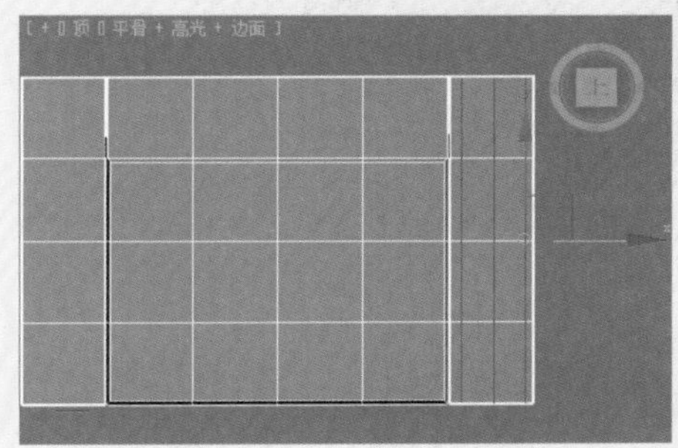

图2-51 增加段数

Step 15 使用同样的方法增加多条段数，效果如图2-52所示。

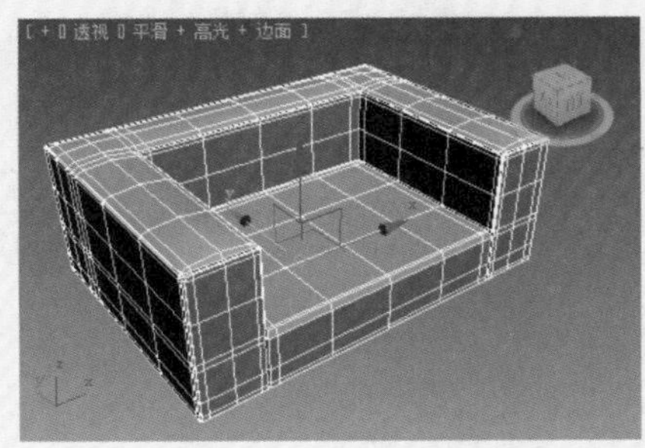

图2-52 增加多条段数

Step 16 再次选中【使用NURMS细分】复选框，效果如图2-53所示。

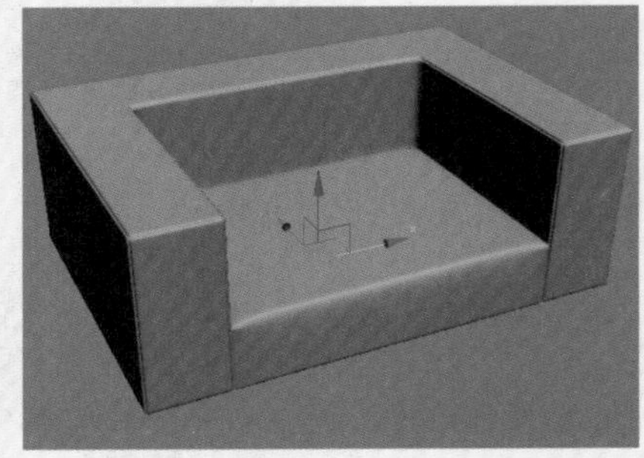

图2-53 增加段数后的圆滑效果

Step 17 单击 【创建】| 【几何体】| 切角长方体 按钮，在顶视图中创建一个切角长方体，作为沙发底座。进入【修改】命令面板，对参数进行修改，效果如图2-54所示。

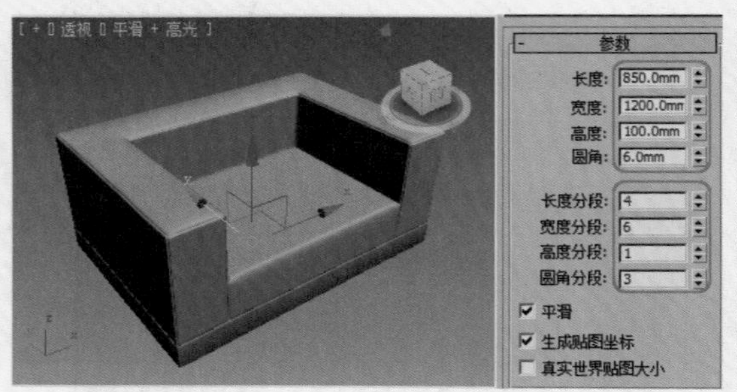

图2-54 切角长方体的参数设置

下面制作沙发腿。

Step 18 复制两个切角长方体，作为沙发腿，修改参数后将其放在沙发底座的下方，效果如图2-55所示。

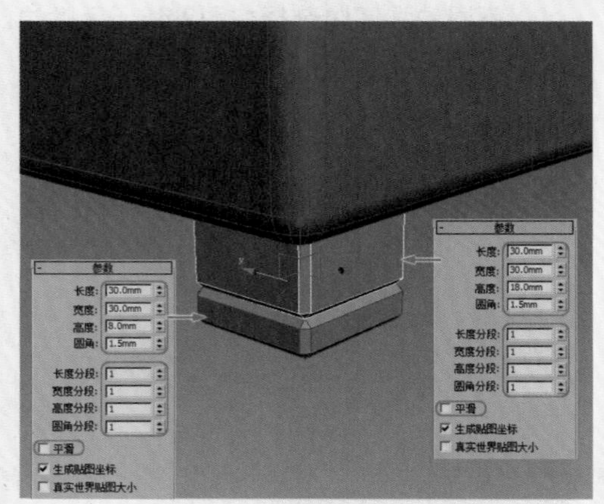

图2-55 制作沙发腿

Step 19 同时选择两个切角长方体，复制三组，效果如图2-56所示。

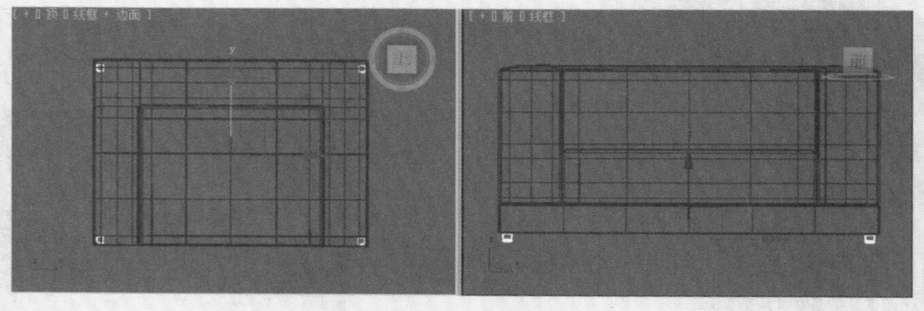

图2-56 复制的沙发腿

下面制作沙发靠垫。

Step 20 在前视图中创建一个方体，参数设置如图2-57所示，然后将其转换为可编辑多边形物体。

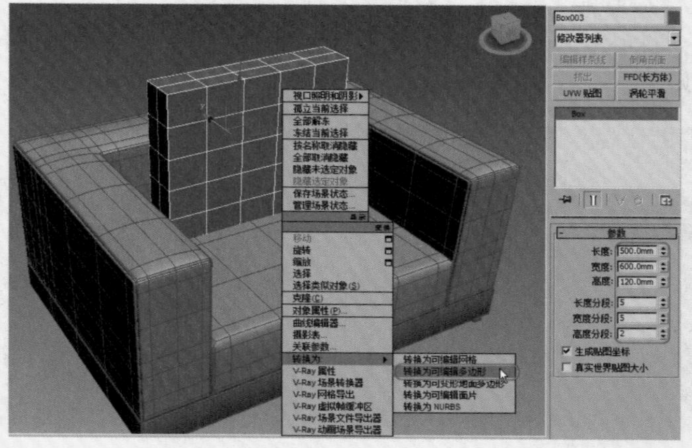

图2-57 创建方体

Step 21 在修改面板中选中【细分曲面】卷展栏下的【使用NURMS细分】复选框，修改【迭代次数】为1，使面光滑，效果如图2-58所示。

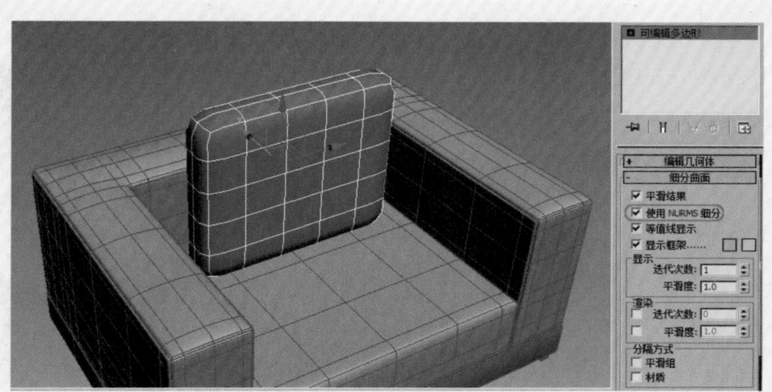

图2-58 选中【使用NURMS细分】复选框

Step 22 按1键，单击【顶点】按钮，在顶视图中选择外面的顶点，然后在前视图中沿Y轴进行缩放，效果如图2-59所示。

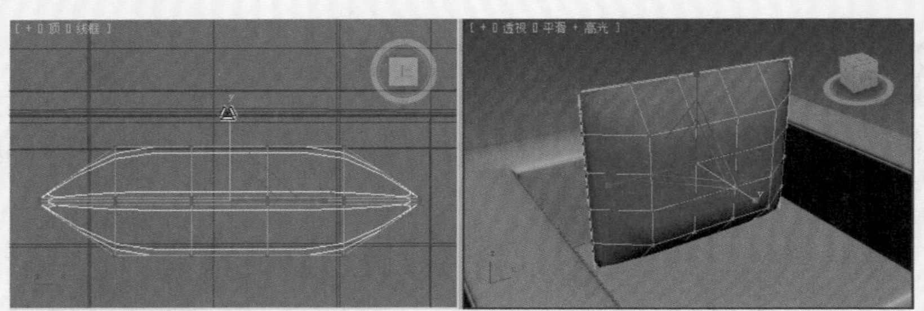

图2-59 对点进行缩放

Step 23 使用【移动】工具可以进行局部调整，在调整时一定要注意现实生活中靠垫的造型，这样才能控制好形态，旋转角度后的效果如图2-60所示。

Step 24 在【修改】命令面板中执行【噪波】命令，设置【比例】为100.0，选中【分形】复选框，设置【迭代次数】为10.0，调整【强度】参数区下的【Z】为20.0mm，效果如图2-61所示。

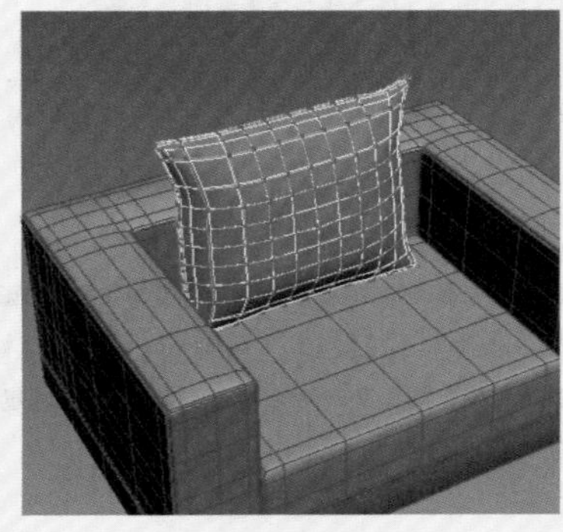

图2-60 调整效果

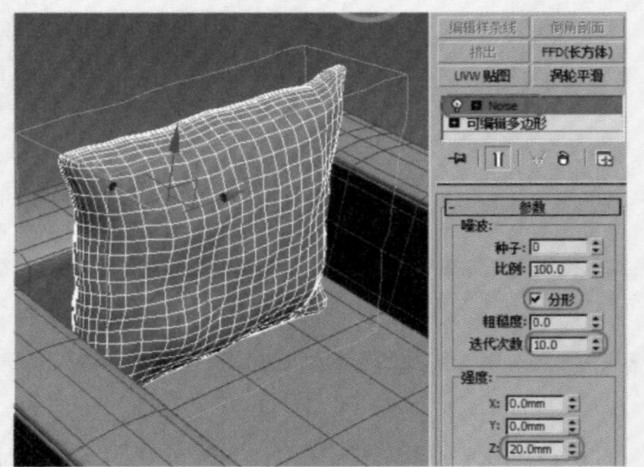

图2-61 调整参数

Step 25 保存制作的模型，设置文件名为“单人沙发.max”。

课后练习 制作组合沙发

在下面这组组合沙发的造型中，单人沙发前面已经制作过了，茶几的造型比较简单，L形沙发的制作方法与单人沙发基本相同，控制好尺寸和比例就可以了，效果如图2-62所示（此线架为本书附带光盘中的“场景\第2章\组合沙发.max”）。

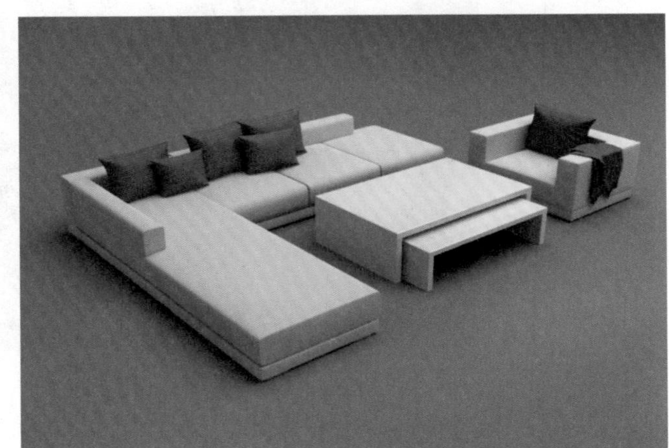

图2-62 组合沙发

2.4.2 制作窗帘

窗帘的制作主要是使用【放样】命令来完成的，通过缩放进行细致调整，然后将其转换为可编辑多边形物体，激活【顶点】按钮进行调整，最终效果如图2-63所示。

图2-63 制作的窗帘

现场实战 制作窗帘

Step 01 启动3ds Max 2013中文版，将单位设置为mm（毫米）。

Step 02 单击【创建】|【图形】| 线 按钮，在顶视图中绘制一条开放的曲线作为放样的截面线，在前视图中绘制一条直线作为放样的路径，效果如图2-64所示。

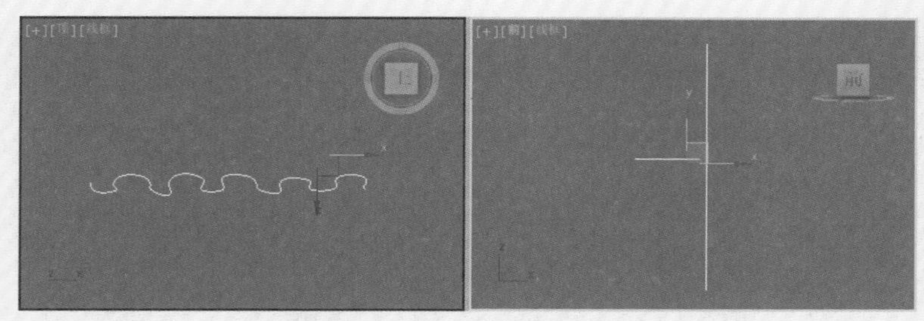

图2-64 绘制的截面线与路径

在制作效果图时，应按照实际尺寸来绘制截面线与路径，也就是按照房间的高度与窗的宽度。在练习时可以随意绘制，但是比例不能相差太大。

Step 03 在前视图中选择绘制的直线，单击【创建】|【几何体】按钮，在标准基本体下拉列表中选择复合对象选项，在【对象类型】卷展栏中单击放样按钮，再单击获取图形按钮，在顶视图中单击作为截面的曲线，生成放样物体。

Step 04 进入【修改】命令面板，将【图形步数】修改为1，再单击【变形】卷展栏下的缩放按钮，弹出【缩放变形】窗口，在控制线上添加一个节点，调整它的形态，效果如图2-65所示。

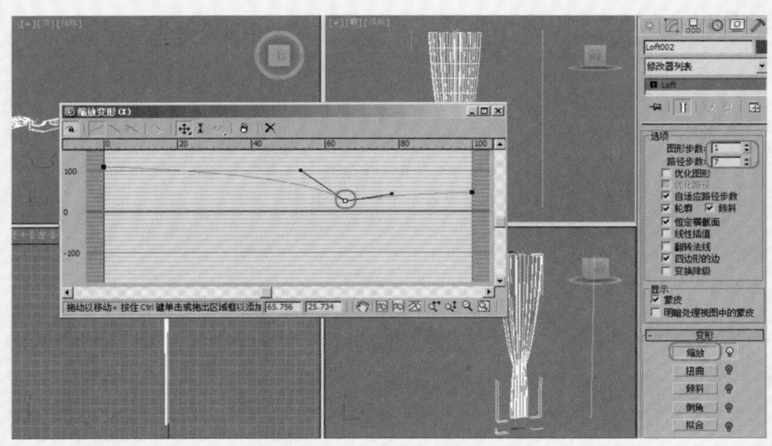

图2-65 对窗帘进行缩放操作

由图2-65可以看出，在透视图中窗帘造型的显示形态是不正确的，这是因为放样后造型法线的翻转造成的，只要将放样后的造型法线取消翻转就可以了。

Step 05 调整好窗帘的形态，将【缩放变形】窗口关闭。

Step 06 在【蒙皮参数】卷展栏下取消选中【翻转法线】复选框，效果如图2-66所示。

经过缩放修改，发现窗帘是对称的，下面调整它的形态。

Step 07 在修改器中激活【Loft】下的【图形】子物体层级，然后在前视图中框选创建的

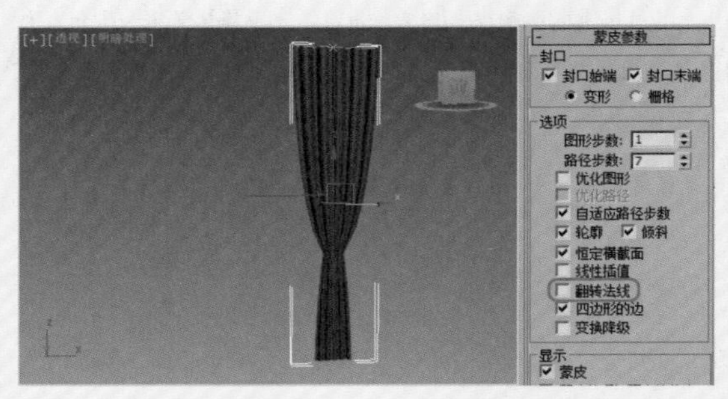

图2-66 取消翻转法线效果

窗帘，再在【图形命令】卷展栏的【对齐】参数区中单击 左 或 右 按钮，目的是让路径偏离形体一端，这样就不对称了，并形成皱起在一侧的窗帘效果，如图2-67所示。

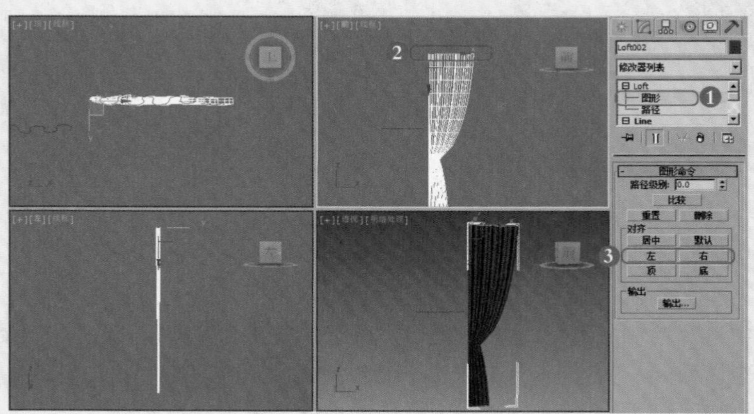

图2-67　单击【对齐】参数区中【左】或【右】按钮后的效果

Step 08 单击工具栏中的【镜像】按钮，弹出【镜像：屏幕坐标】对话框，选择X轴，将【偏移】设置为800，在【克隆当前选择】参数区中选择【实例】选项，然后单击 确定 按钮，效果如图2-68所示。

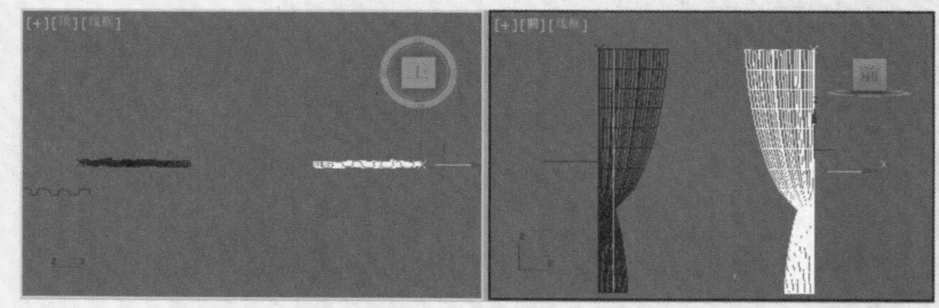

图2-68　镜像另一侧的窗帘

Step 09 保存制作的模型，设置文件名为“窗帘.max”。

课后练习　制作桌布

桌布是使用多截面放样制作出来的，两个截面分别是圆形和星形，制作完成的效果如图2-69所示（此线架为本书附带光盘中的“场景\第2章\桌布.max”）。

图2-69　桌布

2.4.3 制作中式椅子

制作中式椅子时使用的命令比较多。首先创建一个切角长方体作为椅子的底座，再使用【倒角剖面】命令生成底座的边缘；椅子架的制作基本上是用画线来完成的，少量的造型用线绘制截面后执行挤出生成；制作椅子架上面的部分，可以先创建柱体，然后将其转换为可编辑多边形物体，进入顶点进行调整，最终效果如图2-70所示。

图2-70 制作的中式椅子

现场实战 制作中式椅子

Step 01 启动3ds Max 2013中文版，将单位设置为mm（毫米）。

Step 02 单击【创建】|【图形】| 矩形 按钮，在顶视图中绘制一个500mm × 550mm的矩形作为截面。在前视图中绘制一条约35 × 35mm的曲线作为轮廓线，效果如图2-71所示。

图2-71 绘制的截面与轮廓线

Step 03 确认截面处于被选择状态，执行【倒角剖面】命令，单击 拾取剖面 按钮，在前视图中点击截面线，此时生成椅子的底座，如图2-72所示。

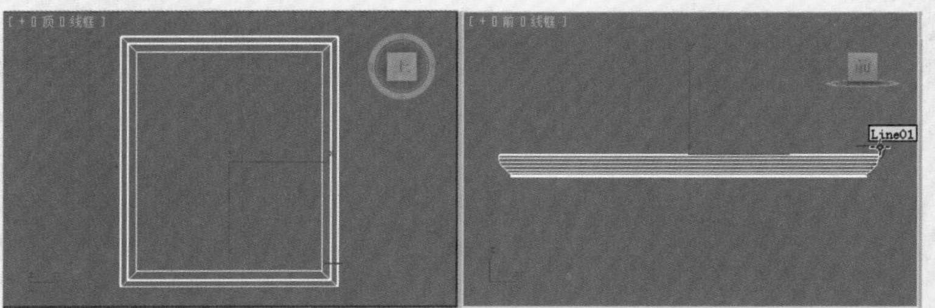

图2-72 使用【倒角剖面】命令制作的椅子底座

Step 04 在前视图中绘制椅子后背的截面线，然后施加一个为15mm的轮廓，效果如图2-73所示。

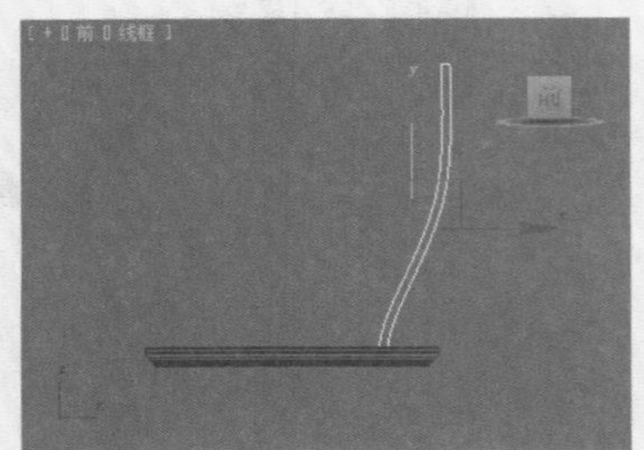

图2-73　绘制线形并施加轮廓

Step 05 在修改器列表中执行【挤出】命令，将【数量】设置为150.0，效果如图2-74所示。

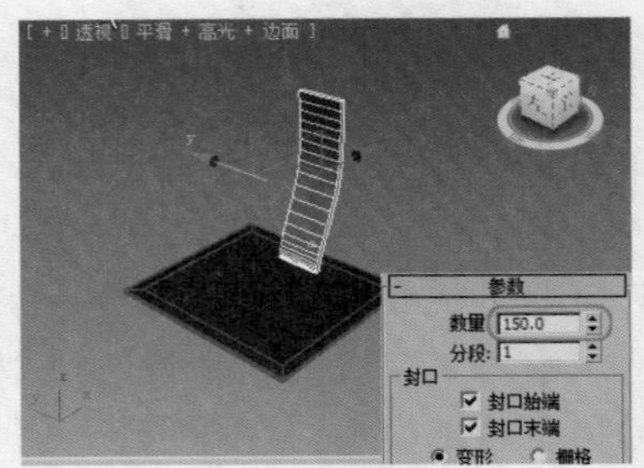

图2-74　制作的后背造型

Step 06 在顶视图中绘制出椅子扶手的形态，进入【修改】命令面板，调整【厚度】为45.0，选中【在渲染中启用】和【在视口中启用】复选框，进入【顶点】层级子物体，然后在顶视图和前视图中调整形态，效果如图2-75所示。

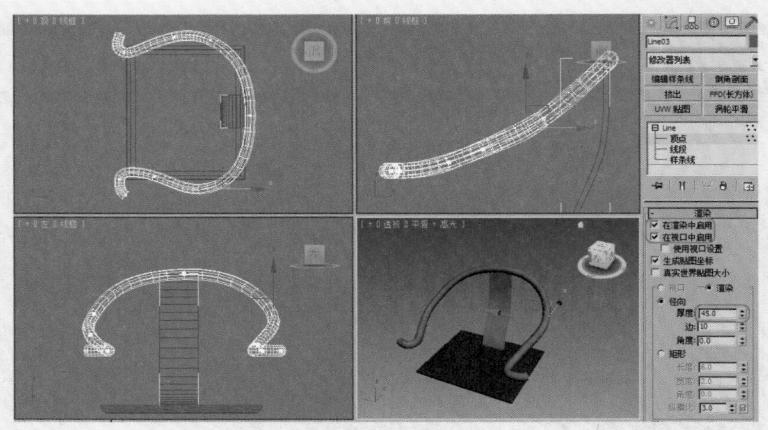

图2-75　绘制的线形形态及参数设置

Step 07 使用同样的方法，在前视图中绘制3个线形，作为后背的立柱，效果如图2-76所示。

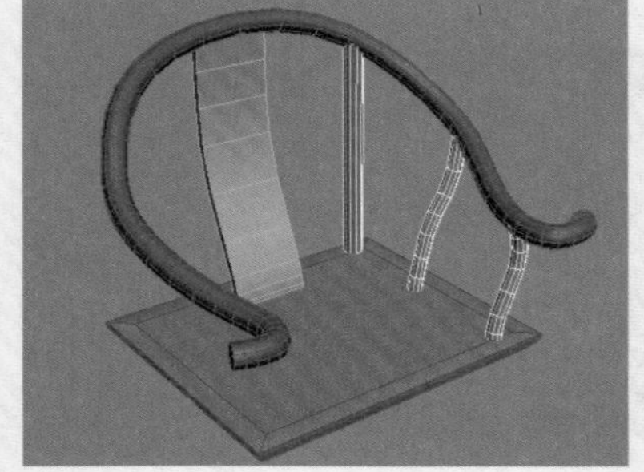

图2-76　绘制的3个立柱

Step 08 绘制截面后执行挤出操作，设置【数量】为8.0，在顶视图中进行旋转，然后放在两边的立柱上，效果如图2-77所示。

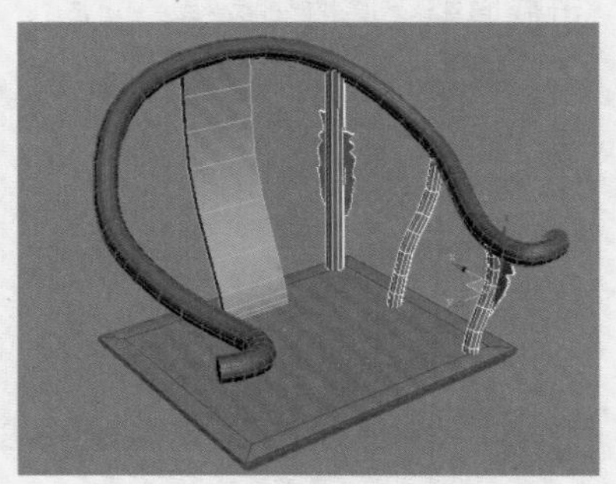

图2-77　制作的木雕花

Step 09 将3个立柱和木雕花附加为一体，然后使用【镜像】命令生成对面效果，在椅子座的上方制作一个座垫，效果如图2-78所示。

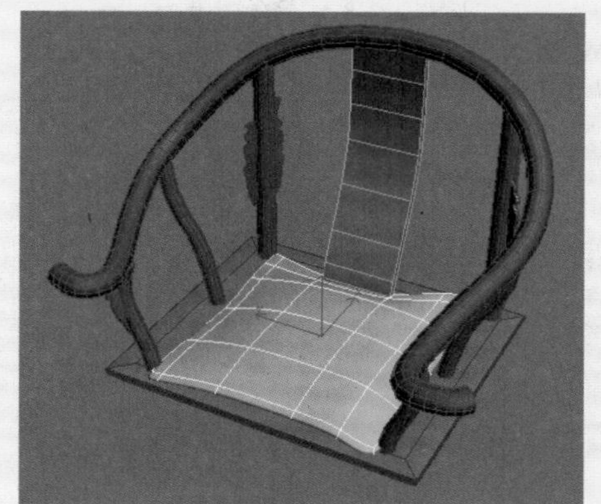

图2-78 制作的座垫

下面制作椅子腿。

Step 10 在顶视图中创建一个20mm × 450mm的柱体，然后使用移动复制的方法再复制3次，并将其放在合适的位置，效果如图2-79所示。

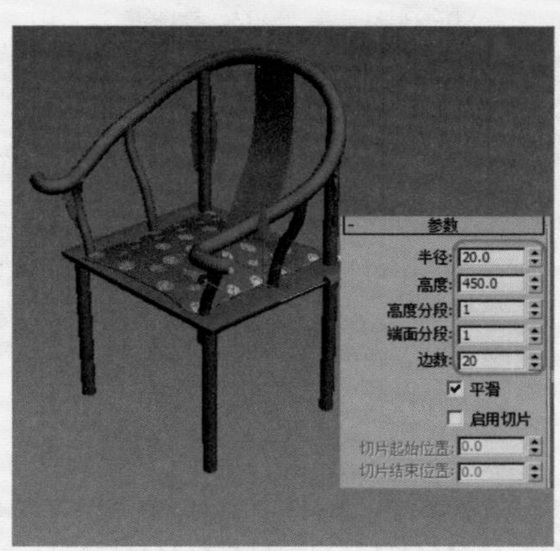

图2-79 制作的椅子腿

Step 11 使用同样的方法制作水平的横撑，效果如图2-80所示。

Step 12 在左视图中绘制木雕花的截面，然后执行挤出操作，设置【数量】为5.0，效果如图2-81所示。

Step 13 使用旋转复制的方法，在顶视图中将其他椅子腿木雕花制作出来。

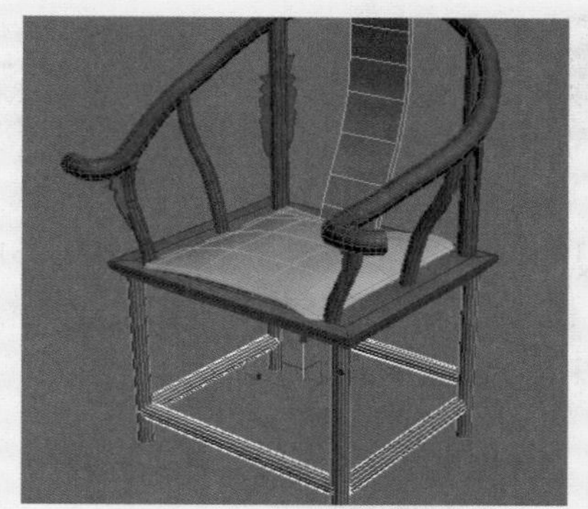

图2-80 制作的椅子腿横撑

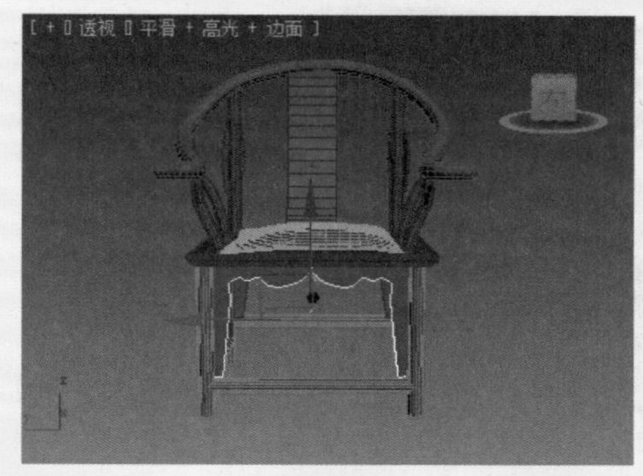

图2-81 制作的椅子腿木雕花

Step 14 将椅子转换为可编辑多边形物体，除了座垫外，将所有造型附加为一体，赋予椅子架木纹材质，赋予座垫布纹材质，最终效果如图2-82所示。

图2-82 赋予椅子材质后的效果

Step 15 保存制作的模型，设置文件名为“中式椅子.max”。

课后练习　制作中式餐椅

上面已经带领大家制作了一把中式椅子，为了巩固所学知识，自己独立制作如图2-83所示的中式餐椅（此线架为本书附带光盘中的“场景\第2章\中式餐椅.max”）。

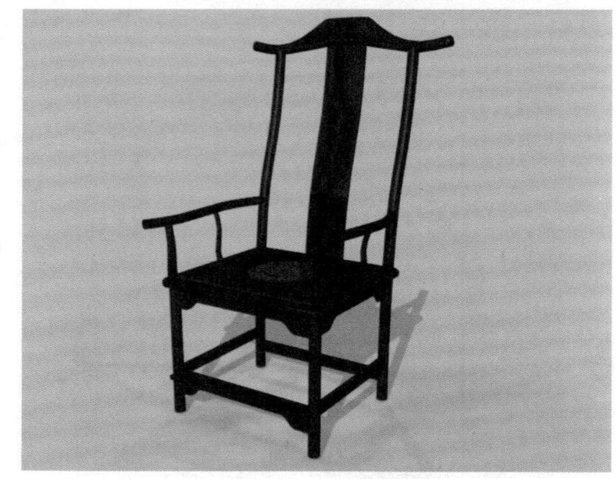

图2-83　中式餐椅

2.4.4 制作现代椅子

制作现代椅子时，首先创建方体，然后将其转换为可编辑多边形物体，单击【多边形】按钮并执行挤出操作，再单击【顶点】按钮，使用移动、旋转、缩放等相关工具进行修饰，最终效果如图2-84所示。

图2-84　制作的现代椅子

现场实战　制作现代椅子

Step 01 启动3ds Max 2013中文版，将单位设置为mm。

Step 02 单击【创建】|【几何体】|长方体按钮，在顶视图中创建一个550mm × 700mm × 120mm的方体，修改段数为3 × 3 × 1，然后将其转换为可编辑多边形物体，如图2-85所示。

Step 03 按4键，进入【多边形】层级子物体，在透视图中选择侧面的两个面，然后单击【挤出】右侧的按钮，设置【挤出高度】为120.0mm，使选择的面挤出，效果如图2-86所示。

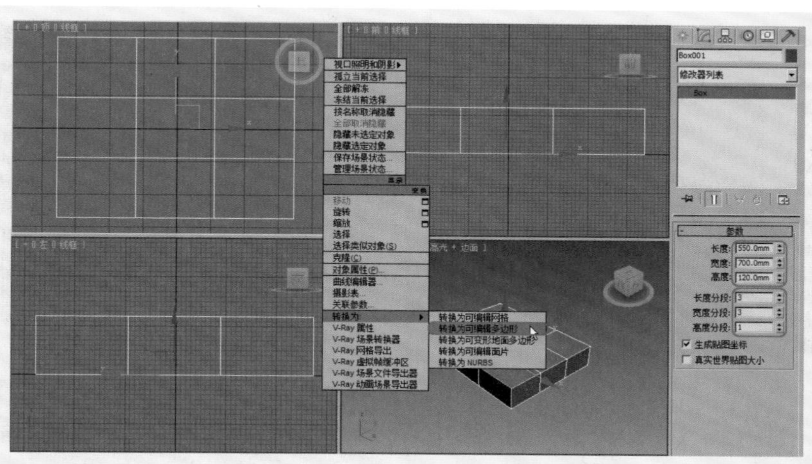

图2-85 创建方体并转换为可编辑多边形物体

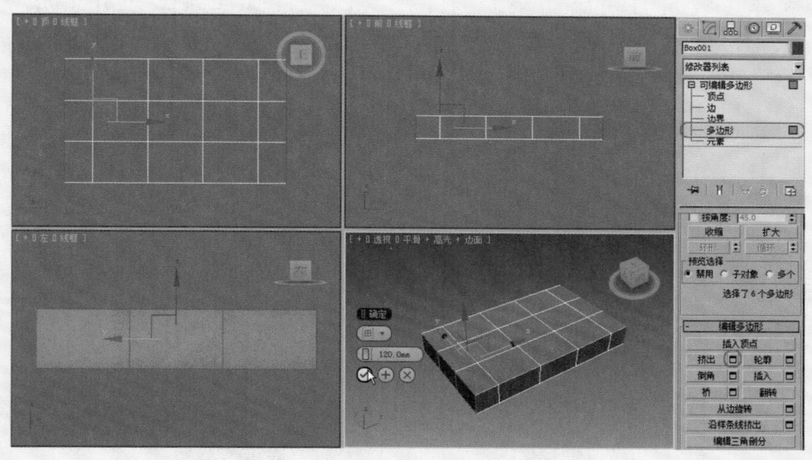

图2-86 挤出后的面

Step 04 按1键，进入【顶点】层级子物体，在前视图中选择两侧的顶点，使用主工具栏中的【移动】工具向上移动顶点，效果如图2-87所示。

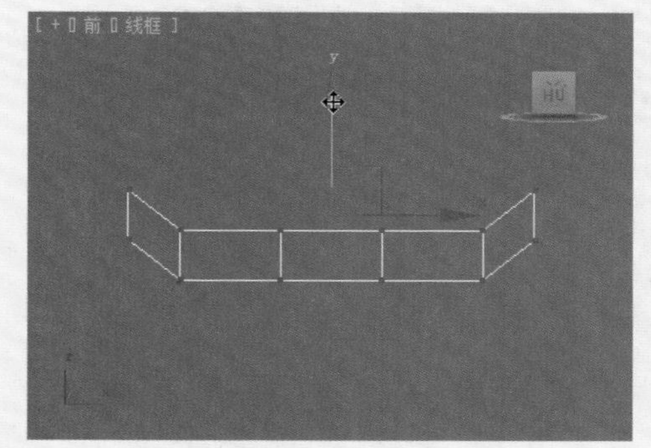

图2-87 对顶点进行移动

Step 05 使用主工具栏中的【缩放】工具在顶视图中沿Y轴进行缩放，效果如图2-88所示。

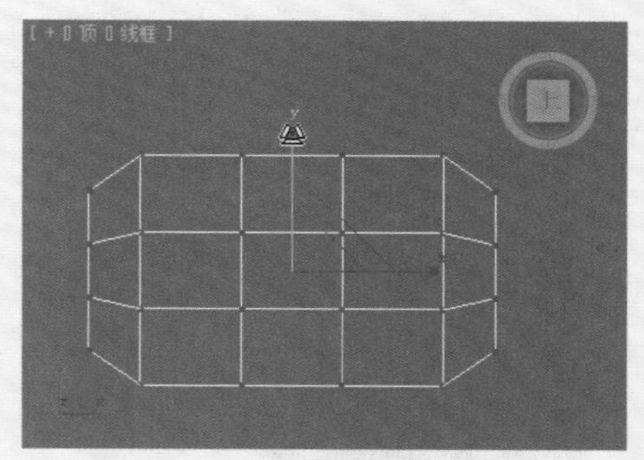

图2-88 对顶点进行缩放

Step 06 使用主工具栏中的【旋转】及【移动】工具在前视图中沿Z轴进行旋转、

移动，效果如图2-89所示。

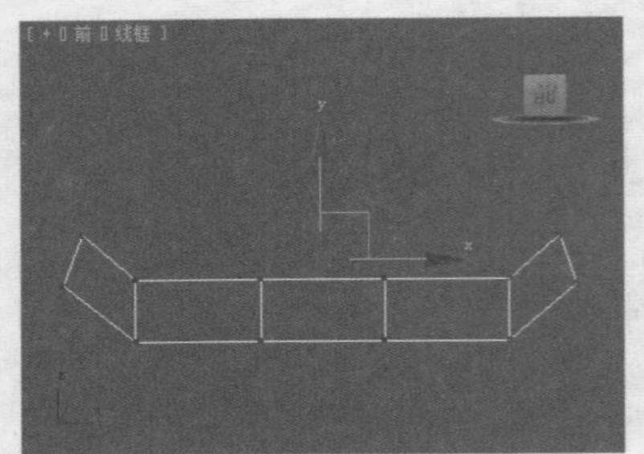

图2-89　调整顶点的形态

Step 07 按4键，进入 【多边形】层级子物体，在前视图中选择两侧的面，执行挤出操作，设置【挤出高度】为120.0mm，效果如图2-90所示。

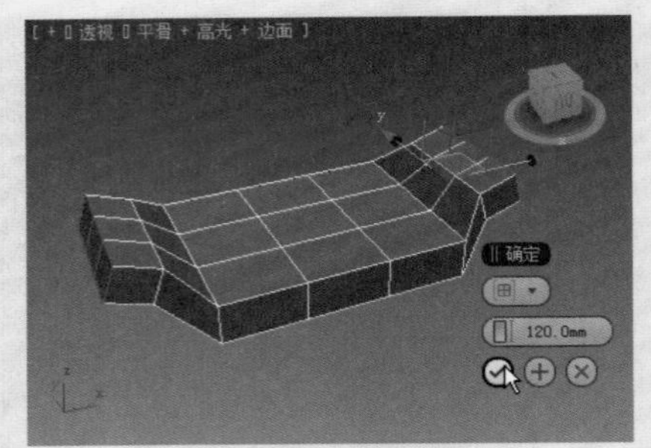

图2-90　对面进行挤出

Step 08 按1键，单击 【顶点】按钮，使用 【移动】工具调整顶点的位置，再对面挤出3次，使用 【移动】及 【旋转】工具在不同的视图中调整顶点的位置，效果如图2-91所示。

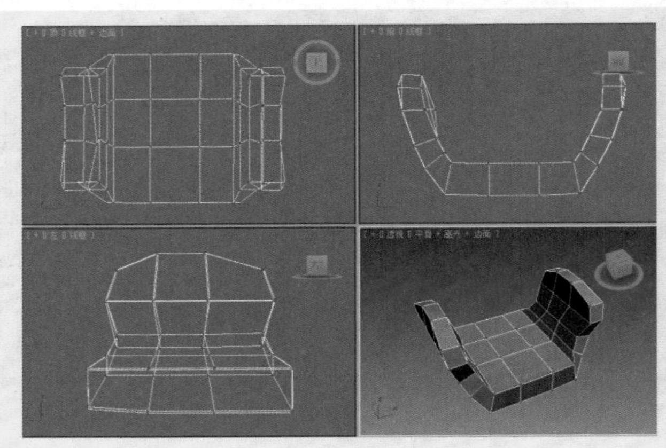

图2-91　制作的椅子扶手

下面使用同样的方法制作椅子的靠背。

Step 09 按4键，进入 【多边形】层级子物体，在透视图中选择后面的面执行挤出操作，设置【挤出高度】为120.0mm，效果如图2-92所示。

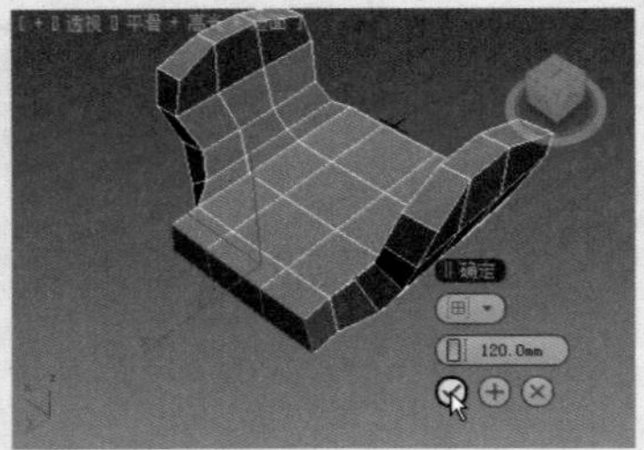

图2-92　对后面的面执行挤出操作

Step 10 按1键，进入 【顶点】层级子物体，在左视图中选择外面的顶点，使用 【旋转】和 【移动】工具在左视图中进行调整，效果如图2-93所示。

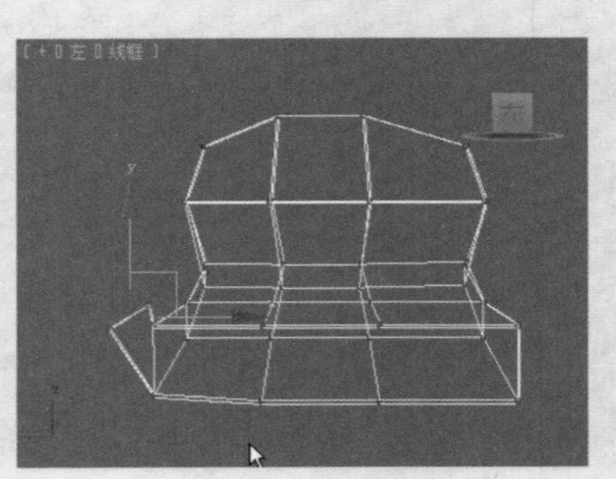

图2-93　调整顶点的形态

Step 11 按4键，进入【多边形】层级子物体，对靠背进行5次挤出，然后使用【旋转】和【移动】工具进行调整，效果如图2-94所示。

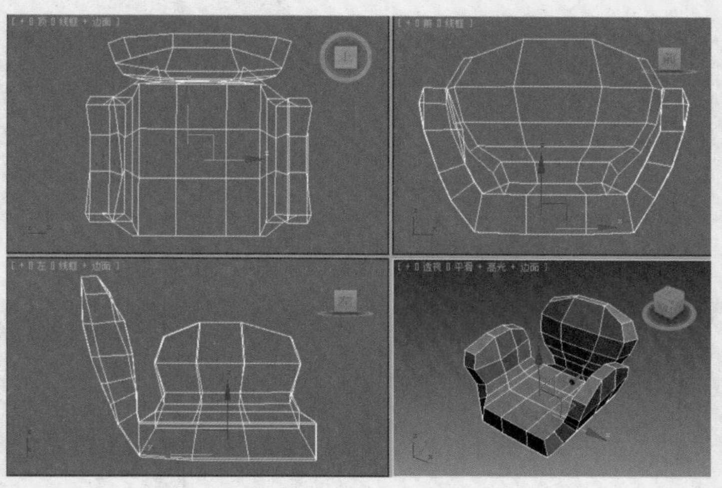

图2-94 制作的靠背造型

椅子的大体形态已基本制作完成，根据每个人的能力进行调整，多练习必定会得到好的效果。

Step 12 为编辑后的椅座执行【网格平滑】命令。

Step 13 在【修改】命令面板中的【细分量】卷展栏下，修改【迭代次数】为2。因为这把椅子的段数比较少，这样设置可以使面光滑，效果如图2-95所示。

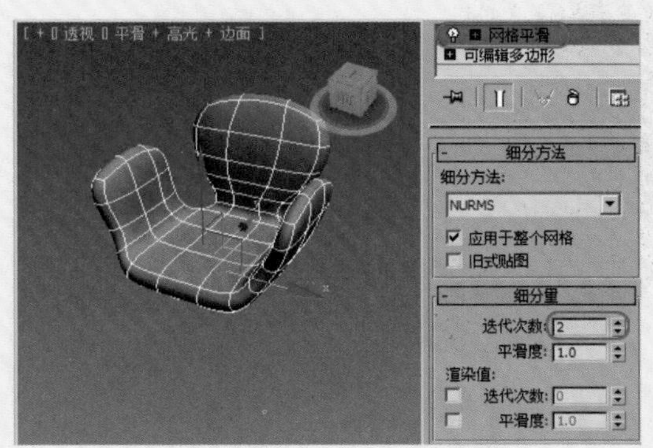

图2-95 设置参数

下面制作椅子腿。

Step 14 在顶视图中创建一个半径为18mm、高度为120mm的圆柱体，作为椅子腿的金属支架。复制该圆柱体，修改半径为30mm、高度为300mm，效果如图2-96所示。

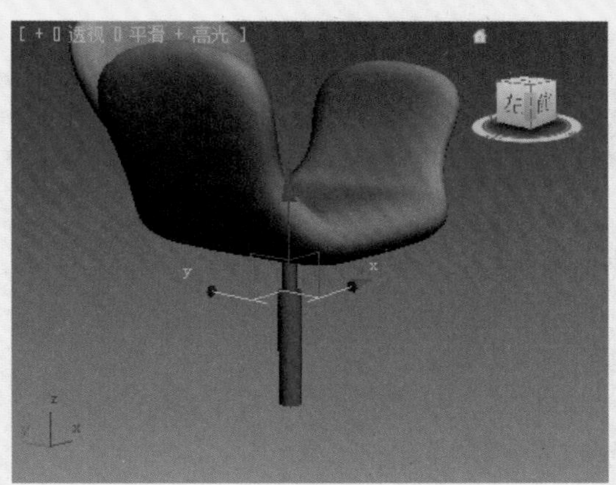

图2-96 制作圆柱体

Step 15 在顶视图中创建一个30mm×380mm×40mm的方体，效果如图2-97所示。

Step 16 将方体转换为可编辑多边形物体，进入【顶点】层级子物体，调整顶点的形态，再对边进行切角，并镜像复制出另一侧的效果，如图2-98所示。

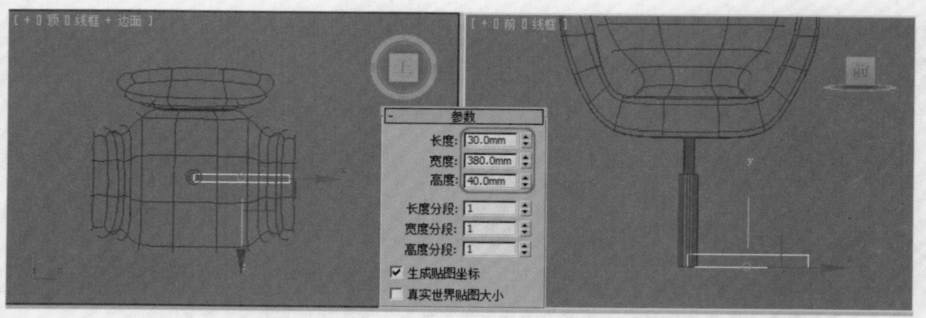

图2-97　创建的方体

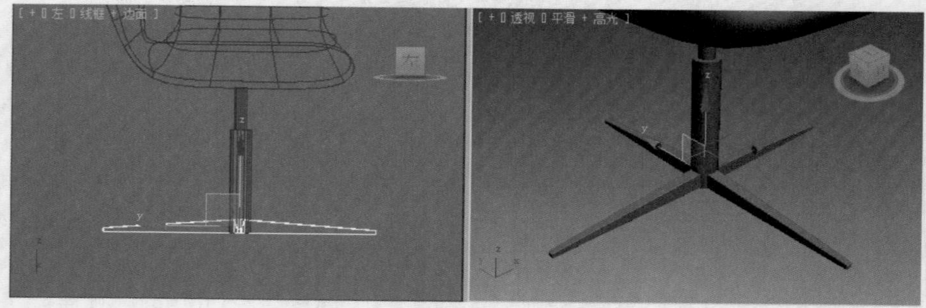

图2-98　制作的椅子腿

Step 17 保存制作的模型，设置文件名为“现代椅子.max”。

课后练习　制作躺椅

这把躺椅的结构有些复杂，但只要用心，一定能制作出来。躺椅的架子主要是用线形制作的，软垫和枕头还是转换为可编辑多边形物体，最终效果如图2-99所示（此线架为本书附带光盘中的“场景\第2章\躺椅.max”）。

图2-99　躺椅

2.5 在3ds Max中建立优化模型

在制图过程中电脑的运行速度大部分是由模型的面数来决定的，而初学者往往忽略了这个问题，无论是三维物体、二维线形或者复杂模型，它们的面数都可以合理地进行优化。

所谓建立优化模型，就是在不改变物体形状的前提下将物体的段数、面片控制到最少。但如果是圆形天花，面数就不能太少了，必须在默认情况下再增加一些段数，否则看上去不圆，效果如图2-100所示。

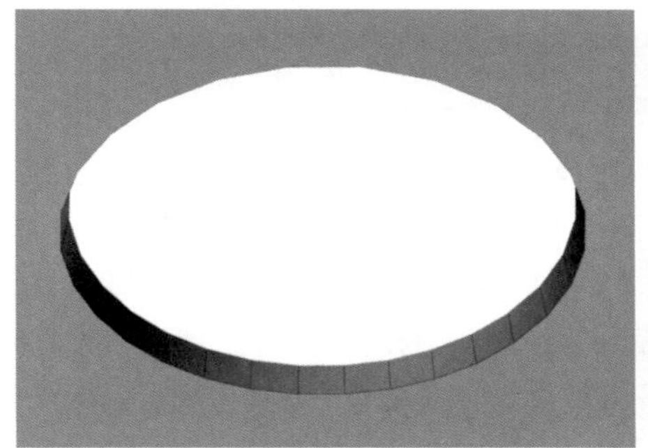

使用默认段数的天花

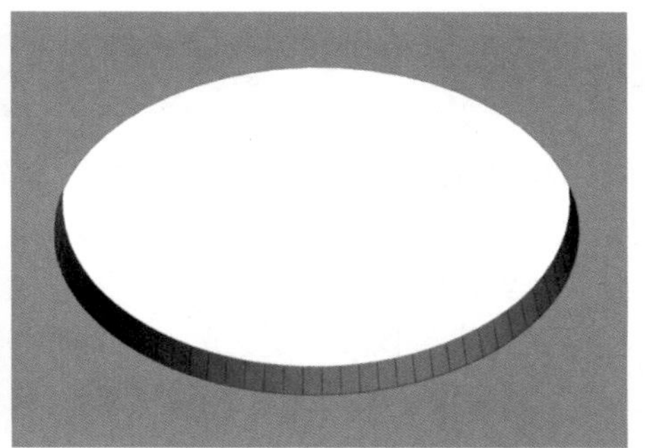

改变段数后的天花

图2-100 天花的圆滑效果

2.5.1 对三维基本体进行优化

三维物体主要是指标准基本体和扩展基本体，是最简单的一种参数化建模方式，控制它的面数主要是通过调整它的各种段数。例如，创建一个圆柱体，系统默认其高度分段为5，边数为18，共216个面；调整它的高度分段为1，边数为15，调整完毕的圆柱体还有60个面，效果如图2-101所示。

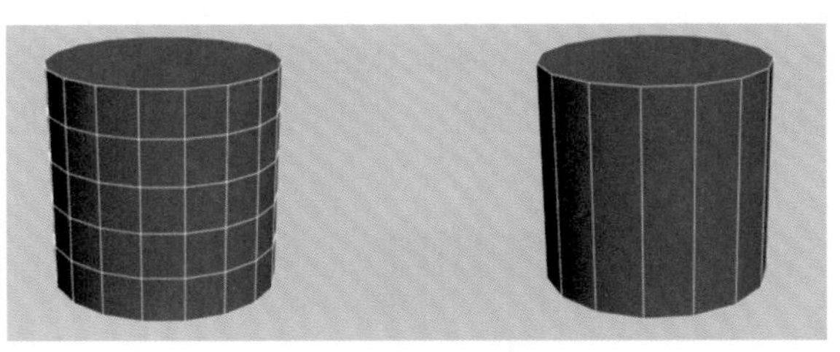

面数为216　　面数为60

图2-101 圆柱体面数的优化

从图2-101中可以明显看出，左侧圆柱体的面数接近右侧圆柱体面数的4倍。

球体的面数就更需要控制了。在创建球体时最好使用几何球体，因为球体的面数要比几何球体的面数多很多。图2-102所示是系统默认的面数，球体的面数为960，几何球体的面数为320。可以看出，球体的面数是几何球体的3倍。

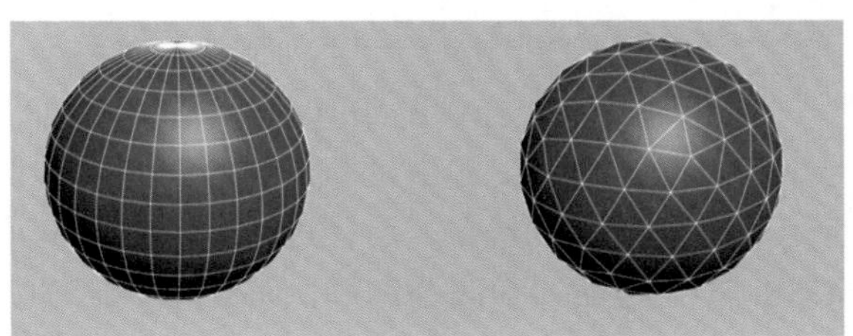

球体面数为960　　几何球体面数为320

图2-102 两种球体面数的对比效果

如果想得到更优化的球体，就需要将球体的分段减少，如图2-103所示。但是如果看上去不像球体了，那就需要再进行调整。虽然右侧几何球体的面数很少，但是形态不够圆滑，类似于多面体，需要将它的分段调整为3，这才是比较合适的。

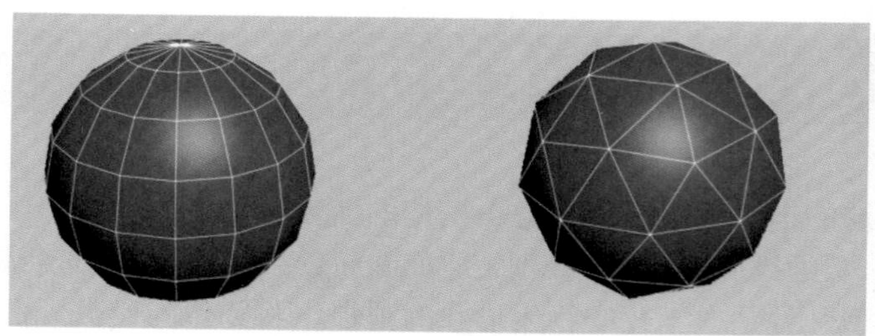

分段为16，面数为224　　分段为2，面数为80

图2-103　调整分段可以得到更优化的球体

2.5.2 对二维线形生成的三维物体进行优化

二维线形是在制作效果图的过程中用到最多的建模工具，它的步数更应该控制好，这样在下面执行【挤出】、【车削】等命令时，它的面数就会减少。

系统默认二维线形的步数为6，在【插值】下的【步数】参数是用来控制二维线形的。通常为了加快运行速度，在不失去基本形态的前提下，可以将其设置为3左右。有时候要高于默认的数值6，但是要根据实际情况而定。图2-104所示是同一个线形执行【挤出】命令后的效果。左侧采用了系统默认的6步，挤出后面数为172，右侧是将步数改为2，挤出后面数为76。由此看来，优化后它们的面数相差很大。

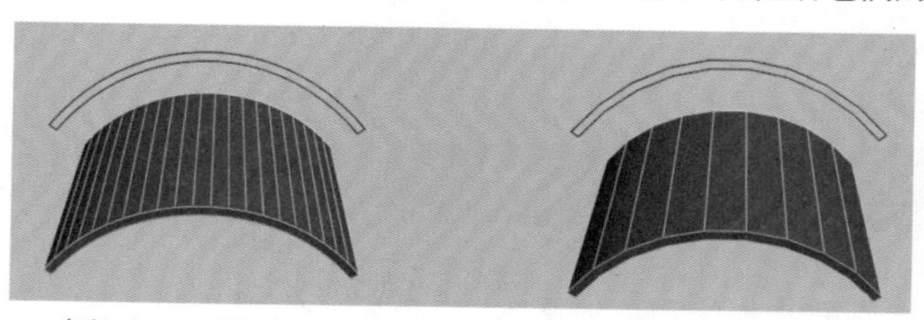

步数为6，面数为172　　步数为2，面数为76

图2-104　线的步数决定了面数的数量

2.5.3 放样物体的优化

在建立模型时经常使用【放样】命令。虽然这个命令很强大，但是也有它的缺点，就是制作完模型后面数太多，这就必须调整它的线形步数和路径步数，前提是不要影响它的形态。图2-105所示是使用相同的线形、路径进行放样的物体（窗帘）。左侧采用了系统默认的步数5 × 5，面数为4538；右侧是将步数改为1 × 1，面数减少到504。从这个典型例子可以看出，模型的面数是需要去重新调整的，这样才会得到更优化的效果。

图形步数为5，路径步数为5，面数为4538　　图形步数为1，路径步数为1，面数为504

图2-105　放样物体的面数优化

2.5.4 删除多余表面进行优化

在制作效果图的过程中，很多物体只能看到它的一个面或两个面。为了加快运行速度，可以将看不到的面删除，但在删除之前必须对物体执行【编辑多边形】命令或将其转化成网格，然后激活【多边形】按钮，选择效果图中不可见的面并进行删除。

从理论上说，应该删除所有多余的表面，但有些表面删除起来不太方便，如果对计算速度影响很小，可不必花费时间处理。

千万不要将视图中看不到的所有表面都理解为多余表面。如果某个表面对环境光照有较大影响，即使不出现在最终渲染图像中也必须保留。如果想表现好一个空间，则必须创建一个完整封闭的室内空间，背向视点的墙和面向视点的墙在光能传递处理过程中同等重要，埋放灯具的灯槽表面虽然不显示在视图中，但在光照时扮演着极其重要的角色。

2.5.5 使用【优化】命令对物体进行优化

对于模型库中的一些造型，能够执行的命令往往被塌陷了，只剩【编辑网格】或【编辑多边形】命令。此时如果要对这些造型进行优化，就必须选择该造型，并执行【优化】命令，命令面板如图2-106所示。

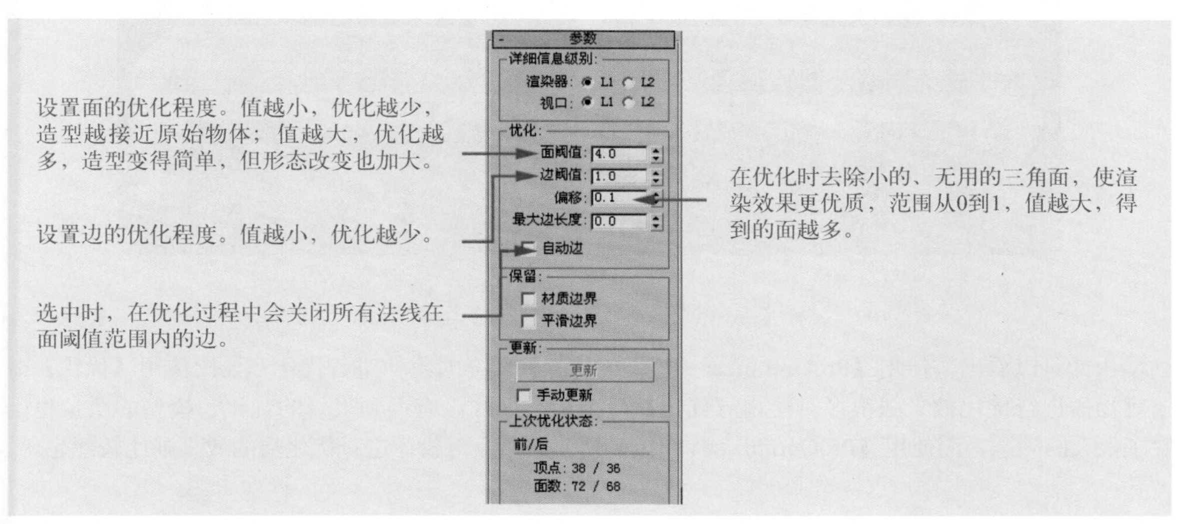

图2-106 【优化】命令面板

这个命令是一个早期的优化命令，使用起来不太理想。但是早期的版本只有这一个优化命令，所以只有用它优化物体。使用【优化】命令可以将模型的面数减少，它的【面阈值】数值，默认为4.0，值越大，面数越优化。如果调整过大，物体就会变形，一般为3.0~8.0左右。如图2-107所示，左侧是原来形态的沙发，面数为9362，右侧是执行了【优化】命令后的沙发，设置【面阈值】为3.0，则面数为5287。

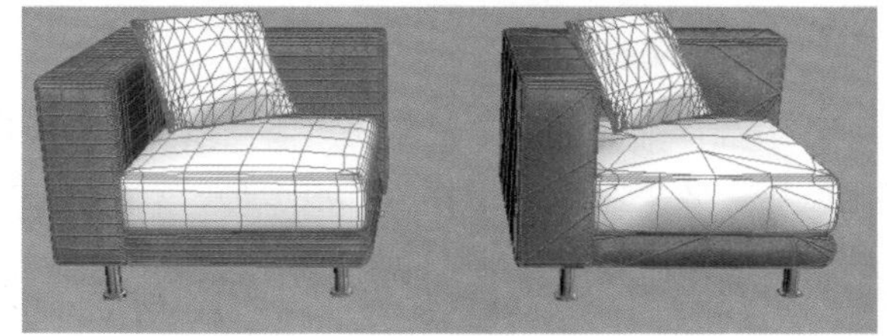

面数为9362　　面数为5287

图2-107 执行【优化】命令前后的对比效果

2.5.6 使用【ProOptimizer（超级优化）】命令对物体进行优化

使用【ProOptimizer（超级优化）】命令能更精确地优化模型，命令面板如图2-108所示。这个命令在不影响细节的情况下可以减少高达75%的面数，并且可以保持贴图UV与法线。

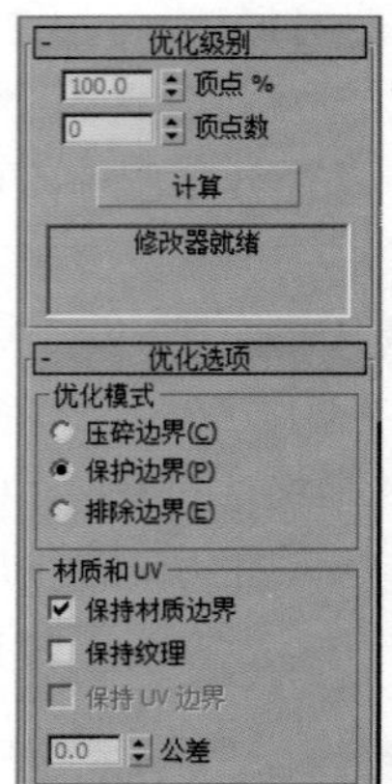

图2-108 【ProOptimizer（超级优化）】命令面板

在使用【ProOptimizer（超级优化）】命令之前，先在场景中选择一个面片很多的三维造型，然后在修改器列表中执行【ProOptimizer（超级优化）】命令，单击 计算 按钮统计模型信息。通过【顶点%】参数可以改变面片的数量以精简模型，优化面片越多的物体效果越好。如图2-109所示，左侧为原来的形态，面数为132140；右侧是执行了【ProOptimizer（超级优化）】命令后的形态，设置【顶点%】为30，则面数为66044，相差约一半的面片数量。

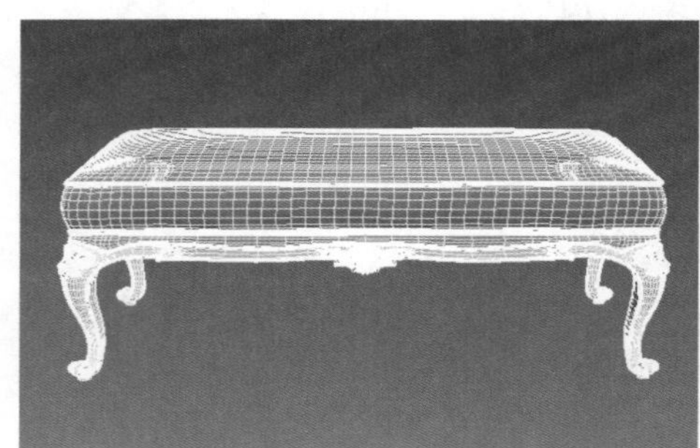

面数为132140

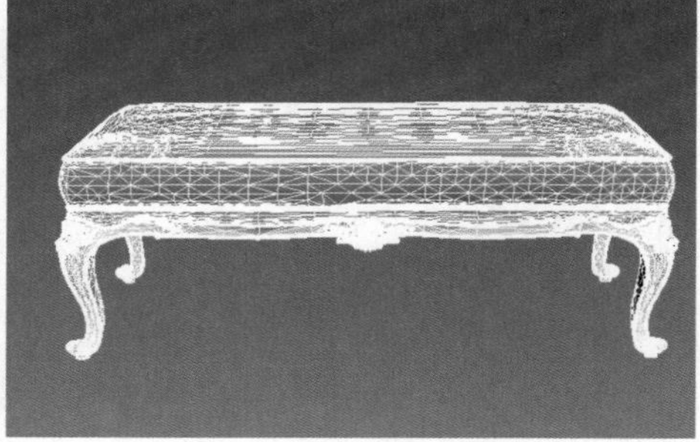

面数为66044

图2-109 执行【ProOptimizer（超级优化）】命令前后的对比效果

由此可以看出，使用【ProOptimizer（超级优化）】命令对物体进行优化，要比使用【优化】命令对物体进行优化效果强很多。使用【优化】命令后，面片没有得到很好的优化，模型的质量也出现了很大的问题，而使用【ProOptimizer（超级优化）】命令对物体进行优化后的效果则比较理想。

2.6 小结

本章详细地讲解了建模的理论知识及高级建模的实例操作，并介绍了利用3ds Max建立模型的优化技巧。效果图的制作方法有很多种，只要在掌握命令的同时能够灵活加以运用，那么看上去再复杂的造型制作也会变得轻而易举。

第3章

VRay基础参数——真实渲染

Chapter 03

本章内容

- VRay渲染器简介
- VRay物体
- VRay置换模式
- VRay摄影机
- VRay的渲染参数面板

作为拥有用户最多的3ds Max来说，渲染器一直是最为薄弱的部分。在还没有加入新的渲染器时，3ds Max一直是很多用户的软肋。面对众多三维软件的竞争，很多公司都开发了外挂3ds Max下的渲染器插件，如Brazil、FinalRender、VRay等。本章对VRay渲染器进行比较详细的讲解。

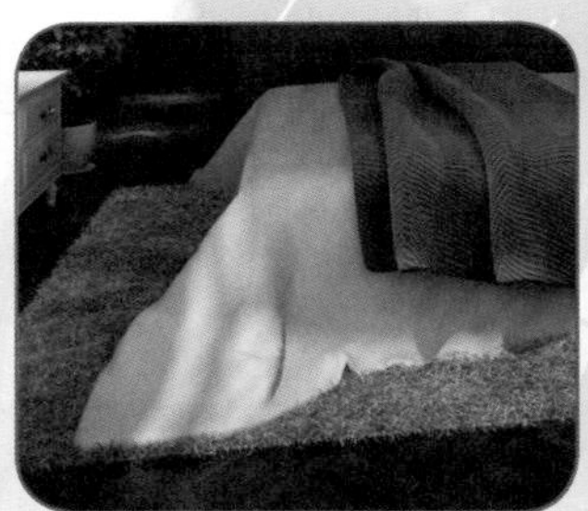

3.1 VRay渲染器简介

VRay渲染器是保加利亚chaos Group公司开发的3ds Max全局光渲染器。chaos Group公司是一家以制作3D动画、电脑影像和软件为主的公司，有50多年的历史，其产品包括电脑动画、数字特效和电影胶片等，同时也提供电影视频切换，著名的火焰插件（Phoenix）和布料插件（SimCloth）就是该公司的产品。

VRay渲染器是用于模拟真实光照的一个全局光渲染器，无论是静止画面还是动态画面，其真实性和可操作性都让用户为之惊讶。它具有对照明的仿真，可以帮助制图者完成犹如照片级的图像；它可以进行高级的光线追踪，以表现出表面光线的散射效果及动作的模糊化。除此之外，VRay还具有很多让人惊叹的功能，它极快的渲染速度和较高的渲染质量吸引了全世界的众多用户。

大家应该对3ds Max比较熟悉，插件是作为辅助3ds Max提高性能的附加工具出现的，被广泛应用于3ds Max里进行CG制作。插件的种类繁多，最常用也是大家比较感兴趣的是有关图像方面的插件，如Brazil（巴西）、Final Render、Mental Ray、VRay等都是在各大3D制作软件里风靡一时的优秀渲染工具。VRay一直和软件保持着良好的兼容性，而Brazil（巴西）和Final Render是较早出现的，具有更高品质的渲染效果，只是时间上会消耗很多。

VRay的出现打破了前三者的一贯作风，参数设置简洁明了，没有过多的分类，而且品质和速度有明显的提高，兼容性也比较优秀，支持3ds Max自身大部分的材质类型及几乎所有类型的灯光，版本提升及时，有自带的灯光和材质，并且可以提高速度和质量，主要被用于3ds Max里。

3.2 VRay物体

VRay不仅有单独的渲染设置控制面板，它还有非常独特的VRay自带的物体类型。当VRay渲染器安装成功以后，在【几何体】创建命令面板中便会增加VRay物体创建面板，分别由VR代理、VR毛皮、VR平面、VR球体组成，如图3-1所示。

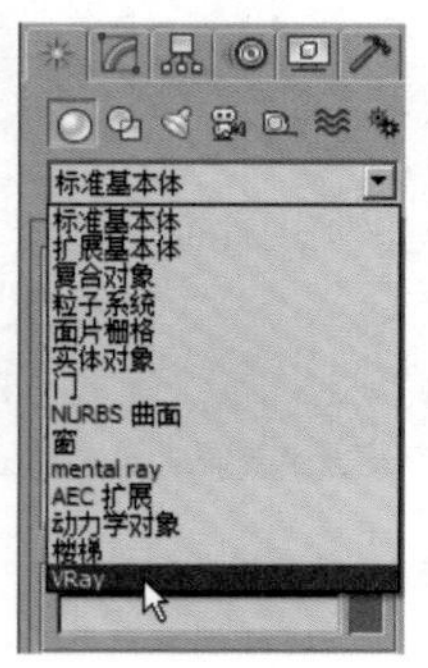

图3-1　VRay物体创建面板

3.2.1 VR代理

VR代理只在渲染时使用，它可以代理物体在当前的场景中进行形体渲染，但并不是真正意义上存在于这个当前场景中，其作用与3ds Max中【文件】|【外部参照对象】命令的意义十分相似。要想使用VRay代理物体命令，首先要将代理的文件格式创建为代理物体支持的格式，代理物体的文件格式是*.vrmesh。

下面来创建*.vrmesh文件格式的代理物体。

首先在场景中创建一个长方体，确认长方体处于被选择状态，然后单击鼠标右键，在弹出的菜单中选择【V-Ray网格导出】命令，如图3-2所示。在弹出的【VRay网格导出】对话框中为文件指定路径，然后单击 确定 按钮，如图3-3所示。

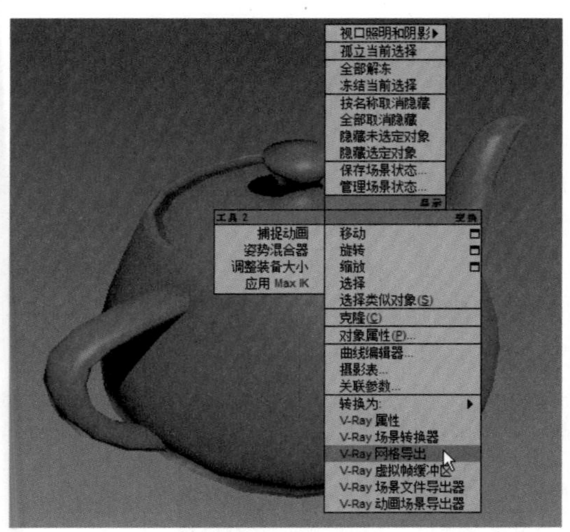

图3-2　选择【V-Ray网格导出】命令

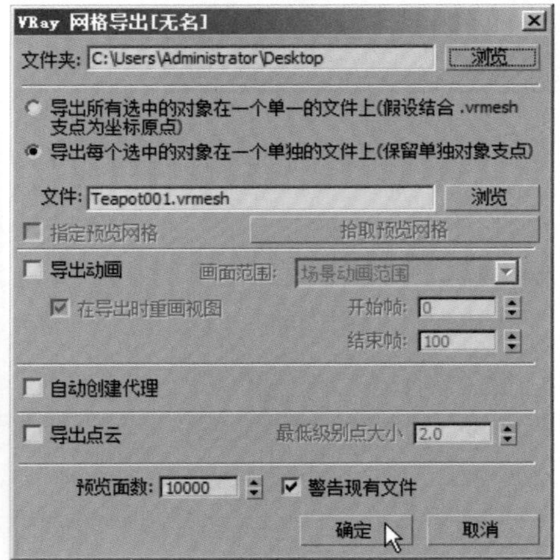

图3-3　【VRay网格导出】对话框

参数详解

- 文件夹：用来显示网格导出物体的保存路径，可以单击右侧的 浏览 按钮更改文件的路径。
- 导出所有选中的对象在一个单一的文件上：当选择两个或两个以上的网格导出物体时，选择这个选项，可以将多个网格导出物体作为一个网格导出物体来进行保存，其中包括该物体的位置信息。
- 导出每个选中的对象在一个单独的文件上：当选择两个或两个以上的网格导出物体时，选择这个选项，可以将每个网格导出物体作为一个网格导出物体来进行保存，文件名称将无法进行自定义，它们会以导出的网格物体的名称来代替。
- 文件：显示代理物体的名称，也可以自己重新命名。
- 导出动画：将网格导出物体与场景的动画设置一起进行导出。
- 自动创建代理：当选中该复选框时，会将生成的代理文件自动代替场景中原始的网格物体。当VRay代理物体创建完成后，单击命令面板中的【创建】|【几何体】| VR代理 | 浏览 按钮，如图3-4所示。在弹出的【选择外部网格文件】对话框中选择代理物体文件，单击 打开(O) 按钮，如图3-5所示。最后在视图中单击鼠标左键，即可将代理物体导入到当前的场景中。

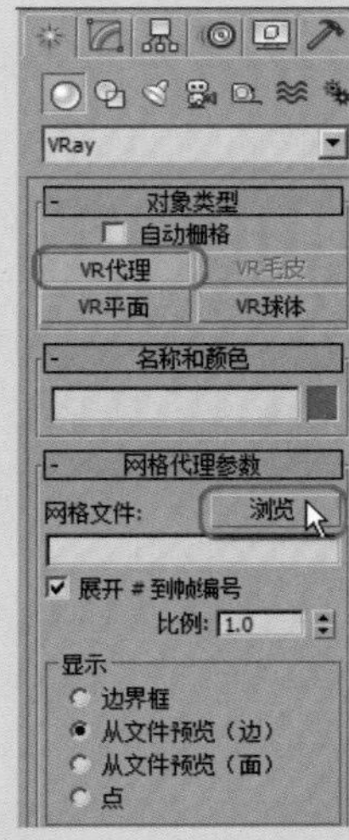

图3-4　【VRay代理】的参数面板

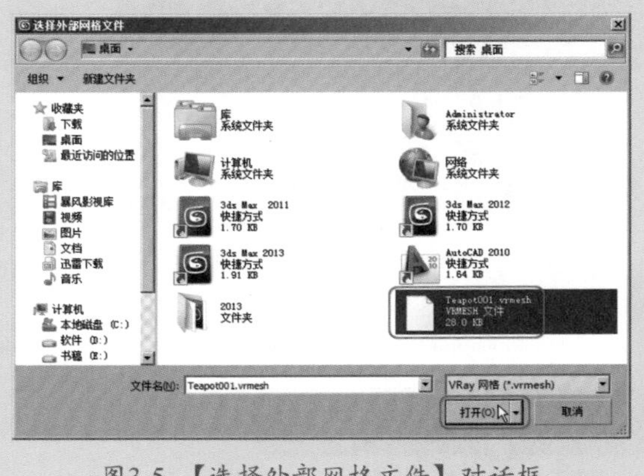

图3-5　【选择外部网格文件】对话框

参数详解

- 网格文件：用来显示代理物体的保存路径和名称。

  【显示】参数区

- 边界框：无论什么样的代理物体都是以方体的形式显示出来的，方体的大小与代理物体的外边界大小相同，如图3-6所示。

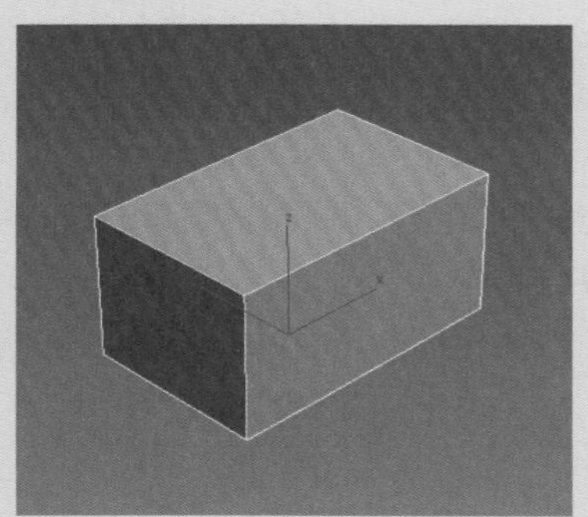

图3-6 【边界框】显示方式

- 从文件预览（边）：这种显示方式为默认的显示方式，它是以线框的方式进行显示，同时还可以看到该代理物体的外观形态，如图3-7所示。
- 从文件预览（面）：这种显示方式是将物体以面的方式进行显示，同时还可以看到该代理物体的外观形态。
- 点：这种显示方式是将物体以很小的点进行显示，在场景中看不到物体的外观形态。

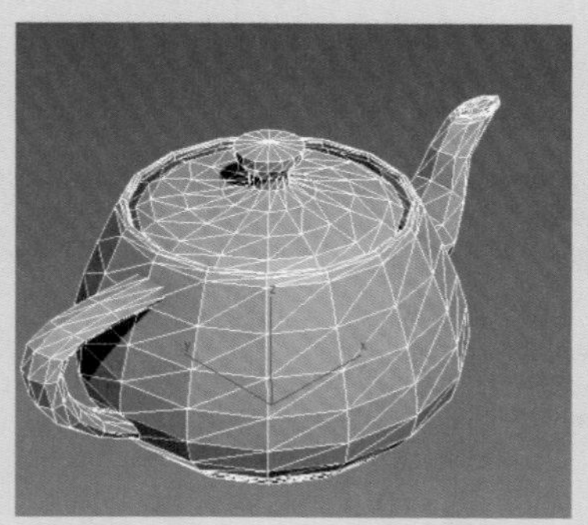

图3-7 【从文件预览（边）】显示方式

3.2.2 VR毛皮

VR毛皮用来在其他模型上创建毛发效果。首先确定模型处于被选中状态，然后激活这个命令，这样才能生成毛发，否则这个命令是关闭状态。毛发物体在视图中不显示毛发效果，只显示毛发物体的图标，毛发效果只有在渲染以后才会显示。如果没有将VRay指定为当前渲染器，将无法进行渲染。VR毛皮经常被用来模拟地毯、布料、植物、草地等，如图3-8所示是利用VR毛皮模拟的地毯、毛巾效果。

地毯

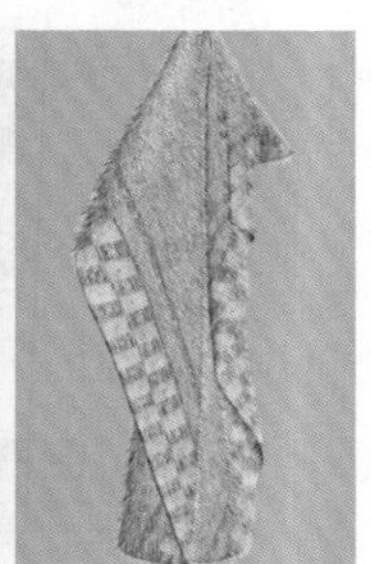

毛巾

图3-8 用VR毛皮表现的效果

在视图中首先创建一个三维物体，然后单击 VR毛皮 按钮，其参数面板如图3-9所示。需要注意，毛发的多少和物体的段数有关。段数多，毛发就多；段数少，毛发就少。

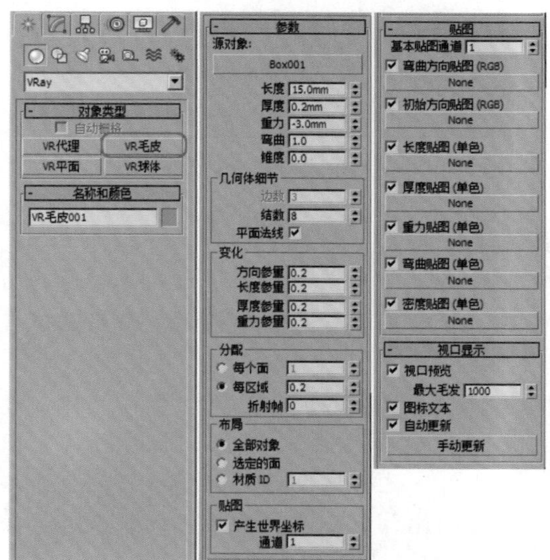

图3-9 【VR毛皮】的参数面板

参数讲解

- 源对象：用来选择一个物体产生毛发，单击下面的长按钮就可以在场景中选择想要产生毛发的物体。

- 长度：用来控制毛发的长度，数值越大，生成的毛发就越长，如图3-10所示。

图3-10 调整【长度】参数的效果

- 厚度：用来控制毛发的粗细，数值越大，生成的毛发就越粗，如图3-11所示。

图3-11 调整【厚度】参数的效果

- 重力：用来控制重力对毛发的影响程度。正值表示重力方向向上，数值越大，重力效果越强；负值表示重力方向向下，数值越小，重力效果越强；当值为0.0时，表示不受重力的影响。
- 弯曲：用来控制毛发的弯曲程度，数值越大，毛发越弯曲。
- 锥度：设置毛发的锥化程度。

【几何体细节】参数区

- 边数：用来控制圆柱型或多边形毛发的边数，当前的版本还不可以使用。
- 结数：用来控制毛发弯曲时的光滑程度。数值越高，毛发越光滑，但是段数也会越多，对电脑的运行速度影响很大，如图3-12所示。

图3-12 调整【结数】参数的对比效果

- 平面法线：用来控制毛发的形态。默认为选中状态，毛发的形态为平面式；如果将该复选框取消，毛发的形态为圆柱式。设置【平面法线】参数的对比效果如图3-13所示。

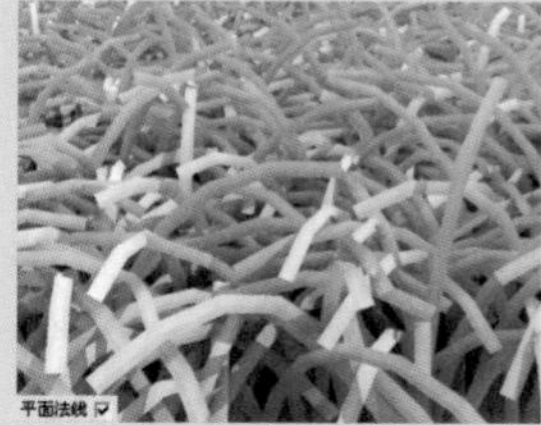
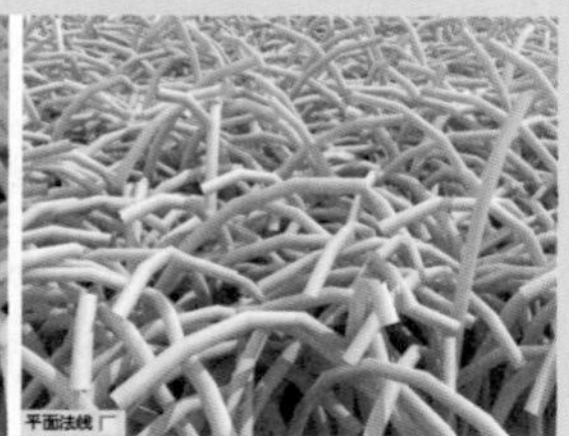

图3-13 设置【平面法线】参数的对比效果

【变化】参数区

- 方向参量：用来控制毛发在方向上的随机变化。数值越高，随机效果越强；数值为0.0时，毛发在方向上没有任何变化。
- 长度参量：用来控制毛发在长度上的随机变化。数值越高，随机效果越强；数值为0.0时，毛发的长度将显示为相同；如果将其调整为1.0，毛发的长短变化比较明显，默认数值为0.2。设置【长度参量】参数的对比效果如图3-14所示。

图3-14 设置【长度参量】参数的对比效果

- 厚度参量：用来控制毛发粗细的随机变化。数值越高，随机效果越强；数值为0.0时，毛发的粗细将会显示为相同。
- 重力参量：用来控制毛发受重力影响的随机变化。数值越高，随机效果越强；数值为0.0时，所有的毛发均受相同重力的影响。

【分配】参数区

- 每个面：主要用来控制物体每个三角面产生的毛发数量，因为物体的每个面不都是均匀的，所以渲染出来的毛发也不均匀。
- 每区域：为默认的分配方式，可以得到均匀的毛发分布。

- 折射帧：明确源物体获取到计算面大小的帧。获取的数据将贯穿于整个动画过程，确保所给面的毛发数量在动画中保持不变。

【布局】参数区

- 全部对象：为默认选项，意味着整个物体将产生毛发效果。
- 选定的面：可以让物体的任意部分产生毛发效果，但是必须使用网格物体或者【编辑多边形】命令，对网格物体需要放置毛发的部分进行选择，这样在渲染时选择的部分才可以产生毛发效果。
- 材质ID：与赋予物体多维/子对象材质的方法相似，通过选择ID号可以控制物体不同部位的毛发效果。

【贴图】参数区

- 产生世界坐标：默认为选中状态，意味着可以通过手动调节使用贴图通道来控制毛发。
- 通道：W坐标将被修改的通道。

【贴图】卷展栏

- 基本贴图通道：用来选择贴图的通道。
- 弯曲方向贴图：用彩色贴图来控制毛发的弯曲方向。
- 初始方向贴图：用彩色贴图来控制毛发的根部生长方向。
- 长度贴图（单色）：用灰度贴图来控制毛发的长度。
- 厚度贴图（单色）：用灰度贴图来控制毛发的粗细。
- 重力贴图（单色）：用灰度贴图来控制毛发受重力的影响。
- 弯曲贴图（单色）：用灰度贴图来控制毛发的弯曲程度。
- 密度贴图（单色）：用灰度贴图来控制毛发的生长密度。

【视口显示】卷展栏

- 视口预览：选中该复选框，可以在视图中实时预览由于毛发参数变化而导致的毛发变化情况。
- 最大毛发：设置在视图中实时显示的毛发数量的上限。
- 图标文本：选中该复选框，在视图中能看到图标及文字的内容，如VR毛皮。
- 自动更新：默认为选中状态，可以通过视图适时地观察毛发的变化。
- 手动更新：取消选中【自动更新】复选框后，可以通过单击该按钮来观察毛发的变化。

3.2.3 VR平面

VR平面物体主要用来制作一个无限广阔的平面。在创建平面物体时，只需要在视图中单击鼠标左键即可完成创建，平面物体在视图中只显示平面物体图标。在渲染的过程中必须将VRay指定为当前渲染器，否则渲染时会看不见。它没有任何参数可以调节，但可以更改颜色，还可以赋予平面材质贴图，但很少用到。

3.2.4 VR球体

VR球体物体主要用来制作球体。在创建VR球体物体时，只需要在视图中单击鼠标左键即可完成创建，球体物体在视图中只显示线框方式，在渲染的过程中必须将VRay指定为当前渲染器，否则渲染时会看不见。它有两个参数，分别是【半径】和【翻转法线】。

3.3 VRay置换模式

VRay置换模式与3ds Max中的凹凸贴图很相似，但是更强大。凹凸贴图仅仅是材质作用于物体表面的一个效果，而VRay置换模式的修改器是作用于物体模型上的一个效果，它表现的效果比凹凸贴图表现的效果更丰富、更强烈。

图3-15中使用的是同一张贴图。左侧是使用了凹凸贴图的表现效果，凹凸的数量为300；右侧是使用了VRay置换模式的表现效果，数量为30。可以很明显地看出，凹凸贴图只是在物体表面达到了一定的视觉效果，而VRay置换模式可以将物体的形状改变，从球体的阴影上便可以区分出来。

使用凹凸贴图的效果　　使用VRay置换模式的效果

图3-15　设置凹凸贴图和VRay置换模式的对比效果

在场景中创建一个三维物体，确认物体处于被选中状态，在修改器窗口中选择【VRay置换模式】模式，将当前的渲染器指定为VRay渲染器，参数面板如图3-16所示。

图3-16　【VRay置换模式】的参数面板

参数详解

【类型】参数区

- 2D贴图（景观）：根据置换贴图来产生凹凸效果，凹或凸的地方取决于置换贴图的明暗，暗的地方凸。实际上VRay在对置换贴图进行分析时，已经得出凹凸结果，最后渲染时只是把结果映射到3D空间中，这种方式要求指定正确的贴图坐标。
- 3D贴图：根据置换贴图来细分物体的三角面。它的渲染效果要比2D好，但是速度比2D慢。
- 细分：与三位贴图方式比较相似，它在三位置换的基础上对置换产生的三角面进行光滑处理，使置换产生的效果更加细腻，渲染速度比三位贴图的渲染速度慢。

【共用参数】参数区

- 纹理贴图：可以选择一个贴图来作为置换所用的贴图。
- 纹理通道：这里的贴图通道和给置换物体添加的UVW map里的贴图通道相对应。
- 过滤纹理贴图：如果选中该复选框，将会在置换过程中使用【图像采样器（抗锯齿）】卷展栏中的【抗锯齿纹理】贴图过滤功能，如果选中【使用物体材质】复选框则会被忽略。
- 过滤模糊：用来控制置换物体渲染出来的纹理清晰度，值越低，纹理越清晰。
- 数量：用来控制置换效果的强度，值越高，效果越强烈，而负值将产生凹陷的效果。
- 移动：用来控制置换物体的收缩膨胀效果。正值是物体的膨胀效果，负值是物体的收缩效果。
- 水平面：用来定义置换效果的最低界限，在这个值以下的三角面将被全部删除。
- 相对于边界框：置换的数量将以Box的边界为基础，这样置换出来的效果非常强烈。

【2D贴图】参数区

- 分辨率：用来控制置换物体表面分辨率的程度，最大值为16384。值越高，表面越清晰，当然也需要置换贴图的分辨率比较高才可以。
- 精确度：用来控制物体表面置换效果的精确度，值越高，置换效果越好。
- 紧密边界：当选中该复选框时，VRay会对置换贴图进行预先分析。如果置换贴图的色阶比较平淡，那么会加快渲染速度；如果置换贴图的色阶比较丰富，那么渲染速度会减慢。

【3D贴图/细分】参数区

- 边长：用于确定置换的品质。值越低，置换的效果越精确。这时因为网格物体的每一个三角面都会被分为大量的更为细小的三角面，也就是说三角面越小，置换的细节部分越容易产生。
- 依赖于视图：选中该复选框时，以像素为单位来确定三角形边的最大长度。如果取消选中状态，则以世界单位来定义三角形边的长度。
- 最大细分：用于确定原始网格的每一个三角面细分之后得到的极细三角面的最大数值，产生的三角面的最大数量以该参数的平方值来计算。
- 紧密边界：当选中该复选框时，VRay会对置换贴图进行预先分析。如果置换贴图的色阶比较平淡，那么会加快渲染速度；如果置换贴图的色阶比较丰富，那么渲染速度会减慢。
- 使用对象材质：当选中该复选框时，VRay可以从当前物体材质的置换贴图中获取纹理贴图信息，而不会使用修改器中的置换贴图的设置。
- 保持连续性：在取消选中该复选框时，具有不同材质ID和不同光滑组的面之间将会产生破裂现象；而选中该复选框后，可以防止它们破裂。
- 边阈值：该选项只有在选中【保持连续性】复选框时才可以设置。它可以控制在不同光滑组或材质ID号之间进行混合的缝合裂口的范围。

3.4 VRay摄影机

3.4.1 VR穹顶摄影机

VR穹顶摄影机被用来渲染半球的圆顶效果，参数面板如图3-17所示。

图3-17 【VR穹顶摄影机参数】面板

- 翻转X：让渲染的图像在X轴上翻转。
- 翻转Y：让渲染的图像在Y轴上翻转。
- fov（视野）：设置视角的大小。

3.4.2 VR物理摄影机

VR物理摄影机的功能和现实中摄影机的功能相似，都有光圈、快门、曝光、ISO等调节功能。使用VR物理摄影机可以表现出更真实的效果图，参数面板如图3-18所示。

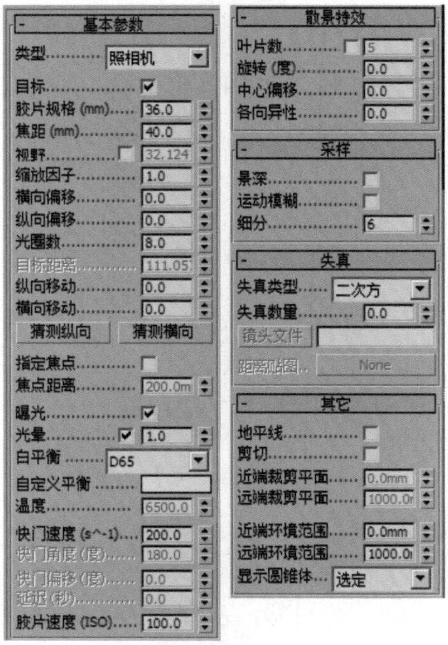

图3-18 【VR物理摄影机参数】面板

参数详解

【基本参数】卷展栏

- 类型：VRay的物理摄影机内置了3个类型的摄影机，分别是照相机、摄影机（电影）、摄像机（DV），用户可以选择需要的摄影机类型。
- 目标：选中此复选框，摄影机的目标点将被放在焦平面上；取消选中此复选框，可以通过后面的目标距离来控制摄影机到目标点的距离。
- 胶片规格（mm）：控制摄影机所看到的景物的范围。值越大，看到的景物越多。
- 焦距（mm）：控制摄影机的焦长。
- 缩放因子：控制摄影机视图的缩放。值越大，摄影机视图被拉得越近。
- 横向偏移：控制摄影机视图水平偏移的效果。
- 纵向偏移：控制摄影机视图垂直偏移的效果。
- 光圈数：设置摄影机的光圈大小，主要用来控制最终渲染的亮度。数值越小，图像越亮；数值越大，图像越暗。
- 目标距离：摄影机到目标点的距离，默认情况下是关闭的。当把摄影机的目标选项去掉时，就可以用目标距离来控制摄影机到目标点的距离。
- 纵向移动：控制摄影机在垂直方向上的变形。
- 横向移动：控制摄影机在水平方向上的变形。
- 指定焦点：选中该复选框后，可以手动控制焦点。
- 焦点距离：控制焦距的大小。
- 曝光：选中该复选框后，【VR_物理摄影机】中的【光圈】、【快门速度】和【胶片感光度】设置才会起作用。
- 光晕：模拟真实摄影机里的渐晕效果。
- 白平衡：控制图像的色偏。
- 快门速度（s^-1）：控制进光时间。值越小，进光时间越长，图像越亮；值越大，进光时间越短，图像越暗。
- 快门角度（度）：当摄影机类型选择【摄影机（电影）】类型时，此选项被激活，控制图像的亮暗。值越大，图像就越亮。
- 快门偏移（度）：当摄影机类型选择【摄影机（电影）】类型时，此选项被激活，主要控制快门角度的偏移。
- 延迟（秒）：当摄影机类型选择【摄像机（DV）】类型时，此选项被激活，控制图像的亮暗。值越大，表示光越充足，图像就越亮。
- 胶片速度（ISO）:用来控制图像的亮暗。值越大，表示ISO的感光系数越强，图像越亮。一般白天效果比较适合用较小的ISO数值，而晚上效果比较适合用较大的ISO数值。

【散景特效】卷展栏

用于控制图像的散景效果，也就是常说的焦外成像。该卷展栏中的参数只有在【采样】卷展栏下的【景深】复选框被选中后才会起作用，主要是针对高光点。通常，在理想的景深模糊效果中，图像被模糊的部分如果存在高光点，则高光的像素会出现一定程度的扩张，且高光的形状也会与摄像机光圈的形状相似。

- 叶片数：用于设置生成散焦时的镜头光圈的边数。光圈的边数决定了焦外成像的效果。如果不选中该复选框，那么产生的散景效果是圆形的，这在高光点上的体现是最为明显的。
- 旋转（度）：用来控制散景小圆圈的旋转角度。
- 中心偏移：用来控制散景与原对象的距离。
- 各向异性：控制散景的各向异性效果。值越大，散景的小圆圈就会被拉伸得越长，从而变成椭圆形。

【采样】卷展栏

此卷展栏中的参数主要用于控制景深与运动模糊效果，以及它们的采样级别。

- 景深：景深效果的开关。选中此复选框后，场景中会产生景深效果。
- 运动模糊：用来控制场景中是否产生动态

模糊效果。

- 细分：控制景深和运动模糊效果采样的细分级别。值越大，图像的品质越高，但是渲染的时间也就越长。

3.5 VRay的渲染参数面板

VRay渲染器渲染参数控制栏的通用设置比较简单，而且有多种默认设置可供选择，支持多通道输出，颜色控制以及曝光校准。

将当前的渲染器指定为V-Ray Adv 2.30.01中文版，按F10键，弹出【渲染设置】窗口，选择【公用】选项卡，在【指定渲染器】卷展栏下单击...【选择渲染器】按钮，在弹出的【选择渲染器】对话框中选择【V-Ray Adv 2.30.01】选项，此时的面板显示为VRay渲染参数面板，如图3-19所示。

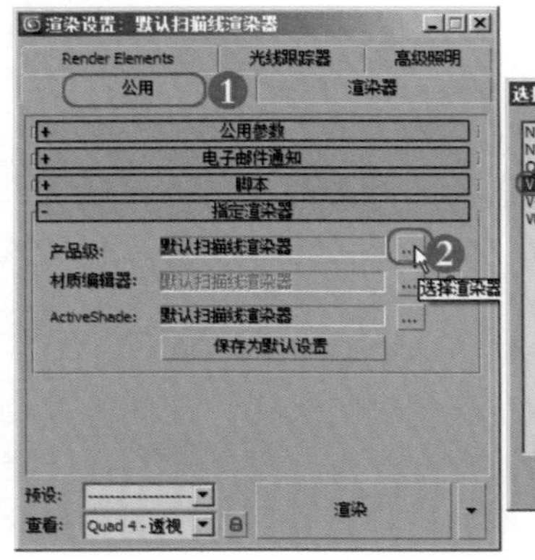

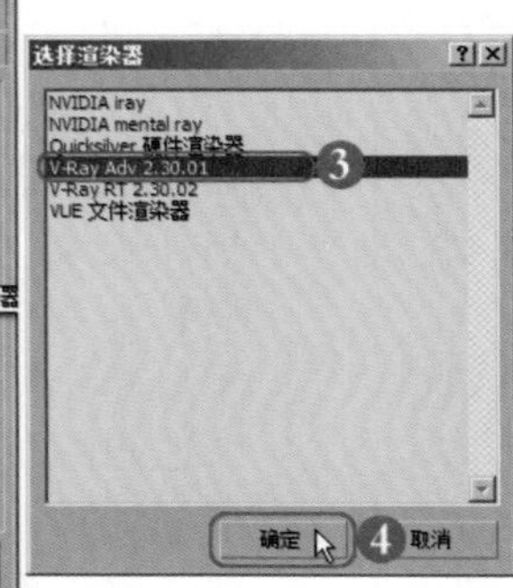

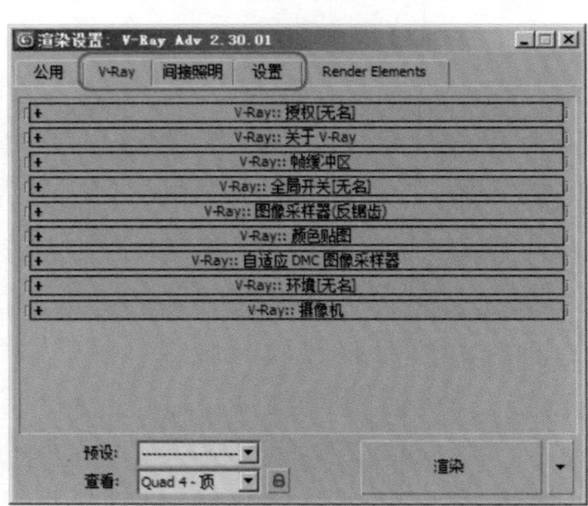

图3-19　将VRay指定为当前渲染器

VRay的渲染参数面板主要由选项卡组成，分别是【V-Ray】、【间接照明】、【设置】，每一个选项卡下都有很多卷展栏。

3.5.1 【V-Ray】选项卡

【V-Ray】选项卡主要包括【V-Ray::授权】、【V-Ray::关于VRay】、【V-Ray::帧缓冲区】、【V-Ray::全局开关】、【V-Ray::图像采样器（反锯齿）】、【V-Ray::颜色贴图】、【V-Ray::环境】、【V-Ray::自适应DMC图像采样器】、【V-Ray::摄像机】卷展栏组成。如图3-20所示。

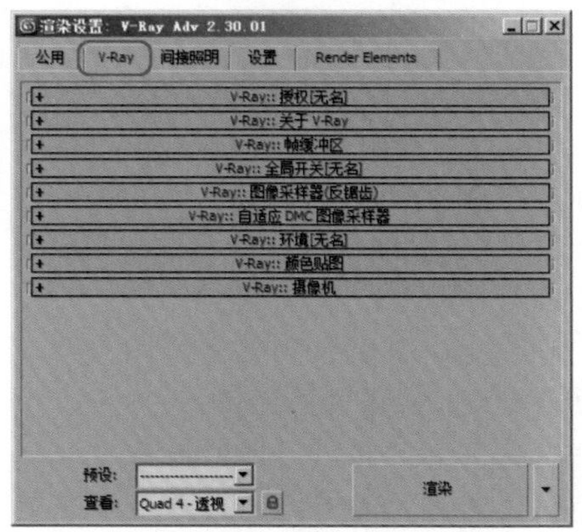

图3-20　【V-Ray】选项卡

1. V-Ray::授权

这个卷展栏主要显示了VRay的注册信息，注册文件一般都被放置在“C:\Program Files\Common Files\ChaosGroup\Vrldient.xml”中，参数面板如图3-21所示。

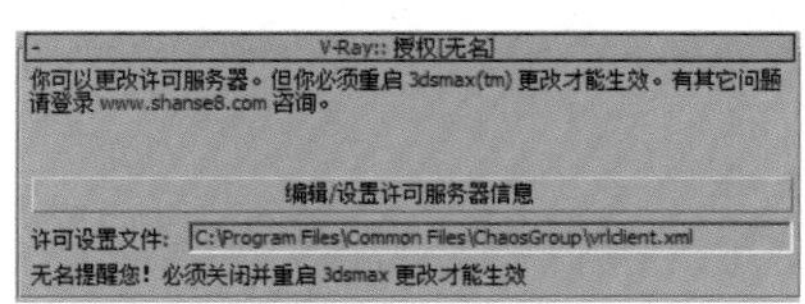

图3-21 【V-Ray::授权】卷展栏

2. V-Ray::关于V-Ray

这个卷展栏主要是用于显示VRay的官方网站地址：www.chaogroup.com，以及渲染器的版本号、V-Ray的LOGO等信息，这里使用的是V-Ray Adv 2.30.01（注意：这部分没有具体作用），如图3-22所示。

图3-22 【V-Ray::关于V-Ray】卷展栏

3. V-Ray::帧缓冲区

这个卷展栏主要是用来设置VRay自身的图形帧渲染窗口。在这里可以设置渲染图的尺寸（大小）以及保存渲染图形，它可以代替3ds Max自身的帧渲染窗口，参数面板如图3-23所示。

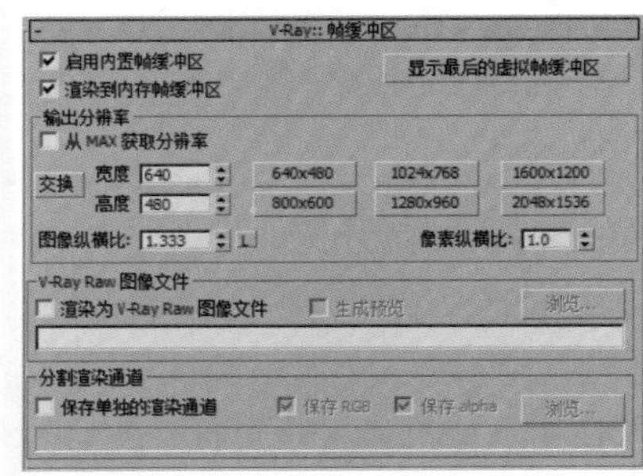

图3-23 【V-Ray::帧缓冲区】卷展栏

参数详解

- 启用内置帧缓冲区：选中此复选框，可以使用VRay自身的图形帧渲染窗口，但是必须把3ds Max默认的渲染窗口关闭，这样可以节约内存资源。

技 巧

按F10键，然后选择【公用】选项卡，展开【公用参数】卷展栏，在该卷展栏的下方将【渲染帧窗口】复选框的选中状态取消，如图3-24所示，这样就可以取消3ds Max默认的渲染窗口了。

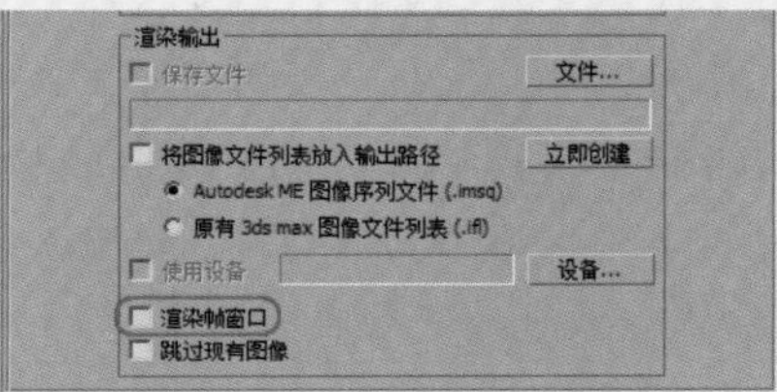

图3-24 关闭3ds Max默认的渲染窗口

- 渲染到内存帧缓冲区：选中此复选框，将创建VRay的帧缓存，并且使用它来存储色彩数据，以便在渲染中或者渲染后进行观察。如果用户需要渲染很高分辨率的图像并且用于输出，取消选中此复选框，否则系统的内存可能会被大量占用。此时的正确选择是选中【渲染为V-Ray Raw图像文件】复选框。

- 显示最后的虚拟帧缓冲区：单击该按钮，可以显示上一次渲染的图像窗口，如图3-25所示。

图3-25 VRay帧缓冲区窗口

从VRay帧缓冲区窗口中可以看出，VRay自带的帧缓冲区窗口要比3ds Max默认的渲染窗口的按钮多一些。这些按钮各自具有不同的功能，下面一起来学习这些按钮的功能。

按钮详解

- RGB 颜色：在下拉列表中可以切换查看单独通道（Alpha）。
- 【切换到RGB通道】：如果查看了其他通道，单击此按钮可以显示正常。
- 【查看红色通道】：单击此按钮，可以单独查看红色通道。
- 【查看绿色通道】：单击此按钮，可以单独查看绿色通道。
- 【查看蓝色通道】：单击此按钮，可以单独查看蓝色通道。
- 【切换到Alpha通道】：单击此按钮，可以查看Alpha通道，Alpha通道主要用来方便后期的修改。
- 【单色模式】：单击此按钮，可以将当前图像以灰度模式显示。
- 【保存图像】：将渲染的图像文件保存起来（包括经过VRay帧缓存修改后的图像）。
- 【清除图像】：用于清除VRay帧缓冲区窗口中的内容。
- 【重复到MAX缓冲区】：将VRay帧缓冲区中的图像复制到3ds Max默认的帧缓冲区中（包括经过VRay帧缓冲修改后的图像）。
- 【跟踪鼠标渲染】：在渲染过程中使用鼠标轨迹。通俗地说就是，在渲染过程中当在VRay帧缓冲区窗口中拖动鼠标时，会强迫VRay优先渲染这些区域，而不会理会设置的渲染块顺序。这对于场景局部参数的调试非常有用。
- 【显示校正控制器】：用来调整图像的曝光、色阶、色彩曲线等。
- 【强制颜色】：对错误的颜色进行校正。
- 【显示图像信息】：单击该按钮，可以看到每个像素的信息。
- ：激活这些按扭后，可通过最左侧的VRay帧缓冲调色工具【显示校正控制器】对渲染后的图像的颜色及明暗进行调节。

- 从MAX获取分辨率：如果选中该复选框，可以得到3ds Max【渲染设置】窗口里【公用】选项卡【公用参数】卷展栏下的渲染尺寸；如果取消选中该复选框，将使用VRay渲染器中【输出分辨率】参数区下的尺寸。
- 渲染为V-Ray Raw图像文件：类似于3ds Max的图像渲染输出，不会在内存中保留任何数据。
- 生成预览：选中该复选框，可以得到一个比较小的预览框来预览渲染过程，预览框中的图像不能缩放，看到的渲染图像质量都不高，这是为了节约内存资源。
- 保存单独的渲染通道：选中该复选框，允许指定特殊通道作为一个单独的文件保存在指定的目录。
- 保存RGB：必须在选中了【保存单独的渲染通道】复选框后才可以使用。如果选中了该复选框，可以保存RGB通道。
- 保存Alpha：如果选中了该复选框，可以保存Alpha通道。

4. V-Ray::全局开关

这个卷展栏是VRay对几何体、灯光、间接照明、材质、置换、光影跟踪的全局设置。例如，是否使用默认灯光，是否打开阴影，是否打开模糊等，参数面板如图3-26所示。

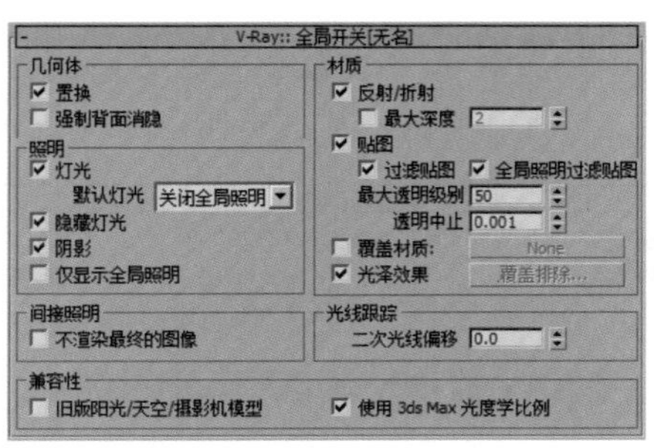

图3-26 【V-Ray::全局开关】卷展栏

参数详解

【几何体】参数区

- 置换：决定是否使用VRay自己的置换贴图。注意，这个复选框不会影响3ds Max自身的置换贴图。
- 强制背面消隐：决定渲染出来的物体是否隐藏背面。

【照明】参数区

- 灯光：控制场景中是否打开光照效果。取消选中状态时，场景中放置的灯光将不起作用。
- 默认灯光：当场景中不存在灯光物体或禁止全局灯光的时候，该命令可启动或禁止3ds Max默认灯光的使用。
- 隐藏灯光：控制场景中是否让隐藏的灯光产生照明，这个复选框对于调节场景中的光照非常方便。
- 阴影：此复选框用来决定场景中是否产生阴影。
- 仅显示全局照明：选中此复选框，直接光照将不包含在最终渲染的图像中。但是在计算全局光的时候，直接光照仍然会被考虑，只是最后只显示间接光照明的效果。

【间接照明】参数区

- 不渲染最终的图像：此复选框控制是否渲染最终图像。如果选中此复选框，VRay将在计算完光子后，不再渲染最终图像，这对渲染小光子图非常方便。

【材质】参数区

- 反射/折射：计算VR贴图或材质中的反射/折射效果。
- 最大深度：用于用户设置VR贴图或材质中反射/折射的最大反弹次数。取消选中该复选框，反射/折射的最大反弹次数是使用材质/贴图的局部参数来控制。选中该复选框，则所有的局部参数设置将会被它所取代。
- 贴图：使用纹理贴图。
- 全局照明过滤贴图：使用纹理贴图过滤。
- 最大透明级别：控制透明物体被光线追踪的最大深度。
- 透明中止：控制对透明物体的追踪何时中止。如果光线透明度累计低于这个设定的极限值，将会停止追踪。
- 覆盖材质：选中此复选框，允许用户通过使用后面的材质槽指定的材质来替代场景中所有物体的材质进行渲染。这个复选框在调节复杂场景时还是很有用处的，可以用3ds Max标准材质的默认参数来替代。
- 光泽效果：这个复选框可以对材质的最终效果进行优化，使渲染效果具有光泽效果，默认为选中状态。

【光线跟踪】参数区

- 二次光线偏移：设置光线发生二次反弹时的偏置距离。默认为0.0，表示不进行二级光线偏移；数值越大，偏移距离越大。

【兼容性】参数区

- 旧版阳光/天空/摄影机模型：可以使用3ds Max传统的阳光、天光和摄影机模型。
- 使用3ds Max光度学比例：可以使用3ds Max光度学。

5. V-Ray::图像采样器（反锯齿）

这个卷展栏主要负责设置图像的精细程度。使用不同的采样器，会得到不同的图像质量。对纹理贴图使用系统内定的过滤器，可以进行抗锯齿处理。每种过滤器都有其各自的优点和缺点，参数面板如图3-27所示。

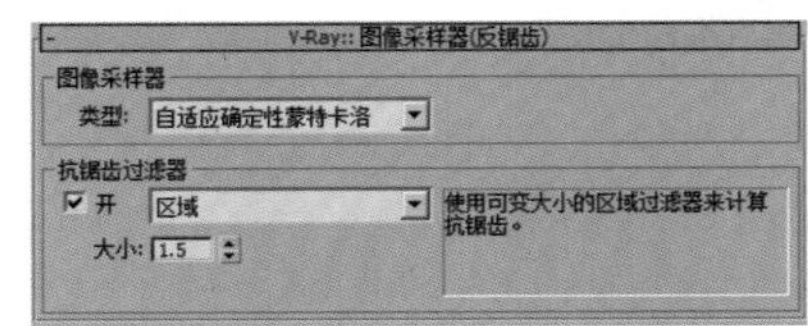

图3-27 【V-Ray::图像采样器（反锯齿）】卷展栏

参数详解

【图像采样器】参数区

图像采样器分为3种采样类型，分别是【固定】、【自适应确定性蒙特卡罗】、【自适应细分】，可以根据场景的不同选择不同的采样类型。

- 固定：是VRay中最简单的采样器。对于每一个像素，它使用一个固定数量的采样，只有一个【细分】参数，如图3-28所示。【细分】数值越高，采样品质越高，渲染时间越长。

V-Ray:: 固定图像采样器
细分: 1

图3-28 【V-Ray::固定图像采样器】卷展栏

- 自适应确定性蒙特卡洛：根据每个像素以及与它相邻像素的明暗差异，使用不同的采样数量，在角落部分使用较高的采样数量。该采样方式适合场景中具有大量模糊效果或者高细节的纹理贴图和大量的几何体面时，是经常用到的一种方式，参数面板如图3-29所示。

V-Ray:: 自适应 DMC 图像采样器
最小细分: 1　颜色阈值: 0.01　显示采样
最大细分: 4　使用确定性蒙特卡洛采样器阈值

图3-29 【V-Ray::自适应DMC图像采样器】卷展栏

  - 最小细分：定义每个像素的最少采样数量，一般使用默认数值。
  - 最大细分：定义每个像素的最多采样数量，一般使用默认数值。
  - 颜色阈值：色彩的最小判断值。达到这个值以后，就停止对色彩的判断。
  - 使用确定性蒙特卡洛采样器阈值：如果选中了这个复选框，【颜色阈值】将不起作用。
  - 显示采样：选中该复选框后，可以看到自适应准蒙特卡洛的采样分布情况。
- 自适应细分：如果选择这个选项，则具有负值采样的高级抗锯齿功能，适用在没有或者有少量模糊效果的场景中，在这种情况下它的速度最快。如果场景中有大量细节和模糊效果，它的渲染速度会变慢，渲染品质也会降低，参数面板如图3-30所示。

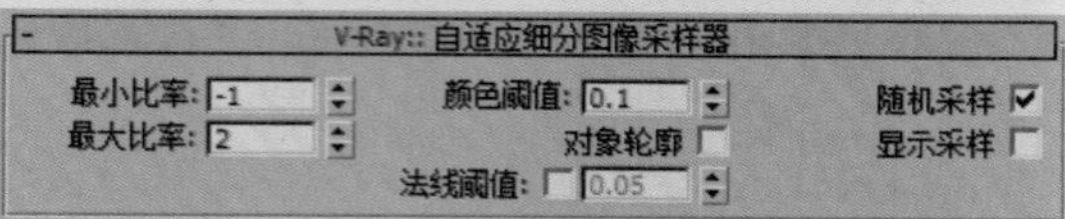

图3-30 【V-Ray::自适应细分】卷展栏

  - 最小比率：定义每个像素使用的最少采样数量。0表示1个像素使用1个采样；-1表示两个像素使用1个采样。值越小，渲染品质越低，速度越快。
  - 最大比率：定义每个像素使用的最多采样数量。0表示1个像素使用1个采样；1表示2个像素使用4个采样。值越高，渲染品质越好，速度越慢。
  - 颜色阈值：色彩的最小判断值。达到这个值以后，就停止对色彩的判断。
  - 对象轮廓：如果选中这个复选框，可对物体的轮廓线使用更多的采样，从而让物体轮廓的品质更好，但是速度会变慢。
  - 法线阈值：决定自适应细分在物体表面法线的采样程度。
  - 随机采样：如果选中这个复选框，采样将随机分布，默认为选中状态。
  - 显示采样：如果选中这个复选框，可以看到自适应细分的分布情况。

通常在进行草图渲染的时候采用【固定】模式，渲染成图时采用【自适应确定性蒙特卡罗】模式。

【抗锯齿过滤器】参数区

如果选中【开】复选框，可以从右侧的下拉列表中选择一个抗锯齿方式对场景进行抗锯齿处理。在最终渲染时一般都应该选中这个复选框，并选择相应的抗据齿过滤器，一般选择【Mitchell-Netravali】、【Catmull-Rom】和【VRayLanczos过滤器】，效果都不错。在作图时一般采用以下两组设置方式，如图3-31所示。

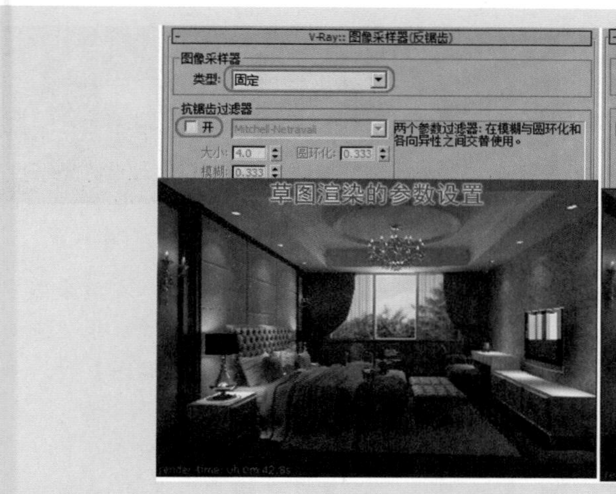

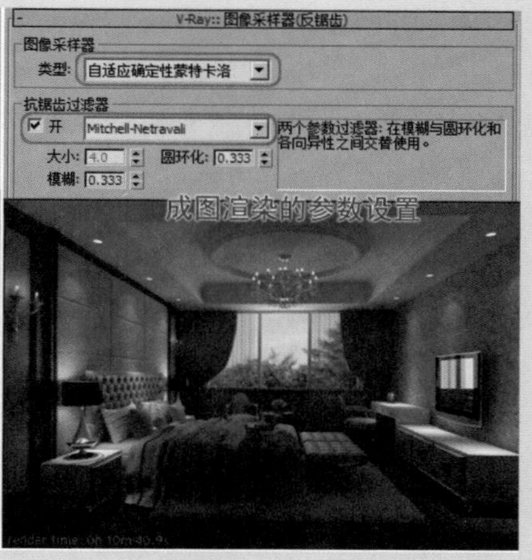

图3-31 【V-Ray::图像采样器（抗据齿）】卷展栏的设置

6. V-Ray::环境

VRay的GI环境包括VRay天光、反射环境和折射环境，参数面板如图3-32所示。

V-Ray:: 环境
全局照明环境 (天光) 覆盖
开 倍增器: 1.0 None
反射/折射环境覆盖
开 倍增器: 1.0 None
折射环境覆盖
开 倍增器: 1.0 None

图3-32 【V-Ray::环境】卷展栏

参数详解

【全局照明环境（天光）覆盖】参数区

- 开：选中该复选框，可以打开VRay的天光。
- 色块：用来设置天光的颜色。
- 倍增器：天光亮度的倍增。值越大，天光的亮度越高。
- None（贴图通道）：单击该按钮，可以选择不同的贴图作为天光的光照。

【反射/折射环境覆盖】参数区

控制当前场景中的折射环境。

- 开：选中该复选框，可以打开VRay的反射/折射环境。
- 色块：用来设置反射/折射环境的颜色。
- 倍增器：反射/折射环境亮度的倍增。值越大，反射/折射环境的亮度越高。
- None（贴图通道）：单击该按钮，可以选择不同的贴图来作为反射/折射环境。

7. V-Ray::颜色贴图

这个卷展栏主要用于控制灯光方面的衰减以及色彩的不同模式，参数面板如图3-33所示。

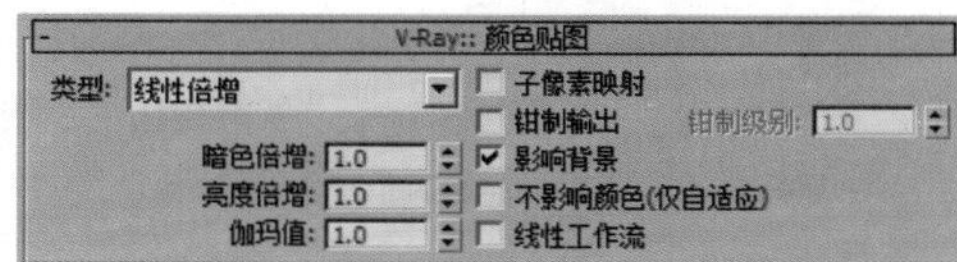

图3-33 【V-Ray::颜色贴图】卷展栏

参数详解

- 类型：提供了7种不同的曝光模式，局部参数也各不相同，分别是线性倍增、指数、HSV指数、强度指数、伽玛校正、强度伽玛、莱因哈德。
  - ◆ 线性倍增：基于最终图像色彩的亮度来进行简单的倍增，那些太亮的颜色成分将会被抑制。但是这种模式可能会导致靠近光源的点过分明亮。
  - ◆ 指数：可以降低靠近光源处表面的曝光效果，同时场景的颜色饱和度降低，这对预防非常明亮的区域（如光源的周围区域等）的曝光是很有用的。这个模式不抑制颜色范围，而是让它们更饱和。
  - ◆ HSV指数：与上面提到的【指数】模式非常相似，但是它会保护色彩的色调和饱和度，并会取消高光的计算。

- ◆ 强度亮度指数：是两种指数曝光的结合，既抑制了光源附近的曝光效果，又保持了场景物体的颜色饱和度。
- ◆ 伽玛校正：采用伽玛来修正场景中的灯光衰减和贴图色彩，效果和【线性倍增】模式基本类似。
- ◆ 强度伽玛：此曝光模式不仅拥有【伽玛校正】模式的优点，同时还可以修正场景中灯光的衰减，修正场景中灯光的亮度。
- ◆ 莱因哈德：它可以把【线性倍增】模式和【指数】模式的曝光效果混合起来。

注 意

通常使用最多的是【指数】模式，因为【指数】模式整体比较柔和，有利于后期的调整。图3-34列出的是两种曝光模式的效果。

图3-34 【线性倍增】与【指数】曝光模式的对比效果

- 暗色倍增：在【线性倍增】模式下，对暗部的亮度进行控制，加大这个数值可以提高暗部的亮度效果，如图3-35所示。

图3-35 设置【暗色倍增】参数的对比效果

- 亮度倍增：在【线性倍增】模式下，对亮部的亮度进行控制，加大这个数值可以提高场景的对比度，如图3-36所示。
- 伽玛值：控制伽玛值。
- 子像素映射：默认为未选中状态，这样能产生精确的渲染品质。

图3-36 设置【亮度倍增】参数的对比效果

- 钳制输出：当选中该复选框后，在渲染图中有些无法表现出来的色彩会通过极限值来自动纠正。但是当使用【高动态贴图】时，如果限制了色彩的输出会出现一些问题。
- 钳制级别：控制钳制输出的级别。
- 影响背景：设置曝光模式是否影响背景。当取消选中这个复选框时，背景不受曝光模式的影响。
- 不影响颜色（仅自适应）：不对像素色彩进行映射，只对亮度进行映射，即只对颜色的HSV的V成分进行映射。

8. V-Ray::摄像机

这个卷展栏提供了VRay系统里的摄影机特效功能，主要包括摄影机类型、景深、运动模糊效果，参数面板如图3-37所示。

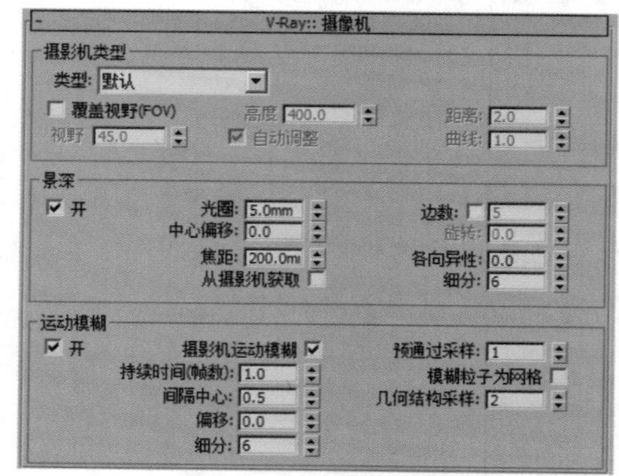

图3-37 【V-Ray::摄像机】卷展栏

参数详解

【摄影机类型】参数区

主要定义三维场景投射到平面的不同方式。

- 类型：VRay支持7种摄影机类型，分别是默认、球形、圆柱（点）、圆柱（正交）、盒、鱼眼、变形球（旧式）。
  - ◆ 默认：默认摄影机和3ds Max里默认的

摄影机效果相同，把三维场景投射到一个平面上。

- ◆ 球形：可以将三维场景投射到一个球面上。
- ◆ 圆柱（点）：这是一种由标准和球形摄影机叠加而成的摄影机，在水平方向上采用球形摄影机的计算方式，而在垂直方向上采用标准摄影机的计算方式。
- ◆ 圆柱（正交）：这种方式是混合模式，在水平方向上采用球形摄影机的计算方式，而在垂直方向上采用视线平行排列的计算方式。
- ◆ 盒：这种方式是把场景按照长方体方式展开。
- ◆ 鱼眼：这种方式就像一台标准摄影机对准一个完全反射的球体，该球体能够将场景完全反射到摄影机的镜头中。
- ◆ 变形球（旧式）：这是一种非完全球面的摄影机类型。

- 覆盖视野（FOV）：用来替代3ds Max默认摄影机的视角，3ds Max默认摄影机的最大视角为180°，而这里的视角最大可以设定为360°。
- 视野：可以替换3ds Max默认的视角值，最大值为360°。
- 高度：用于设定摄影机的高度，在选择【圆柱（正交）】类型时，这个选项可用。
- 自动调整：当选择【鱼眼】和【变形球（旧式）】类型时，此选项可用。选中该复选框，系统会自动匹配歪曲直径到渲染图的宽度上。
- 距离：当选择【鱼眼】类型时，此选项可用。在取消选中【自动调整】选项的情况下，该参数控制摄影机到反射球之间的距离。值越大，表示摄影机到反射球之间的距离越大。
- 曲线：当选择【鱼眼】类型时，此选项可用。该数值用来控制渲染图像的扭曲程度，数值越小，扭曲程度越大。

【景深】参数区

主要用来模拟摄影中的景深效果。只有选中了【开】复选框后，景深效果才可以产生。

- 开：打开或关闭景深。
- 光圈：使用世界单位定义虚拟摄影机的光圈尺寸。较小的光圈值将减小景深效果，较大的光圈值将产生更多的景深效果。
- 中心偏移：决定景深效果的一致性。值为0，意味着光线均匀地通过光圈；正值意味着光线趋向于向光圈边缘集中；负值则意味着光线趋向于向光圈中心集中。
- 焦距：确定从摄影机到物体被完全聚焦的距离。靠近或远离这个距离的物体都将被模糊。
- 从摄影机获取：选中这个复选框，如果渲染的是摄影机视图，焦距由摄影机的目标点确定。
- 边数：模拟真实世界摄影机多边形形状的光圈。取消选中该复选框，系统使用一个完美的圆形来作为光圈形状。
- 旋转：指定光圈形状的方位。
- 各项异性：用来控制多边形形状的各项异性。数值越大，形状越扁。
- 细分：这个参数在前面多次提到，用于控制景深效果的品质。

【运动模糊】参数区

主要用来模拟真实摄影机能够拍摄到的物体根据运动方向和速度产生的运动模糊。

- 开：打开或关闭运动模糊特效。
- 持续时间（帧数）：在摄影机快门被打开时，指定在帧中持续的时间。
- 间隔中心：指定关于3ds Max动画帧的运动模糊的时间间隔中心。值为0.5，意味着运动模糊的时间间隔中心位于动画帧之间的中部；值为0，则意味着运动模糊的时间间隔中心位于精确的动画帧位置。
- 偏移：控制运动模糊效果的偏移。值为0，意味着灯光均匀通过全部运动模糊间隔；正值意味着光线趋向于间隔末端；负值则意味着光线趋向于间隔起始端。
- 细分：确定运动模糊的品质。
- 预通过采样：控制在不同时间段上的模糊样本数量。

- 模糊粒子为网格：用于控制粒子系统的模糊效果。选中该复选框，粒子系统会被作为正常的网格物体来产生模糊效果。然而，有许多粒子系统在不同的动画帧中会改变粒子的数量。也可以取消选中该复选框，使用粒子的速率来计算运动模糊。
- 几何结构采样：设置产生近似运动模糊的几何学片段的数量，物体被假设在两个几何学样本之间进行线性移动。对于快速旋转的物体，需要增加这个参数值才能得到正确的运动模糊效果 。

3.5.2【间接照明】选项卡

该选项卡主要包括【V-Ray::间接照明（GI）】、【V-Ray::发光图】、【V-Ray::BF强算全局光】、【V-Ray::焦散】卷展栏，如图3-38所示。

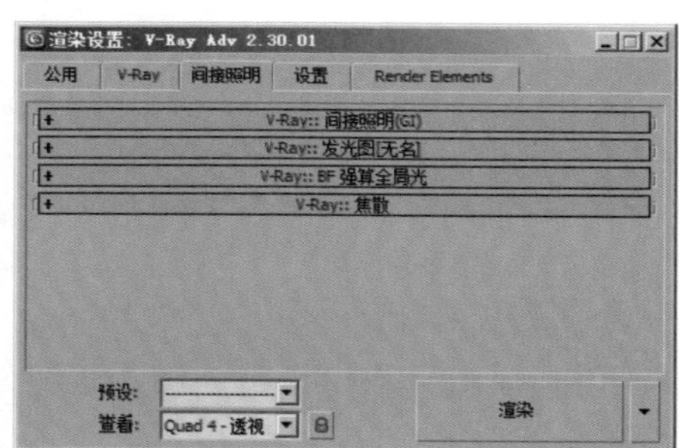

图3-38 【间接照明】选项卡

1. V-Ray::间接照明（GI）

这个卷展栏主要控制是否使用全局光照焦散，全局光照渲染引擎使用什么搭配方式，以及对间接照明强度的全局控制，同样可以对饱和度、对比度进行简单调节，参数面板如图3-39所示。

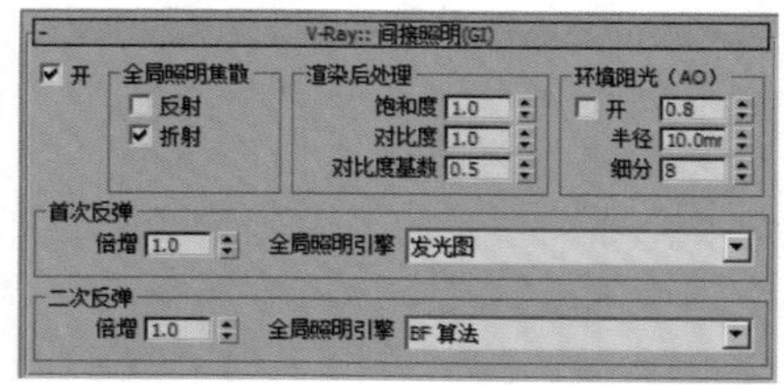

图3-39 【V-Ray::间接照明（GI）】卷展栏

提 示

在这里，全局光照的含义是，在渲染过程中考虑了整个环境（三维场景）的总体光照效果和各种景物间光照的相互影响，在VRay渲染器中被理解为间接照明。

参数详解

- 开：打开或关闭全局照明。

  【全局照明焦散】参数区

  主要控制间接照明产生的焦散效果。但是这里全局光照的焦散效果并不是很理想，如果想要得到更好的焦散效果，必须调整【V-Ray::焦散】卷展栏中的参数。
- 反射：用来控制是否让间接照明产生反射焦散效果。
- 折射：用来控制是否让间接照明产生折射焦散效果。

  【渲染后处理】参数区

  对渲染的图像进行饱和度、对比度控制。
- 饱和度：用来控制图像的饱和度，值越大，饱和度越强。
- 对比度：用来控制图像的对比度，值越大，对比度越强。
- 对比度基数：作用与【对比度】基本相似，主要控制图像的明暗对比度。值越大，明暗对比度越强烈。

  【首次反弹】参数区

  光线的一次反弹控制。
- 倍增：用来控制一次反弹光的倍增器。值越大，一次反弹的光的能量越强，渲染场景越亮，默认为1.0。
- 全局照明引擎：在这里选择一次反弹的全局照明引擎，包括【发光图】、【光子贴图】、【穷尽计算】、【灯光缓存】。

  【二次反弹】参数区

  光线的二次反弹控制。
- 倍增：用来控制二次反弹光的倍增器。值越大，二次反弹的光的能量越强，渲染场景越亮，默认为1.0，最大数值也为1.0。
- 全局照明引擎：这里选择二次反弹的全局照明引擎，包括【无】、【光子贴图】、【穷尽计算】、【灯光缓存】、【BF算法】。

2. V-Ray::发光图

专门对发光图渲染引擎进行细致调节，如品质的设置、基础参数的调节以及对普通选项、高级选项、渲染模式等内容的管理，是VRay的默认渲染引擎，也是VRay中最好的间接照明渲染引擎。

该卷展栏被默认为禁用，只有在启用了【间接照明（GI）】以后才可以调整发光贴图的参数，参数面板如图3-40所示。

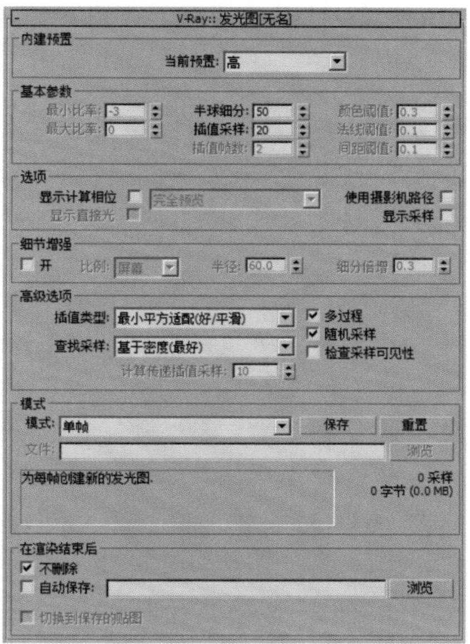

图3-40 【V-Ray::发光图】卷展栏

参数详解

【内建预置】参数区

- 当前预置：当前预设模式，系统提供了8种系统预设的模式，包括自定义、非常低、低、中、中-动画、高、高-动画、非常高。如无特殊情况，这几种模式应该可以满足一般需要。可以根据自己的需要选择不同的选项，以渲染出不同质量的效果。当选择【自定义】选项时，可以手动调节下面的参数。

【基本参数】参数区

主要用来控制样本的数量，采样的分布以及物体边缘的查找精度。

- 最小比率：用来控制场景中平坦区域的采样数量。0表示计算区域的每个点都有样本；-1表示计算区域的1/2是样本；-2表示计算区域的1/4是样本。
- 最大比率：用来控制场景中的物体边线、角落、阴影等细节的采样数量。0表示计算区域的每个点都有样本；-1表示计算区域的1/2是样本；-2表示计算区域的1/4是样本。
- 半球细分：决定单独的全局光样本的品质。较小的数值可以获得较快的速度，但是也可能会产生黑斑；较大的数值可以得到平滑的图像。它类似于直接计算的细分参数。

注 意

它并不代表被追踪光线的实际数量，光线的实际数量接近于这个参数的平方值，并受 QMC 采样器相关参数的控制。

- 插值采样：定义被用于插值计算的 GI 样本的数量。较大的值会趋向于模糊 GI 的细节，虽然最终的效果很光滑；较小的值会产生更光滑的细节，但是也可能会产生黑斑。
- 颜色阈值：确定发光贴图算法对间接照明变化的敏感程度。较大的值意味着较小的敏感性，较小的值将使发光贴图对照明的变化更加敏感。
- 法线阈值：确定发光贴图算法对表面法线变化的敏感程度。
- 间距阈值：确定发光贴图算法对两个表面距离变化的敏感程度。

【选项】参数区

控制渲染过程的显示方式和样本是否可见。

- 显示计算相位：如果选中该复选框，VRay在计算发光贴图时将显示发光贴图的传递，同时会减慢渲染计算，占用一定的内存资源。
- 显示直接光：只有在选中了【显示计算相位】复选框时才能被激活。它将促使VRay在计算发光贴图时显示初级漫射反弹除了间接照明外的直接照明。
- 显示采样：显示样本的分布以及分布的密

度，帮助用户分析GI的精度够不够。

【细节增加】参数区

- 开：是否打开细节增加功能。
- 比例：细分半径的单位依据，有【屏幕】和【世界】两个单位选项。【屏幕】是指用渲染图的最后尺寸作为单位；【世界】是用3ds Max系统中的单位来定义的。
- 半径：表示细节部分有多大区域使用细节增加功能。半径越大，使用细节增加功能的区域越大，渲染的时间就越慢。
- 细分倍增：主要是控制细节部分的细分。数值小，细部就会产生杂点，渲染速度比较快；数值大，细部就可以避免产生杂点，同时渲染速度增加。

【高级选项】参数区

- 插值类型：VRay提供了4种样本插补方式，为发光贴图样本的相似点进行插补。
  - ◆ 权重平均值（好/强）：一种简单的插补方式，可以将插补采样以一种平均值的方法进行计算，以得到较好的光滑效果。
  - ◆ 最小平方适配（好/平滑）：默认的插补方式，可以对样本进行最适合的插补采样，得到比【权重平均值（好/强）】更光滑的效果。
  - ◆ Delone三角剖面（好/精确）：最精确的插补方式，可以得到非常精确的效果，但是要有更多的【半球细分】值才不会出现斑驳效果，且渲染时间较长。
  - ◆ 最小方形权重/泰森多边形权：结合了【权重平均值（好/强）】和【最小平方适配（好/平滑）】两种方式的优点，但渲染时间较长。
- 查找采样：主要控制哪些位置的采样点适合用来作为基础插补的采样点。VRay内部提供了以下4种样本查找方式。
  - ◆ 平衡嵌块（好）：将插补点的空间划分为4个区域，然后尽量在其中寻找相等数量的样本，渲染效果比【最近（草稿）】效果好，但是渲染速度比【最近（草稿）】慢。
  - ◆ 最近（草稿）：是一种草图方式，简单地使用发光图里最靠近的插补点样本来渲染图形，渲染速度比较快。
  - ◆ 重叠（很好/快速）：这种查找方式需要对发光图进行预处理，然后对每个样本半径进行计算。低密度区域样本的半径比较大，而高密度区域样本的半径比较小。渲染速度比其他3种都快。
  - ◆ 基于密度（最好）：基于总体密度进行样本查找，不仅物体边缘处理得非常好，而且物体表面也处理得十分均匀，效果比【重叠（很好/快速）】更好，其速度也是4种查找方式中最慢的一种。
- 计算传递插值采样：用于计算发光贴图的过程中，主要计算已经被查找后的插补样本的使用数量。较小的值可以加速计算过程，但是会导致信息不足；较大的值计算速度会减慢，但是所利用的样本数量比较多，所以渲染质量也比较好。官方推荐使用10～25之间的数值。
- 多过程：当选中该复选框时，VRay会根据最大采样比和最小采样比进行多次计算。取消选中该复选框，则强制一次性计算完。一般多次计算以后的样本的分布会均匀合理一些。
- 随机采样：控制发光贴图的样本是否随机分配。
- 检查采样可见性：在灯光通过比较薄的物体时，很有可能会产生漏光现象，选中该复选框可以解决这个问题，但是渲染时间会长一些。通常在比较高的GI情况下也不会漏光，所以一般情况下不用选中该复选框。

【模式】参数区

- 模式：一共有以下8种模式。
  - ◆ 单帧：一般用来渲染静帧图像。
  - ◆ 多帧累加：用于渲染仅有摄影机移动的动画。当VRay计算完第1帧的光子以后，在后面的帧里根据第1帧里没有的光子信息重新进行计算，这样就节约了渲染时间。
  - ◆ 从文件：当渲染完光子以后，可以将其保存起来，这个选项可以调用保存的光子图进行动画计算（静帧同样也可以这样）。

◆ 添加到当前贴图：当渲染完一个角度的时候，可以把摄影机旋转一个角度再重新计算新角度的光子，最后把这两次的光子叠加起来，这样的光子信息更丰富、更准确，同时也可以进行多次叠加。
◆ 增量添加到当前贴图：这个模式和【添加到当前贴图】模式相似，只不过它不是重新计算新角度的光子，而是只对没有计算过的区域进行新的计算。
◆ 块模式：把整个图像分成块来计算，渲染完一个块再进行下一个块的计算。但是在低GI的情况下，渲染出来的块会出现错位的情况。它主要用于网络渲染，速度比其他模式快。
◆ 动画（预通过）：适合动画预览，使用这种模式要预先保存好光子贴图。
◆ 动画（渲染）：适合最终动画渲染，这种模式要预先保存好光子贴图。

- 保存按钮：将光子图保存到硬盘。
- 重置按钮：将光子图从内存中清除。
- 文件：设置光子图所保存的路径。
- 浏览按钮：从硬盘中调用需要的光子图进行渲染。

【在渲染结束后】参数区

- 不删除：当光子图渲染完以后，不把光子图从内存中删掉。
- 自动保存：当光子图渲染完以后，将其自动保存在硬盘中，单击该按钮就可以选择保存的位置。
- 切换到保存的贴图：当选中了【自动保存】复选框后，在渲染结束时会自动进入【从文件】模式并调用光子贴图。

3. V-Ray::灯光缓存

灯光缓存与发光图比较相似，都是将最后的光发散到摄影机后得到最终图像，只是灯光缓存与发光图的光线路径是相反的。发光图的光线追踪方向是从光源发射到场景的模型中，最后再反弹到摄影机；而灯光缓存是从摄影机开始追踪光线到光源，摄影机追踪光线的数量就是灯光缓存的最后精度。由于灯光缓存是从摄影机方向开始追踪光线的，所以最后的渲染时间与渲染图像的像素没有关系，只与其中的参数有关，一般适用于二次反弹，其参数面板如图3-41所示。

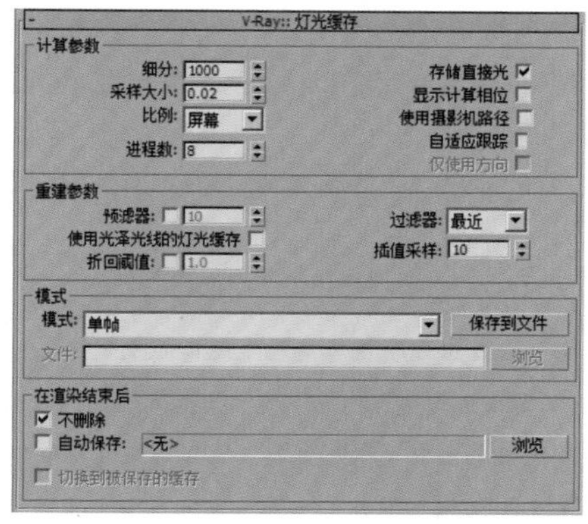

图3-41 【V-Ray::灯光缓存】卷展栏

默认应该是【V-Ray::BF-强算全局光】卷展栏，但是在制图过程中一般都是将【二次反弹】选择为【灯光缓存】，所以在这里对这项参数进行详细讲解。

参数详解

【计算参数】参数区

- 细分：用来决定灯光缓存的样本数量。值越大，样本总量越多，渲染效果越好，渲染时间越慢。
- 采样大小：用来控制灯光缓存的样本大小，比较小的样本可以得到更多的细节，但是同时需要更多的样本。
- 比例：主要用来确定样本的大小基于什么单位，这里提供了以下两种单位。一般在效果图中使用【屏幕】选项，在动画中使用【世界】选项。
- 进程数：由CPU的个数来确定。如果是单CUP单核单线程，那么就可以将其设定为1；如果是双核，就可以将其设定为2。注意，这个值设定得太大会使渲染的图像模糊。
- 存储直接光：选中该复选框后，灯光缓存将保存直接光照信息。当场景中有很多灯光时，使用这个选项会提高渲染速度。因为它已经把直接光照信息保存到灯光缓存里，在渲染出图的时候，不需要对直接光照再进行采样计算。

- 显示计算相位：选中该复选框后，可以显示灯光缓存的计算过程，方便观察。
- 自适应跟踪：记录场景中的灯光位置，并在光的位置上采用更多的样本，同时模糊特效也会被处理得更快，但是会占用更多的内存资源。
- 仅使用方向：当选中【自适应跟踪】复选框后，该复选框才被激活。它的作用是只记录直接光照的信息，而不考虑间接照明，可以加快渲染速度。

【重建参数】参数区

- 预滤器：当选中该复选框后，可以对灯光缓存的样本进行提前过滤，主要是查找样本边界，然后对其进行模糊处理。
- 过滤器：在渲染最后成图时，对样本进行过滤，共有以下3个选项。
  - ◆ 无：对样本不进行过滤。
  - ◆ 最近：当使用该过滤方式时，过滤器会对样本的边界进行查找，然后对色彩进行均化处理，从而得到一个模糊效果。
  - ◆ 固定：这个方式和【最近】方式的不同点在于，它采用对距离的判断来对样本进行模糊处理。
- 使用光泽光线的灯光缓存：选中该复选框后，会提高对场景中反射和折射模糊效果的渲染速度，使渲染效果更加平滑，但会影响到细节效果。

【模式】参数区

- 模式：设置光子图的使用模式，共有以下4种。
  - ◆ 单帧：一般用来渲染静帧图像。
  - ◆ 穿行：用于动画方面，把第1帧到最后1帧的所有样本都融合在一起。
  - ◆ 从文件：使用这种模式，VRay会导入一个预先渲染好的光子贴图，该功能只渲染光影追踪。
  - ◆ 渐进路径跟踪：这个模式就是常说的PPT。它是一种新的精确的计算方式，它不停地去计算样本，不对任何样本进行优化，直到样本计算完毕为止。
- 保存到文件 按钮：将保存在内存中的光子图再次进行保存。
- 浏览 按钮：从硬盘中浏览保存好的光子图。

【在渲染结束后】参数区

- 不删除：当光子图渲染完以后，不把光子图从内存中删除。
- 自动保存：当光子图渲染完以后，将其自动保存在硬盘中，单击该按钮可以选择保存的位置。
- 切换到被保存的缓存：当选中【自动保存】复选框后，这个复选框才被激活。选中该复选框后，系统会自动使用最新渲染的光子图进行大图渲染。

4. V-Ray::焦散

焦散是光线穿过玻璃透明物体或从金属表面反射后所产生的一种特殊的物理现象，在VRay渲染器里有专门的焦散参数，默认状态下是关闭的，参数面板如图3-42所示。

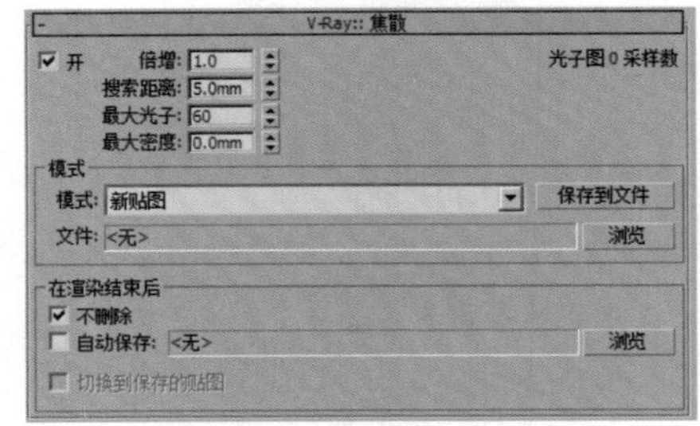

图3-42 【V-Ray::焦散】卷展栏

参数详解

- 开：打开或关闭焦散效果。
- 倍增：用来控制焦散的强度。数值越高，焦散效果越亮，如图3-43所示。

图3-43 调整不同【倍增】参数的对比效果

- 搜索距离：当光子追踪撞击在物体表面时，会自动搜寻位于周围区域同一平面的其他光子。实际上这个搜寻区域是一个以撞击光子为中心的圆形区域，其半径就是由这个搜寻距离确定的，较小的数值会产生斑点，较大的数值会产生模糊的焦散效果，如图3-44所示。

图3-44 调整不同【搜索距离】参数的对比效果

- 最大光子：定义单位区域内的最大光子数量，然后根据单位区域内的光子数量来均匀照明。较小的数值不容易得到焦散效果，较大的数值容易导致焦散效果模糊。
- 最大密度：用来控制光子的最大密度。默认数值为0，表示使用VRay内部确定的密度；较小的数值会让焦散效果看起来比较锐利。

【模式】参数区

- 模式：VRay内部提供了两种模式。
  - ◆ 新贴图：选用这种方式，光子贴图将会被重新计算，其结果会覆盖先前渲染过程中使用的焦散光子贴图。
  - ◆ 从文件：允许用户导入先前保存的焦散光子贴图来计算光子图。
- 浏览按钮：用于选择文件。
- 保存到文件按钮：可以将当前使用的焦散光子贴图保存在指定文件夹中。

【在渲染结束后】参数区

- 不删除：当选中该复选框时，VRay在完成场景渲染后会在内存中保留光子图。否则，该光子图会被删除，同时内存被释放。注意：如果打算对某一特定场景的光子图只计算一次，并在今后的渲染中再次使用，那么该复选框特别有用。
- 自动保存：选中该复选框，在渲染完成后，VRay自动保存使用的焦散光子贴图到指定的目录。
- 切换到保存的贴图：在选中【自动保存】复选框时才被激活，它自动促使VRay渲染器转换到【从文件】模式，并使用最后保存的光子贴图来计算焦散。

3.5.3 【设置】选项卡

【设置】选项卡主要包括【V-Ray::DMC采样器】、【V-Ray::默认置换】、【V-Ray::系统】卷展栏，如图3-45所示。

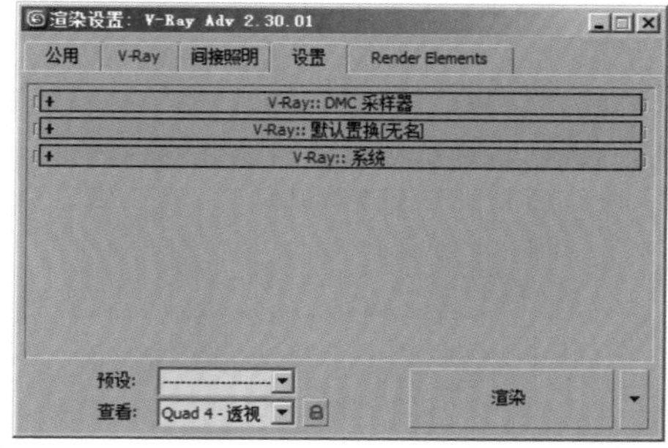

图3-45 【设置】选项卡

1. V-Ray::DMC采样器

DMC采样器是VRay渲染器的核心部分，主要用于控制场景中的反射模糊、折射模糊、面光源、景深、动态模糊等效果，参数面板如图3-46所示。

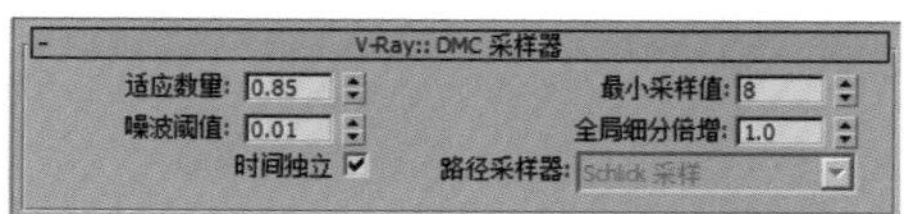

图3-46 【V-Ray::DMC采样器】卷展栏

参数详解

- 适应数量：用来控制早期终止应用的范围。数值为1时，意味着最大程度的早期终止；数值为0时，则意味着早期终止不会被使用。数值越大，渲染速度越快；数值越小，渲染速度越慢。
- 噪波阈值：用来控制最终图像的品质。较小的取值意味着较少的杂点、更多的采样使用以及更好的图像品质。数值越大，渲染速度越快；数值越小，渲染速度越慢。

- 最小采样值：用来确定在早期终止计算方法被使用之前必须获得的最少采样数量。数值越小，渲染速度越快；数值越大，渲染速度越慢。
- 全局细分倍增：用来控制VRay中的任何细分值。在对场景进行测试的时候，可以减小这个数值，得到更快的预览效果。
- 时间独立：如果选中该复选框，在渲染动画时会强制每帧都使用一样的DMC采样器。

2. V-Ray::默认置换

该卷展栏主要控制3ds Max系统里的置换修改器效果和VRay材质里的置换贴图，参数面板如图3-47所示。

图3-47 【V-Ray::默认置换】卷展栏

参数详解

- 覆盖MAX设置：选中该复选框后，3ds Max系统里置换修改器的效果会被这里设定的参数效果替代，同时VRay材质里的置换贴图效果产生作用。
- 边长：定义三维置换产生的三角面的边线长度。数值越小，产生的三角面越多，置换品质越高。
- 依赖于视图：选中该复选框，边界长度以像素为单位；取消选中该复选框，则以世界单位来定义边界长度。
- 最大细分：用来控制置换产生的一个三角面里最多能包含多少个小三角面。
- 数量：用来控制置换效果的强度。值越大，效果越强烈；负值将产生凹陷的效果。
- 相对于边界框：置换的数量以长方体的边界为基础，这样置换出来的效果非常强烈。
- 紧密边界：选中该复选框后，VRay会对置换贴图进行预先分析。如果置换贴图的色阶比较平淡，那么会加快渲染速度；如果置换贴图的色阶比较丰富，那么渲染速度会减慢。

3. V-Ray::系统

该卷展栏主要控制着VRay的系统设置，主要包括【光线计算参数】、【渲染区域分割】、【帧标记】、【分布式渲染】、【VRay日志】等，参数面板如图3-48所示。

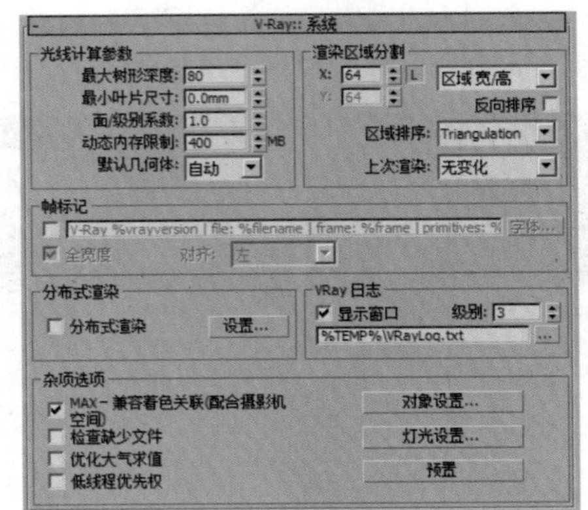

图3-48 【V-Ray::系统】卷展栏

参数详解

【光线计算参数】参数区

- 最大树形深度：控制根节点的最大分支数量。数值大会加快渲染速度，同时占用较多内存。
- 最小叶片尺寸：控制叶节点的最小尺寸。当达到叶节点尺寸以后，系统将停止对场景进行计算。0.0mm表示考虑计算所有的叶节点，这个参数对速度的影响不是很大。
- 面/级别系数：控制一个节点中的最大三角面数量。当未超过临近点时计算速度较快；超过临近点以后，渲染速度减慢。这个值要根据不同的场景来设定，以提高渲染速度。
- 动态内存限制：控制动态内存的数量。注意这里的动态内存会被分配给每个线程。如果是双线程，那么每个线程各占一半的动态内存。如果这个数值较小，系统会在内存中进行加载，并释放一些信息，这样就减慢了渲染速度。用户应该根据自己电脑的内存情况来调整这个数值。
- 默认几何体：用来控制内存的使用方式，VRay提供了3种方式，分别是静态、动态和自动。

- ◆ 静态：在渲染过程中采用静态内存会让渲染速度加快。在复杂场景中，由于需要的内存资源较多，经常出现跳出的情况，这是因为系统需要更多的内存资源，这时应该选择【动态】选项。
- ◆ 动态：使用内存交换技术，渲染完一个块，就会释放占用的内存资源，同时开始下一个块的计算，这有效地扩展了内存的使用。注意动态的渲染速度比静态的慢。
- ◆ 自动：基于电脑物理内存的大小，依据场景的大小来判断使用静态内存方式还是使用动态内存方式。

【渲染区域分割】参数区

主要控制渲染区域的各项参数。

- X：显示渲染块像素的宽度。在右侧选择【区域计算】选项时，表示水平方向一共有多少个渲染块。
- Y：显示渲染区域像素的高度。在右侧选择【区域计算】选项时，表示是垂直方向一共有多少个渲染块。
- L按钮：按下该按钮后，将强制控制X和Y的值保持相同。
- 反向排序：选中该复选框后，渲染的顺序和设定的顺序相反。
- 区域排序：控制渲染区域的渲染顺序，这里主要提供6种方式。
  - ◆ Top→Bottom（从上→下）：渲染区域将按照从上到下的渲染顺序进行渲染。
  - ◆ Left→Right（从左→右）：渲染区域将按照从左到右的渲染顺序进行渲染。
  - ◆ Checker（棋盘格）：渲染区域将按照棋盘格方式的渲染顺序进行渲染。
  - ◆ Spiral（螺旋）：渲染区域将按照从里到外的渲染顺序进行渲染。
  - ◆ Triangulation（三角剖面）：这是VRay默认的渲染方式，它将图形分为两个三角形依次进行渲染。
  - ◆ Hilbertcurve（希尔伯特曲线）：渲染区域将按照希尔伯特曲线方式的渲染顺序进行渲染。

技巧

在操作是最好选用【Top→Bottom（从上→下）】的渲染顺序，这样在渲染到一部分的时候，如果需要停止渲染，可以将现有渲染的部分保存，下次渲染的时候选中【反向排序】复选框渲染到上次停止的地方即可，然后在Photoshop中合成一幅完整的图像，这样避免了重复操作上的时间浪费。

- 上次渲染：确定在渲染开始的时候，在3ds Max默认的帧缓存中以什么方式进行上次图像的渲染。这些参数的设置不会影响最终渲染效果，系统提供了6种方式。
  - ◆ 无变化：保持和前一次渲染图像相同。
  - ◆ 交叉：每隔两格，像素图像被设置为黑色。
  - ◆ 场：每隔1条线，像素图像被设置为黑色。
  - ◆ 变暗：图像的颜色被设置为黑色。
  - ◆ 蓝色：图像的颜色被设置为蓝色。
  - ◆ 清除：图像的颜色被清除掉。

【帧标记】参数区

按照一定规则显示关于渲染的相关信息。

- ☑ V-Ray %vrayversion | file: %filename | frame: %frame | primitives: %：选中该复选框后，可以显示标记。
- 字体：可以修改标记里面的字体属性。
- 全宽度：标记的最大宽度。当选中此复选框后，它的宽度和渲染图形的宽度一致。
- 对齐：控制标记里的字体的排列位置。如选择【左】选项，标记的位置则居左。

【分布式渲染】参数区

- 分布式渲染：选中此复选框后，可以打开分布式渲染功能。
- 设置：用来控制网络计算机的添加和删除等。

【VRay日志】参数区

用于控制VRay的信息窗口。

- 显示窗口：选中此复选框后，可以显示VRay日志的窗口。
- 级别：控制VRay日志的显示内容，一共分为4个层级。1表示仅显示错误信息；2表示显示错误和警告信息；3表示显示错误、警告和情报信息；4表示显示错误、警告、情报和调试信息。

- %TEMP%\VRayLog.txt：可以选择VRay日志文件的位置。

【杂项选项】参数区

主要控制场景中物体、灯光的一些设置，以及系统线程的控制等。

- MAX-兼容着色关联(配合摄影机空间)：有些3ds Max插件（如大气等）是采用摄影机空间进行计算的，因为它们都是针对默认的扫描线渲染器而开发的。为了保持与这些插件的兼容性，VRay通过转换来自这些插件的点或向量的数据，模拟在摄影机空间进行计算。
- 检查缺少文件：当选中该复选框后，VRay会自己寻找场景中丢失的文件，并将它们进行列表，最后保存到“C:\VRayLog.txt”中。
- 优化大气求值：当场景中具有大气效果且大气比较稀薄时，选中该复选框会得到比较优秀的大气效果。
- 低线程优先权：当选中该复选框时，VRay将使用低线程进行渲染。
- 对象设置...按钮：单击该按钮，会弹出对象属性面板，可以设置场景物体的一些参数。
- 灯光设置...按钮：单击该按钮，会弹出灯光属性面板，可以设置场景灯光的一些参数。
- 预置按钮：单击该按钮会弹出预置面板，它的作用是可以保持当前VRay渲染参数的各种属性，方便以后调用。

VRay的渲染参数讲解完成。大家千万不要被这些参数吓住，在制图中真正能用到的参数其实并不是很多，希望大家能够认真学习研究这些参数，在以后的工作中肯定会大有帮助。

3.6 小结

本章重点讲解VRay的基本知识，希望广大读者结合这些参数多进行测试，把理论和实际联系起来，真正掌握参数的作用。只有彻底地理解了这些参数之后，才能如鱼得水地制作出更好的作品。

第4章

VRay的基本操作及特效——真实渲染

Chapter 04

本章内容

- VRay的整体介绍
- VRay的景深效果
- VRayHDRI（高动态范围贴图）
- VRay的焦散效果
- 合理地设置VRay渲染参数
- 光子图的保存与调用
- 小结

在前面的几章中详细地讲解了VRay的基本知识、VRay的渲染参数等。本章将带领大家熟悉VRay的基本操作，以便更好地理解前面所讲解的各项参数。

4.1 VRay的整体介绍

下面通过为这个会议室进行渲染，讲解如何为场景设置灯光，设置VRay的渲染参数，并详细介绍整体的操作流程，最终效果如图4-1所示。

图4-1 会议室的最终效果

动手操作 VRay的整体介绍

Step 01 启动3ds Max 2013中文版。

Step 02 打开本书配套光盘“场景\第4章\会议室.max”文件。

这个场景的材质及摄影机已设置完成，下面主要讲解灯光及VRay渲染的设置。

Step 03 按M键，弹出【材质编辑器】窗口，使用过的材质球全部显示为黑色，效果如图4-2所示。

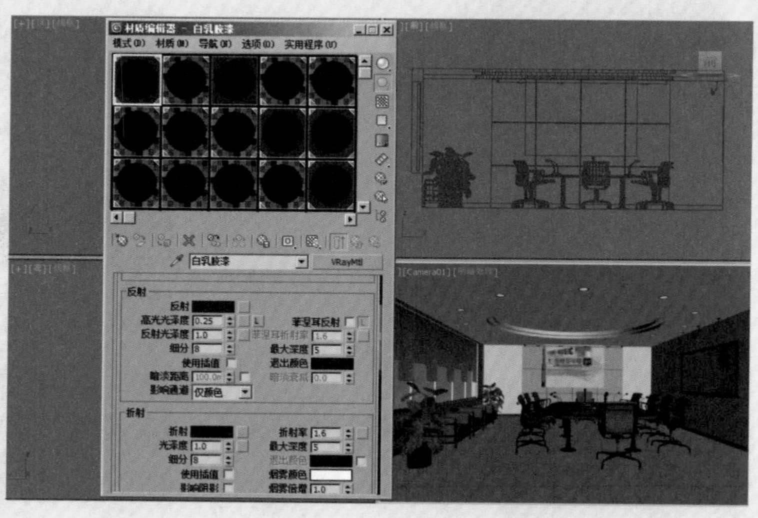

图4-2 材质球效果

出现这种现象，是因为没有指定VRay为当前渲染器。下面指定VRay为当前渲染器。

Step 04 按F10键，弹出【渲染设置】窗口，选择【公用】选项卡，在【指定渲染器】卷展栏下单击...按钮，在弹出的【选择渲染器】对话框中选择V-Ray Adv 2.30.01，如图4-3所示。

图4-3 将VRay指定为当前渲染器

Step 05 此时的材质球显示正常，效果如图4-4所示。

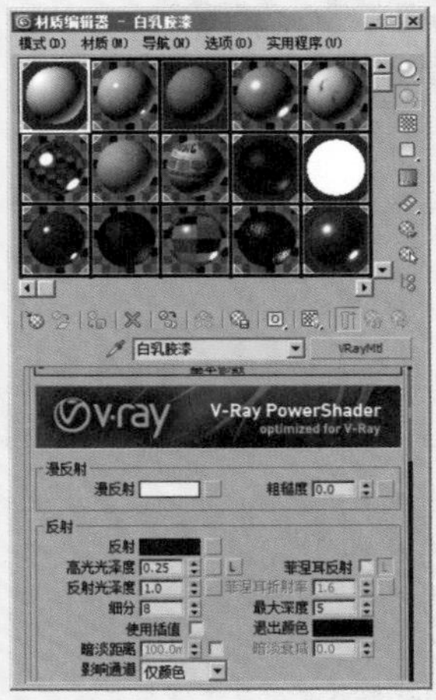

图4-4 指定VRay渲染器后的效果

Step 06 确认当前视图为摄影机视图，然后单击【渲染产品】按钮进行快速渲染，此时发现效果并不理想，如图4-5所示，这是因为场景中没有设置灯光及渲染参数。

图4-5 渲染效果

下面设置VRay的渲染参数。

Step 07 设置【V-Ray::图像采样器（反锯齿）】、【V-Ray::环境】、【V-Ray::间接照明】、【V-Ray::发光图】等卷展栏参数，如图4-6所示。

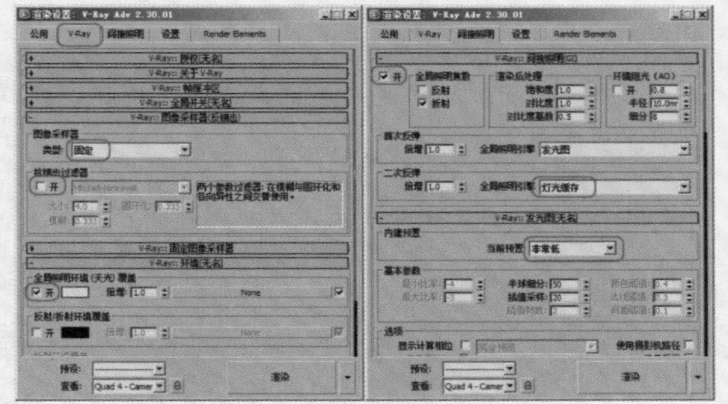

图4-6 设置VRay的渲染参数

Step 08 设置【V-Ray::灯光缓存】卷展栏参数，如图4-7所示。

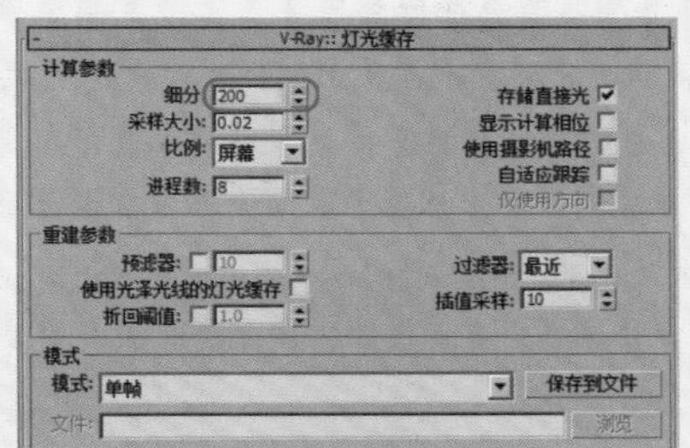

图4-7 设置【灯光缓存】卷展栏参数

Step 09 单击【渲染产品】按钮进行快速渲染，得到如图4-8所示的效果。

图4-8 渲染效果

从渲染效果来看不够理想，因为场景中只使用了VR天空光，导致画面中出现了大量黑斑，整体亮度不够，下面就来解决这些问题。

首先设置灯光。

Step 10 单击【创建】|【灯光】| VR灯光 按钮，在前视图中单击并拖动鼠标，创建一盏VR灯光，然后调整参数，将灯光的颜色调整为天蓝色，设置【倍增】为3.0左右，选中【不可见】复选框，将其移动到视图中窗户外面的位置，参数设置及效果如图4-9所示。

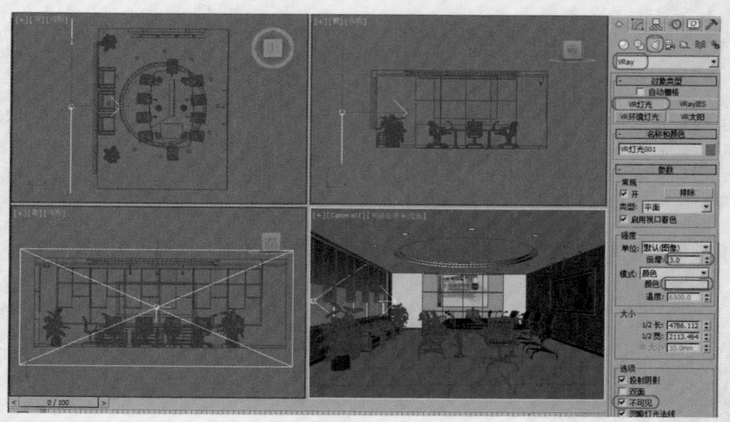

图4-9 VR灯光的位置及参数设置

下面创建一盏目标平行光来模拟太阳光效果。

Step 11 单击【创建】|【灯光】| 目标平行光 按钮，在前视图中单击并拖动鼠标，创建一盏目标平行光，选中【阴影】参数区的【启用】复选框，选择【VRay阴影】选项，修改灯光的颜色为暖色（R:255，G:245，B:235），设置【倍增】为0.8，参数设置及效果如图4-10所示。

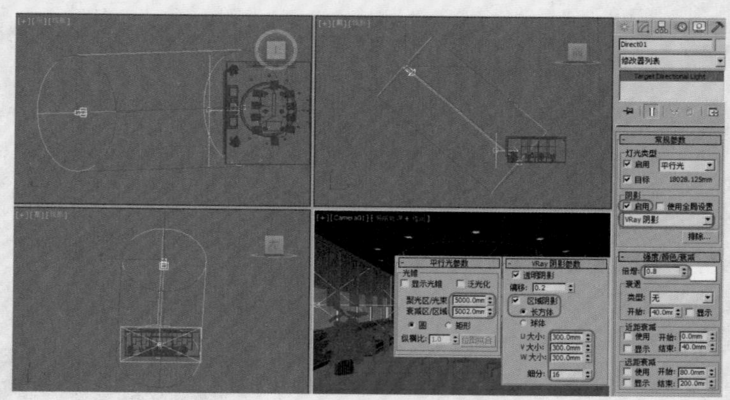

图4-10 目标平行光的位置及参数设置

下面设置天花灯槽的发光效果。因为是圆形天花，所以不方便设置灯光，可以用材质来表现，效果也挺好。

Step 12 按M键，弹出【材质编辑器】窗口，选择一个未用的材质球，将其指定为VRay灯光材质，将材质命名为“自发光”，设置【颜色】为淡蓝色，【亮度】为2.0，参数设置如图4-11所示。

灯槽的发光材质设置完成，下面创建一盏辅助光源，用来照亮整体效果。

Step 13 单击【创建】|【灯光】| 光度学 | 目标灯光 按钮，在左视图中拖动鼠标，创建一盏目标灯光，将其移动到任意一盏筒灯的位置，效果如图4-12所示。

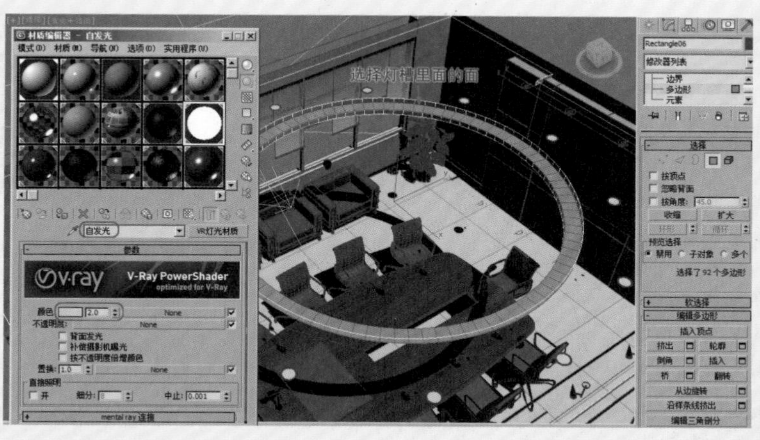

图4-11 为灯槽赋予自发光材质

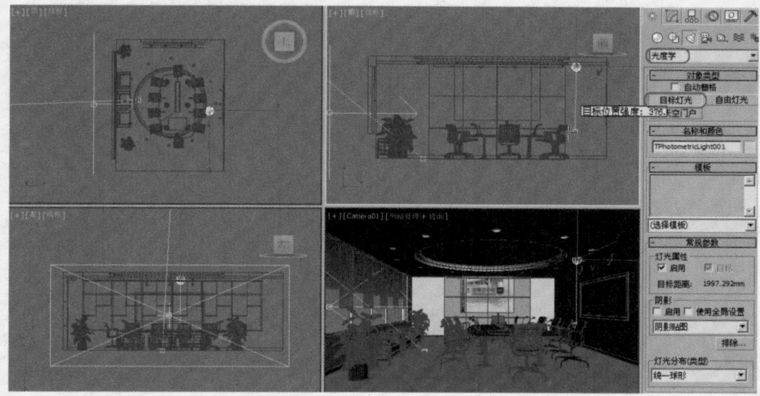

图4-12 目标灯光的位置

Step 14 单击【修改】按钮，进入【修改】命令面板。在【阴影】参数区中选中【启用】复选框，选择【VRay阴影】选项，在【灯光分布（类型）】参数区中选择【光度学Web】选项。在【分布（光度学Web）】卷展栏下单击<选择光度学文件>按钮，在弹出的【弹出光域Web文件】对话框中选择本书配套光盘中的“场景\第4章\map\筒灯.ies”文件，如图4-13所示。

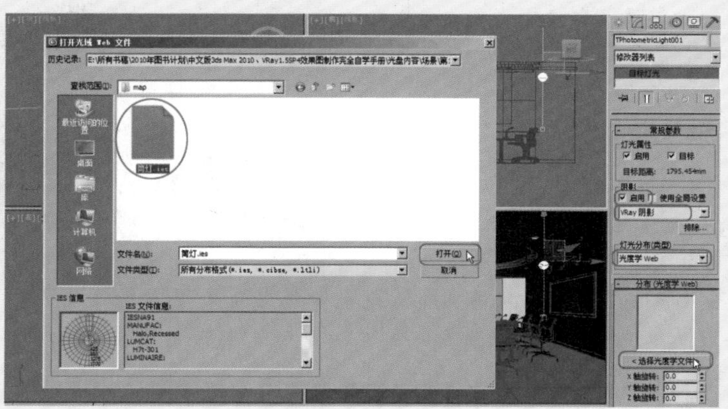

图4-13 选择光域网文件

技巧

如果感觉选择的光域网不太理想，可以重新指定光域网文件，这要看灯光需要表现的效果及周围的整体感觉。

Step 15 在顶视图中用实例的方式复制多盏，在射灯的位置也进行实例复制，效果如图4-14所示。

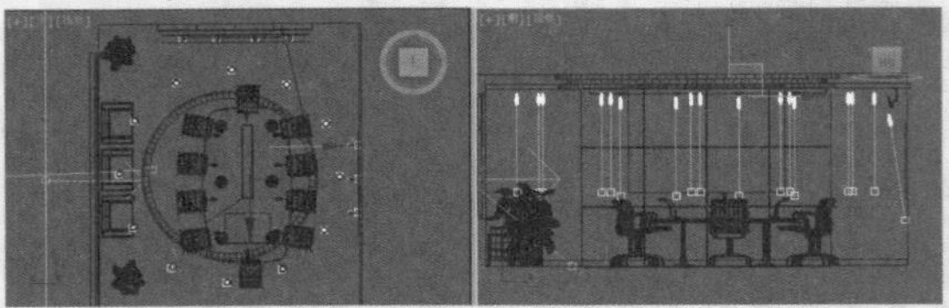

图4-14　复制后的效果

灯光设置完成，下面设置渲染参数。

Step 16 按F10键，弹出【渲染设置】窗口，设置【V-Ray::图像采样器（反锯齿）】、【V-Ray::颜色贴图】、【V-Ray::发光图】、【V-Ray::灯光缓存】等卷展栏参数，如图4-15所示。

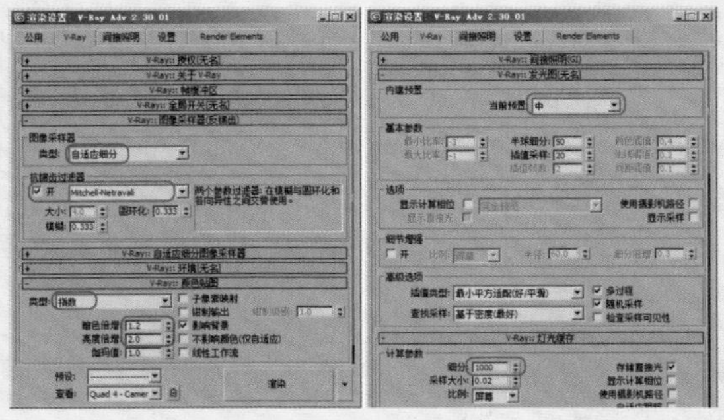

图4-15　设置卷展栏参数

Step 17 最后模拟天光，将【VR灯光】的【细分】设置为20左右，如图4-16所示。

Step 18 参数设置完成后单击 公用 选项卡，在【公用参数】卷展栏下可以先将尺寸设置得小一些，600mm×400mm就可以了，如图4-17所示，渲染摄影机视图。

Step 19 经过一段时间的渲染，最终渲染效果如图4-18所示。

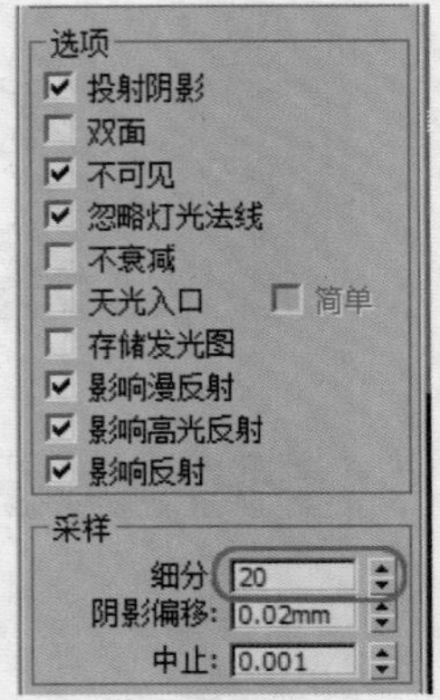

图4-16　设置灯光的【细分】参数

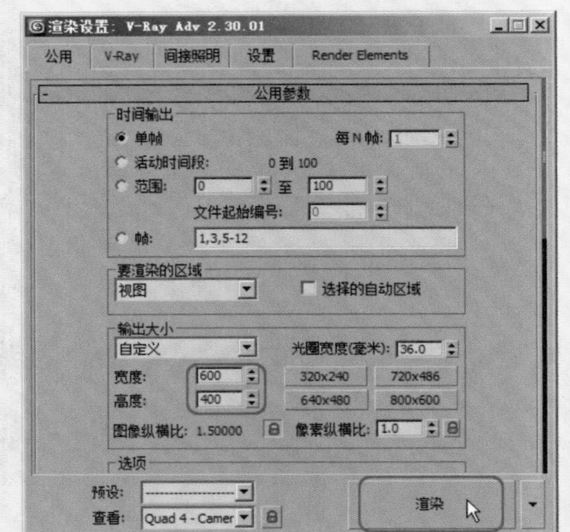

图4-17　设置尺寸

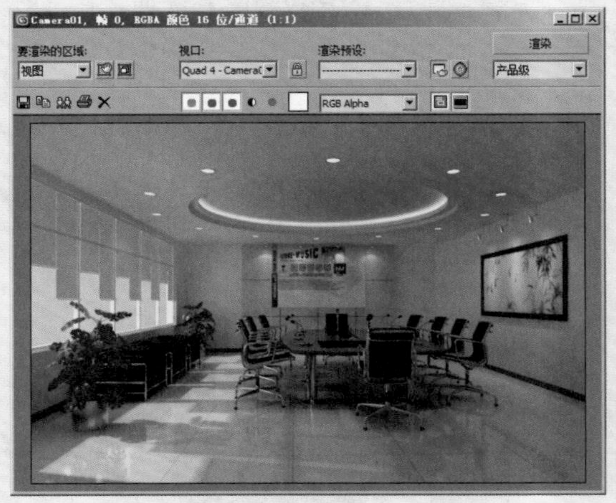

图4-18　渲染效果

Step 20 选择按钮下的【另存为】命令，将此线架保存为“会议室A.max”文件。

4.2 VRay的景深效果

VRay渲染器提供了非常强大的景深效果，从而使作品达到近实远虚或近虚远实的特殊效果。会议室场景在使用了景深效果后，渲染效果如图4-19所示。

图4-19 会议室景深效果

动手操作 VRay的景深效果

Step 01 启动3ds Max 2013中文版。

Step 02 打开本书配套光盘“场景\第4章\会议室景深效果.max”文件。

Step 03 按F10键，弹出【渲染设置】窗口，然后将VRay指定为当前渲染器。

Step 04 确认当前视图为摄影机视图，然后单击 【渲染产品】按钮进行快速渲染，此时会发现没有景深效果，如图4-20所示，这是因为没有进行景深设置。

图4-20 渲染效果

Step 05 按F10键，在弹出的【渲染设置】窗口中，选择【V-Ray】选项卡，在【V-Ray::摄像机】卷展栏下的【景深】参数区中，调整【光圈】及【焦距】等参数，如图4-21所示。

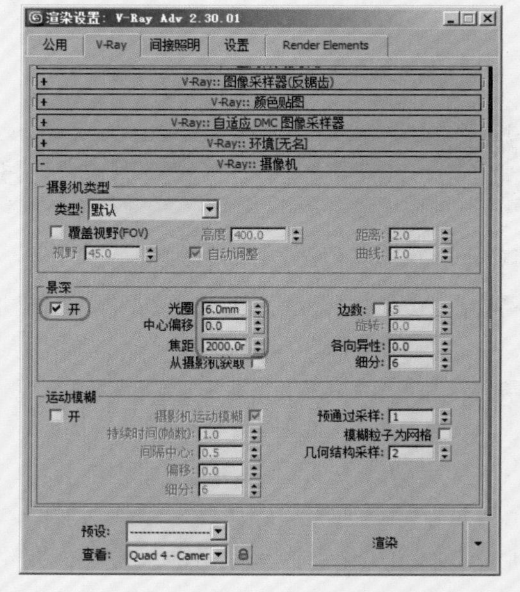

图4-21 调整【景深】参数

Step 06 按Shift+Q组合键，快速渲染摄影机视图，渲染效果如图4-22所示。

技 巧

如果要得到近虚远实的景深效果，只需选中“从摄影机获取”复选框就可以了。

Step 07 选择按钮下的【另存为】命令，将此线架保存为“景深效果A.max”文件。

图4-22 渲染效果

4.3 VRayHDRI（高动态范围贴图）

HDRI是“High Dynamic Range Image”的缩写，中文即“高动态范围贴图”，是一种特殊的的文件格式，它的每一个像素除了含有普通的RGB信息以外，还包含灯光信息。下面通过图4-23所示的场景，来体会高动态范围贴图的效果。

图4-23 高动态范围贴图表现的金属场景

动手操作 高动态范围贴图的使用

Step 01 启动3ds Max 2013中文版。

Step 02 打开本书配套光盘“场景\第4章\高动态范围贴图.max”文件。

Step 03 按Shift+Q组合键快速渲染摄影机视图，渲染效果如图4-24所示。

从渲染效果来看，茶壶及球体都具备了金属及玻璃材质的反射属性，只是反射的效果不太理想，反射的主要来源是场景中的环境色（黑色）。如果在这里使用环境贴图将

图4-24 渲染效果

是一个不错的办法，反射的效果相对来说会好一些。环境贴图是将一张*.jpg或*.tif格式的效果图作为场景中的环境背景。

技 巧

如果想得到更好的效果，必须使用VRayHDRI高动态范围贴图，其目的和作用是为了使三维场景中的光线更真实，从而真正模拟出现实世界的光照效果。HDRI是经过Gamma校正处理的线性图像，好的HDRI一般是360°全景模式的，查看HDRI可以使用HDRView。

Step 04 按8键，弹出【环境和效果】窗口，单击 无 按钮，在弹出的【材质/贴图浏览器】对话框中选择【VRayHDRI】选项，单击 确定 按钮，如图4-25所示。

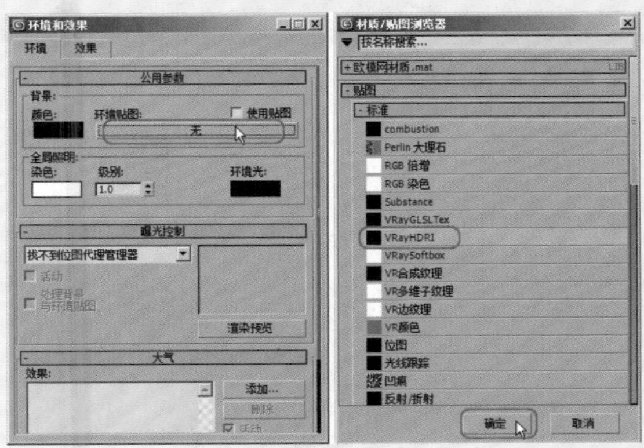

图4-25 选择【VRayHDRI】选项

Step 05 将贴图用实例的方式复制到【材质编辑器】窗口中任意一个没有使用的材质球上，如图4-26所示。

Step 06 单击 浏览 按钮，在系统弹出的【选择HDR图像】对话框中，选择本书配套光盘“场景\第4章\map\HDR.hdr”文件，如图4-27所示。

Step 07 按Shift+Q组合键快速渲染摄影机视图，渲染效果如图4-28所示。

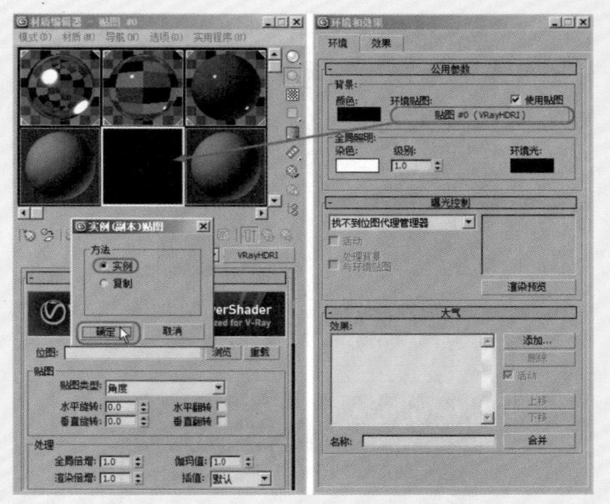

图4-26 用实例方式复制贴图到材质球中

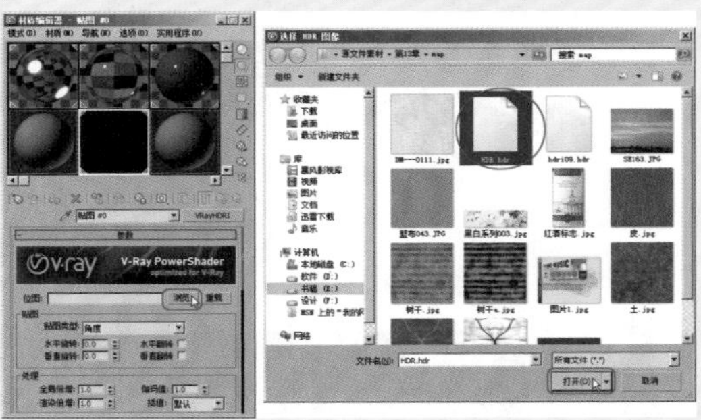

图4-27 选择一张高动态范围贴图

图4-28 渲染效果

可以看出，画面效果有一定的改善，这就是使用VRayHDRI的好处。为了得到更理想的画面效果，接下来微调VRayHDRI贴图的亮度、水平旋转角度和贴图方式。

Step 08 在【材质编辑器】窗口中设置【全局倍增】为2.0，【水平旋转】为35.0，设置【贴图类型】为【球形】，如图4-29所示。

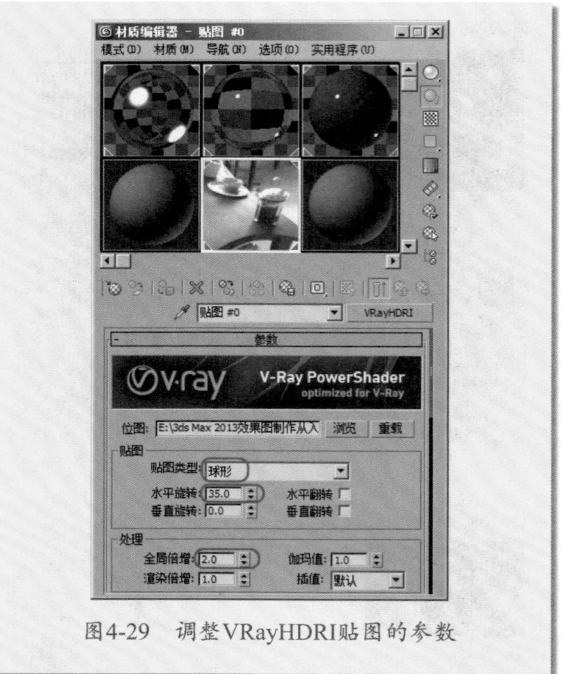

图4-29　调整VRayHDRI贴图的参数

Step 09 按Shift+Q组合键快速渲染摄影机视图，渲染效果如图4-30所示。

图4-30　渲染效果

Step 10 选择按钮下的【另存为】命令，将此线架保存为“高动态范围贴图A.max”文件。

4.4 VRay的焦散效果

焦散效果是VRay渲染器的一个强大功能，是光线穿过玻璃透明物体或从金属表面反射后产生的一种特殊的光线聚焦现象。本例通过为一个简单的小场景进行渲染来学习VRay渲染器焦散效果的设置，最终效果如图4-31所示。

图4-31　VRay的焦散效果

动手操作　VRay的焦散效果

Step 01 启动3ds Max 2013中文版。

Step 02 打开本书配套光盘“场景\第4章\焦散效果.max”文件。

Step 03 首先为场景赋予VRayHDRI高动态范围贴图作为环境，以增加玻璃的真实性，如图4-32所示。

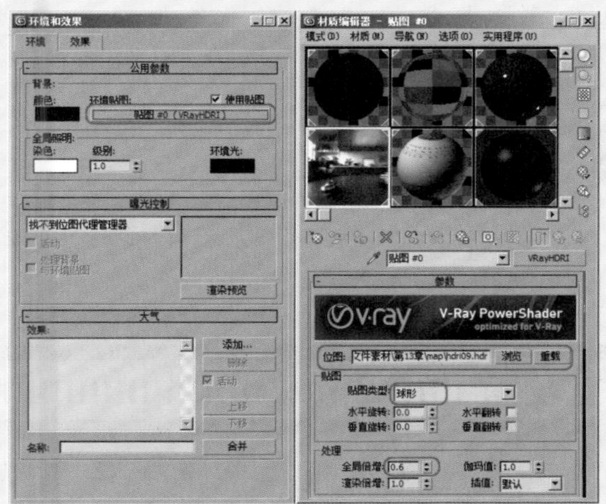

图4-32 用实例方式复制贴图到材质球中

Step 04 按F10键，弹出【渲染设置】窗口，选择【V-Ray】和【间接照明】选项卡，设置各项参数，如图4-33所示。

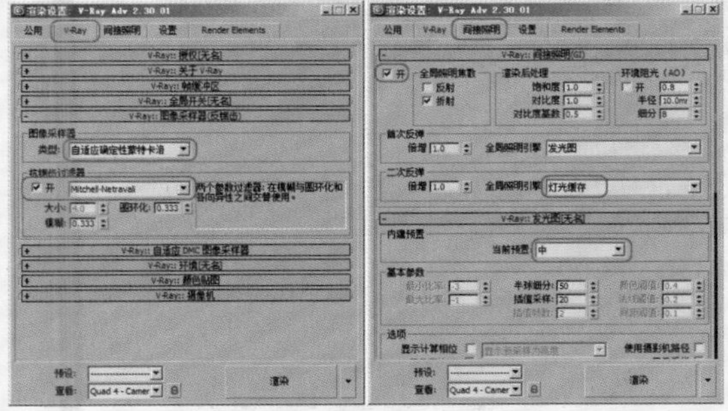

图4-33 设置参数

Step 05 单击【渲染产品】按钮快速渲染摄影机视图，渲染效果如图4-34所示。

图4-34 渲染效果

Step 06 展开【焦散】卷展栏，选中【开】复选框，然后设置【倍增】为4.0，如图4-35所示。

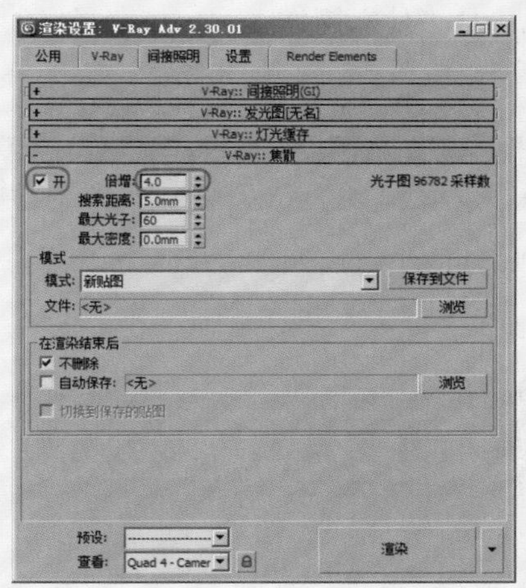

图4-35 设置【焦散】参数

技 巧

【倍增】参数主要控制焦散效果的明亮度。倍增的数值越大，焦散效果越亮；数值越小，焦散效果越暗。

Step 07 按Shift+Q组合键快速渲染摄影机视图，渲染效果如图4-36所示。

图4-36 渲染效果

Step 08 选择按钮下的【另存为】命令，将此线架保存为“焦散效果A.max”文件。

4.5 合理地设置VRay渲染参数

无论从事什么工作，都应该有很好的思路，渲染效果图也是如此。VRay渲染可以分两部分来进行，分别是草图渲染和成图渲染。

4.5.1 VRay草图参数的设置

VRay渲染中的草图渲染主要是为了以最快的渲染速度渲染效果以观察画面的大关系，其中包括素描关系、色彩关系和画面构图，关闭置换贴图、默认灯光、反射/折射等要素才可以提高测试效率。

动手操作 为场景进行草图设置

Step 01 启动3ds Max 2013中文版。

Step 02 打开本书配套光盘“场景\第4章\电梯间.max”文件，效果如图4-37所示。

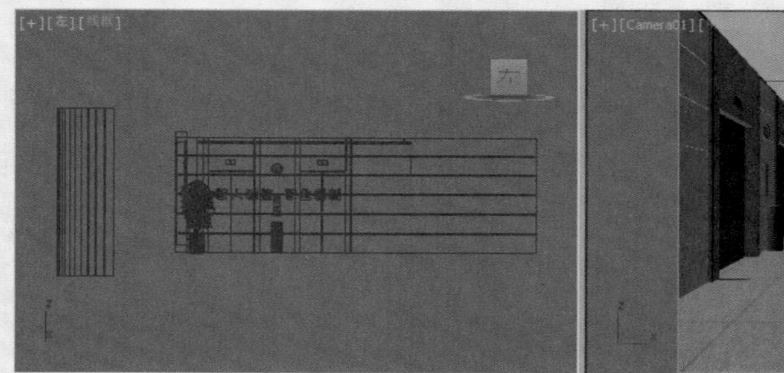

图4-37 “电梯间.max” 文件

这个场景是一个简单的电梯间空间，场景中的灯光、材质已经设置好了。为了快速地查看整体效果，首先设置简单的参数以进行渲染，这一步也就是草图设置。

Step 03 按F10键，弹出【渲染设置】窗口，在【公用】选项卡中设置一个比较小的尺寸进行渲染，如图4-38所示。

Step 04 选择【V-Ray】选项卡，在【V-Ray::全局开关】卷展栏中取消【置换】、【默认灯光】和【反射/折射】复选框的选中状态；在【V-Ray::图像采样器（反锯齿）】卷展栏中选择【固定】类型，取消选中【抗锯齿过滤器】参数区中的【开】复选框，如图4-39所示。

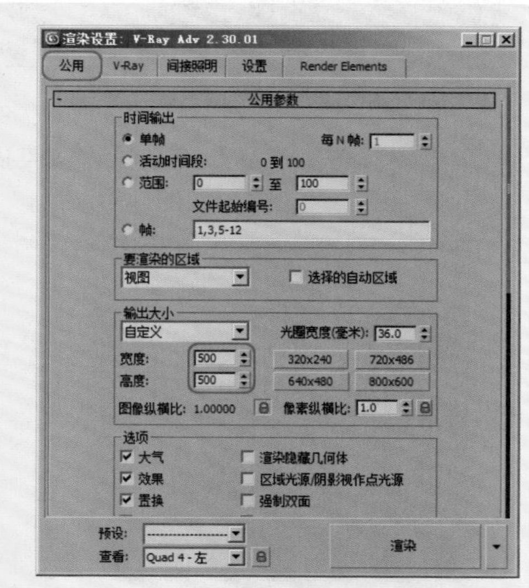

图4-38 设置渲染图像的尺寸

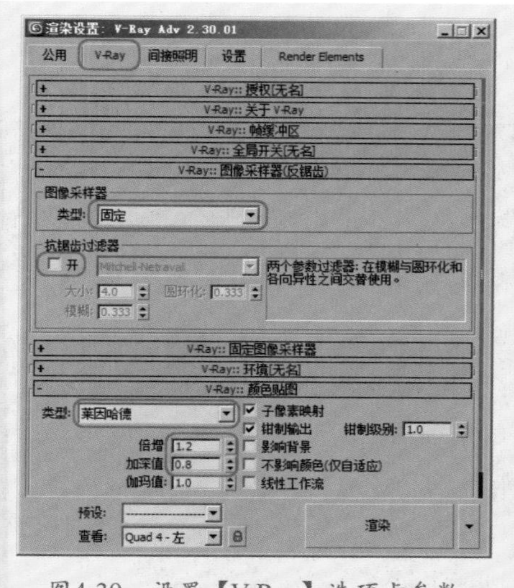

图4-39　设置【V-Ray】选项卡参数

注 意

如果在场景中有反射或者模糊反射需要测试，则需要选中【反射/折射】复选框。也就是说，关闭了【反射/折射】复选框，场景中带有反射的对象将不会出现反射现象。

Step 05 选择【间接照明】选项卡，在【V-Ray::间接照明（GI）】卷展栏中将【二次反弹】参数区中的【全局照明引擎】设置为【灯光缓存】，然后调整【V-Ray::发光图】卷展栏下的参数，如图4-40所示。

图4-40　设置参数

Step 06 设置【灯光缓存】卷展栏下的【细分】为100，目的是加快渲染速度，选中【存储直接光】及【显示计算相位】复选框，如图4-41所示。

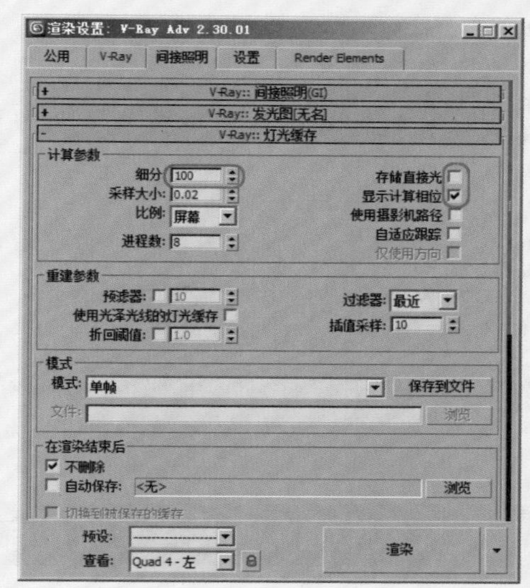

图4-41　设置卷展栏参数

Step 07 选择【设置】选项卡，在【V-Ray::系统】卷展栏下修改【区域排序】类型为【Top→Bottom（上→下）】，选中【帧标记】参数区中的复选框，关闭【VRay日志】参数区中【显示窗口】的复选框，如图4-42所示。

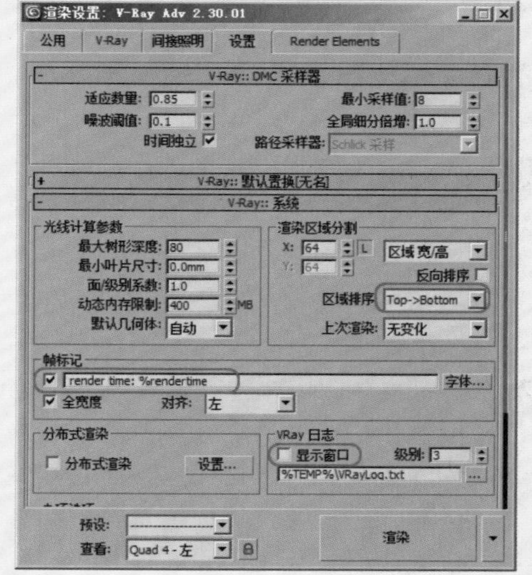

图4-42　设置卷展栏参数

在渲染图片时，可以将【帧标记】参数区中的复选框选中，这样在渲染完成的图片下方会出现一行灰底黑字，上面显示有VRay的版本、帧数和渲染时间等信息。

Step 08 现在用来渲染草图的参数设置完成，单击 渲染 按钮，对摄影机视图进行渲染，效果如图4-43所示。

Step 09 从帧标记上可以知道这个场景的草图渲染时间为44.9s，渲染时间很短，这样可以大大提高制图的效率。

Step 10 将此线架保存为“电梯间A.max”文件。

图4-43 测试渲染的效果

4.5.2 VRay成图参数的设置

继续上面的场景，下面对其进行成图渲染。根据制图的经验，如果既要有高品质的图像质量，又要有较快的渲染速度，最终出图的尺寸应该是光子图尺寸的4倍左右。只要确定了最终成图的尺寸大小，就可以根据这个进行光子图和成图的渲染了。也就是说，如果最终渲染的图片需要2000mm × 2000mm的尺寸，那么光子图的渲染尺寸则应该是500mm × 500mm。下面学习如何设置这些相关的参数。

动手操作 为场景进行成图设置

Step 01 继续使用上面的“电梯间.max”文件。

Step 02 在对渲染的草图效果进行确认后，就可以进行成图的渲染了。尺寸要求不是很大的话，可以直接进行渲染，将尺寸设置为1200mm × 1200mm左右就足够清晰了。

Step 03 选择【V-Ray】选项卡，在【V-Ray::图像采样器（反锯齿）】卷展栏中设置【类型】为【自适应确定性蒙特卡洛】，选择【抗锯齿过滤器】参数区中的选项为【Mitchell-Netravali】，如图4-44所示。

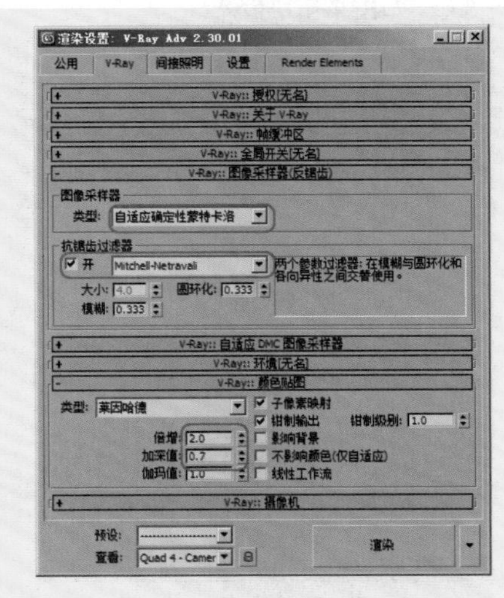

图4-44 设置【V-Ray】选项卡参数

注 意

在【类型】下拉列表中有很多种曝光方式，比较常用的是【线性倍增】、【指数】。选择【线性倍增】选项，整体效果的对比比较强烈，但是会出现局部曝光的问题；选择【指数】选项，整体效果比较柔和，但是画面比较灰。通过调整【黑暗倍增器】及【变亮倍增器】参数，可以调整整体画面的亮度或者对比度。

Step 04 选择【间接照明】选项卡，设置【V-Ray::发光图】卷展栏下的参数，如图4-45所示；设置【V-Ray::灯光缓存】卷展栏下的【细分】为1200，选中【自动保存】复选框，选择一个保存路径。

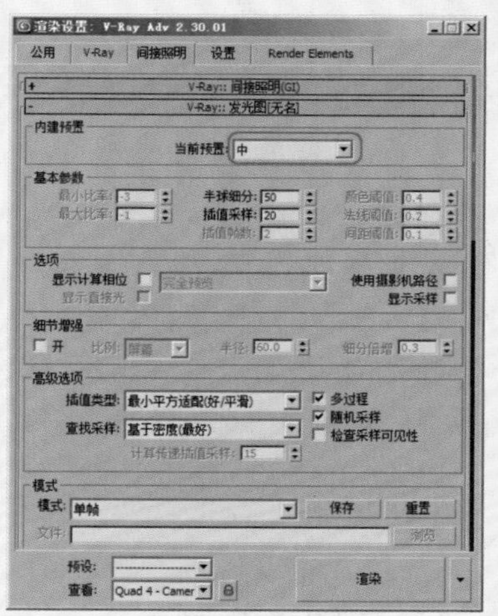

图4-45　设置卷展栏参数

Step 05 选择【设置】选项卡，设置【V-Ray::DMC采样器】卷展栏下的参数，使画面不产生杂点；在【V-Ray::系统】卷展栏下修改【渲染区域分割】参数区中的【X】值为128，如图4-46所示。

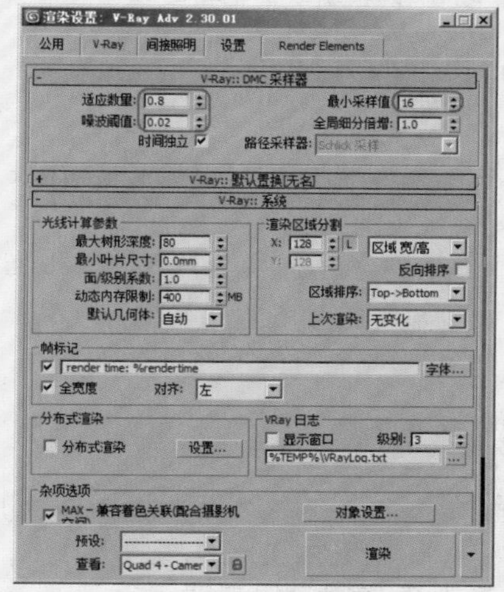

图4-46　设置卷展栏参数

Step 06 单击【渲染产品】按钮进行快速渲染，效果如图4-47所示。

图4-47　渲染效果

Step 07 将此线架保存为“电梯间A.max”文件。

4.6 光子图的保存与调用

渲染光子图的目的是提高渲染速度，在效果图制作过程中可以节省大量的渲染时间，其实也不麻烦，首先将渲染好的小图保存起来，然后再加载到当前场景中就可以了。

动手操作 保存与调用光子图

Step 01 打开本书配套光盘“场景\第4章\电梯间.max”文件。

这个场景中所有的渲染参数都设置好了，直接渲染就可以了。

Step 02 单击【渲染产品】按钮进行场景快速渲染，当前的尺寸为400mm×400mm，渲染效果如图4-48所示。

图4-48 渲染效果

可以看到，效果图没有渲染完，这是因为选中了【V-Ray::全局开关】卷展栏下的【不渲染最终的图像】复选框，在渲染大图时再将其取消就可以了，这样又可以节约很多时间。

Step 03 按F10键，弹出【渲染设置】窗口，在【V-Ray::发光图】卷展栏中单击 保存 按钮，在弹出的【保存发光图】对话框中选择路径，并将文件命名为“dtj.vrmap”，单击 保存(S) 按钮，如图4-49所示。

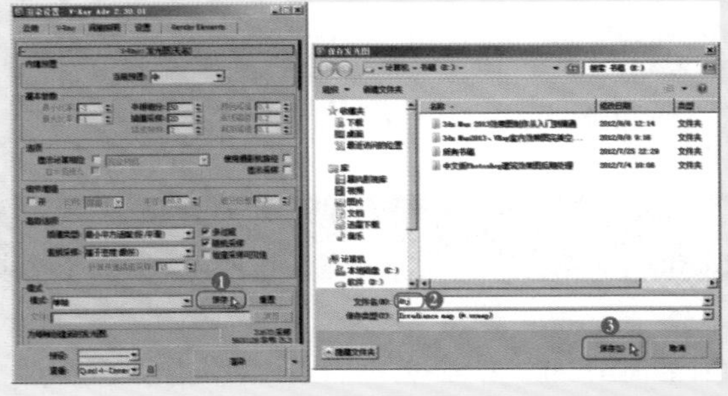

图4-49 保存光子图

在保存光子图时，最好使用英文或拼音。下面将保存好的光子图加载过来。

Step 04 在【模式】右侧选择【从文件】选项，在弹出的【选择发光图文件】对话框中选择刚才保存的“dtj.vrmap”文件，单击【打开】按钮，如图4-50所示。

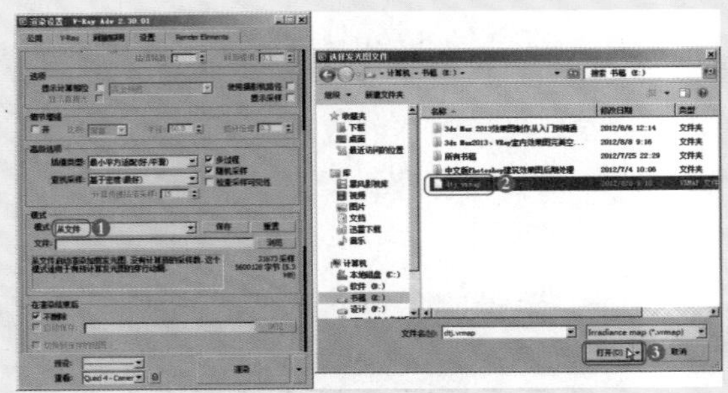

图4-50 载入光子图

Step 05 使用同样的方法，将【V-Ray::灯光缓存】卷展栏下的光子图保存起来。在【V-Ray::灯光缓存】卷展栏下单击 保存到文件 按钮，在弹出的【保存灯光缓存】对话框中选择路径，将其命名为“dtj.vrlmap”，单击 保存(S) 按钮，如图4-51所示。

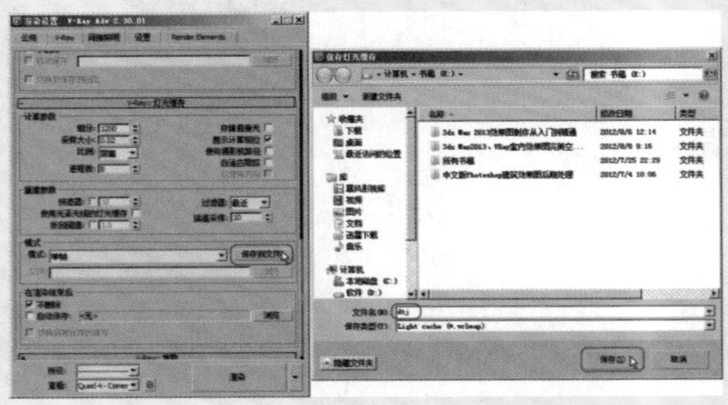

图4-51 保存灯光缓存的光子图

现在【V-Ray::灯光缓存】卷展栏下的光子图已经被保存起来了，下面将保存好的光子图加载进来。

Step 06 在【模式】右侧选择【从文件】选

项，单击 浏览 按钮，在弹出的对话框中选择刚才保存的“dtj. vrlmap”文件，如图4-52所示。

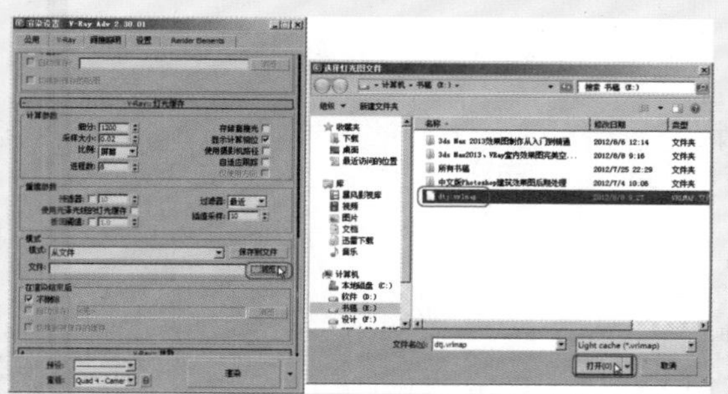

图4-52 载入光子图

Step 07 取消【V-Ray::全局开关】卷展栏下【不渲染最终的图像】的选中状态，如图4-53所示。下面渲染最终成图。

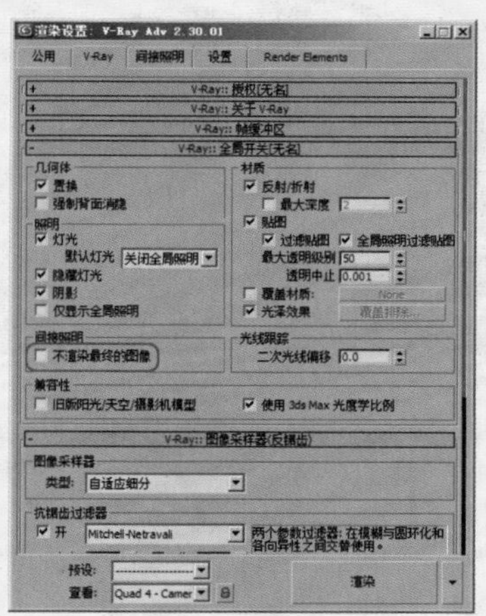

图4-53 设置卷展栏参数

Step 08 光子图已经被全部保存起来并被加载到当前的场景中，选择【公用】选项卡，设置输出的尺寸为2000mm×2000mm，单击 渲染 按钮进行渲染输出，如图4-54所示。

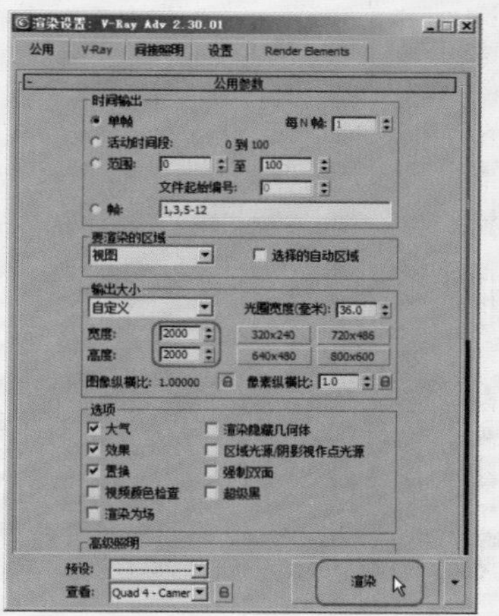

图4-54 设置渲染尺寸

Step 09 渲染结束，最终效果如图4-55所示。

图4-55 渲染的最终效果

Step 10 单击【保存位图】按钮，将渲染后的图像进行保存，将文件命名为“电梯间.tif”。

Step 11 选择按钮下的【另存为】命令，将此线架保存为“电梯间A.max”文件。

4.7 小结

本章重点讲解了VRay的基本操作，希望广大读者通过这些基本操作，能彻底地了解VRay渲染器的强大功能。

第5章

Chapter 05 Photoshop后期处理——锦上添花

本章内容

- 选区
- 图层及叠加方式
- 图像的色彩调整命令
- 后期处理的技巧
- 小结

本章主要讲解怎样使用Photoshop对效果图进行后期处理。这一环节很重要，处理的好坏直接影响到整体效果。在3ds Max/VRay中渲染出的效果图已经非常接近真实的场景，如果想要得到更好的效果，还需要在位图处理软件Photoshop中进行加工。

3ds Max是通过矢量的方法建立场景，最终将三维模型的二维映射图以位图的形式输出。虽然通过三维软件可以精确地建模并制作出效果真实的物体，但是有些造型用三维软件来实现还是有很多困难的，如室内的一些装饰品、人物以及更细腻的光效等，使用Photoshop可以轻松实现这些效果。除此之外，使用Photoshop还可以为三维场景制作清晰、逼真的贴图素材，以使场景渲染得更为真实。

5.1 选区

选区即工作的区域，编辑命令只对所选择的区域内的内容起作用，选区外的部分不受影响，这样就可以进行局部调节。取消建立的选区，只要按Ctrl+D组合键即可。

提示

为了不影响观察效果，可以将选区的虚线框进行隐藏，执行【视图】|【显示额外内容】命令，快捷键为Ctrl+H，这里的操作只是隐藏选区，并没有取消选区。

反向：选择选区以外的区域，执行菜单栏中的【选择】|【反向】命令，快捷键为Shift+Ctrl+I。

羽化：使选区内外衔接的部分虚化，以起到渐变的作用，从而使衔接的部分达到自然过渡的效果。羽化数值越大，选区边界的过渡效果越柔和；当羽化数值为0时，边界整齐没有过渡效果，如图5-1所示。

羽化数值为0

羽化数值为50

图5-1　不同的羽化数值得到的效果

从图5-1中可以很明显地看出，不同的羽化数值在建立选区中所起的作用。在Photoshop中可以建立选区的工具很多，包括【矩形选框工具】、【椭圆选框工具】、【套索工具】、【魔棒工具】和【钢笔工具】等。

1. 矩形选框工具

【矩形选框工具】的基本使用方法很简单，单击工具栏中的图标（快捷键为M），在画面中可以直接框选区域以建立选区；按住键盘上的Shift键，鼠标会变成加号，在画面中拖动鼠标即可添加选区；按住键盘上的Alt键，鼠标会变成减号，在画面中拖动鼠标可以减选选区；按住键盘上的Alt+Shift组合键，可以进行选区交集的选择。

单击【矩形选框工具】图标右下角的小三角图标，可以将其切换为【椭圆选框工具】，其使用方法与【矩形选框工具】相同。

2. 套索工具

单击工具栏中的图标，有3种套索工具可供选择，包括【套索工具】、【多边形套索工具】、【磁性套索工具】。

选择【套索工具】，可以使用鼠标左键自由绘制，如图5-2（左）所示；使用【多边形套索工具】可以绘制出多边形的形状，如图5-2（中）所示；使用【磁性套索工具】可以使选区的边缘沿着色块的边缘进行自动吸附，从而绘制出选区，如图5-2（右）所示。

套索工具

多边形套索工具

磁性套索工具

图5-2　3种套索工具不同的的选区效果

3. 魔棒工具

单击工具栏中的图标（快捷键为W），在画面中直接单击鼠标就可以选择选区。使用【魔棒工具】选择的区域是容差值范围内的区域，容差值越大，选择的范围越大。可以设置工具选项栏中的【容差】、【连续】等参数来更好地使用【魔棒工具】。

4. 钢笔工具

单击工具栏中的图标（快捷键为P），拖动鼠标可以创建圆弧曲线。使用【钢笔工具】可以精确地建立选区，但【钢笔工具】绘制完成的并不是选区而是路径，需要按Ctrl+Enter组合键将其转换为选区，如图5-3所示。

绘制的钢笔路径

转换为选区的效果

图5-3　使用钢笔路径转换的选区

5.2 图层及叠加方式

下面主要学习图层、变换及图层的叠加方式。

1. 图层

图层是Photoshop中非常重要的一个功能，可以作为独立的选区进行调节，并且不会影响到其他图层中的内容。执行菜单栏中的【窗口】|【图层】命令（快捷键为F7），弹出【图层】面板。图层的编辑可以通过单击【图层】面板中的图标来完成。例如，单击图层前的“眼睛”图标，可以控制图层的打开/关闭；单击图标，可以锁定该图层，无法对其进行编辑。

图层的顺序：在【图层】面板中，图层的位置不同，遮挡效果也不同。

图层的选择：可以在【图层】面板中选择图层，也可以单击鼠标右键，在弹出的菜单中选择图层名称，将需要的图层选中。

2. 变换

变换可以实现图像的位移、缩放和旋转等，快捷键为Ctrl+T。除了可以完成以上操作外，还可以单击鼠标右键，在弹出的菜单中选择扭曲、透视等命令，完成图层透视效果的制作，右键菜单如图5-4所示。

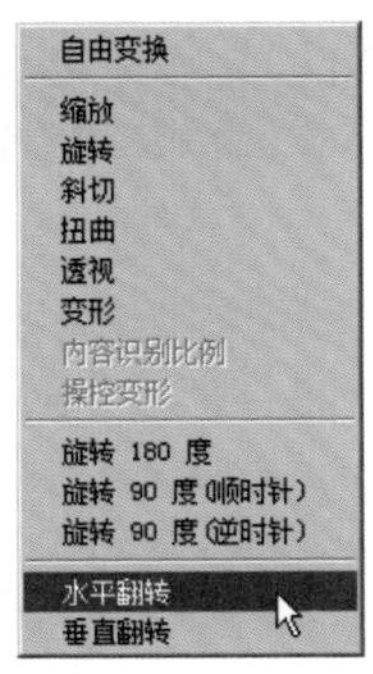

图5-4　右键菜单

提 示

在执行变换时，可以住Shift键，实现等比例缩放。

3. 混合模式

混合是效果图后期处理中常用的一种命令，Photoshop软件提供的混合模式有很多种，如图5-5所示。

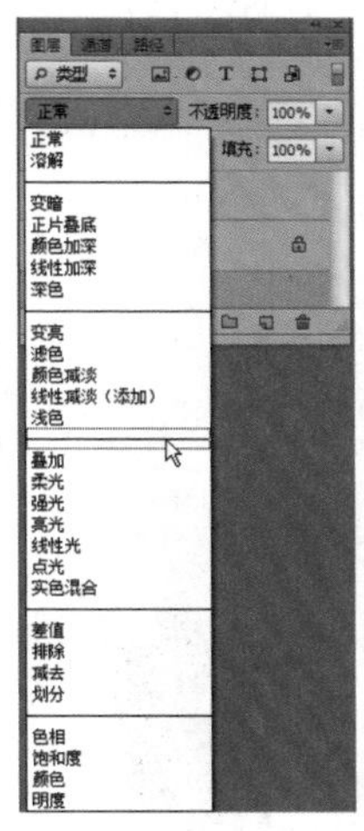

图5-5　混合模式

在效果图的后期制作中，经常使用的混合模式有正片叠底、叠加、滤色等。

4. 调整图层

前面所讲解的调整命令都是不可逆的，没有办法重新对使用后的效果进行修改，但是调整图层可以解决这个问题。在【图层】面板的下方单击【创建新的填充或调整图层】按钮，打开调整图层菜单，如图5-6所示。该菜单中基本包含了处理效果图中常用的调整命令。例如，选择【色阶】命令，在【图层】面板中生成如图5-7所示的调整图层，双击图层前面的色阶图标，弹出【属性】面板，可以继续对刚才的调整进行修改，直到满意为止。

图5-6　调整图层菜单

图5-7　调整图层

这里讲到的调整图层，除了可以对图像进行多次调整外，还可以通过对调整图层的蒙版填充黑白颜色渐变来对画面的局部产生影响，效果如图5-8所示。

图5-8　蒙版在调整图层中的应用

从图5-8中可以看出，在调整图层中使用了渐变蒙版，蒙版中的白色区域可以完全执行色阶操作，黑色区域不执行色阶操作，这样就可以对右下角的色调进行调整。

5.3 图像的色彩调整命令

下面学习调色命令的使用方法。对于色彩的调整，主要集中在图像的明暗程度等方面。如果图像偏暗，可以将其调整得亮一些；如果图像偏亮，可以将其调整得暗一些。另外，因为每一幅效果图的场景所要求的时间、环境氛围各不相同，而又不可能有那么多正好适合该场景氛围的配景素材，这时就必须运用Photoshop中的调色命令对图片进行调整。

执行【图像】|【调整】命令，打开【调整】的子菜单，如图5-9所示。下面介绍几个常用的命令，包括【亮度/对比度】、【色阶】、【色彩平衡】、【曲线】、【色相/饱和度】以及【阴影/高光】命令。

5.3.1 【亮度/对比度】命令

【亮度/对比度】命令主要用来调整图像的亮度和对比度，它不能对单一通道进行调整，也不能像【色阶】命令那样能够对图像的细部进行调整，只能很简单、直观地对图像进行较粗略的调整，特别是对亮度和对比度差异相对不太大的图像作用比较明显。

执行菜单栏中的【图像】|【调整】|【亮度/对比度】命令，弹出【亮度/对比度】对话框，如图5-10所示。

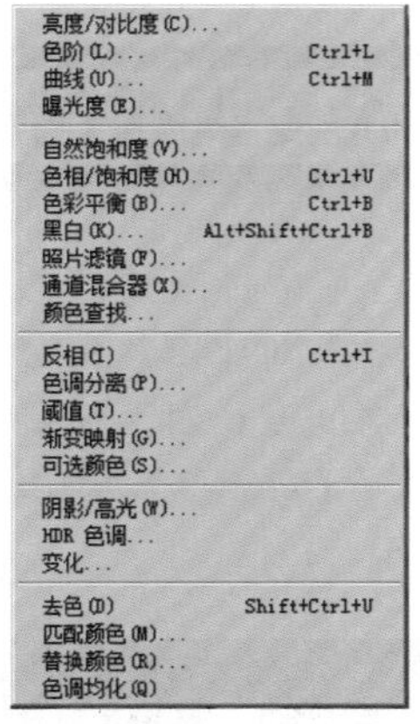

图5-9 【调整】子菜单

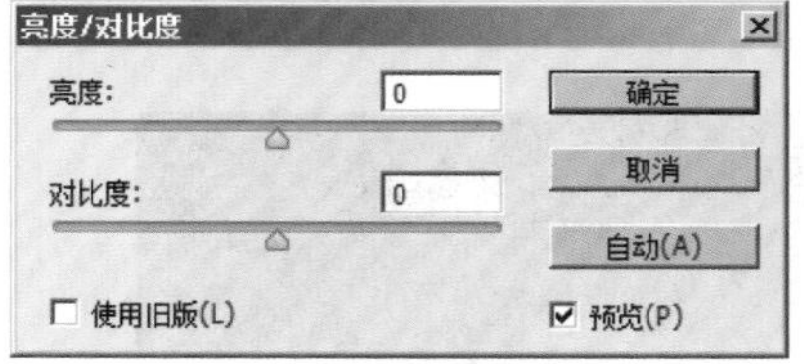

图5-10 【亮度/对比度】对话框

- 【亮度】：可通过拖动滑块或直接在文本框中输入数值来增加或降低图像的亮度，调整前后的对比效果如图5-11所示。

原图像

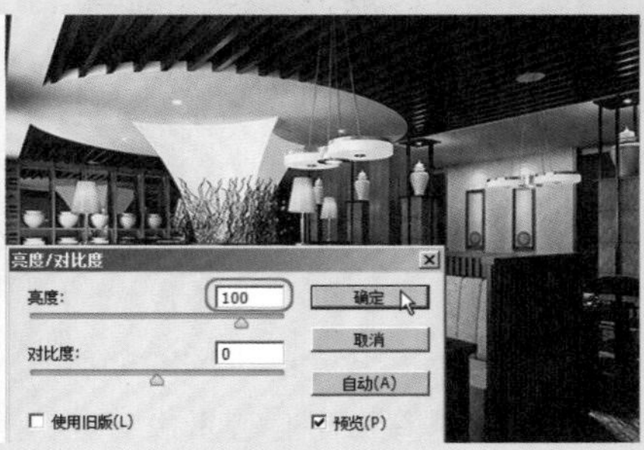

增加亮度后的效果

图5-11 调整图像亮度前后的对比效果

注 意

当图像过亮或过暗时，可以直接使用【亮度】参数来调整，图像会整体变亮或变暗，而在色阶上没有很明显的变化。

- 【对比度】：可通过拖动滑块或直接在文本框中输入数值的方法增加或降低图像的对比度，调整前后的对比效果如图5-12所示。

原图像

增加对比度后的效果

图5-12 调整图像对比度前后的对比效果

动手操作　使用【亮度/对比度】命令调整图像

Step 01 执行菜单栏中的【文件】|【打开】命令，打开本书配套光盘“场景\第5章\餐厅.jpg”文件，如图5-13所示。

图5-13　打开的图像文件

这是一张餐厅效果图，从空间摆设、功能设计等方面来看都十分完美。但是，或许当初在3ds Max软件中创建灯光时各光源之间的强度没有明显区别，使画面中的物体看起来没有立体感，画面整体显得比较压抑，非常不舒服，这是典型的画面亮度和对比度过低引起的问题。下面使用【亮度/对比度】命令对场景进行调整，使餐厅空间看起来更加真实。

Step 02 执行菜单栏中的【图像】|【调整】|【亮度/对比度】命令，在弹出的【亮度/对比度】对话框中设置【亮度】为80、【对比度】为50，效果如图5-14所示。

图5-14　参数设置及调整后的图像效果

从调整后的图像效果来看，虽然图像的【亮度/对比度】有了很好的改善，但是图像的暗部过暗。下面使用【色阶】命令进行调整。

Step 03 执行菜单栏中的【文件】|【存储为】命令，将调整后的图像另存为“餐厅A.jpg”文件。

5.3.2 【色阶】命令

【色阶】（快捷键为Ctrl+L）命令允许通过调整图像的阴影、中间调和高光色调来改变图像的明暗及反差效果。在进行色彩调整时，【色阶】命令可以对整个图像或者图像的某一个选区、某一图层以及单个颜色通道进行调整。

执行菜单栏中的【图像】|【调整】|【色阶】命令，弹出【色阶】对话框，如图5-15所示。

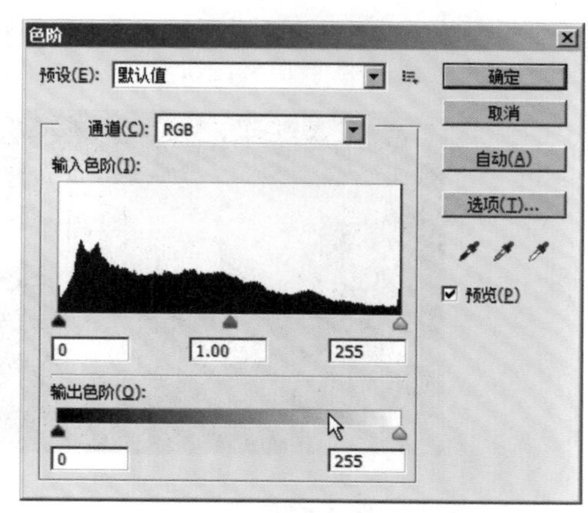

图5-15　【色阶】对话框

动手操作 使用【色阶】命令调整图像

Step 01 执行菜单栏中的【文件】|【打开】命令，打开本书配套光盘“场景\第5章\客房.jpg”文件，如图5-16所示。

Step 02 执行菜单栏中的【图像】|【调整】|【色阶】命令，在弹出的【色阶】对话框中将中间调的滑块向左侧移动，使其增加2，效果如图5-17所示。

Step 03 如果使用鼠标将中间调的滑块向右侧移动，使其降低0.40，效果如图5-18所示。

图5-16 打开的图像文件

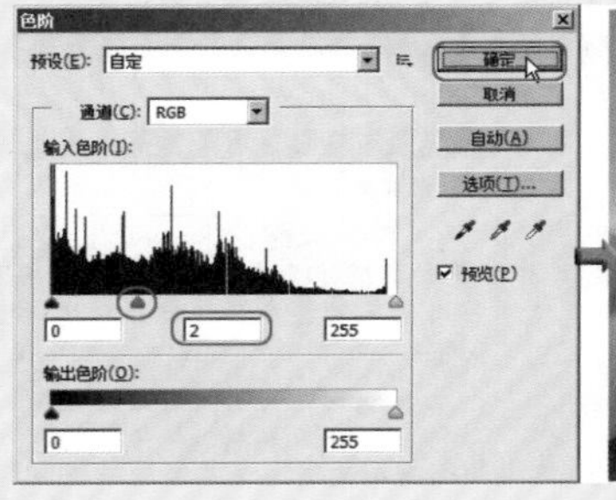

图5-17 参数设置及调整后的图像效果

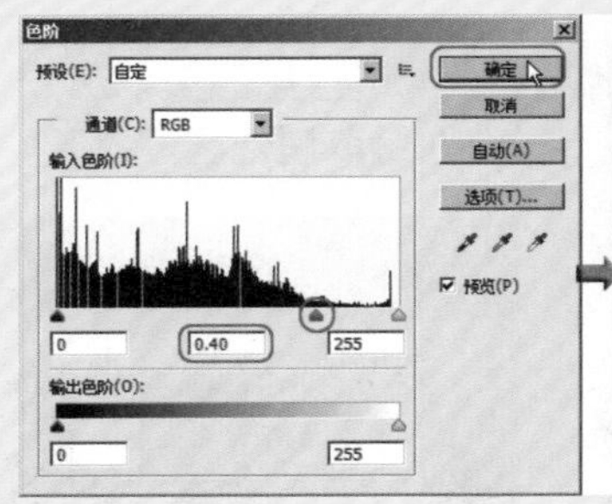

图5-18 参数设置及调整后的图像效果

通过上面的实例操作可以看出，【色阶】命令其实是通过图像的高光色调、中间色调和阴影色调所占的比例来调整图像的整体效果，读者可以试着使用同样的方法调整图像的高光色调和阴影色调值。

5.3.3 【色彩平衡】命令

【色彩平衡】（快捷键为Ctrl+B）调整命令可以进行一般性的色彩校正，简单、快捷地调整图像颜色的构成，并混合各色彩以达到平衡。在运用该命令对图像进行色彩调整时，每一种色彩的效果都会影响到图像中整体的色彩平衡。因此，若要精确调整图像中各色彩的成份，还需要使用【色阶】或者【曲线】等命令进行调节。

执行菜单栏中的【图像】|【调整】|【色彩平衡】命令，弹出【色彩平衡】对话框，如图5-19所示。

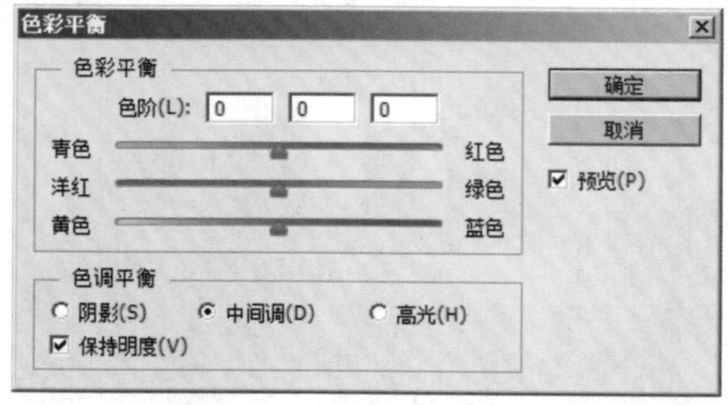

图5-19 【色彩平衡】对话框

- 色彩平衡：通过拖动对话框中的3个滑块或直接在文本框中输入-100～+100的数值来调节图像的色彩平衡。向右侧拖动滑块减少青色的同时，必然会导致红色的增加，如果图像中某一色彩的青色过重，可以通过增加红色来减少该色彩的青色。
- 色调平衡：选择需要调节的色彩平衡的色调范围，包括暗调、中间调、高光，以决定改变哪个色阶的像素。
- 保持明度：选中此复选框，在调节色彩平衡的过程中可以保持图像的亮度值不变。

动手操作　使用【色彩平衡】命令调整图像

Step 01 执行菜单栏中的【文件】|【打开】命令，打开本书配套光盘“场景\第5章\客房.jpg”文件，如图5-20所示。

图5-20 打开的图像文件

这是一张客房的效果图，整体色调很温馨，大调子把握得很好。但是，在某些细节上还有待进一步处理。高光部分太暖了，给人感觉有点儿发焦。下面对细节进行处理。

Step 02 使用工具栏中的【多边形套索工具】选择场景中的天花，调整亮度，然后执行菜单栏中的【图像】|【调整】|【色彩平衡】命令，在弹出的【色彩平衡】对话框中设置各项参数，如图5-21所示。

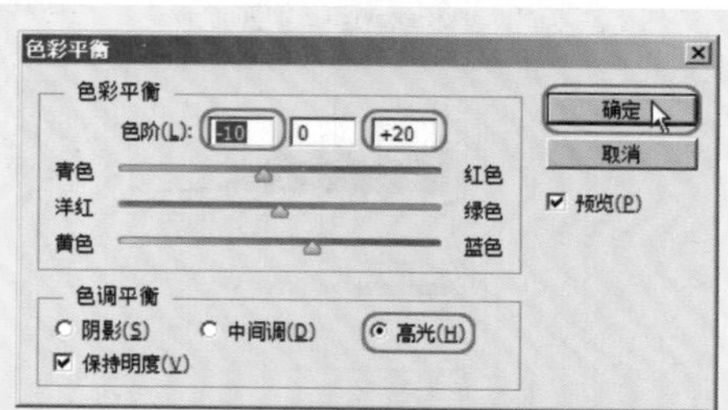

图5-21 设置【色彩平衡】对话框参数

Step 03 单击 确定 按钮，然后按Ctrl+D组合键取消选区，效果如图5-22所示。

图5-22 调整后的图像效果

此时可以看出，壁画在场景中不再孤立了。

Step 04 执行菜单栏中的【文件】|【存储为】命令，将调整后的图像另存为“客房调.jpg”文件。

5.3.4 【曲线】命令

【曲线】（快捷键为Ctrl+M）命令是调整画面亮度、颜色、对比度时常用的命令。执行【图像】|【调整】|【曲线】命令，弹出【曲线】对话框，如图5-23所示。

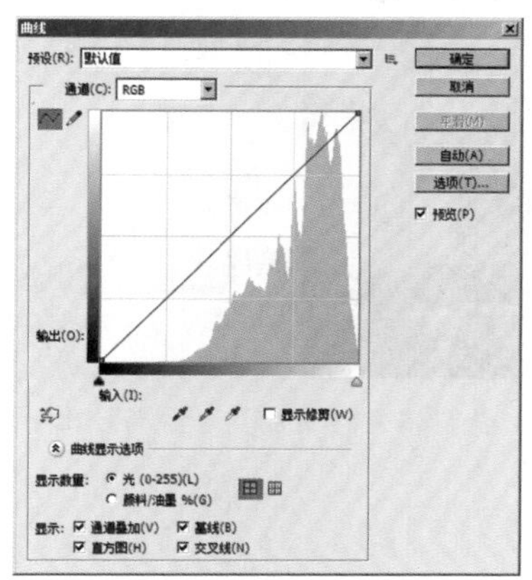

图5-23 【曲线】对话框

对话框中是一条由横向的输入值和纵向的输出值组成的45°斜线。没有对图像进行操作时，线上任何一点的横坐标和纵坐标都是相等的。在RGB通道中，当输出值大于输入值时，画面就会变亮，反之则会变暗，如图5-24所示。

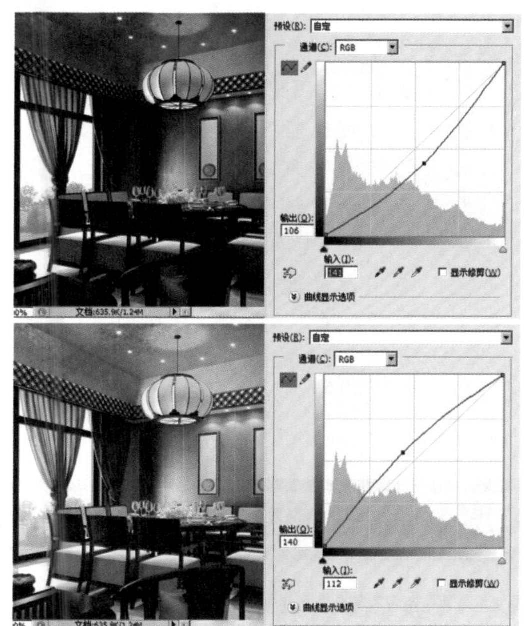

图5-24 执行不同【曲线】命令的对比效果

- 通道：选择需要调整的通道。如果某一通道中的色调明显偏重时，可以选择单一通道进行调整，而不会影响到其他颜色通道的色调分布。
- 曲线区：横坐标代表水平色调带，表示原始图像中像素的亮度分布，即输入色阶，调整前的45°直线意味着所有像素的输入亮度与输出亮度相同。使用曲线调整图像色阶的过程，也就是通过调整曲线的形状来改变像素的输入亮度和输出亮度的过程，从而改变整个图像的色阶。

通常是通过调整曲线的形状来调整图像的亮度、对比度、色彩等。调整曲线时，首先在曲线上单击以生成锚点，然后拖动锚点即可改变曲线的形状。当曲线向左上角弯曲时，图像变亮；当曲线向右下角弯曲时，图像变暗。

技 巧

如果在锚点上按住鼠标不放，可移动曲线；如果单击曲线后释放鼠标，则该锚点被锁定，这时在曲线其他部分移动时，该锚点是不会动的；要同时选中多个锚点，按住Shift键分别单击所需锚点；如果要删除锚点，可以在选择锚点后将锚点拖至坐标区域外，或按住Ctrl键后单击要删除的锚点；要移动锚点的位置，可以在选中锚点后用鼠标或4个方向键进行拖动。

在使用【曲线】命令时，将倾斜的直线调整为“S”形曲线，可以增加图像的对比度，如图5-25所示；也可以使用【预设】右侧的单个颜色通道调整画面整体的颜色倾向，如图5-26所示。

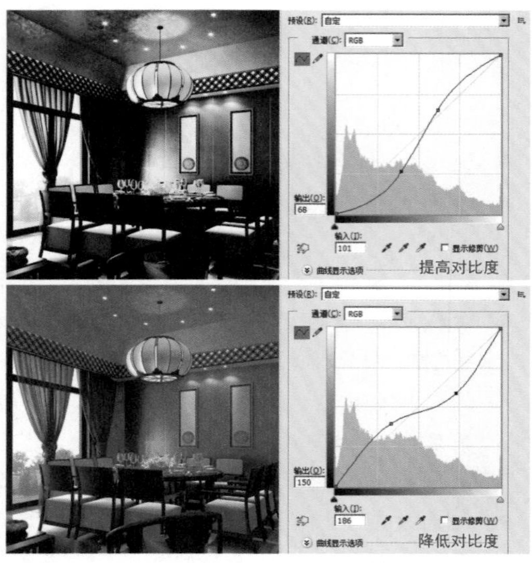

图5-25 执行不同【曲线】命令的对比效果

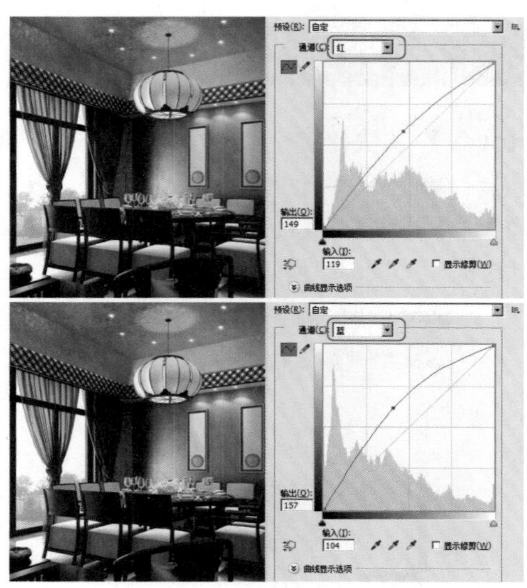

图5-26 执行不同【曲线】命令的对比效果

5.3.5 【色相/饱和度】命令

【色相/饱和度】（快捷键为Ctrl+U）命令主要用于改变图像像素的色相、饱和度和亮度，还可以通过定义像素的色相及饱和度，实现灰度图像的上色效果，或创作单色调效果。

执行菜单栏中的【图像】|【调整】|【色相/饱和度】命令，弹出【色相/饱和度】对话框，如图5-27所示。

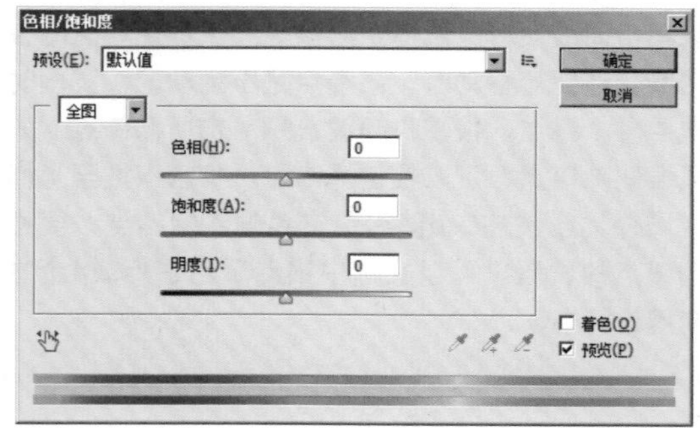

图5-27 【色相/饱和度】对话框

可以选择所要进行调整的颜色范围。如果选择【全图】选项，可以对图像中的所有元素起作用。如果选择其他选项，则只对当前选中的颜色起作用。

- 色相：左右拖动滑块或在文本框中输入数值，可以调整图像的色相。
- 饱和度：左右拖动滑块或在文本框中输入数值，可以调整图像的饱和度。
- 颜色条：在对话框下方的颜色条显示了与色轮上的颜色排列顺序相同的颜色。上面的颜色条显示了调整前的颜色，下面的颜色条显示了调整后的颜色。
- 着色：选中此复选框后，所有彩色图像的颜色都会变为单一色调。

动手操作 使用【色相/饱和度】命令调整图像

Step 01 执行菜单栏中的【文件】|【打开】命令，打开本书配套光盘“场景\第5章\阳光客厅.jpg”文件，如图5-28所示。

图5-28 打开的图像文件

Step 02 执行菜单栏中的【图像】|【调整】|【色相/饱和度】命令，在弹出的【色相/饱和度】对话框中设置【色相】为-15、【饱和度】为45，如图5-29所示。

执行上述操作后，图像效果如图5-30所示。

Step 03 执行菜单栏中的【文件】|【存储为】命令，将调整后的图像另存为“阳光客厅调.jpg”文件。

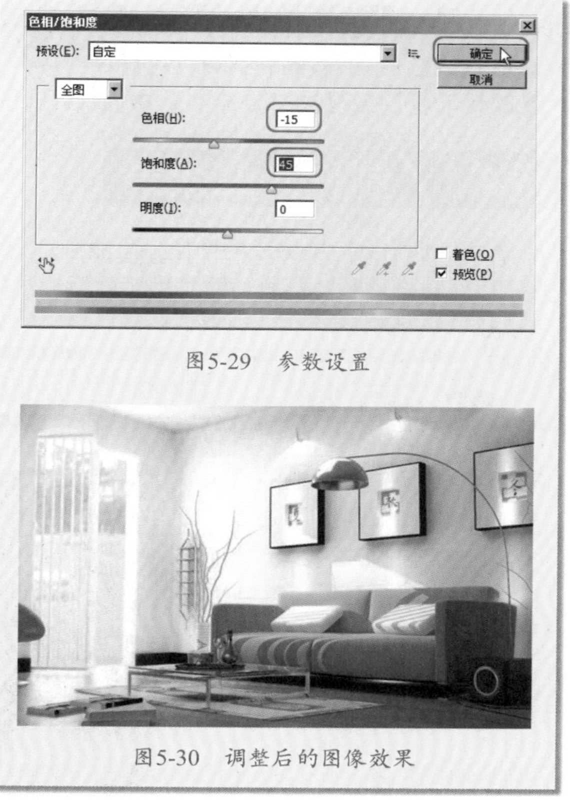

图5-29 参数设置

图5-30 调整后的图像效果

5.3.6【阴影/高光】命令

执行【阴影/高光】命令，弹出【阴影/高光】对话框，如图5-31所示。在效果图的制作中，经常会表现一些比较暗的场景，如酒吧、咖啡厅、KTV包间等。如果在前期渲染的时候，所设置的灯光没有很好地将场景照亮，可以使用这个命令调整暗部的一些细节，如图5-32所示。

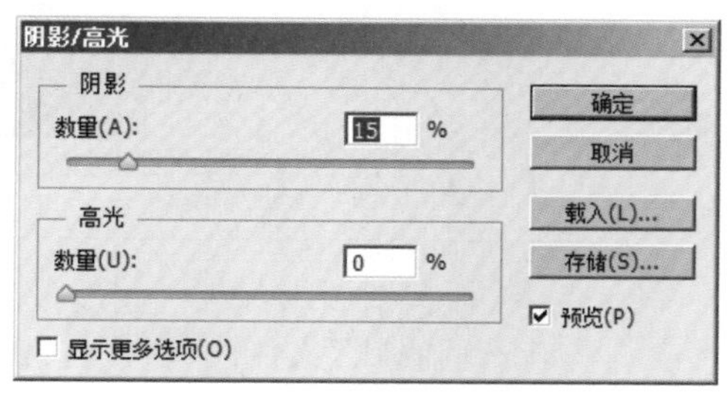

图5-31 【阴影/高光】对话框

图5-32 使用【阴影/高光】命令前后的对比效果

5.4 后期处理的技巧

5.4.1 制作光晕效果

使用3ds Max渲染完成的图像，虽然有灯光效果，但是如果希望在灯的周围有很真实的光晕，就要使用Photoshop来完成了。其实很简单，将光晕直接拖到筒灯上就可以了。

动手操作 制作光晕效果

Step 01 执行菜单栏中的【文件】|【打开】命令，打开随书配套光盘“场景\第5章\电梯间.jpg、光晕.psd”文件，如图5-33所示。

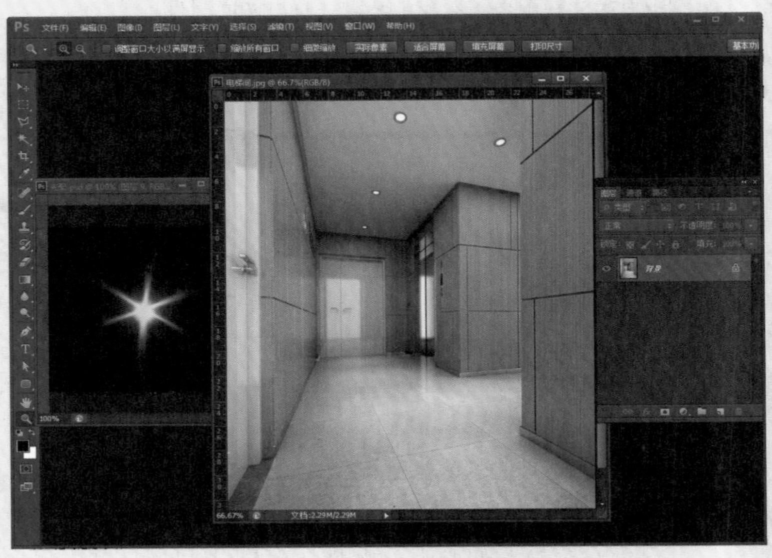

图5-33 打开的两个文件

Step 02 使用工具栏中的【移动工具】将光晕拖入到电梯间文件中，调整大小后将其移动到任意筒灯的位置，然后复制多个，效果如图5-34所示。

Step 03 执行菜单栏中的【文件】|【存储为】命令，将加入光晕后的电梯间文件另存为“电梯间.psd”文件。

图5-34 光晕效果

5.4.2 制作无缝贴图

在3ds Max中使用贴图，当贴图的平铺次数大于1时，为了防止出现明显的接缝，可将这些贴图制作为无缝贴图。

动手操作 制作无缝贴图

Step01 执行菜单栏中的【文件】|【打开】命令，打开本书配套光盘中的“场景\第5章\鹅卵石.jpg”文件，如图5-35所示。

图5-35 打开的图像文件

Step02 执行菜单栏中的【滤镜】|【其它】|【位移】命令，在弹出的【位移】对话框中设置【水平】为50像素右移、【垂直】为50像素下移，在【未定义区域】参数区中选择“折回”单选按钮，如图5-36所示。

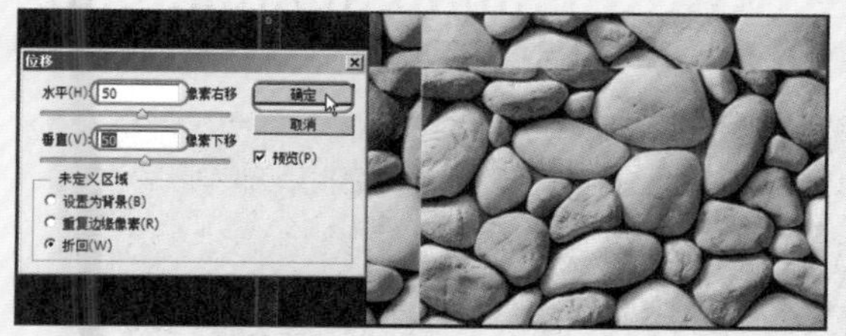

图5-36 参数设置及位移效果

由上述操作可以看出，将图像位移后在图像中出现了接缝，说明这个贴图文件不是无缝贴图，如果将其直接赋予造型，就会出现前面所说的接缝处不真实的情况。

下面使用【仿制图章工具】对其进行调整。

Step03 选择工具栏中的【仿制图章工具】，在工具选项栏中将笔刷大小设置为15，设置其他各项参数，如图5-37所示。

图5-37 参数设置

Step04 使用【缩放工具】将图像局部放大，然后将光标移动到图像中如图5-38所示的位置，按住Alt键单击鼠标左键，定义一个参考点。

图5-38 在图像中定义参考点

Step05 释放Alt键，在图像中的接缝处拖动鼠标指针，则采样点的像素被一点点地复制到接缝处，如图5-39所示。

图5-39 接缝处被复制

技 巧

在复制图像时可以通过在【仿制图章工具】工具选项栏中适当调整【不透明度】的数值来控制笔画的浓度，以使复制的像素与原像素能很好地融合在一起。

Step 06 重复上面的操作，在图像中多次定义参考点，然后拖动鼠标进行复制，修改接缝处的像素，效果如图5-40所示。

图5-40 复制还原的图像效果

将未赋予无缝贴图的图像效果与赋予无缝贴图的图像效果进行比较，如图5-41所示。

图5-41 赋予无缝贴图前后的对比效果

Step 07 执行菜单栏中的【文件】|【存储为】命令，将图像另存为“无缝鹅卵石.jpg”文件。

5.4.3 后期处理代替三维模型

在效果图的制作中，有时候会有很多装饰物及软装部分，在3ds Max中调整起来很麻烦，真实性也不是很好，直接在Photoshop中完成是不错的解决方法。

动手操作 后期处理代替三维模型

Step 01 执行菜单栏中的【文件】|【打开】命令，打开本书配套光盘“场景\第5章\欧式客厅.jpg”文件，如图5-42所示。

通过图像可以看出，茶几上面少了装饰品，显得很单调。下面为茶几添加丰富的装饰品，使画面更生动。

Step 02 执行菜单栏中的【文件】|【打开】命令，打开本书配套光盘“场景\第5章\茶几装饰.psd”文件，如图5-43所示。

图5-42 打开的图像文件

图5-43　打开的图像文件

Step 03 使用【移动工具】将“茶几装饰.psd”文件拖动到欧式客厅文件中，按Ctrl+T组合键调整图像的大小及透视，并将其放置在合适的位置，如图5-44所示。

Step 04 将前面脚踏上面的部分图像删除，效果如图5-45所示。

Step 05 执行菜单栏中的【文件】|【存储为】命令，将图像另存为“欧式客厅. psd”文件。

图5-44　茶几装饰的位置

图5-45　删除后的效果

5.4.4 使用匹配颜色调整色调

在效果图的制作中，很多时候客户会提供一些实景照片让制作者来参考。效果图和实景照片往往有一些差距，为了让制作的效果图其整体感觉更靠近客户提供的参考照片，可以使用【图像】|【调整】|【匹配颜色】命令来处理。

动手操作　使用匹配颜色调整色调

Step 01 执行菜单栏中的【文件】|【打开】命令，打开本书配套光盘“场景\第5章\卫生间.jpg、卫生间参考.jpg”文件，如图5-46所示。

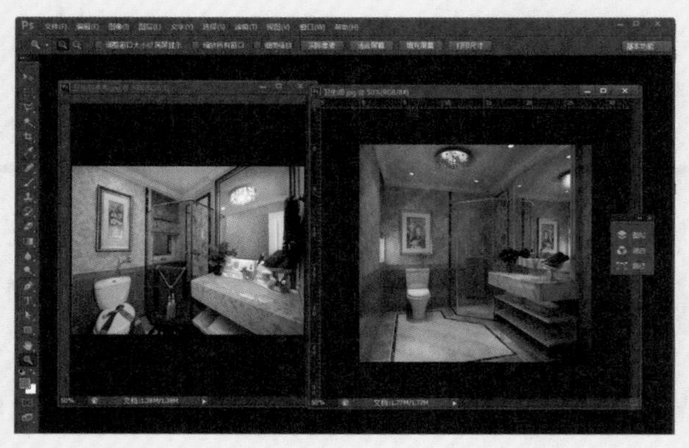

图5-46　打开的图像文件

Step 02 选择“卫生间.jpg”文件，使用【曲线】命令调整图像的亮度，如图5-47所示。

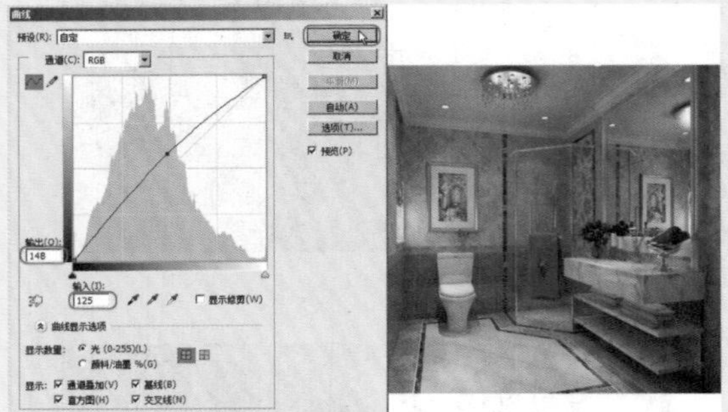

图5-47 使用【曲线】命令调整亮度

Step 03 执行菜单栏中的【图像】|【调整】|【匹配颜色】命令，在弹出的【匹配颜色】对话框中，在【源】的右侧选择“卫生间参考.jpg”文件，设置【渐隐】为20，单击 确定 按钮，如图5-48所示。

Step 04 使用【匹配颜色】命令调整后的图像效果如图5-49所示。

Step 05 执行菜单栏中的【文件】|【存储为】命令，将图像另存为“卫生间调整. jpg”文件。

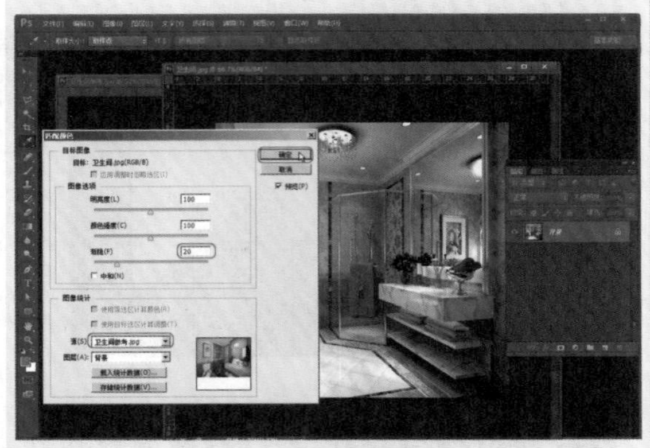

图5-48 执行【匹配颜色】命令

图5-49 执行【匹配颜色】命令后的效果

5.5 小结

本章重点讲解了Photoshop后期处理的一些基础知识，建议读者一定要对这些基础知识有一个清晰的认识。只有熟练地掌握了这些知识，才能在实际操作中将效果图处理得比较理想。同时，还要掌握室内效果图后期处理的流程。

要想制作出一幅优秀的作品，需要制作者具备各方面的综合能力，包括对建筑装潢时尚风格的了解和把握能力，对设计方案的理解能力，对真实世界的观察和分析能力，对色彩和光的感受能力，对3ds Max的建模能力及对其他软件的掌握能力，最重要的是，怎样使用Photoshop对效果图进行后期处理的能力。

第6章

真实材料的模拟——材质

Chapter 06

本章内容

- 了解材质
- 认识材质编辑器
- 了解材质的属性
- 常见材质的表现
- 小结

建立模型是制作效果图的第一步，模型的不同部位可以用不同的装饰材料来达到美化、修饰的目的。每一种材料都有其各自不同的视觉特性，可分解为颜色、反光性、折光性、透明度、发光度、表面粗糙程度、纹理以及结构等诸多要素，而这些视觉要素都可以用3ds Max配合VRay来进行模拟。这种通过电脑模拟出的“装饰材料”也就是本章要讲解的“材质”。

材质是怎样来设定的呢？标准就是：以现实世界中的物体为依据，真实地表现出物体材质的属性。例如，物体的基本色彩，对光的反弹率和吸收率，光的穿透力，物体内部对光的阻碍能力和表面光滑度等。需要注意的是，现在用VRay进行渲染，应该使用VR材质。

6.1 了解材质

所谓材质，是在3ds Max中对现实生活中不同装饰材料的各种视觉特性的真实模拟。不同材质的各种视觉特性又通过颜色、质感、反光、折光、透明度、自发光、表面粗糙程度以及肌理、纹理、结构等诸多要素表现出来。这些视觉要素都可以在3ds Max中配合VRay用相应的参数来表现。各视觉要素的变化和组合使物体呈现出不同的视觉特性，在场景中所观察到的以及制作的材质体现的就是这样一种综合的视觉效果。

场景中的三维物体本身不具备任何表面特性，所创建的物体只是以颜色的属性表现出来，自然也就不会产生与现实材料相一致的视觉效果。如果要产生与生活场景一样丰富多彩的视觉效果，只有通过材质的模拟来实现，这样得到的造型才会呈现出真实材料的视觉特征，使制作的效果图更接近于现实的效果。

6.2 认识材质编辑器

3ds Max中的材质比较复杂，参数比较多，材质的编辑和生成是在【材质编辑器】窗口中完成的。只要单击工具栏中的【材质编辑器】按钮（或按M键），就可以弹出【材质编辑器】窗口，在该窗口内进行相关设置。下面先来了解一下【材质编辑器】窗口，如图6-1所示。

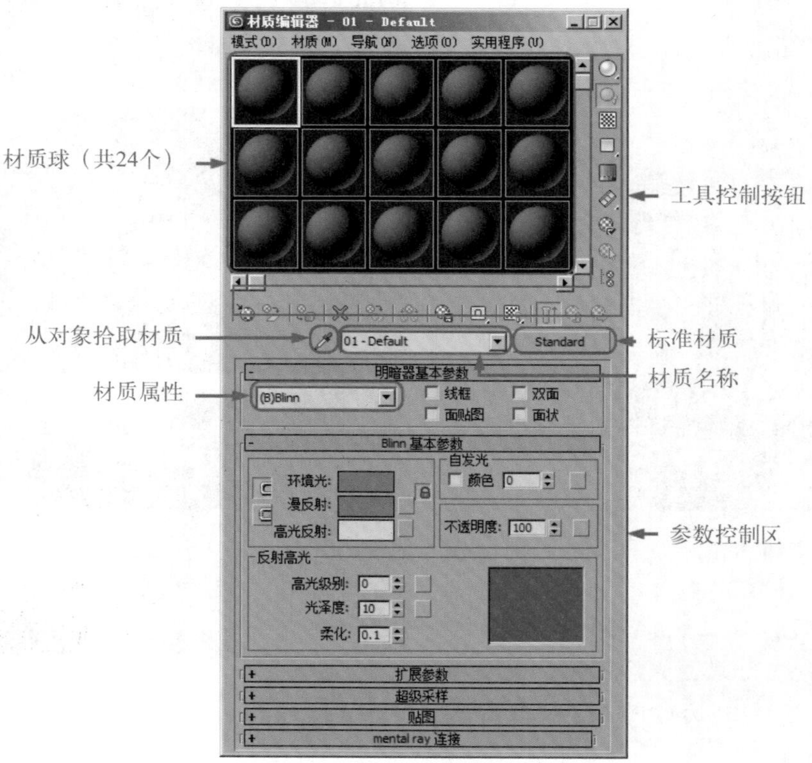

图6-1 【材质编辑器】窗口

6.2.1 材质类型

单击【材质编辑器】窗口中的 Standard （标准）按钮，即可弹出【材质/贴图浏览器】对话框，如图6-2所示。3ds Max 2013提供了16种材质类型，分别是【Ink’n Paint】、【VRayGLSLMtl】、【光线跟踪】、【双面】、【变形器】、【合成】、【壳材质】、【外部参照材质】、【多维/子对象】、【建筑】、【无光/投影】、【标准】、【混合】、【虫漆】、【顶/底】、【高级照明覆盖】。其中，【标准】、【混合】、【多维/子对象】材质的参数设置是比较常用到的。

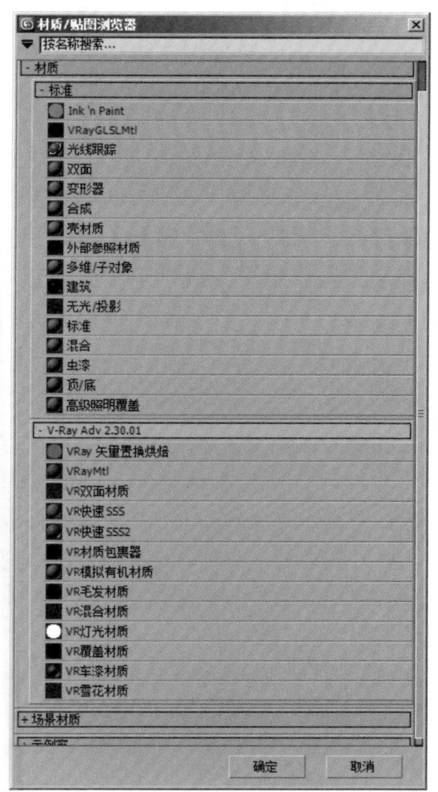

图6-2 【材质/贴图浏览器】对话框

1.【混合】材质

【混合】材质可以将两种不同的材质融合在一起。根据融合度的不同，控制两种材质表现的强度，并且可以将其制作成材质变形动画。另外，还可以指定图像作为融合的遮罩，利用它本身的明暗度来决定两种材质融合的程度，表现效果如图6-3所示。

图6-3 【混合】材质的表现效果

按M键，弹出【材质编辑器】窗口，单击 Standard （标准）按钮，弹出【材质/贴图浏览器】对话框，选择【混合】材质，单击 确定 按钮，系统弹出【替换材质】对话框，单击 确定 按钮，即可进入其参数面板，如图6-4所示。

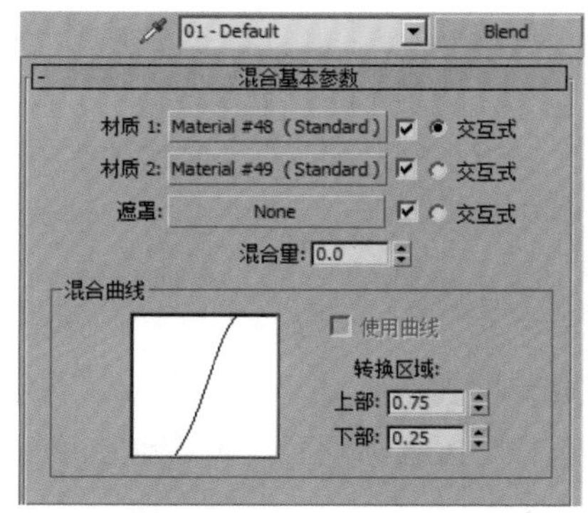

图6-4 【混合】材质的参数面板

参数详解

- 材质1、材质2：通过单击其右侧的空白按钮来选择相应的材质。
- 遮罩：选择图案或程序贴图作为蒙版，利用蒙版图案的明暗度来决定两种材质的融合情况。
- 混合量：确定融合的百分比例，对无蒙版贴图的两种材质进行融合时，依据它来调节混合程度。当值为0.0时，材质1完全可见，材质2不可见；当值为1.0时，材质1不可见，材质2完全可见。将该参数由0.0至1.0的变化记录为动画，即可制作出材质的变形动画。

- 混合曲线：控制蒙版贴图中黑白过渡区造成的材质融合的尖锐或柔和程度，专用于蒙版贴图的融合材质。例如，使用【噪波】作为蒙版贴图，通过调节混合曲线来产生各种奇特的材质。
- 使用曲线：确定是否使用混合曲线来影响融合效果。
- 转换区域：分别调节【上部】和【下部】数值来控制混合曲线。两值相近时，会产生清晰尖锐的融合边缘；两值相差很大时，会产生柔和模糊的融合边缘。

2.【多维/子对象】材质

此材质类型可以将多个材质组合到一个材质中，这样可以使一个物体根据其子物体的ID号同时拥有多个不同的材质。另外，通过为物体加入材质修改命令，可以在一组不同的物体之间分配ID号，从而享有同一多维/子对象材质的不同子材质。该材质的表现效果如图6-5所示。

图6-5 【多维/子对象】材质的表现效果

按M键，在弹出的【材质编辑器】窗口中单击 Standard （标准）按钮，弹出【材质/贴图浏览器】对话框，选择【多维/子对象】材质，单击 确定 按钮，在系统弹出的【替换材质】对话框中直接单击 确定 按钮，即可进入【多维/子对象】材质的参数面板，如图6-6所示。

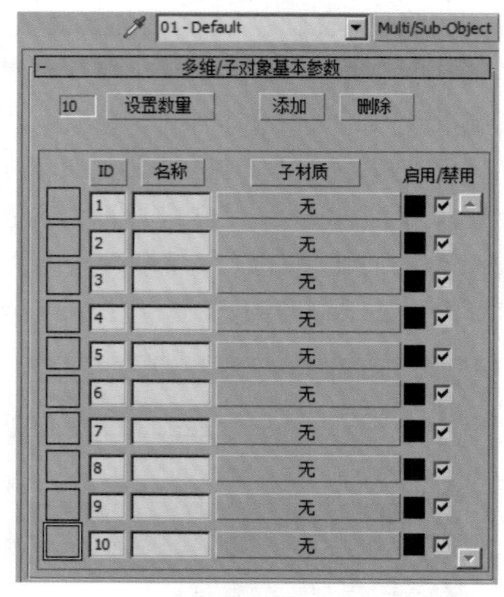

图6-6 【多维/子对象】材质的参数面板

参数详解

- 设置数量：单击该按钮，可以在弹出的【设置材质数量】对话框中设置拥有次级材质的数目。注意，如果减少数目，会丢失已经设置的材质。
- ID：左侧的数字代表该子材质的ID号码。
- 名称：在文本框中输入次级材质的名称。
- 子材质：用来选择不同的材质作为次级材质。
- 色块：用来确定材质的颜色，它实际上是该次级材质的漫反射值。
- 启用/禁用：可以对单个次级材质进行开关控制。

现场实战 【多维/子对象】材质的使用

Step 01 为已创建的物体执行【编辑多边形】修改命令。

Step 02 在【修改】命令面板中展开物体的子物体，选择【多边形】层级子物体。

Step 03 在视图中选择一组表面，在命令面板中设置【曲面属性】卷展栏下【材质】项目的ID号；

还可以再选择另一组表面，命名后设置ID号。

Step 04 退出物体的子物体级别，为物体赋予【多维/子对象】材质，进入相应ID号的子材质中进行材质的编辑。

Step 05 如果要修改材质，在命令面板中重新返回到相应的面层级，调出要修改的面集合，重新设置其ID号，其材质会即时发生改变。

3.【标准】材质

【标准】材质是材质的最基本形式。在默认状态下，材质编辑器自动将材质类型设定为【标准】材质。【标准】材质可以通过以下4个卷展栏进行参数设置，即【明暗器基本参数】、【Blinn基本参数】、【扩展参数】、【贴图】。

6.2.2 VR材质

在VRay渲染器中有13种材质类型，如图6-7所示。其中制作效果图最常用的是【VRayMat（VR材质）】、【VR灯光材质】、【VR材质包裹器】，其他部分的材质基本上用到得很少，在这里重点讲解常用的3种材质。

既然使用的是VRay渲染器，用得最多的还是VR材质。

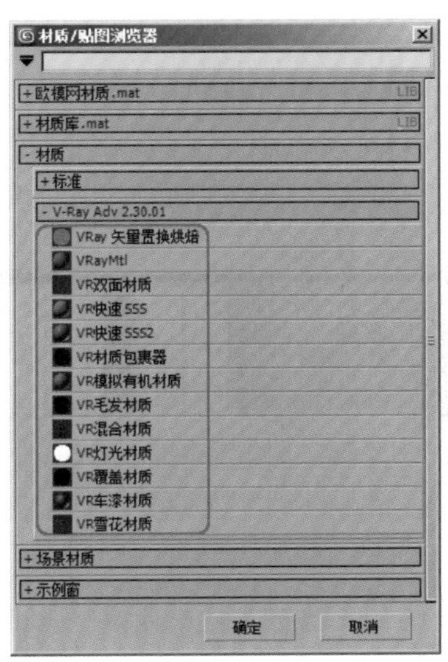

图6-7 【材质/贴图浏览器】对话框

1. VRayMat（VR材质）

VR材质在VRay渲染器中是最常用的一种材质类型。使用该材质，可以在场景中得到较好的物理上的正确照明和较快的渲染速度，便于设置反射、折射、反射模糊、凹凸、置换等参数，还可以使用纹理贴图。选择【VR材质】后，其参数面板如图6-8所示。

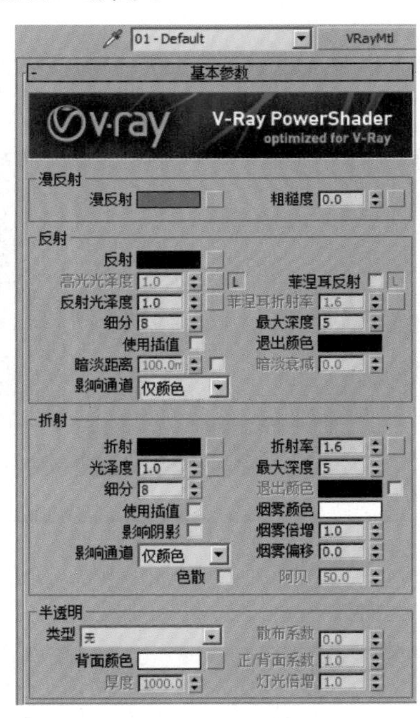

图6-8 【VR材质】的参数面板

参数详解

【漫反射】参数区

- 漫反射：主要用来设置材质的表面颜色和纹理贴图。通过单击右侧的色块，调整其自身的颜色；单击色块右侧的■小按钮，可以选择不同的贴图类型。与【标准】材质的使用方法相同。

【反射】参数区

- 反射：材质的反射效果是靠颜色来控制的。颜色越白，反射越亮；颜色越黑，反射越弱。这里选择的颜色是反射出来的颜色，和反射强度是分开计算的。单击右侧的■按钮，可以使用贴图的灰度来控制反射的强弱（颜色分为色度和灰度，灰度用于控制反射的强弱，色度用于控制反射出什么颜色）。设置不同反射颜色的对比效果如图6-9所示。

图6-9 通过颜色来控制反射效果

- 高光光泽度：用来控制材质的高光大小。使用时先单击右侧的L按钮解除锁定状态，材质必须具备反射才可以使用，否则无效。设置不同【高光光泽度】的对比效果如图6-10所示。

图6-10 通过调整【高光光泽度】来控制高光

- 反射光泽度：用来控制材质的反射模糊效果。数值越小，反射效果越模糊，默认值为1.0，表示没有模糊效果。设置不同【反射光泽度】的对比效果如图6-11所示。

图6-11 通过调整【反射光泽度】来控制高光

- 细分：用来控制反射模糊的品质。数值越小，渲染速度越快，反射效果也越粗糙，具有明显的颗粒；数值越大，渲染速度越慢，反射的效果相对会好一些。
- 使用插值：选中该复选框，VRay能够使用一种类似发光贴图的缓存方式来加速模糊反射的计算速度。
- 菲涅耳反射：选中该复选框，反射将具有真实世界的玻璃反射。这意味着当光线和表面法线之间的角度接近0°时，反射将衰减；当光线几乎平行于表面时，反射可见性最大；当光线垂直于表面时，几乎不发生反射现象。

- 菲涅耳反射率：用来控制菲涅耳反射的强度。在默认情况下，该项为禁用状态，只有单击【菲涅耳反射】右侧的L按钮，解除锁定状态后才可用。
- 最大深度：用来控制反射的最大次数。反射次数越多，反射越彻底，当然渲染时间也越慢。通常保持默认数值5比较合适。
- 退出颜色：当物体的反射次数达到最大次数时会停止计算反射，由于反射次数不够造成反射区域的颜色，就用退出颜色来代替。

【折射】参数区

- 折射：材质的折射效果是靠颜色来控制的。颜色越白，物体越透明，进入物体内部产生折射的光线也就越多；颜色越黑，物体越不透明，进入物体内部产生折射的光线也就越少。单击右侧的按钮，可以通过贴图的灰度来控制折射的效果。
- 光泽度：用来控制材质的折射模糊效果。数值越小，折射效果越模糊；默认数值为1.0时，表示没有模糊效果。单击右侧的按钮，可以通过贴图的灰度来控制折射模糊的强弱。
- 细分：控制折射模糊的品质，较高的值可以得到比较光滑的效果，但是渲染速度会变慢；较低的值会产生具有杂点的模糊区域，但是渲染速度会快一些。
- 使用插值：选中该复选框，VRay能够使用一种类似发光贴图的缓存方式来加速模糊反射的计算速度。
- 影响阴影：用于控制透明物体产生的阴影。选中该复选框，透明物体将产生真实的阴影，该参数仅对VRay灯光或者VRay阴影类型有效。
- 影响通道：影响透明物体的Alpha通道效果。
- 折射率：设置透明物体的折射率。
- 最大深度：用来控制折射的最大次数。折射次数越多，折射越彻底，当然渲染时间也越慢。通常保持默认数值5比较合适。
- 退出颜色：当物体的折射次数达到最大次数时会停止计算折射，这时由于折射次数不够造成折射区域的颜色，就用退出颜色来代替。
- 烟雾颜色：可以让光线通过透明物体后变少，就好像和物理世界中的半透明物体一样。该颜色值和物体的尺寸有关系，厚的物体，颜色要淡一些才有效果。
- 烟雾倍增：该数值实际上是雾的浓度。数值越大，雾越浓，光线穿透物体的能力越差。数值一般不要大于1.0。
- 烟雾偏移：较低的数值会使雾向摄影机的方向偏移。

【半透明】参数区

- 类型：次表面散射的类型有两种，一种是【硬（蜡）模型】，另一种是【软（水）模型】。
- 背面颜色：用来控制次表面散射的颜色。
- 厚度：用来控制光线在物体内部被追踪的深度。取值越小，被追踪的深度越低；取值较大时物体可以被光线穿透。
- 散布系数：物体内部的散射总量。该值为0.0时，表示光线在所有方向被物体内部散射；该值为1.0时，表示光线在一个方向被物体内部散射，不考虑物体内部的曲面。
- 正\背面系数：控制光线在物体内部的散射方向。该值为0.0时，表示光线沿着灯光发射的方向向前散射；该值为1.0时，表示光线沿着灯光发射的方向向后散射；该值为0.5时，表示这两种情况各占一半。
- 灯光倍增：光线穿透能力的倍增值，数值越大，散射效果越强。

2. VR材质包裹器

VR材质包裹器主要用于控制材质的全局光照、焦散和物体的不可见等特殊属性。通过对VR材质包裹器的设定，可以控制所有赋予该材质物体的全局光照、焦散和不可见等参数。选择【VR材质包裹器】后，其参数面板如图6-12所示。

图6-12 【VR材质包裹器】的参数面板

参数详解

- 基本材质：用于设置VR材质包裹器中使用的基本材质参数，此材质必须是VRay渲染器支持的材质类型。

  【附加曲面属性】参数区

  为赋予包裹材质的物体创建焦散属性。
- 生成全局照明：控制当前赋予包裹材质的物体是否计算GI光照的产生，可以设置用于控制GI的倍增数量。
- 接收全局照明：控制当前赋予包裹材质的物体是否计算GI光照的接收，可以设置用于控制GI的倍增数量。
- 生成焦散：控制当前赋予包裹材质的物体是否产生焦散。
- 接收焦散：控制当前赋予包裹材质的物体是否接收焦散。

  【无光属性】参数区

  目前VRay还没有独立的【无光属性】材质，但包裹材质里的此参数区可以模拟【无光属性】材质效果。
- 无光曲面：控制当前赋予包裹材质的物体是否可见。选中该复选框后，物体将不可见。
- Alpha基值：控制当前赋予包裹材质的物体在Alpha通道的状态。1.0表示物体产生Alpha通道，0.0表示物体不产生Alpha通道，－1.0表示会影响其他物体的Alpha通道。
- 阴影：控制当前赋予包裹材质的物体是否产生阴影效果。选中此复选框后，物体将产生阴影。
- 影响Alpha：选中此复选框后，渲染出来的阴影将含Alpha通道。
- 颜色：用来设置赋予包裹材质的物体产生的阴影颜色。
- 亮度：控制阴影的亮度。
- 反射量：控制当前赋予包裹材质物体的反射数量。
- 折射量：控制当前赋予包裹材质物体的折射数量。
- 全局照明量：控制当前赋予包裹材质物体的GI总量。

3. VR灯光材质

可以将该材质指定给物体，并把物体作为光源使用，效果和3ds Max里的自发光效果类似。但是，VR灯光材质可以发出光来，读者可以将其制作成材质光源，其参数面板如图6-13所示。

图6-13 【VR灯光材质】的参数面板

参数详解

- 颜色：用来设置材质光源的发光颜色，效果如图6-14所示。

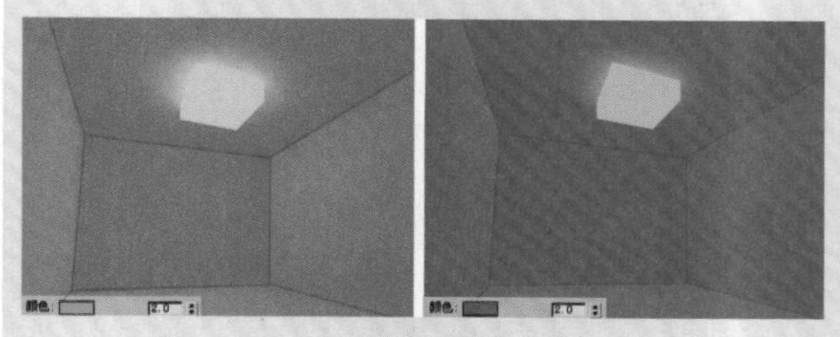

图6-14 设置两种颜色的发光效果

- 倍增：用来设置自发光材质的亮度，与灯光的倍增是一样的。
- 不透明度：该参数可以让贴图发光。
- 背面发光：选中该复选框后，可以让材质光源的背面发光。

【直接照明】参数区

- 开：选择是否将灯光材质作为直接照明。
- 细分：该参数用来控制渲染后的品质。比较低的参数，杂点多，渲染速度快；比较高的参数，杂点少，渲染速度慢。

6.2.3 贴图类型

单击【漫反射】右侧的■按钮，弹出【材质/贴图浏览器】对话框，如图6-15所示。贴图类型有【2D贴图】、【3D贴图】、【合成器】、【颜色修改器】和【其他】，默认为【全部】，共35种贴图类型，分别是【combustion】、【Perlin 大理石】、【RGB倍增】、【RGB染色】、【凹痕】、【斑点】、【薄壁折射】、【波浪】、【大理石】、【顶点颜色】、【法线凹凸】、【反射/折射】、【光线跟踪】、【合成】、【灰泥】、【混合】、【渐变】、【渐变坡度】、【粒子年龄】、【粒子运动模糊】、【每像素摄影机贴图】、【木材】、【平面镜】、【平铺】、【泼溅】、【棋盘格】、【输出】、【衰减】、【位图】、【细胞】、【烟雾】、【颜色修正】、【噪波】、【遮罩】、【漩涡】等。

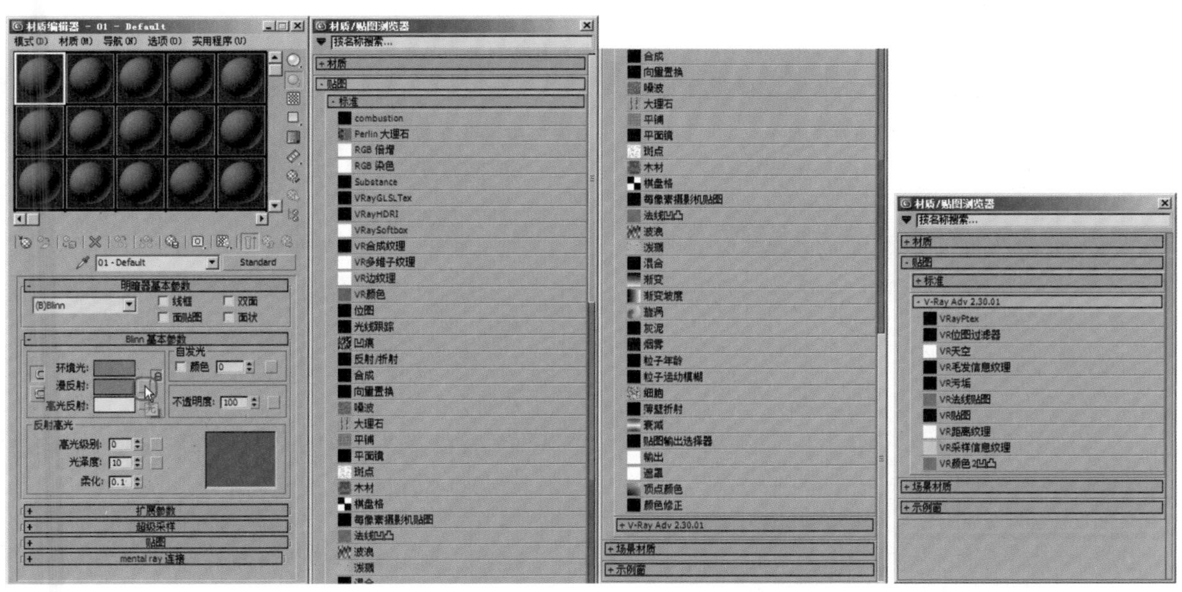

图6-15 【材质/贴图浏览器】对话框

如果用好3ds Max自带的程序贴图，可以表现出很理想的效果。但是能够经常用到的贴图并不是很多，有【位图】、【衰减】、【平铺】、【棋盘格】、【噪波】、【渐变】、【细胞】等，这些都是在制作效果图时非常实用的贴图类型。无论用3ds Max渲染场景，还是用VRay渲染器渲染场景，这些程序贴图都能用上。

下面就详细地讲解它们的功能及每一项参数的作用。

1.【位图】贴图

【位图】是3ds Max中最常用的一种贴图类型，支持多种图像格式，包括*.gif、*.jpg、*.psd、*.tif等。可以将实际生活中某个造型的照片图像作为位图使用，如大理石图片、木纹图片、布纹图片等。调用这种位图，可以真实地模拟出实际生活中的各种材料，如果在贴图面板中选用了一张位图图片（如“木纹.jpg”），【位图参数】面板将显示如图6-16所示。

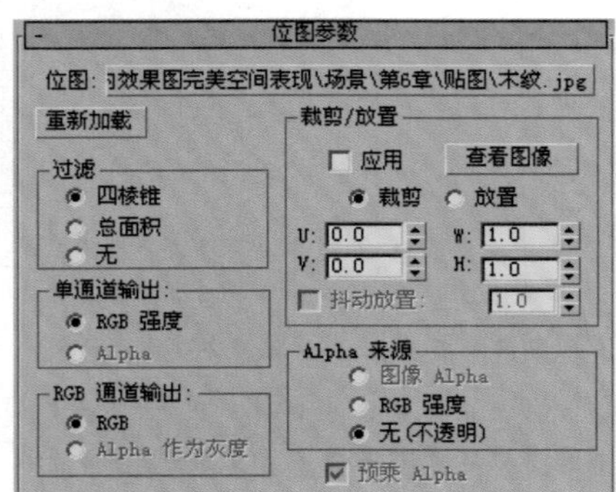

图6-16 【位图参数】面板

参数详解

- 位图：用于从资源管理器中选择位图文件，指定文件后，位图文件的路径名将出现在长按钮中。
- 重新加载：重新载入位图。如果在Photoshop中更新保存过的位图文件，则不需要再从资源管理器中选择该文件，直接单击此按钮即可。

  【裁剪/放置】参数区

  用于裁剪图像或改变图像的尺寸及位置。裁剪图像可以选择矩形区域内的图像来使用，裁剪不改变位图的尺寸；放置图像可以在位图原有的平铺范围内缩放位图并改变其位置，但是在渲染时显示的是整个位图。
- 裁剪：用于裁剪图像，改变图像的显示内容。裁剪图像时，可以单击查看图像按钮，在【指定裁剪/放置】框中选择合适的矩形区域，该区域内的图像将被使用，裁剪图像不改变位图的尺寸。
- 放置：用于改变图像的尺寸及位置。
- 应用：使裁剪或放置图像的设置有效。
- 查看图像：在VFB中显示位图图像，在【指定裁剪/放置】框中可以看到图像周围有一个矩形线框，在线框的4个角和4条边上都有控制手柄，可以拖动这些手柄对图像进行裁剪或放置。该参数区中有【U/V】和【W/H】微调器，可以控制图像的裁剪和放置。

  【过滤】参数区

  确定对位图进行抗锯齿处理的方式。对于一般要求，【四棱锥】过滤方式已经足够；【总面积】过滤方式提供更加优秀的过滤效果，但会占用更多的内存（如果对【凹凸】贴图的效果不满意，可以选择这种过滤方式，效果非常优秀，这是提高3ds Max凹凸贴图渲染品质的一个关键参数，不过渲染时间也会大幅增长）；如果选择【无】过滤方式，将不会对贴图进行过滤。

  【单通道输出】参数区

  根据贴图方式的不同，确定图像的哪个通道将被使用。对于某些贴图方式如【凹凸】、【反光强度】，只要求位图的黑白效果来产生影响，而如果是一张彩色的位图，就会将其转换为黑白效果，通常选择【RGB强度】方式，根据RGB的明暗强度将其转化为灰度图像，就好像在Photoshop中将彩色图像转化为灰度图像一样。如果位图是一张具有Alpha通道的32Bit图像，也可以将它的Alpha通道图像作为贴图来产生影响。
- RGB强度：使用红、绿、蓝通道的强度作用于贴图，像素点的颜色被忽略，只使用它的明亮度值，彩色将在0（黑）~255（白）级的灰度值之间进行计算。
- Alpha：使用贴图自带的Alpha通道的强度。

  【RGB通道输出】参数区

  对于要求彩色贴图的贴图方式，如环境光颜色、漫反射颜色、高光颜色等，确定位图显示色彩的方式。
- RGB：以位图全部彩色进行贴图。
- Alpha作为灰度：以Alpha通道图像的灰度级

别来显示色调。

【Alpha来源】参数区

确定贴图位图透明信息的来源。

- 图像Alpha：如果该图像具有Alpha通道，将使用它的Alpha通道。
- RGB强度：将彩色图像转化的灰度图像作为透明通道的来源。
- 无（不透明）：不使用透明信息。
- 预乘Alpha：确定以哪种方式来处理位图的Alpha通道，默认为开启状态。如果将其关闭，RGB值将被忽略，只有发现不重复贴图不正确时再将它关闭。

2.【衰减】贴图

【衰减】贴图下产生由明到暗的衰减影响，强的地方透明，弱的地方不透明，近似于【标准】材质的【透明衰减】影响，只是控制的能力更强。

【衰减】贴图作为不透明贴图，可以产生透明衰减影响。将它作用于发光贴图，可以产生光晕效果，常用于制作霓虹灯、太阳光、发光灯笼，还常用于【蒙版】和【混合】贴图，用来制作多个材质渐变融合或覆盖的效果。图6-17所示是在【自发光】中添加了【衰减】贴图的效果。

图6-17 用【衰减】贴图表现的布料

按M键，弹出【材质编辑器】窗口，单击【漫反射颜色】贴图通道按钮，在弹出的【材质/贴图浏览】对话框中选择【衰减】贴图，同时材质进入到【衰减】贴图级别，参数面板如图6-18所示。

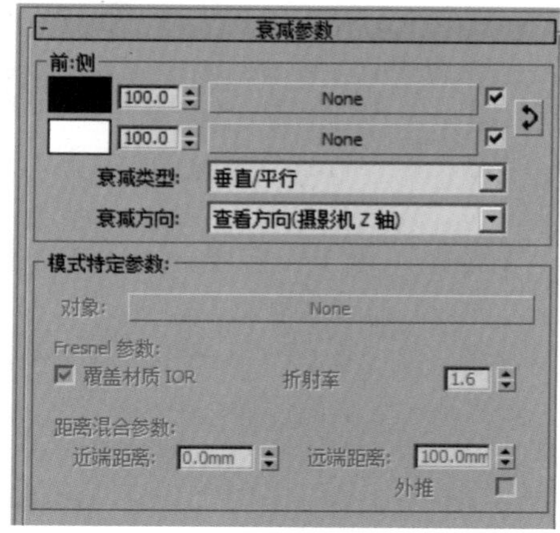

图6-18 【衰减参数】面板

参数详解

【前：侧】参数区

默认情况下，系统使用前面、边数作为参数区的名称。前面、边数代表垂直/平行类型的衰减。改变衰减的类型，其显示的名称也发生相应的变化，左侧的名称【前】对应上面行的控制，右侧的名称【边数】对应下面行的控制。点击色块指定颜色，右侧的控制按钮用来调节颜色强度，【None】标记的长方形按钮用来指定贴图。

- 按钮：用来交换上下的控制设置。
- 衰减类型：选择衰减类型，共5种。
  - 垂直\平行：基于表面法线方向180°的改变方式。
  - 朝向\背离：基于表面法线方向90°的改变方式。
  - Fresnel（菲涅耳镜）：衰减效果取决于IOR折射率所设置的值，朝向视点的面反射昏暗，而成角的面反射强烈，形成类似于玻璃边缘上出现的高光效果。
  - 阴影\灯光：基于光线落在物体上的程度调节纹理之间的效果。
  - 距离混合：基于近距离和远距离的值来调节纹理之间的效果。
- 衰减方向：确定明度衰减的方向，它允许有多种方向控制。

- 查看方向（摄影机Z轴）：以当前视图的观看方向作为衰减方向，物体自身角度的改变不会影响衰减方向，这种选择适用于静态图像的渲染。
- 摄影机X\Y轴向：同摄影机Z轴向类似。例如，设置摄影机X轴向，衰减类型为【朝向\背离】，则衰减倾斜度为从左（朝向）向右（背离）。
- 对象：通过拾取一个物体，以这个物体的方向确定衰减方向。
- 局部X\Y\Z轴：当以选择物体的方向作为衰减方向时，使用其中的一种来确定具体的轴向。
- 世界X\Y\Z轴：设置衰减轴向到世界坐标系的某一轴向上，物体方向的改变不会对其产生影响。

可以调制一种【不透明度】贴图，将【衰减】作为【混合】材质中的【混和数量】贴图，由它控制两个混合材质的混合情况。如果选择【朝向\背离】类型，可以制作出一个双材质物体，朝向镜头的一面和背离镜头的一面具有两种不同的材质。

【模式特定参数】参数区

根据选择的不同衰减类型，提供相应的调节参数。在选择了相应的衰减类型后，有效的参数变为可调状态。

- 对象：从场景中失去物体，物体的名字出现在按钮上。
- Fresnel参数：基于折射率的调整，在面向视图的区域产生暗淡反射，在有角的面产生较为明亮的反射，创建像在玻璃面上一样的高光。
- 覆盖材质IOR：允许更改为材质所设置的折射率。
- 折射率：设置新的折射率，只有在不考虑材质折射率的情况下，设置才有效。
- 距离混合参数：【近端距离】参数设置混合效果开始处的距离；【远端距离】参数设置混合效果结束处的距离；【外推】参数允许衰减效果在距离值之外延续。

3.【平铺】贴图

【平铺】贴图也是一种根据特定的模式由电脑计算出的图案，在效果图制作中有着广泛的应用。

使用【平铺】贴图可以制作砖墙材质、大理石方格地面、铝扣板、装饰线、马赛克等，产生非常理想的效果。这个程序贴图可以说是制作地面材质时应用最多最方便的一种，如图6-19所示。

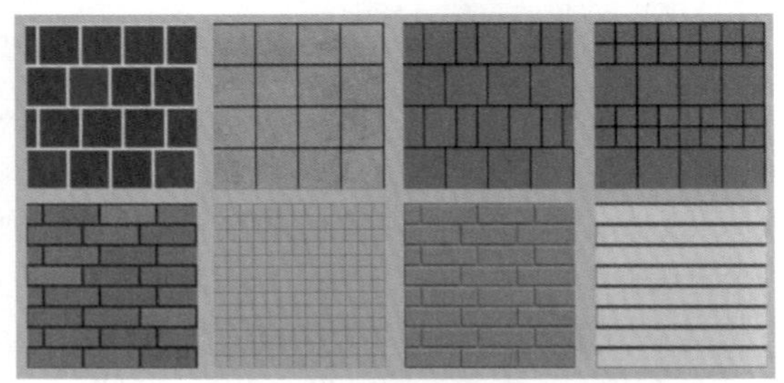

图6-19 【平铺】贴图表现的效果

按M键，弹出【材质编辑器】窗口，单击【漫反射颜色】贴图通道按钮，在弹出的【材质/贴图浏览】对话框中选择【平铺】贴图，材质进入到【平铺】贴图级别，参数面板如图6-20所示。

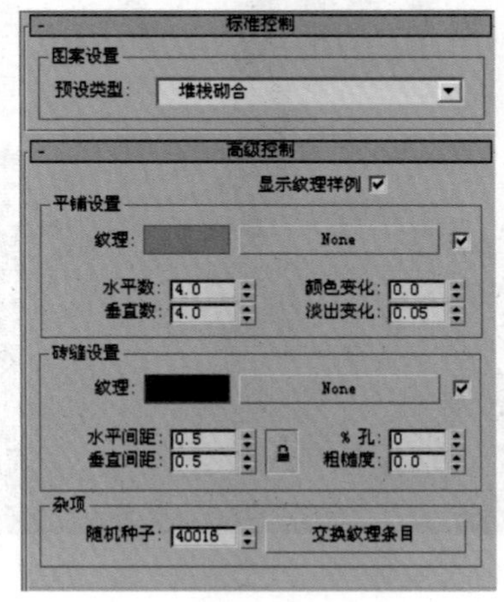

图6-20 【平铺】参数面板

【平铺】贴图参数共分两个卷展栏，分别是【标准控制】和【高级控制】。

【标准控制】卷展栏参数详解

【图案设置】参数区

在【预设类型】右侧可以选择一种需要的类型，其中包含7种常用的建筑平铺图案，分别是【连续砌合】、【常见的荷兰式砌合】、【英式砌合】、【1/2连续砌合】、【堆栈砌合】、【连续砌合（fine）】、【堆栈砌合（fine）】，表现效果如图6-21所示。

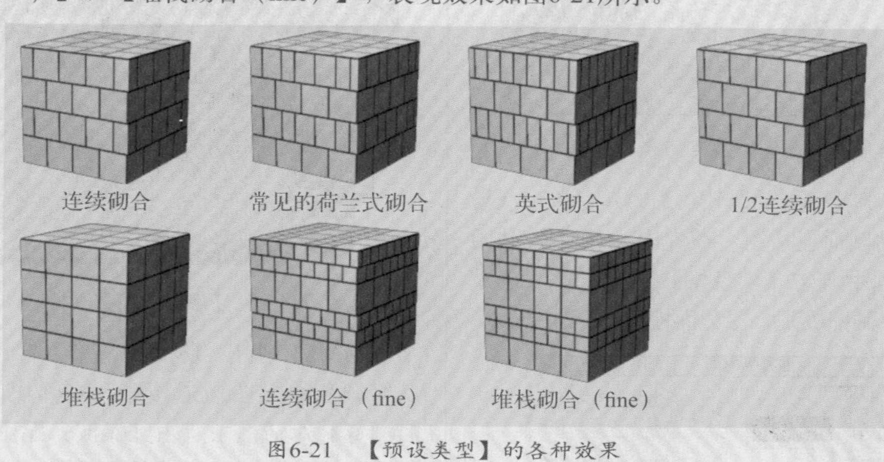

图6-21 【预设类型】的各种效果

【高级控制】卷展栏参数详解

在【高级控制】卷展栏中有两个名词的含义要弄清楚，它们分别是【平铺】和【砖缝】，其含义如图6-22所示。

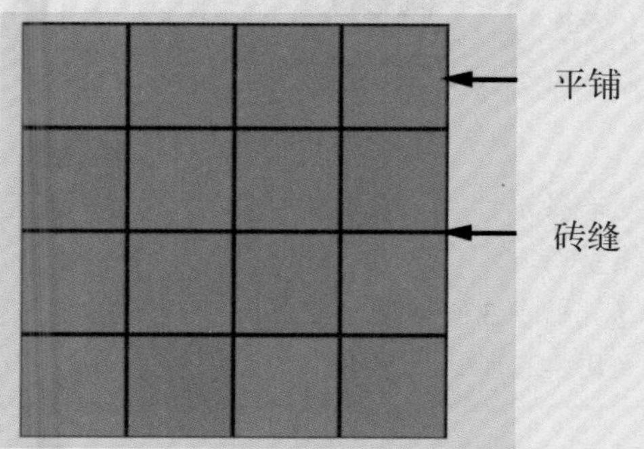

图6-22 【平铺】和【砖缝】的含义

【平铺设置】参数区

- 纹理：可以设置平铺的颜色，或为平铺指定贴图。
- 水平数：控制每一行中平铺的数目。
- 垂直数：设置每一列中平铺的数目。
- 颜色变化：控制砖块颜色的变化，可以产生彩色平铺图案。
- 淡出变化：平铺之间颜色的剧烈程度。值越大，平铺图案的对比越强。

【砖缝设置】参数区

平铺之间是靠砖缝粘接的，这些设置定义了砖缝。

- 纹理：用来设置接缝的颜色，或为接缝指定贴图。
- 水平间距：控制平铺之间在水平方向的间隙。
- 垂直间距：控制平铺之间在垂直方向的间隙。
- %孔：设置缺失平铺所占面积的百分比，平铺缺失部分由砖缝颜色代替。
- 粗糙度：控制接缝边缘的粗糙度。

【杂项】参数区

- 随机种子：用来变换砖的图案。
- 交换纹理条目：交换图案，用来交换平铺和接缝之间的颜色或贴图。

4.【棋盘格】贴图

【棋盘格】贴图可以产生两色方格交错的图案（默认为黑白交错图案），是纹理变化最单一的合成贴图，它将两种颜色或贴图以国际象棋棋盘的形式组织起来，可以产生多彩色方格图案效果。

【棋盘格】贴图常用于产生一些格状纹理，或者砖墙、地板块等有序纹理，表现效果如图6-23所示。

图6-23 【棋盘格】贴图的表现效果

按M键，弹出【材质编辑器】窗口，单击【漫反射颜色】贴图通道按钮，在弹出的【材质/贴图浏览】对话框中双击【棋盘格】贴图，材质进入到【棋盘格】贴图级别，参数面板如图6-24所示。

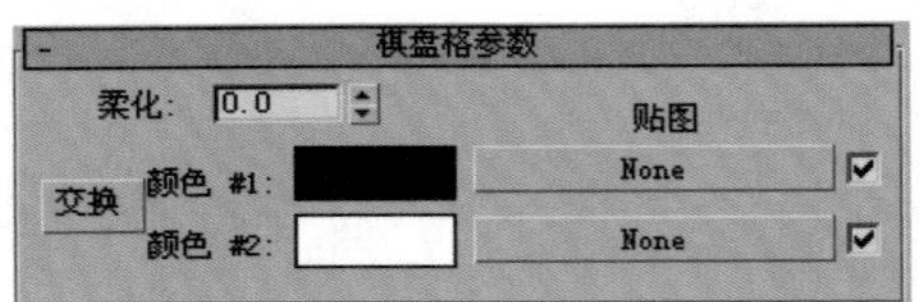

图6-24 【棋盘格参数】卷展栏

参数详解

- 柔化：模糊两个区域之间的交界。
- 交换：单击此按钮，可以将棋盘格区域的设置进行交换。
- 颜色#1/颜色#2：分别设定两个棋盘区域的颜色，右边长按钮可调用贴图代替棋盘的颜色。

5.【噪波】贴图

【噪波】贴图是使用比较频繁的贴图类型，通过两种颜色的随机混合，产生一种噪波效果，常用于无序贴图效果的制作，表现效果如图6-25所示。

图6-25 【噪声】贴图的表现效果

按M键，弹出【材质编辑器】窗口，单击【漫反射颜色】贴图通道按钮，在弹出的【材质/贴图浏览】对话框中双击【噪波】贴图，材质进入到【噪波】贴图级别，参数面板如图6-26所示。

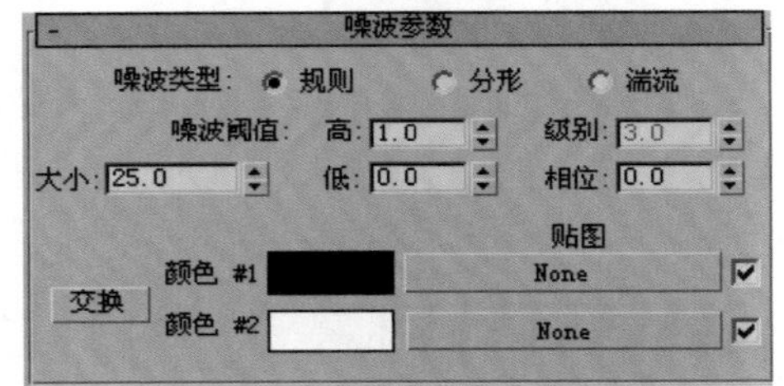

图6-26 【噪波参数】卷展栏

参数详解

- 噪波类型：分为【规则】、【分形】、【湍流】3种类型，产生不同的噪波效果，如图6-27所示。

规则

分形

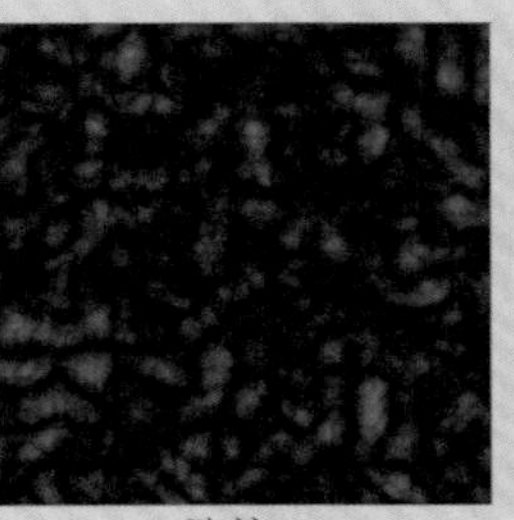

湍流

图6-27 3种噪波类型产生的图案效果

- 噪波阈值：控制两色噪波的颜色限制。
- 高/低：通过高低值控制两种颜色邻近阈值的大小。降低【高】值使颜色#2更强烈，升高【低】

值使颜色#1更强烈。

- 大小：设置噪波纹理的大小。
- 级别：控制分形运算时重复计算的次数。值越大，噪波越复杂。
- 相位：控制噪波的变化，通过它可以产生动态的噪波效果（如动态的云雾）。
- 颜色#1/颜色#2：分别设置噪波的两种颜色，也可以为它们指定两张贴图，产生嵌套的噪波效果。

6.【渐变】贴图

【渐变】贴图可以产生三色（或3张贴图）的渐变过渡效果，它有线性渐变和放射渐变两种类型，3种色彩可以随意调整，相互区域比例的大小也可调整，通过贴图可以产生无限级别的渐变和图像嵌套效果。另外，其自身还有【噪波】参数可调，用于控制相互区域之间融合时产生的杂乱效果。【渐变】贴图的表现效果如图6-28所示。

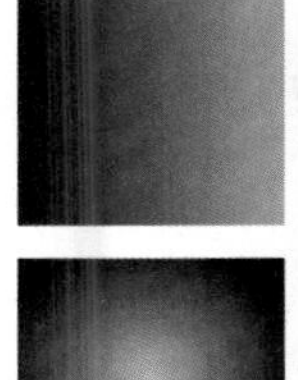

图6-28 【渐变】贴图的表现效果

按M键，弹出【材质编辑器】窗口，单击【自发光】贴图通道按钮，在弹出的【材质/贴图浏览】对话框中双击【渐变】贴图，材质进入到【渐变】贴图级别，参数面板如图6-29所示。

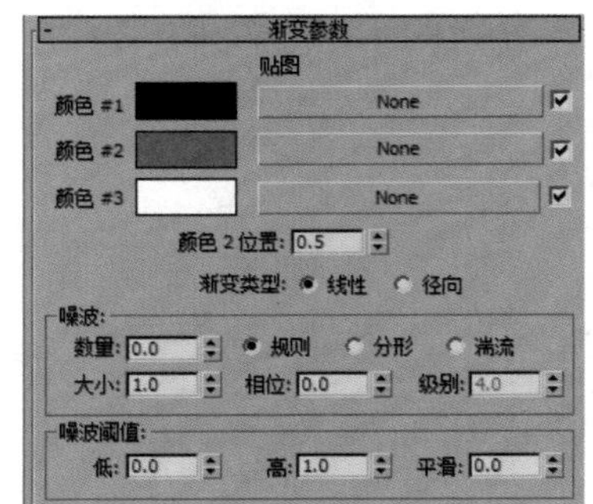

图6-29 【渐变参数】面板

参数详解

【贴图】参数区

- 颜色#1/颜色#2/颜色#3：分别设置3个渐变区域，通过色块可以设置颜色，通过贴图按钮可以设置贴图。
- 颜色2位置：设置中间色的位置，默认为0.5，3种颜色平均分配区域。当值为1.0时，颜色#2代替颜色#1，形成颜色#2和颜色#3的双色渐变；当值为0.0时，颜色#2代替颜色#3，形成颜色#1和颜色#2的双色渐变。
- 渐变类型：分为【线性】和【径向】两种。

【噪波】参数区

- 数量：控制噪波的程度，当值为0.0时不产生噪波影响。
- 大小：设置噪波函数的比例，即碎块的大小密度。
- 相位：控制噪波变化的程度。对它进行动画设置，可以产生动态的噪波效果。
- 级别：针对分形噪波计算，控制迭代计算的次数。值越大，噪波越复杂。
- 规则/分形/湍流：提供3种强度不同的噪波生成方式。

【噪波阈值】参数区

- 低：设置低的阈值。
- 高：设置高的阈值。
- 平滑：根据阈值对噪波值进行平滑处理，以避免产生锯齿现象。

7.【细胞】贴图

【细胞】贴图可以产生马赛克、鹅卵石、细胞壁等随机序列贴图效果，还可以模拟海洋效果。在调节时要注意示例窗中的效果不是很清晰，最好赋予物体后进行渲染以便调节，表现效果如图6-30所示。

按M键，弹出【材质编辑器】窗口，单击【漫反射颜色】贴图通道按钮，在弹出的【材质/贴图浏览】对话框中选择【细胞】贴图，材质进入到【细胞】贴图级别，参数面板如图6-31所示。

图6-30 【细胞】贴图的表现效果

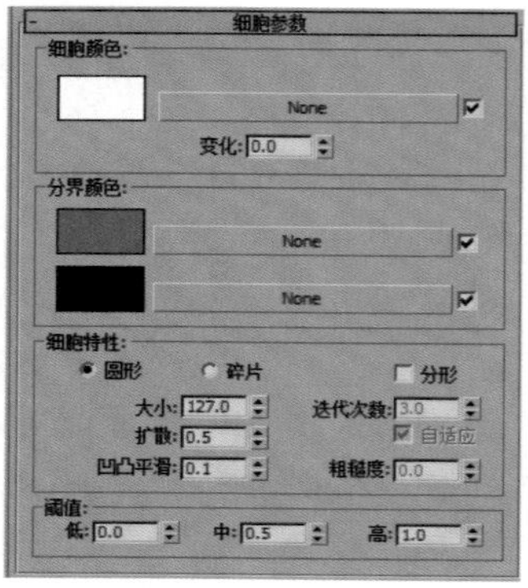

图6-31 【细胞参数】面板

参数详解

【细胞颜色】参数区

- 色块：点取色块，从颜色控制器中选择颜色，作为细胞自身的颜色。
- 贴图按钮：可以指定一张贴图给细胞色，代替它的纯色效果。
- 变化：对细胞色产生随机的变化影响。值越高，产生的随机性越大，色调的变化也越大，颜色则变得斑驳。

【分界颜色】参数区

设置细胞间隙的颜色。由于每个细胞都是立体的，第1个色块用来设置细胞厚度的颜色（即周围细胞壁的颜色），第2个色块用来设置细胞之间的颜色（即细胞液的颜色）。通过贴图按钮，可以为它们分别指定贴图。

【细胞特征】参数区

用来控制细胞的形态和大小。

- 圆形/碎片：【圆形】是一种类似于泡沫状的细胞形状；【碎片】是直边的碎片状细胞，类似于碎玻璃拼图和马赛克效果。
- 大小：设置整个细胞贴图的大小。
- 扩散：设置单个细胞的大小。
- 凹凸平滑：当用为【凹凸】贴图时，如果产生了锯齿和毛边，增大此值可以进行平滑处理，使之消除。
- 分形：开启时会进一步分形迭代计算，产生更细腻的贴图。
- 迭代次数：设置分形计算的重复次数，它的增长会延长渲染时间。
- 自适应：自动调节【迭代次数】计算的设置，减少贴图的锯齿和渲染时间。
- 粗糙度：当用为【凹凸】贴图时，会增加表面的粗糙程度。

【阈值】参数区

控制细胞、细胞壁、细胞液三者的大小比例关系。

- 低：设置细胞的大小。
- 中：设置细胞壁的大小，即围绕细胞周围的第一圈颜色。
- 高：设置细胞液的大小，即间隙的大小。

6.2.4 VRay贴图

在VRay渲染器中有17种材质类型，如图6-32所示。其中制作效果图时最常用的是【VR贴图】、【VR天空】贴图、【VRayHDRI】贴图、【VR边纹理】贴图。

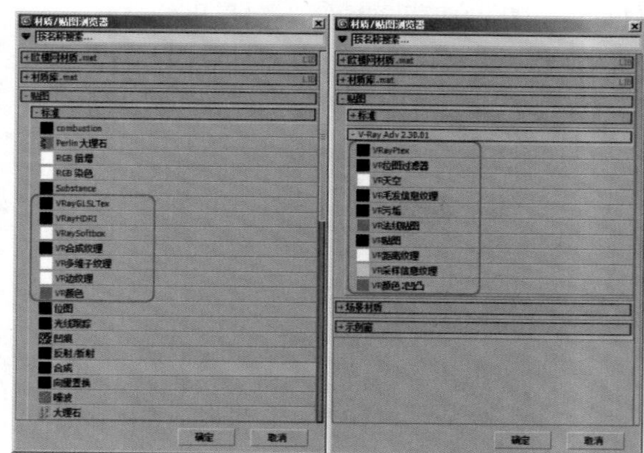

图6-32 【材质/贴图浏览器】对话框

【VR天空】将在后面的灯光中讲解，在这

里就不重复了。

1.【VR贴图】贴图

如果使用VRay渲染器，直接使用VR贴图可以产生替代3ds Max标准材质的反射和折射效果。【VR贴图】的参数面板如图6-33所示。

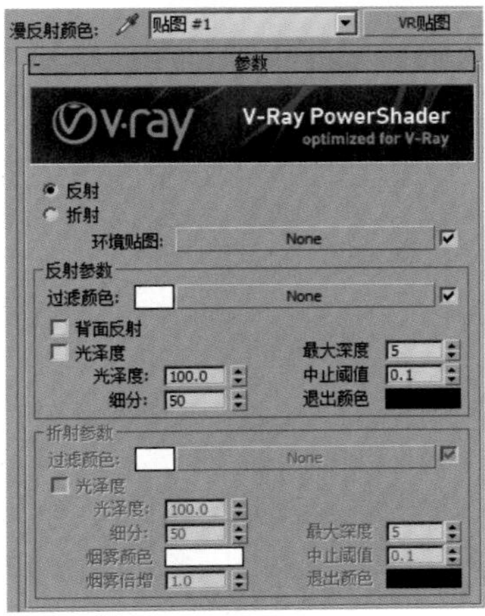

图6-33 【VR贴图】的参数面板

参数讲解

- 反射：用来控制VR贴图是否产生反射效果，通常用于反射通道。
- 折射：用来控制VR贴图是否产生折射效果，通常用于折射通道。
- 环境贴图：为反射和折射材质选择一个环境贴图。

【反射参数】参数区

- 过滤颜色：控制反射的程度，白色将完全反射周围的环境，而黑色将不产生反射效果，也可以用右侧贴图通道里的贴图的灰度来控制反射程度。
- 背面反射：当选中这个复选框时，将计算物体背面的反射效果。
- 【光泽度】复选框：控制光泽度的开和关。
- 光泽度：控制物体的反射模糊程度。0.0表示最大程度的模糊；100000.0表示最小程度的模糊（基本上没有模糊的产生）。
- 细分：用来控制反射模糊的质量，较小的数值将产生很多杂点，但是渲染的速度快；较大的数值将得到比较光滑的效果，但是渲染速度慢。
- 最大深度：用来计算物体的最大反射次数。
- 中止阈值：用来控制反射追踪的最小值。较小的数值反射效果好，但是渲染的速度慢；较大的数值反射效果不理想，但是渲染速度快。
- 退出颜色：当反射已经达到最大次数后，未被反射追踪到的区域的颜色。

【折射参数】参数区

- 过滤颜色：控制折射的程度，白色将完全折射，而黑色将不发生折射效果，也可以用在右侧贴图通道里的贴图的灰度来控制折射程度。
- 【光泽度】复选框：控制光泽度的开和关。
- 光泽度：控制物体的折射模糊程度。0.0表示最大程度的模糊；100000.0表示最小程度的模糊（基本上没有模糊的产生）。
- 细分：用来控制折射模糊的质量，较小的数值将产生很多杂点，但是渲染的速度快；较大的数值将得到比较光滑的效果，但是渲染速度慢。
- 烟雾颜色：可以理解为光线的穿透能力，白色物体将产生模糊效果，黑色物体将变得不透明。颜色越深，光线穿透能力越差，烟雾效果越浓。
- 烟雾倍增：用来控制雾效果的倍增。较小的数值，烟雾效果越淡；越大的数值，烟雾效果越浓。
- 最大深度：用来计算物体的最大折射次数。
- 中止阈值：用来控制折射追踪的最小值。较小的数值折射效果好，但是渲染的速度慢；较大的数值折射效果不理想，但是渲染速度快。
- 退出颜色：当折射已经达到最大次数后，未被反射追踪到的区域的颜色。

2.【VRayHDRI】（高动态范围贴图）

VRayHDRI（高动态范围贴图）是一种特殊的贴图类型，主要用于场景的环境贴图，把HDRI当作光源使用，VRayHDRI（高动态范围贴图）的参数面板如图6-34所示。

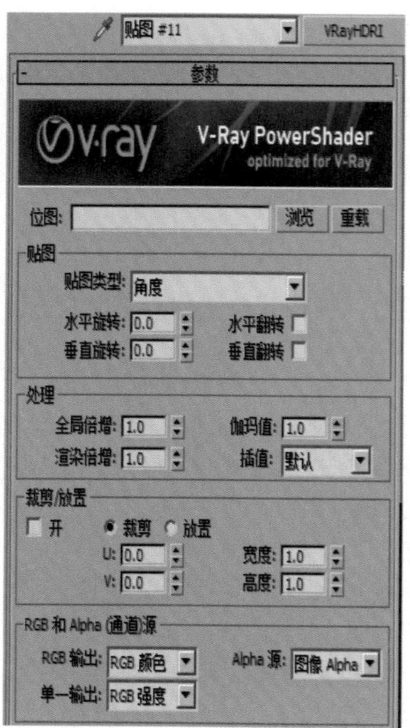

图6-34　高动态范围贴图的参数面板

参数讲解

- 位图：主要用来显示高动态范围贴图的存放路径。单击 浏览 按钮，可以选择HDR图像文件。但是使用这种方法选择高动态范围贴图，在材质球上是无法预览的。只有在环境中选择了VRayHDRI（高动态范围贴图）类型，然后将其实例复制到材质球上，通过单击 浏览 按钮选择HDR图像文件，这样在材质球上才会被显示出来。

【贴图】参数区

- 贴图类型：用来控制高动态范围贴图的方式，由下面的5种类型组成。
  - 角度：用于使用了对角拉伸坐标方式的高动态范围贴图。
  - 立方：用于使用了立方体坐标方式的高动态范围贴图。
  - 球形：用于使用了球状坐标方式的高动态范围贴图。
  - 球状镜像：用于使用了镜像球坐标方式的高动态范围贴图。
  - 3ds Max标准：主要用于对单个物体指定环境贴图。
- 水平旋转：用来控制高动态范围贴图在水平方向上的旋转角度。
- 水平翻转：让高动态范围贴图在水平方向上反转。
- 垂直旋转：用来控制高动态范围贴图在垂直方向上的旋转角度。
- 垂直翻转：让高动态范围贴图在垂直方向上反转。

【处理】参数区

- 全局倍增：用来控制高动态范围贴图的亮度及对比度。
- 渲染倍增：用来控制渲染后高动态范围贴图的亮度及对比度。
- 伽玛值：用来控制高动态范围贴图的亮度。

3.【VR边纹理】贴图

【VR边纹理】贴图是一个很简单的贴图类型，它可以使物体产生网格线框效果，与3ds Max里的线框效果类似，【VR边纹理参数】卷展栏如图6-35所示。

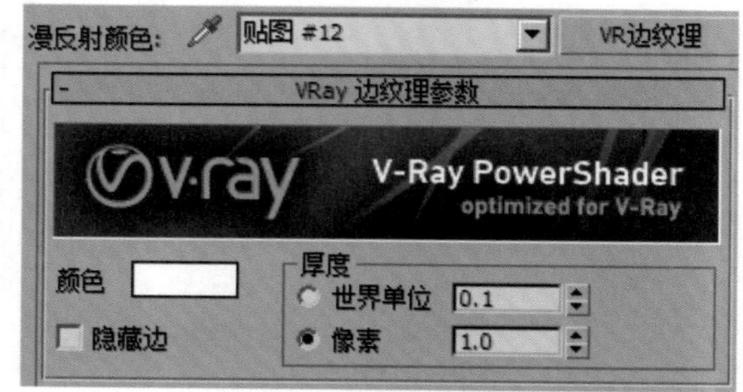

图6-35　【VR边纹理参数】卷展栏

参数讲解

- 颜色：用来调整网格线框的颜色。
- 隐藏边：用来控制是否渲染几何体隐藏的边界线。

【厚度】参数区

用来调整边界线的粗细，主要分为两个单位，分别是【世界单位】、【像素】。

- 世界单位：厚度单位为场景尺寸单位。
- 像素：厚度单位为像素。

下面是一个茶楼的设计方案，这个场景使用了【VR边纹理】贴图，效果如图6-36所示。

图6-36 【VR边纹理】贴图的渲染效果

下面是这个场景的【VR边纹理】贴图的参数设置，效果如图6-37所示。

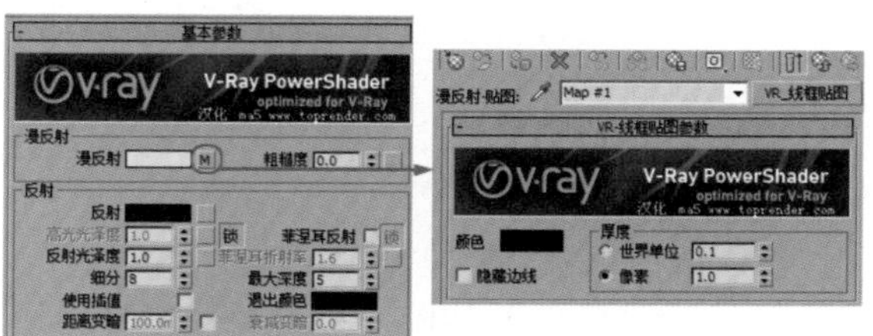

图6-37 【VR边纹理】贴图的参数设置

6.3 了解材质的属性

在带领大家调制材质之前，必须掌握好材质的属性，这样在调制材质的过程中就会比较轻松了。

6.3.1 颜色

很多材质是没有纹理的，这在制作效果图中很常见，只靠一种颜色来表现就可以了。例如，涂料、油漆、乳胶漆、瓷器等都是用一种颜色来表现的，同时它们也有自己的属性，油漆有很强的反射，瓷器有很平滑的表面和反射，涂料相对来说就没有什么很明显的物理属性了。

下面就来学习如何模拟真实的材质颜色。

在要调整的色块上单击鼠标，弹出【颜色选择器】对话框，如图6-38所示。直接在【色调】下方的色盘上移动鼠标，选取一种颜色；再用鼠标上下拖动“白度”下方的小三角图标，调整选取的颜色的亮度，向上到达顶端黑色的部分后颜色会变得较暗直至黑色，向下到达白色的部分后颜色会变得较亮直至白色，这一方法调整起来比较方便。

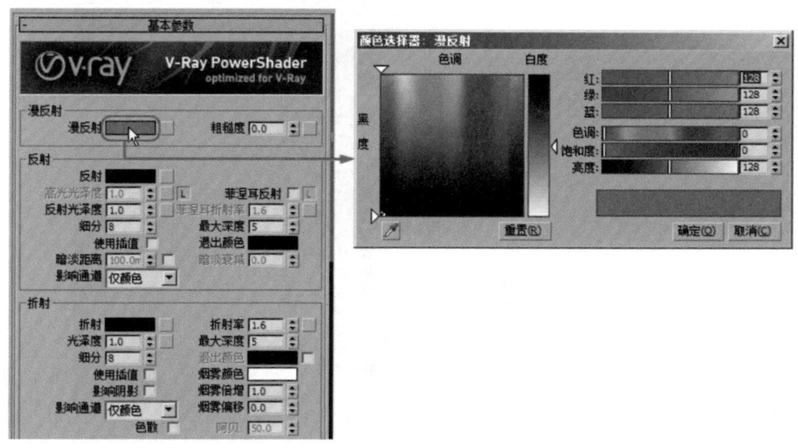

图6-38 调整材质的颜色

还可以使用【颜色选择器】对话框右上部分的红、绿、蓝色条进行调整。红、绿、蓝是组成色彩的三原色，可直接用鼠标拖动对应的红、绿、蓝色条上的滑块，最终的色彩会在对话框下方的色块中显示。

也可以通过色彩、饱和度、亮度来调整，这种方法最接近人们认识色彩和使用色彩的习惯。可以先指定一种色彩，如红色、绿色、蓝色或是别的色彩，再来调整饱和度（色彩的鲜艳程度），最后调整亮度就可以了。

6.3.2 纹理

现实生活中的物体除了具有色彩之外，还具有各种各样的纹理，如布纹的纹理、大理石的纹理，这些纹理的存在组成了丰富多样、变化莫测的真实世界。一个高品质的纹理贴图可以使画面产生惊人的质感，如图6-39所示。了解纹理的制作方法和技巧是学习材质制作的一个重点。

没有纹理的效果

赋予纹理的效果

图6-39 赋予纹理前后的对比效果

当要制作一个有纹理的物体时，通常使用3ds Max材质编辑器中的纹理贴图来实现。

首先在【贴图】卷展栏中单击【漫反射】右侧的 None 按钮，在弹出的【材质/贴图浏览】对话框中选择【位图】，如图6-40所示，在弹出的【选择位图图像文件】对话框中选取一张图片，即完成了纹理贴图的指定。

图6-40 指定位图

在【基本参数】展卷栏中【漫反射】右侧的■按钮是【贴图】卷展栏中【漫反射颜色】右侧 None 按钮的快捷方式，可以快速指定纹理贴图，指定贴图的■按钮上会出现一个

“M”， 如图6-41所示。这两种操作的结果是一样的，可任选一种。

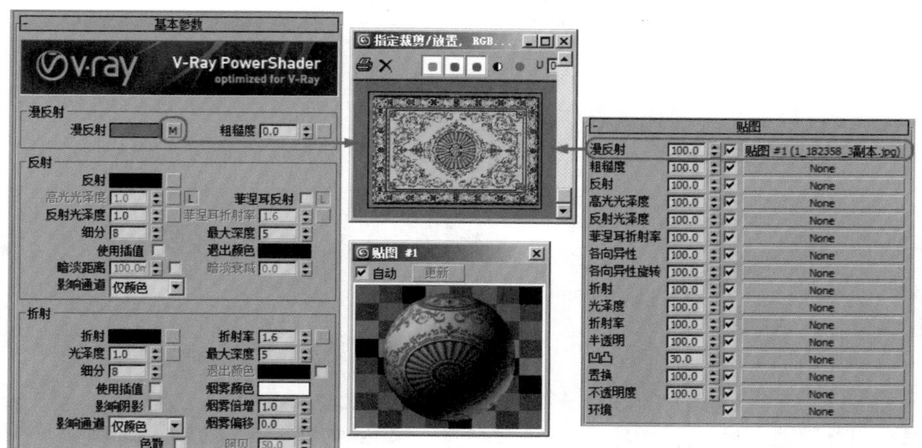

图6-41 调制材质

6.3.3 平滑和粗糙

在3ds Max的【材质编辑器】窗口中，模拟物体的表面平滑或粗糙程度依赖于对物体高光的调整。根据观察物体的经验，物体受光后高光越小、越亮，就会觉得该物体平滑，反之则越粗糙。

6.3.4 凹凸

在现实生活中带有凹凸感的物体有很多，如装饰线、瓷砖、墙面、布料、地面等。在表现这种凹凸感物体时有两种方法。一种方法是在建模时就制作出凹凸感，这种方法的优点是准确、真实，但缺点是模型的面片数量过大，影响电脑的运行速度；另一种方法是通过材质来表现，通常使用【凹凸】贴图，【凹凸】贴图是利用贴图中的黑白（亮度）配合灯光来实现的，模型不会发生变化，是一种高级的算法和应用。

在3ds Max中，常使用【凹凸】贴图对物体的表面进行深度刻画，如在效果图中常用【凹凸】贴图来表现拼缝、线槽和粗糙的表面，如图6-42所示。

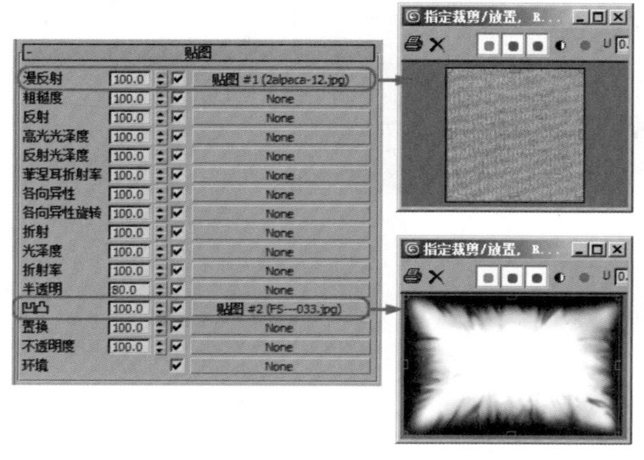

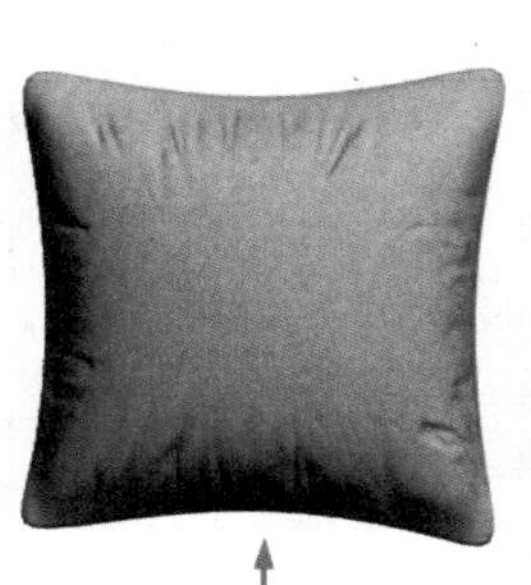

使用【凹凸】贴图表现的褶皱效果

图6-42 使用【凹凸】贴图表现的褶皱效果

6.3.5 透明度和自发光

透明度和自发光在现实生活中经常会见到。例如，磨砂玻璃、裂纹玻璃、纱帘等都是透明或半透明的，通过这些材料观察周围环境会产生朦胧的视觉效果；而生活中常见的吊灯、灯具和正在播放的电视屏幕等都是自发光的。在3ds Max中模拟透明度和发光材质的效果如图6-43所示。

半透明的纱窗和窗幔　　发光的吊灯灯泡、筒灯和灯带

图6-43　透明度和自发光的表现效果

透明度和自发光属性在【VR材质】中都有相应的参数。模拟发光效果可使用【VR灯光材质】来表现，默认情况下是发出白颜色的光。如果需要其他颜色的灯光效果，可以调制出所需要的颜色，然后通过修改数值来增加亮度，还可以通过 None 按钮指定一张位图来产生发光效果，如图6-44所示。

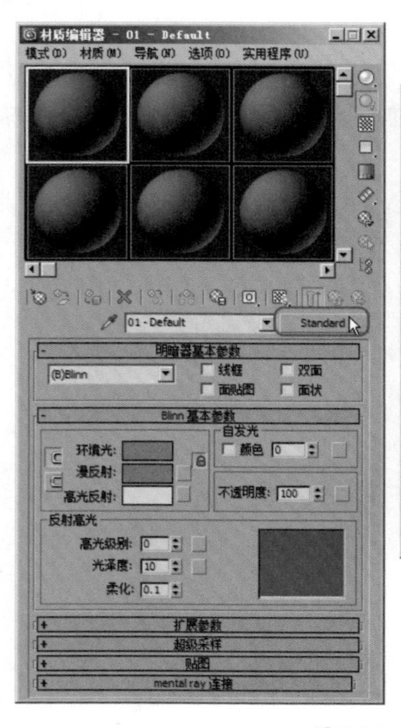

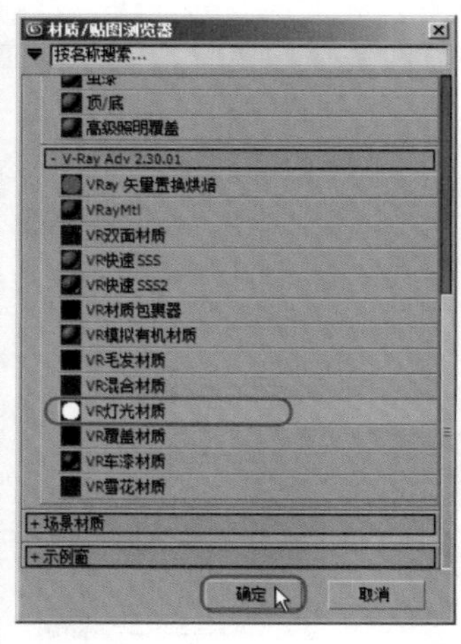

发光的颜色　发光的强度

图6-44　使用【VR灯光材质】模拟发光效果

半透明的纱帘效果是通过调整【不透明度】参数来实现的。如果想要得到带有花纹的半透明效果的纱帘，可以在贴图通道里添加一张位图来获得效果。

6.3.6 反射和折射

现实生活中的装饰材料带有反射、折射效果的有很多，如玻璃、大理石、金属、地板等。在【VR材质】中调整【反射】或【折射】参数就可以实现反射、折射效果。

6.4 常见材质的表现

虽然上面讲解了一些理论知识，但还是缺少实战的调制技巧。如果想将效果图表现得更加真实，可以按照以下常见材质的调制方法进行实际操作。

6.4.1 乳胶漆材质

乳胶漆材质在效果图制作过程中经常被用到，它的调制方法相对来说比较简单，主要通过颜色来表现，然后再加上高光效果就可以了。图6-45所示的天花就使用了白色乳胶漆、米黄乳胶漆。

图6-45　乳胶漆材质效果

现场实战　调制乳胶漆材质

Step 01 启动3ds Max 2013中文版。

Step 02 按M键，弹出【材质编辑器】窗口，选择第一个材质球，单击 Standard （标准）按钮，在弹出的【材质/贴图浏览器】对话框中选择【VRayMtl】，如图6-46所示。

注 意

在调制材质时，主要是以【VRayMtl】材质为主。这要求在调制材质前，必须先在【渲染设置】窗口中将VRay指定为当前的渲染器，否则【材质/贴图浏览器】对话框中将不会出现【VRayMtl】材质。

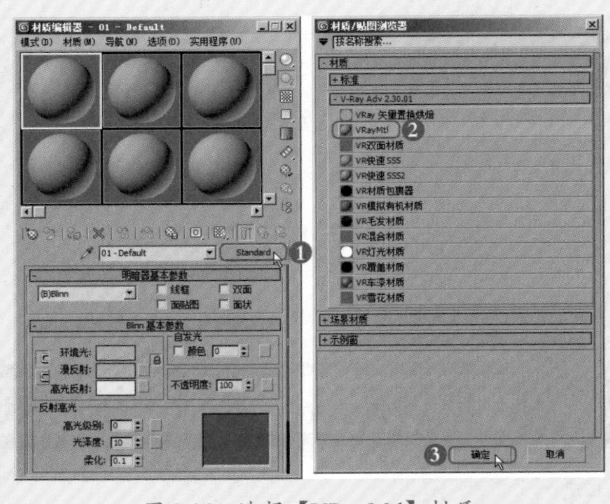

图6-46　选择【VRayMtl】材质

在调制材质前，应该先分析真实世界里的墙面究竟是什么样的。在离墙面比较远的距离去观察墙面时，墙面比较平整，颜色比较白；当靠近墙面观察时，可以发现上面有很多不规则的凹凸和痕迹，这是刷乳胶漆时使用刷子涂抹留下的，是不可避免的，所以在调制白乳胶漆材质时不需要考虑痕迹。

Step 03 将材质命名为“白乳胶漆”，设置【漫反射】的颜色值为（R：245，G：245，B：245），而不是纯白色，这是因为墙面不可能全部反光；设置【反射】的颜色值为（R：23，G：23，B：23）；在【选项】卷展栏下，取消选中【跟踪反射】复选框，其他参数设置如图6-47所示。

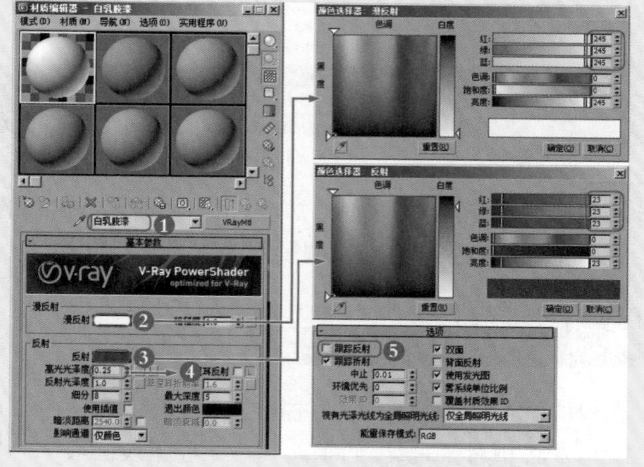

图6-47 调制“白乳胶漆”材质

如果想调制带有颜色的乳胶漆，直接调整【漫反射】的颜色值就可以了。但是如果颜色很纯，则必须为其指定一个【VR材质包裹器】材质，这样可以控制颜色溢出。如果想表现凹凸不平的墙面（如拉毛墙），则要求在【凹凸】通道中放置一个带有凹凸纹理的贴图。

6.4.2 木纹材质

木材是从古至今用得最多的建筑材料，包括黑胡桃木、斑马木、橡木等。在现代的装饰行业中，木纹材质本身有很多种表现形式。木纹材质所表现出来的纹理和木材本身的颜色是不同的，只要给【漫反射】添加一张对应的木纹图片即可。下面要讲解的是刷过油漆的亮光黑胡桃木纹材质的调制方法，效果如图6-48所示。

图6-48 木纹材质的表现效果

现场实战 调制木纹材质

Step 01 启动3ds Max 2013中文版。

Step 02 打开本书配套光盘“场景\第6章\木纹.max”文件。

该场景的灯光及摄影机已设置完毕，除了茶几面，其他物体全部被赋予了材质。下面就为茶几调制一种真实的木纹材质。

Step 03 按M键，弹出【材质编辑器】窗口，选择一个未用的材质球。

Step 04 将当前材质指定为【VRayMtl】，并将其命名为“黑胡桃木”，调整【反射】的颜色值为（R：30，G：30，B：30），设置【高光光泽度】为0.8，【反射光泽度】为0.85，【细分】为15，在【漫反射】中添加一张名为“黑胡桃.jpg”的位图，如图6-49所示。

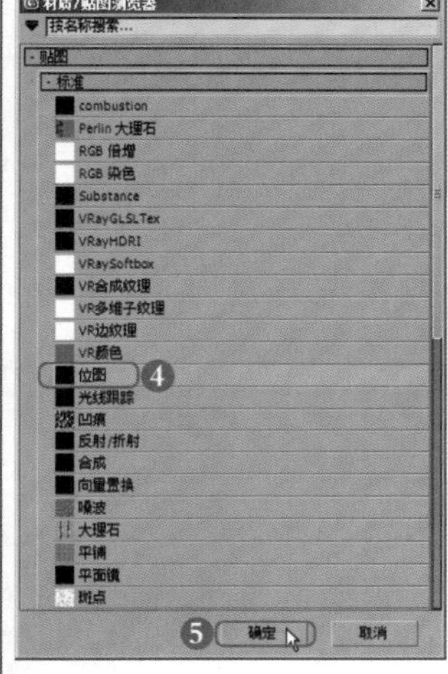

图6-49 调制“黑胡桃木”材质

Step 05 设置【坐标】卷展栏下的【模糊】为0.5，这样可以使贴图更加清晰，如图6-50所示。

Step 06 单击【转到父对象】按钮，单击【反射】右侧的小按钮，选择【衰减】贴图，将【衰减类型】设置为【Fresnel】，其他参数设置如图6-51所示。

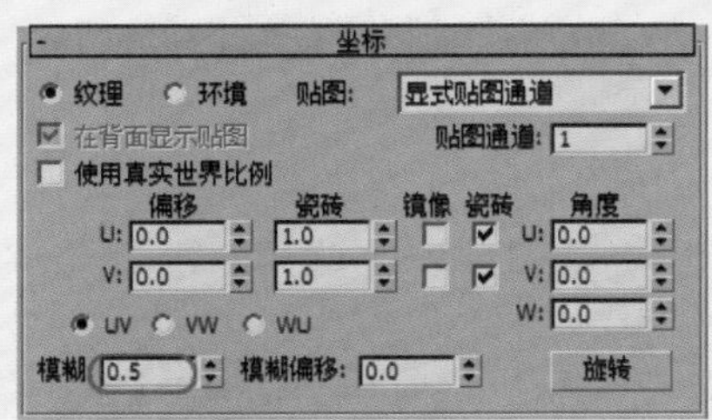

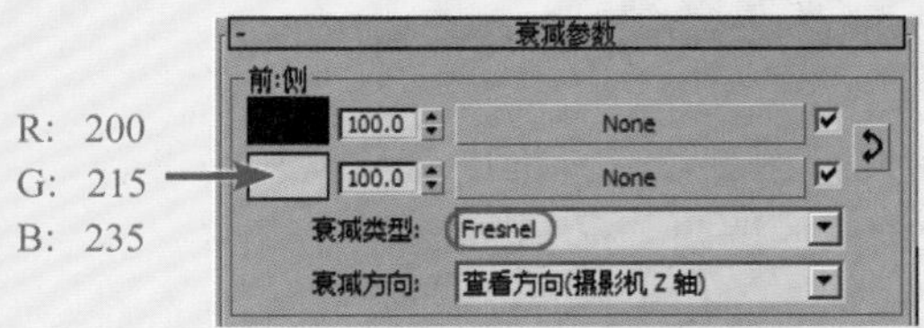

图6-50 设置【模糊】参数　　图6-51 调整衰减贴图

Step 07 在视图中选择两个茶几面，单击【将材质指定给选定对象】按钮，将调制好的黑胡桃木材质赋予它们。

下面设置VRay的渲染参数，使用VRay进行渲染。

Step 08 按F10键，弹出【渲染设置】窗口，设置【V-Ray】、【间接照明】选项卡下的参数。进行草图设置的目的，是为了快速进行渲染，以观看整体的效果，参数设置如图6-52所示。

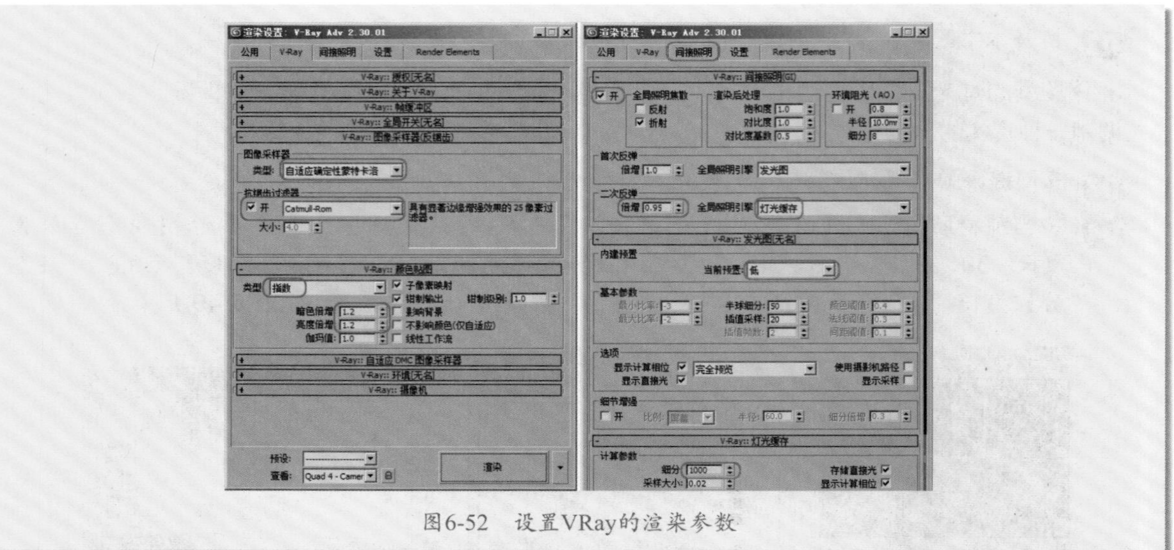

图6-52　设置VRay的渲染参数

Step 09 单击【渲染产品】按钮进行快速渲染，效果如图6-53所示。

技 巧

在进行快速渲染时，可以按Shift+Q组合键进行快速渲染，也可以按F9键进行快速渲染以观看效果。

Step 10 单击标题栏右侧的按钮，在弹出的菜单中选择【另存为】命令，将此场景保存为“木纹A.max”文件。

图6-53　渲染效果

6.4.3 布纹材质

下面通过调制沙发上面的布纹材质来讲解布纹沙发材质的调制。布纹的表面比较粗糙，有一层白绒效果，而且是没有反射的，调制完成的效果如图6-54所示。

图6-54　沙发布纹材质的表现效果

现场实战 调制布纹材质

Step 01 启动3ds Max 2013中文版。

Step 02 打开本书配套光盘“场景\第6章\沙发布纹.max”文件。

Step 03 按M键，弹出【材质编辑器】窗口，选择一个未用的材质球。

Step 04 将当前材质指定为【VRayMtl】，并将其命名为“沙发布纹”，调整【反射】的颜色值为（R：16，G：16，B：16），设置【高光光泽度】为0.35，在【漫反射】中添加【衰减】贴图，并添加一张“布纹.jpg”的贴图，如图6-55所示。

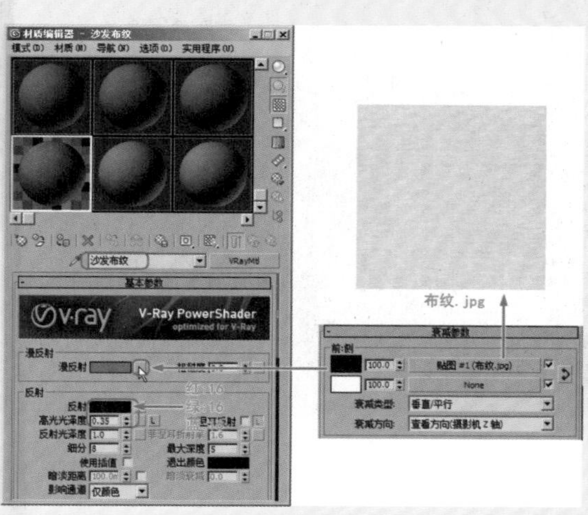

图6-55 调制“沙发布纹”材质

Step 05 设置【坐标】卷展栏下的【模糊】为0.5，这样可以使贴图更加清晰，如图6-56所示。

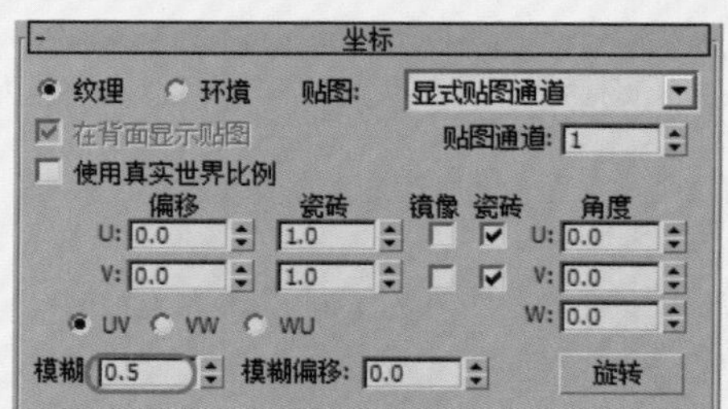

图6-56 调整【模糊】参数

Step 06 为【贴图】卷展栏下的【凹凸】通道添加一张“纹理.jpg”位图，将【数量】设置为120.0，如图6-57所示。

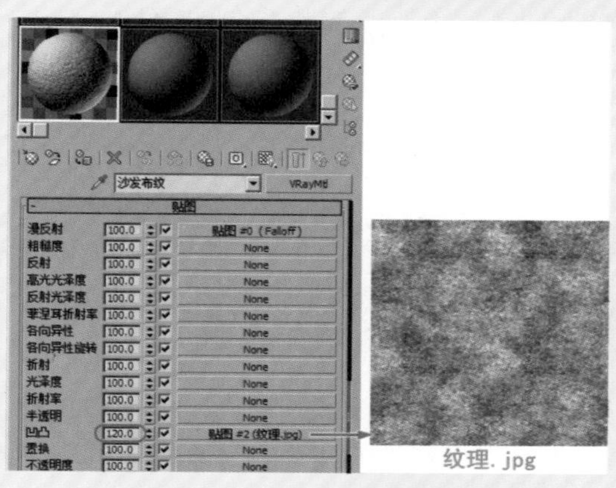

图6-57 添加【凹凸】贴图

Step 07 在视图中选择所有沙发座垫，单击【将材质指定给选定对象】按钮，将调制好的材质赋予沙发座垫。

Step 08 为沙发座垫添加【UVW贴图】修改器，选中【长方体】单选按钮，调整其【长度】、【宽度】和【高度】均为200.0mm，效果如图6-58所示。

图6-58 添加【UVW贴图】修改器

技 巧

为赋予材质的物体添加【UVW贴图】修改器后，可以单独修改物体的纹理大小，但不影响视图中其他物体的纹理。

下面用VRay进行渲染。

Step 09 按F10键，弹出【渲染设置】窗口，指定VRay为当前渲染器，简单设置渲染参数以便快速渲染摄影机视图。

Step 10 单击【渲染产品】按钮进行快速渲染，效果如图6-59所示。

Step 11 将此场景另存为“沙发布纹A.max”文件。

图6-59 渲染效果

6.4.4 真皮材质

真皮材质在效果图制作中用得不是很多，主要用于家具的座垫。真皮材质的表面有柔和的高光和一些反射，具有明显的纹理、凹凸现象，效果如图6-60所示。

图6-60 真皮沙发材质的表现效果

现场实战 调制真皮材质

Step 01 启动3ds Max 2013中文版。

Step 02 打开本书配套光盘“场景\第6章\真皮沙发.max”文件。

该场景中的灯光及摄影机已设置完成，除了沙发，其他物体已全部被赋予了材质。下面为沙发调制一种真皮材质。

Step 03 按M键，弹出【材质编辑器】窗口，选择一个未用的材质球。

Step 04 将当前材质指定为【VRayMtl】，并将其命名为“黑皮”，设置【漫反射】的颜色值为（R: 30，G: 30，B: 30），设置【反射】的颜色值为（R: 28，G: 28，B: 28），【高光光泽度】为0.65，【反射光泽度】为0.7，【细分】为20，如图6-61所示。

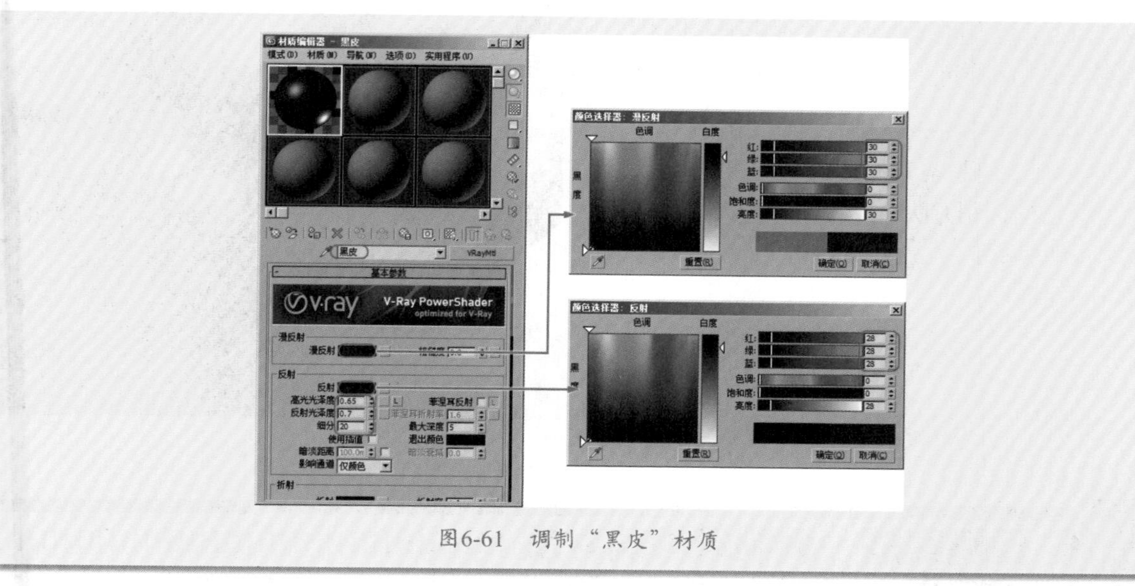

图6-61　调制“黑皮”材质

Step 05 在【贴图】下方的【凹凸】通道中添加一张“皮纹凹凸.jpg”位图，将【数量】设置为30.0，如图6-62所示。

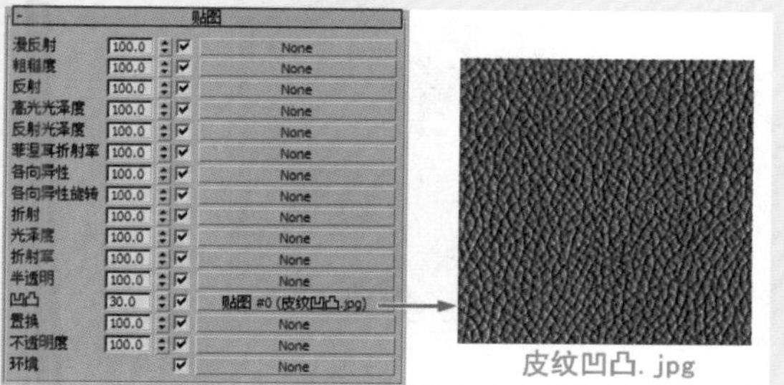

图6-62　贴图通道

Step 06 调整完成的【黑皮】材质在材质球中的效果如图6-63所示。

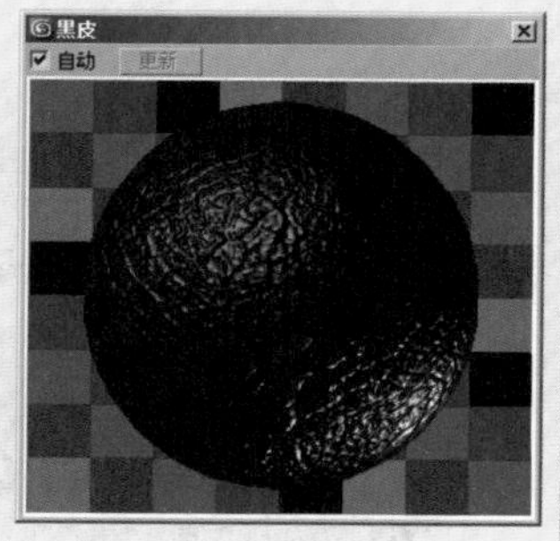

图6-63　“黑皮”材质球效果

Step 07 将调制好的材质赋予沙发座。

Step 08 按F10键，弹出【渲染设置】窗口，指定VRay为当前渲染器，简单设置渲染参数快速渲染摄影机视图，效果如图6-64所示。

图6-64　渲染效果

Step 09 将此线架另存为“真皮沙发A.max”文件。

6.4.5 玻璃材质

在效果图的制作过程中，玻璃材质的表现是比较难的，品种也比较多，如清玻璃、磨砂玻璃、裂纹玻璃等。它们的表现方法大不相同，但对玻璃的剔透感和硬度的表现还是基本相似的。

1. 清玻璃

下面通过调制茶几的玻璃材质来详细讲解清玻璃材质的调制方法与技巧。清玻璃材质的效果如图6-65所示。

图6-65　清玻璃材质的表现效果

现场实战　调制清玻璃材质

Step 01 启动3ds Max 2013中文版。

Step 02 打开本书配套光盘“场景\第6章\清玻璃茶几.max”文件。

这个场景的灯光及摄影机已设置完成，除了茶几玻璃外，其他物体全部被赋予了材质。下面为茶几调制一种真实的玻璃材质。

Step 03 按M键，弹出【材质编辑器】窗口，选择一个未用的材质球，将当前材质指定为【VRayMtl】，并将其命名为“清玻璃”，再设置其他参数，如图6-66所示。

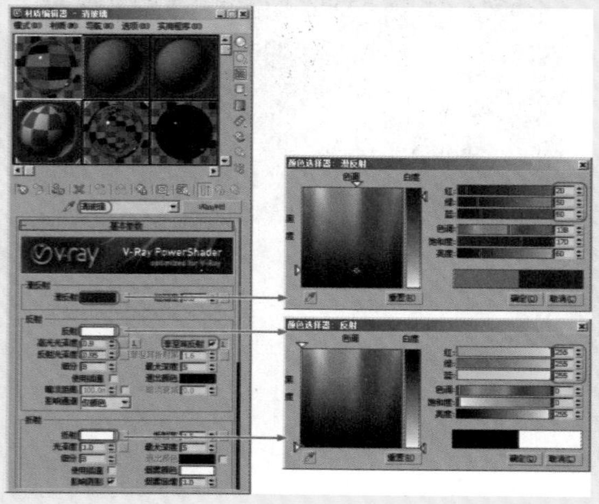

图6-66　指定【VRayMtl】材质

Step 04 调制完成的“清玻璃”材质在材质球中的效果如图6-67所示。

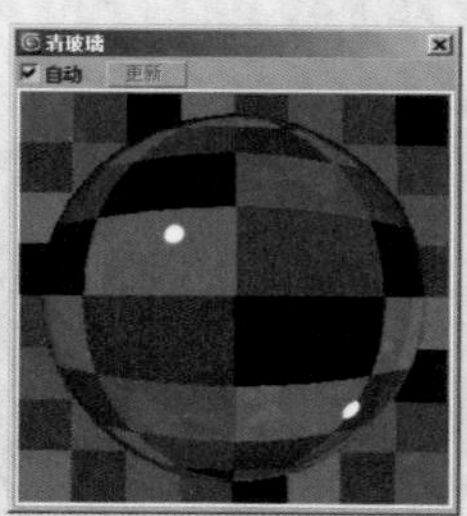

图6-67　调制的“清玻璃”材质效果

Step 05 将调制好的“清玻璃”材质赋予茶几上面的玻璃造型，快速渲染观看效果，如图6-68所示。

图6-68　渲染效果

Step 06 将线架另存为“清玻璃A.max”文件。

2. 磨砂玻璃

下面通过调制茶几的玻璃材质来详细讲解磨砂玻璃材质的调制过程。磨砂玻璃材质的效果如图6-69所示。

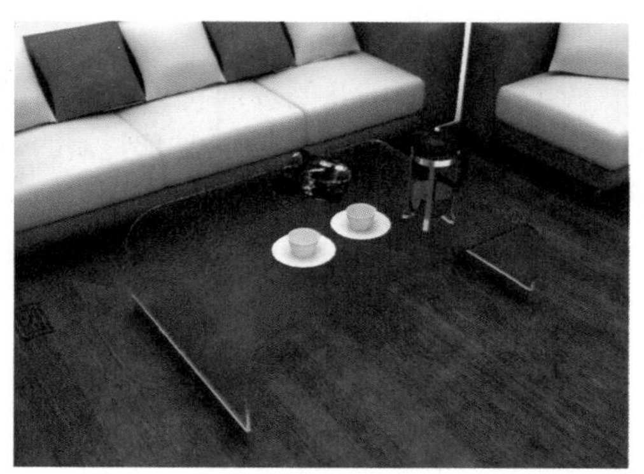

图6-69 磨砂玻璃材质的表现效果

现场实战 调制磨砂玻璃材质

Step 01 启动3ds Max 2013中文版。

Step 02 打开本书配套光盘“场景\第6章\磨砂玻璃茶几.max”文件。

Step 03 按M键，弹出【材质编辑器】窗口，选择一个未用的材质球。

Step 04 将当前材质指定为【VRayMtl】，并将其命名为“磨砂玻璃”，将【漫反射】的颜色设置为白色，将【折射】的颜色设置为灰色（R、G、B值均为250），将【折射率】设置为1.5，选中【影响阴影】复选框，参数设置如图6-70所示。

图6-70 调制“磨砂玻璃”材质

Step 05 因为磨砂玻璃是凹凸不平的，所以在【凹凸】通道里选择一张位图来模拟，也可以用【噪波】贴图来表现凹凸效果，参数设置如图6-71所示。

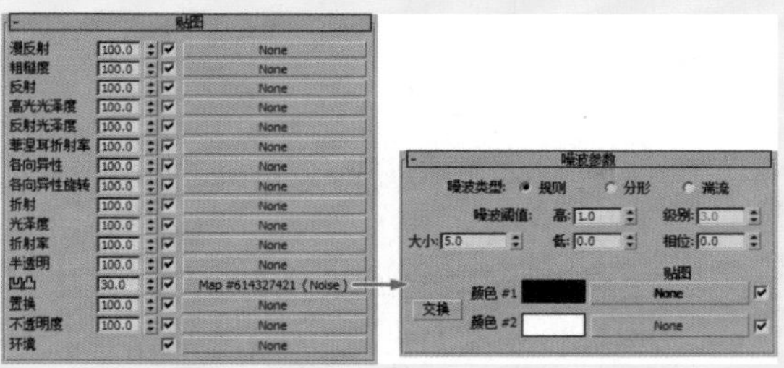

图6-71 设置【噪波】贴图参数

Step 06 将调制完成的“磨砂玻璃”材质赋予茶几，快速渲染观看效果，如图6-72所示。

图6-72 渲染效果

Step 07 将线架另存为“磨砂玻璃A.max”文件。

3. 裂纹玻璃

下面通过调制茶几的玻璃材质来详细讲解裂纹玻璃材质的调制过程。裂纹玻璃材质的效果如图6-73所示。

图6-73　裂纹玻璃材质的表现效果

现场实战　调制裂纹玻璃材质

Step 01 启动3ds Max 2013中文版。

Step 02 打开本书配套光盘“场景\第6章\裂纹玻璃茶几.max”文件。

Step 03 按M键，弹出【材质编辑器】窗口，选择一个未用的材质球。

Step 04 将当前材质指定为【VRayMtl】，并将其命名为“裂纹玻璃”，将【漫反射】的颜色设置为蓝绿色，将【反射】、【折射】的颜色设置为灰色（R、G、B值均为160），将【折射率】设置为1.5，选中【影响阴影】复选框，其他参数设置如图6-74所示。

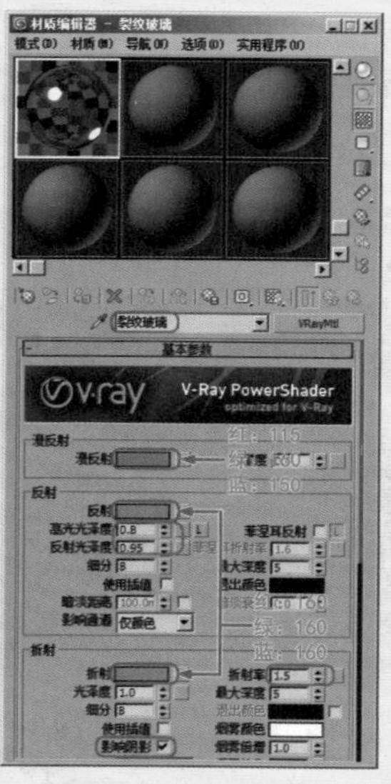

图6-74　调制“裂纹玻璃”材质

Step 05 因为裂纹玻璃是具有凹凸纹理的，所以在【凹凸】通道里选择一张位图来进行模拟（名字为“凹凸.jpg”），在【坐标】卷展栏下调整【模糊】为0.5，这样可以使贴图更加清晰，如图6-75所示。

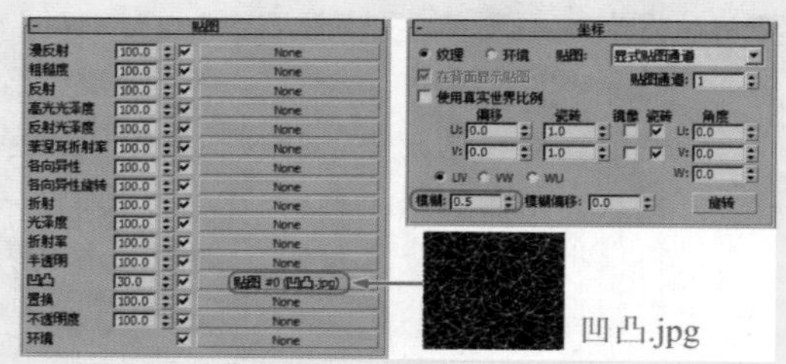

图6-75　设置“凹凸”纹理

Step 06 将调制完成的“裂纹玻璃”材质赋予茶几上方的长方体，快速渲染观看效果，如图6-76所示。

图6-76　渲染效果

Step 07 将线架另存为“裂纹玻璃A.max”文件。

6.4.6 金属材质

金属材质的应用比较广泛，尤其是不锈钢，经常用到的有镜面不锈钢、哑光不锈钢等，主要用于各种家具的支架、扶手、灯具、门窗、柜台及装饰架等；还有一些不经常用到的金属材质，如黄铜、铝合金等。

1. 镜面不锈钢

镜面不锈钢的应用比较多，它的调制方法比较简单。下面详细讲解不锈钢材质的调制方法与技巧，镜面不锈钢材质的效果如图6-77所示。

图6-77 镜面不锈钢材质的表现效果

现场实战 调制镜面不锈钢材质

Step 01 启动3ds Max 2013中文版。

Step 02 打开本书配套光盘“场景\第6章\镜面不锈钢.max”文件。

Step 03 按M键，弹出【材质编辑器】窗口，选择一个未使用的材质球。

Step 04 将当前材质指定为【VRayMtl】，并将其命名为“镜面不锈钢”，【基本参数】卷展栏设置如图6-78所示。

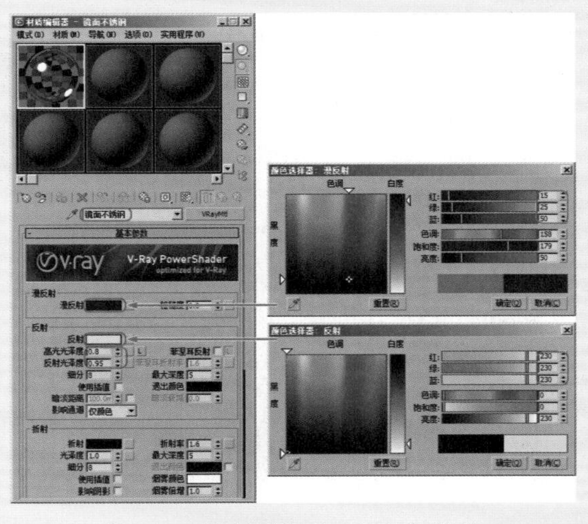

图6-78 调制“镜面不锈钢”材质

Step 05 此时材质球的效果如图6-79所示。

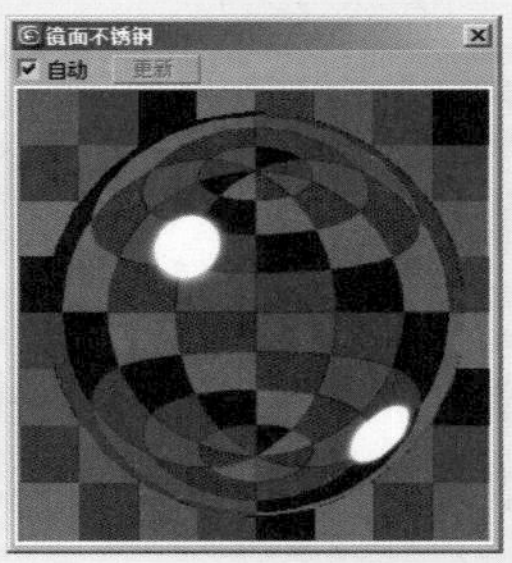

图6-79 “镜面不锈钢”材质球效果

Step 06 将调制完成的“镜面不锈钢”材质赋给不锈钢锅、勺子、挂件，快速渲染观看效果，如图6-80所示。

图6-80 渲染效果

Step 07 将线架另存为“镜面不锈钢A.max”文件。

2. 哑光不锈钢

哑光不锈钢材质的调制与上面讲解的镜面不锈钢基本相同，即降低反射和光泽度（反射模糊），哑光不锈钢材质的效果如图6-81所示。

图6-81 哑光不锈钢材质的表现效果

现场实战 调制哑光不锈钢材质

Step 01 启动3ds Max 2013中文版。

Step 02 打开本书配套光盘“场景\第6章\哑光不锈钢.max”文件。

Step 03 按M键，弹出【材质编辑器】窗口，选择一个未使用的材质球。

Step 04 将当前材质指定为【VRayMtl】，并将其命名为“哑光不锈钢”，设置【基本参数】卷展栏和【双向反射分布函数】卷展栏中的参数，如图6-82所示。

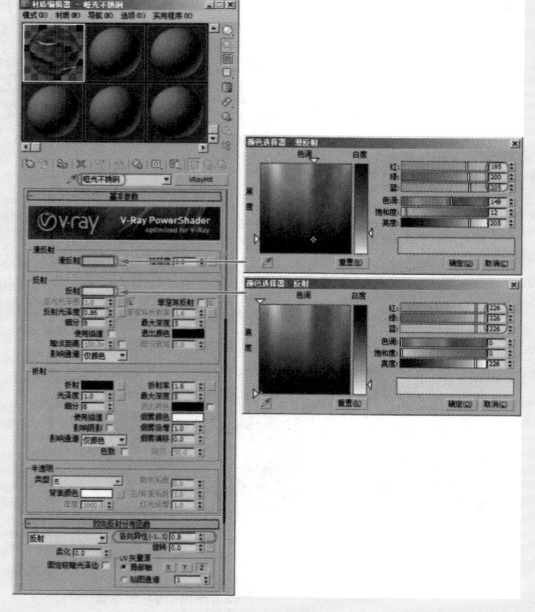

图6-82 调制“哑光不锈钢”材质

Step 05 此时材质球的效果如图6-83所示。

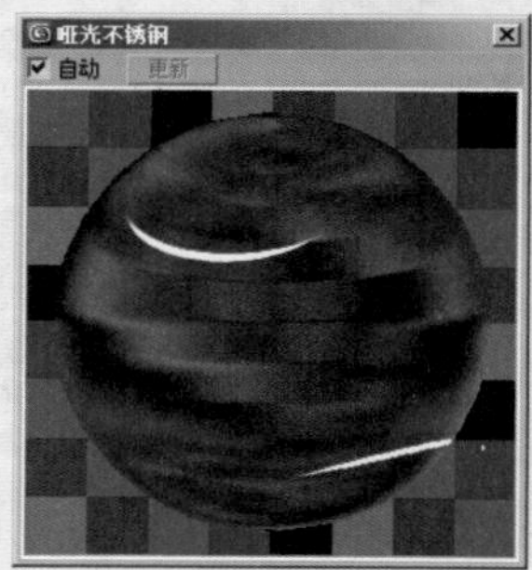

图6-83 “哑光不锈钢”材质球效果

Step 06 将调制完成的“哑光不锈钢”材质赋予钟表装饰框和所有装饰品的底座，快速渲染观看效果，如图6-84所示。

图6-84 渲染效果

Step 07 将线架另存为“哑光不锈钢A.max”文件。

6.4.7 白陶瓷材质

白陶瓷给人以很强的光洁感和厚重感，通常用白陶瓷材质来表现卫生间的洗手盆、座便器、浴缸等。白陶瓷材质的效果如图6-85所示。

图6-85 白陶瓷材质的表现效果

现场实战 调制白陶瓷材质

Step 01 启动3ds Max 2013中文版。

Step 02 打开本书配套光盘“场景\第6章\白陶瓷.max”文件。

Step 03 按M键，弹出【材质编辑器】窗口，选择一个未用的材质球。

Step 04 将当前材质指定为【VRayMtl】，并将其命名为“白陶瓷”，设置【基本参数】卷展栏参数，在【反射】中添加【衰减】贴图，其他参数设置如图6-86所示。

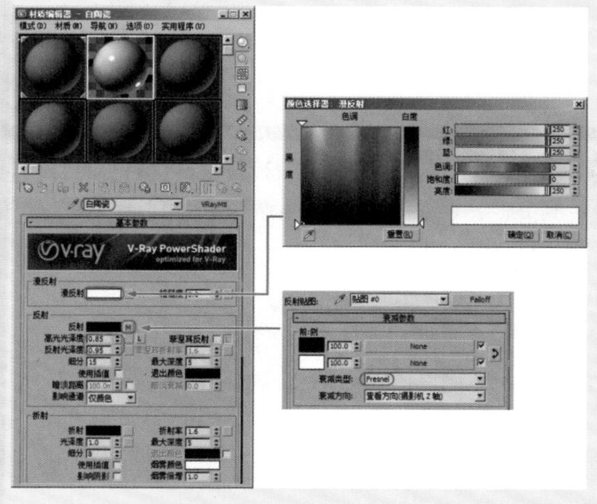

图6-86 调制“白陶瓷”材质

Step 05 在【双向反射分布函数】卷展栏中选择【沃德】类型，使用该方式渲染出来的材质整体效果比较亮，调整【各项异性】参数，在【环境】中添加【输出】贴图，调整【输出量】为3.0，如图6-87所示。

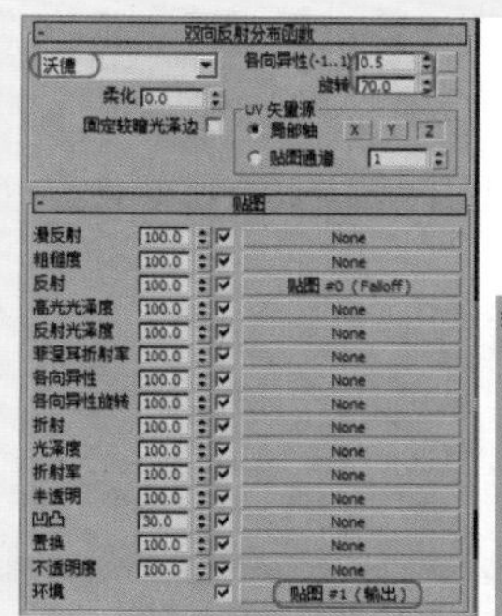

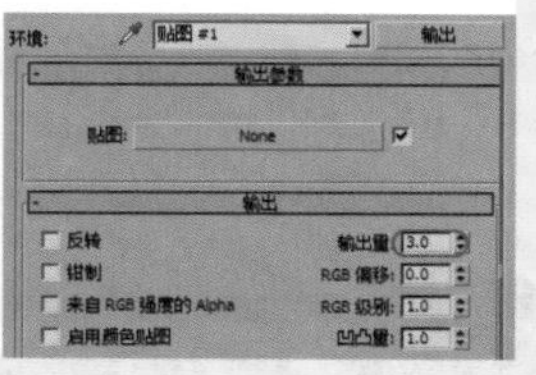

图6-87 调整参数

Step 06 调整完成的“白陶瓷”材质在材质球中的效果如图6-88所示。

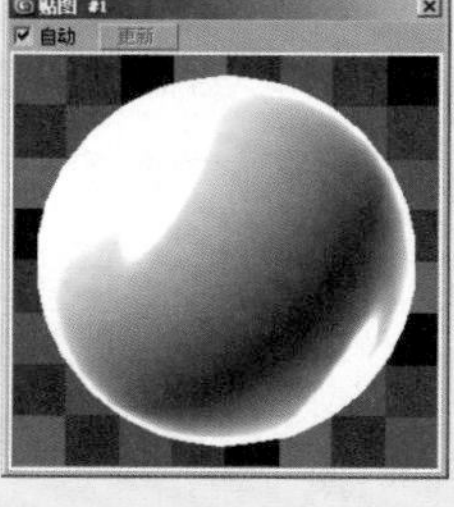

图6-88 “白陶瓷”材质球效果

Step 07 将调制完成的“白陶瓷”材质赋予浴缸，快速渲染观看效果，如图6-89所示。

Step 08 将线架另存为“白陶瓷A.max”文件。

图6-89 渲染效果

6.4.8 地毯材质

地毯是效果图中的一种常用材质，种类比较多，表现的手法也很多。如果想表现地毯，使用【VRay置换模式】和【VR毛皮】的效果都很好，只是速度相对来说会慢一些，直接使用一张图片速度最快，但是表现不出立体效果。

1. 使用【VRay置换模式】表现地毯

下面带领大家使用【VRay置换模式】来表现真实的地毯材质。地毯材质的效果如图6-90所示。

图6-90 使用【VRay置换模式】表现的地毯效果

现场实战 使用VRay置换模式表现地毯

Step 01 启动3ds Max 2013中文版。

Step 02 打开本书配套光盘“场景\第6章\VRay置换模式.max”文件。

Step 03 按M键，弹出【材质编辑器】窗口，选择一个未用的材质球，将当前材质指定为【VRayMtl】，将材质命名为“地毯”。

Step 04 在【贴图】下方的【漫反射】通道中添加一张名为“地毯.jpg”的位图，然后复制给【凹凸】通道，将【数量】设置为200.0，如图6-91所示。

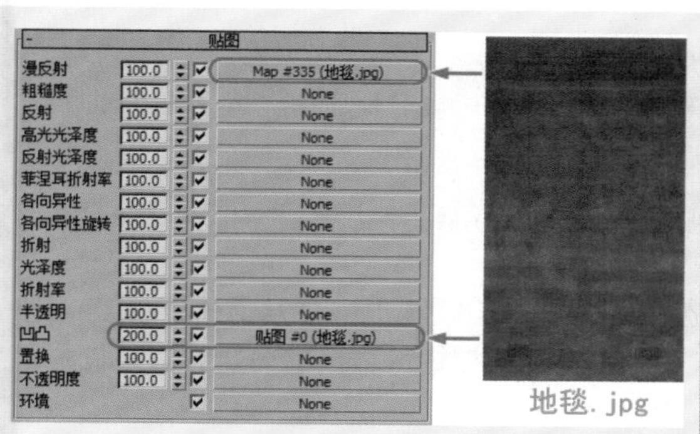

图6-91 为【漫反射】及【凹凸】通道添加位图

Step 05 将调制完成的“地毯”材质赋予地毯物体。地毯是一个切角长方体，已经为其设置了足够的段数，这样在使用【VRay置换模式】时才会得到好的效果。

Step 06 在视图中选择作为地毯的切角长方体，然后在修改器中执行【VRay置换模式】命令，选中【2D贴图（景观）】单选按钮，在下方添加一张名为“地毯B.jpg”的位图，调整【数量】为50.0mm，如图6-92所示。

Step 07 快速渲染场景观看效果，如图6-93所示。

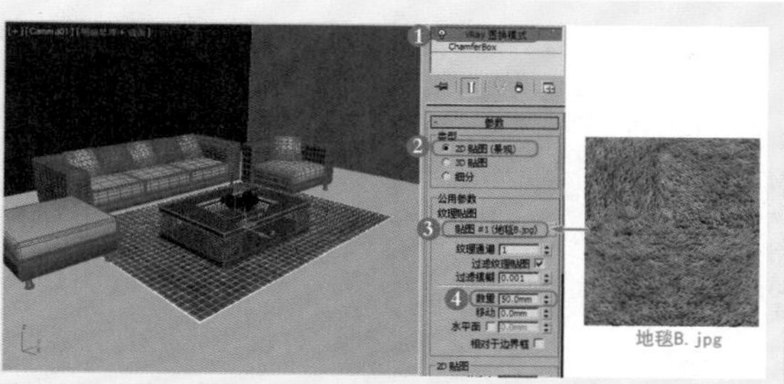

图6-92 执行【VRay置换模式】命令

图6-93 渲染效果

Step 08 将线架另存为“VRay置换模式A.max”文件。

2. 使用【VR毛皮】表现地毯

下面带领大家使用【VR毛皮】来表现真实的地毯材质。使用【VR毛皮】表现的地毯效果如图6-94所示。

图6-94 使用【VR毛皮】表现的地毯效果

现场实战 使用VR毛皮表现地毯

Step 01 启动3ds Max 2013中文版。

Step 02 打开本书配套光盘“场景\第6章\VR毛发.max”文件。

Step 03 按M键，弹出【材质编辑器】窗口，选择一个未用的材质球，将当前材质指定为【VRayMtl】，并将材质命名为“地毯”。

这里已经创建了一个切角长方体作为地毯，并设置了足够的段数，目的是让依附于它的VR毛皮更好地表现出凹凸效果。

Step 04 确认作为地毯的切角长方体处于被选择状态，单击【创建】|【几何体】按钮，在 标准基本体 下拉列表中选择 VRay，单击 VR毛皮 按钮，直接在创建的切角长方体上产生VR毛皮，然后修改它的参数，如图6-95所示。

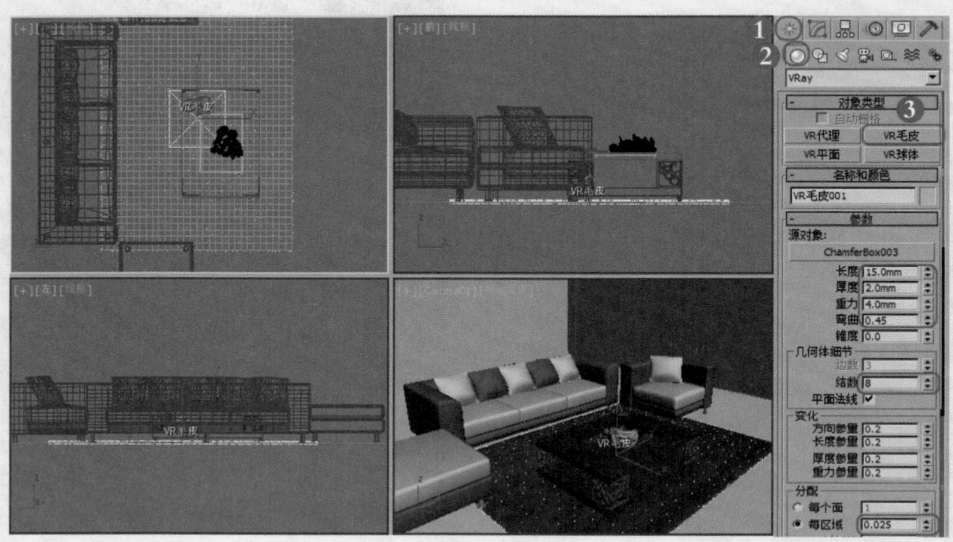

图6-95　创建VR毛皮

Step 05 调制一种“地毯”材质赋予地毯，快速渲染观看效果，如图6-96所示。

图6-96　渲染效果

Step 06 将线架另存为“VR毛发A.max”文件。

6.4.9 木地板材质

木地板是室内装修用得比较多的一种地面材料，其表现方法与木纹材质基本相似。下面详细地讲解木地板材质的调制过程。木地板材质的效果如图6-97所示。

图6-97 木地板材质的表现效果

现场实战 调制木地板材质

Step 01 启动3ds Max 2013中文版。

Step 02 打开本书配套光盘“场景\第6章\木地板.max”文件。

Step 03 按M键，弹出【材质编辑器】窗口，选择一个未用的材质球。

Step 04 将当前材质指定为【VRayMtl】，并将其命名为“木地板”，在【漫反射】中添加一张“地板.jpg”图片，设置【模糊】为0.01，在【反射】中添加【衰减】贴图，设置【高光光泽度】为0.88，设置【反射光泽度】为0.85，设置【细分】为20，如图6-98所示。

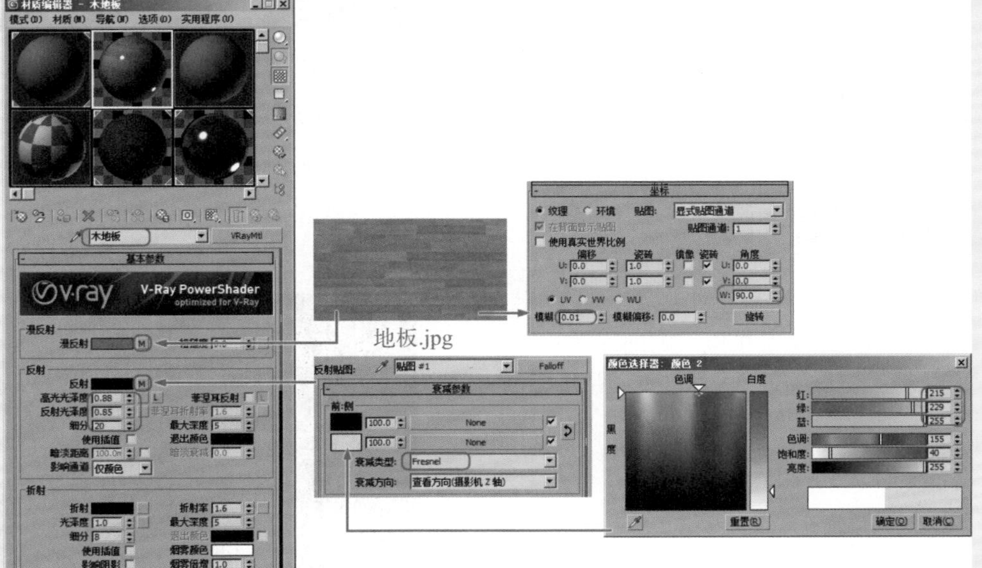

图6-98 调制“木地板”材质

Step 05 在【贴图】卷展栏下方将【漫反射】通道中的图片复制到【凹凸】通道中，将【数量】设置为15.0，如图6-99所示。

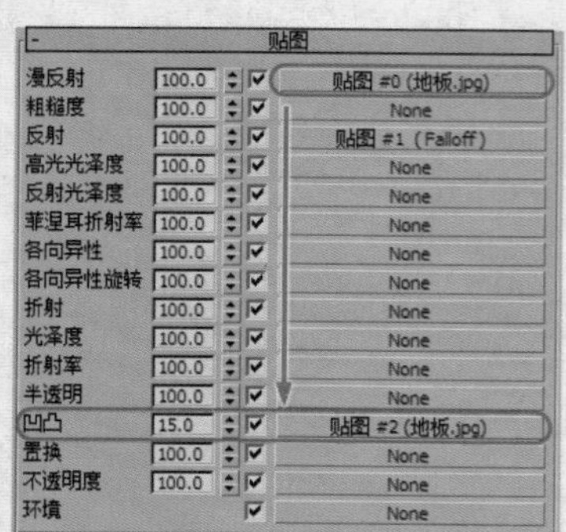

图6-99 设置【凹凸】参数

Step 06 调制完成的“木地板”材质在材质球中的效果如图6-100所示。

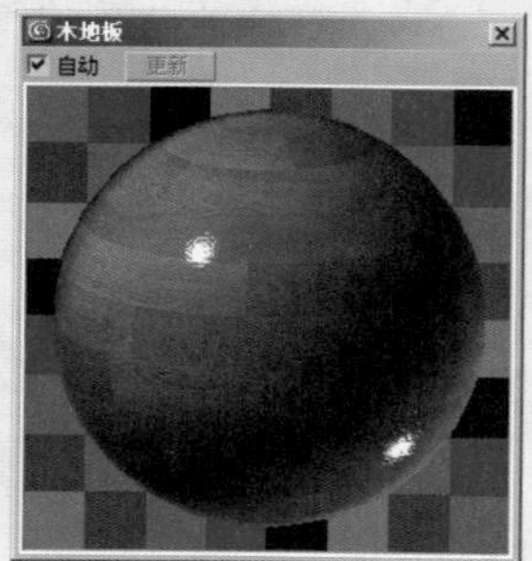

图6-100 “木地板”材质球效果

Step 07 将调制好的“木地板”材质赋予地面，为它添加一个【UVW贴图】修改器，选中【长方体】单选按钮，设置【长度】为3000.0mm，【宽度】为2000.0mm，效果如图6-101所示。

图6-101 添加【UVW贴图】修改器

Step 08 快速渲染场景观看效果，如图6-102所示。

图6-102 渲染效果

Step 09 将线架另存为“木地板A.max”文件。

6.4.10 地砖材质

地砖材质相对来说用得也比较多，一般用于公共空间。本例为这个简单空间的地面调制一种地砖材质，地砖材质的效果如图6-103所示。

图6-103 地砖材质的表现效果

现场实战 调制地砖材质

Step 01 启动3ds Max 2013中文版。

Step 02 打开本书配套光盘“场景\第6章\地砖.max”文件。

Step 03 按M键，弹出【材质编辑器】窗口，选择一个未用的材质球。

Step 04 将当前材质指定为【VRayMtl】，并将其命名为“地砖”。在【漫反射】中添加一张“地砖.jpg”图片，调整【模糊】为0.5；在【反射】中添加【衰减】贴图，将【高光光泽度】设置为0.85，将【反射光泽度】设置为0.95，将【细分】设置为20，如图6-104所示。

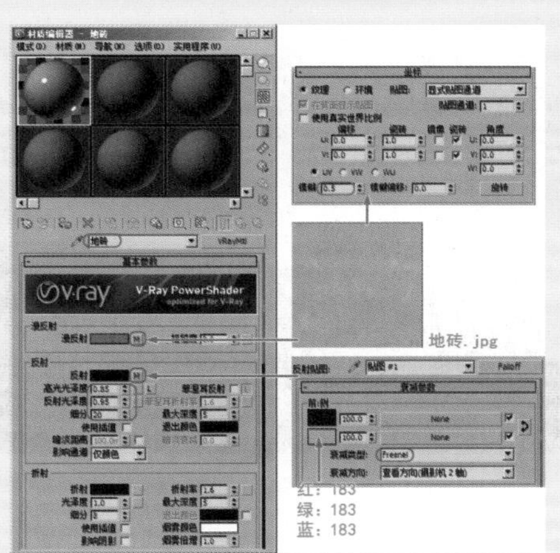

图6-104 调制“地砖”材质

Step 05 在【贴图】卷展栏的下方将【漫反射】通道中的图片复制到【凹凸】通道中，将【数量】设置为15.0，如图6-105所示。

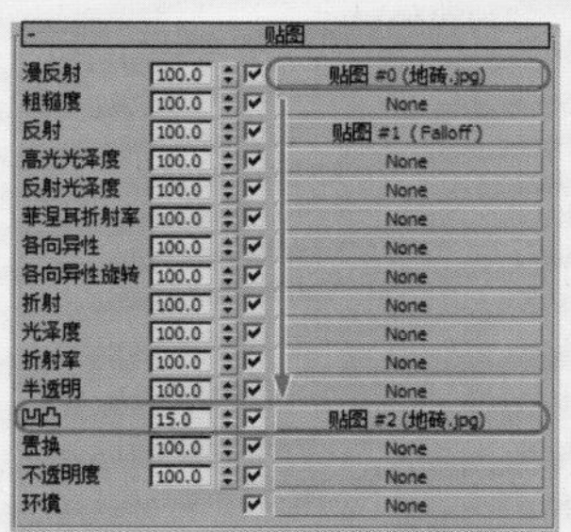

图6-105 设置【凹凸】参数

Step 06 调制完成的“地砖”材质在材质球中的效果如图6-106所示。

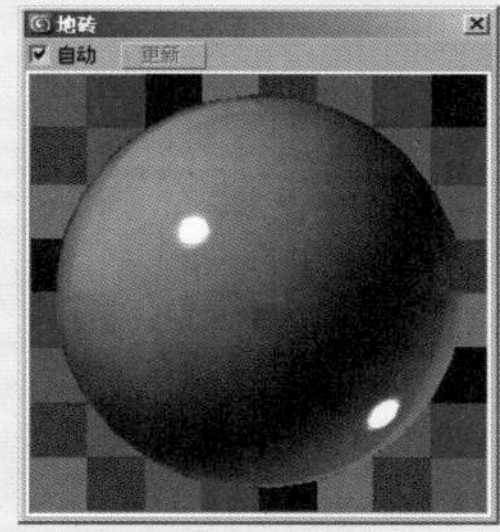

图6-106 “地砖”材质球效果

Step 07 将调制好的“地砖”材质赋予地面，为它添加一个【UVW贴图】修改器，选中【长方体】单选按钮，设置【长度】和【宽度】均为800.0mm，效果如图6-107所示。

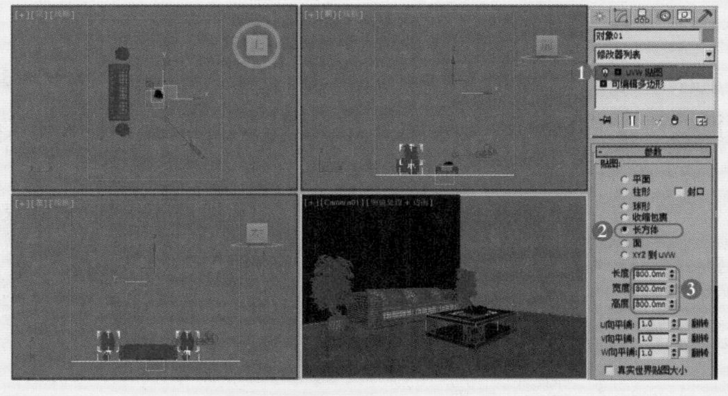

图6-107 添加【UVW贴图】修改器

Step08 单击【渲染产品】按钮进行快速渲染，效果如图6-108所示。

Step09 将线架另存为“地砖A.max”文件。

图6-108 渲染效果

6.4.11 水材质

下面通过调制浴缸里面的水材质，详细讲解水材质调制的方法与技巧。水材质的效果如图6-109所示。

图6-109 水材质的表现效果

现场实战 调制水材质

Step01 启动3ds Max 2013中文版。

Step02 打开本书配套光盘“场景\第6章\水材质.max”文件。

Step03 将当前材质指定为【VRayMtl】，并将其命名为“水”，在【漫反射】中添加一张“WATER14.jpg”图片，将【折射】的颜色设置为R、G、B均为80的灰色，将【折射】的颜色设置为R、G、B均为180的灰色，其他参数设置如图6-110所示。

Step04 因为不想全部用图片替代，所以将【贴图】卷展栏下【漫反射】的数量设置为50.0，将“WATER14.jpg”图片直接复制给【凹凸】通道以表现波纹的效果，参数设置如图6-111所示。

Step05 将调制完成的“水”材质赋予水面，快速渲染观看效果，如图6-112所示。

Step06 将线架另存为“水材质A.max”文件。

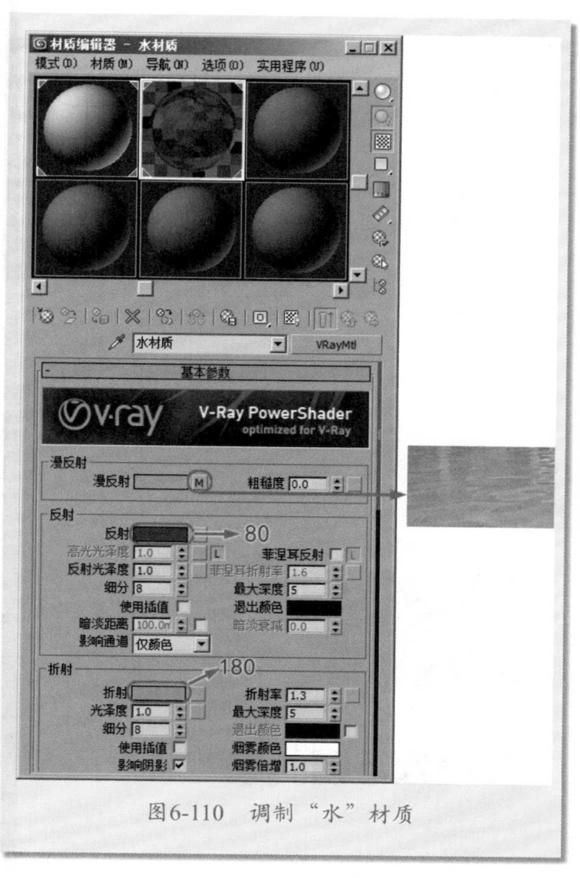

图6-110 调制“水”材质

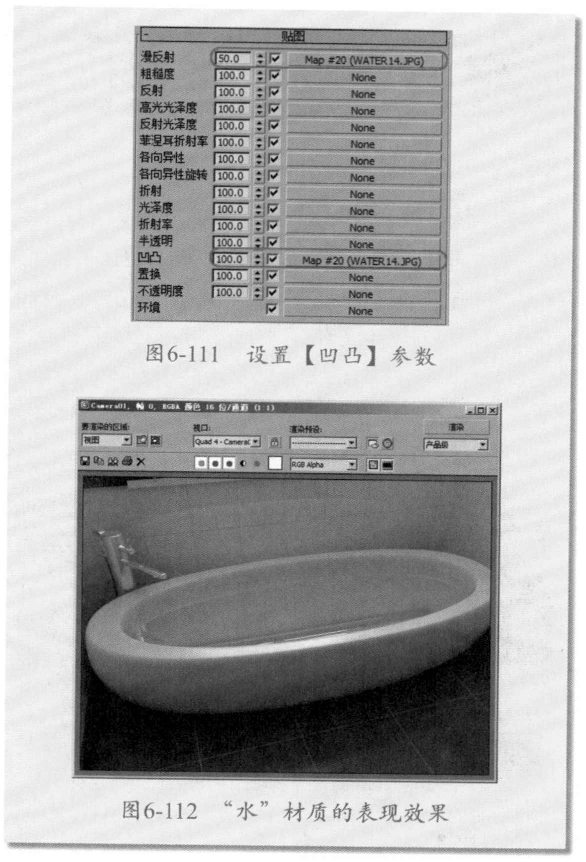

图6-111 设置【凹凸】参数

图6-112 “水”材质的表现效果

6.4.12 材质库的建立及调用

下面以具体的操作步骤来详细讲解材质库的建立及调用，目的是提高效果图的制作速度。材质库的效果如图6-113所示。

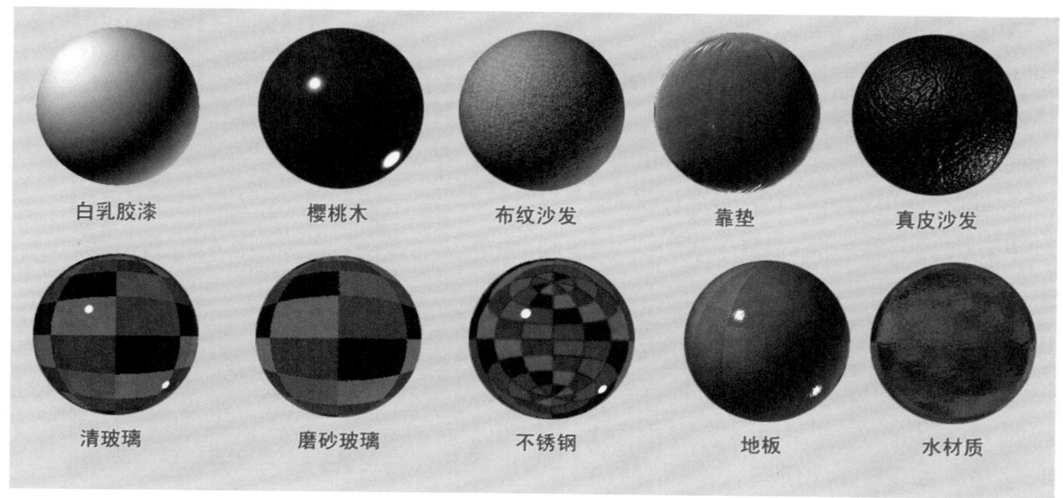

图6-113 建立的材质库效果

现场实战　建立材质库

Step01 启动3ds Max 2013中文版。

Step02 按M键，弹出【材质编辑器】窗口。

Step03 选择第一个材质球，按照前面讲解的方法调制一种“白乳胶漆”材质，然后单击【获取材质】按钮，在弹出的【材质/贴图浏览器】对话框中单击按钮，在弹出的菜单中选择【新材质库】命令，如图6-114所示。

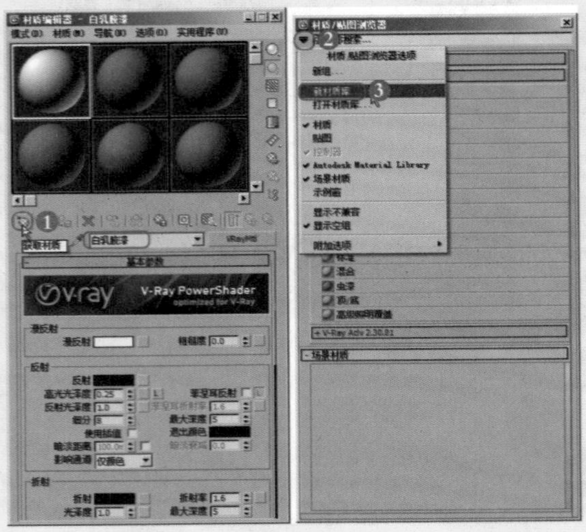

图6-114　选择【新材质库】命令

Step04 在弹出的【创建新材质库】对话框中选择路径，在【文件名】文本框中输入“常用材质库”，然后单击保存(S)按钮，如图6-115所示。

此时，材质库的文件名变为“常用材质库.mat”，这样就创建了一个新的空材质库，可以将调制好的材质保存到新材质库中。

Step05 选择刚才调制好的“白乳胶漆”材质，在【材质编辑器】窗口中单击【放入库】按钮，在弹出的列表中选择【常用材质库】选项，在弹出的【入库】对话框中单击【确定】按钮，如图6-116所示，将调制好的“白乳胶漆”材质保存到“常用材质库.mat”中。

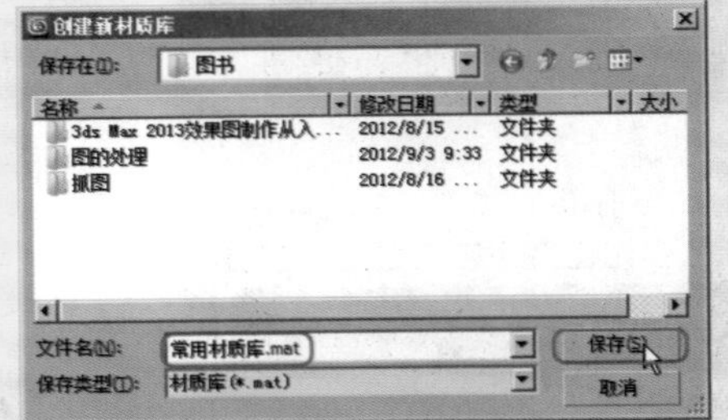

图6-115　为材质库指定文件名

图6-116　将调制好的材质放入材质库中

Step06 再调制另外几种常用的材质，也将它们保存到“常用材质库.mat”中以备后用，效果如图6-117所示。

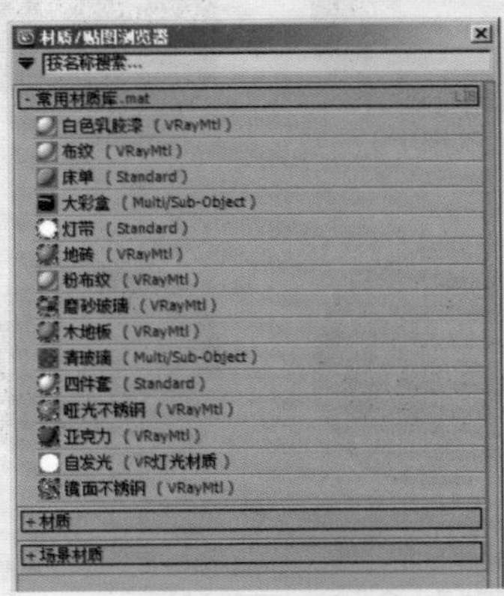

图6-117　建立的材质库

Step 07 最后在“常用材质库.mat”上单击鼠标右键，在弹出的菜单中选择【F:\图书\常用材质库.mat】|【保存】命令，对材质库进行保存，如图6-118所示。

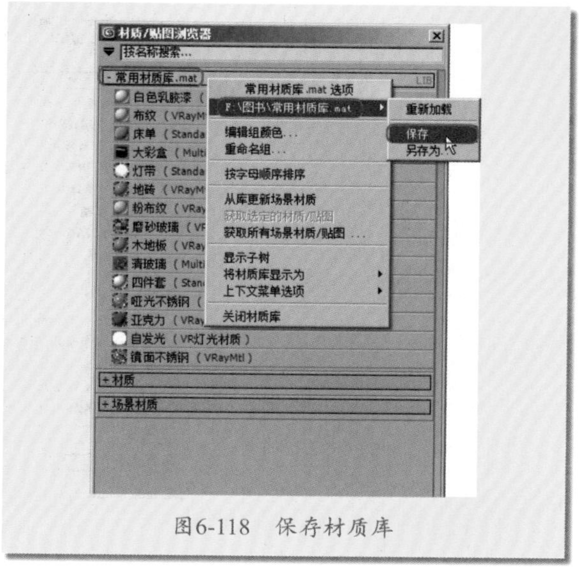

图6-118 保存材质库

希望大家按照上面的步骤建立自己的材质库，在以后制作效果图时可以随时调用。下面详细讲述怎样调用材质库。

现场实战 调用材质库

Step 01 按M键，弹出【材质编辑器】窗口。

Step 02 单击【材质编辑器】窗口中的【获取材质】按钮，在弹出的【材质/贴图浏览器】对话框中单击按钮，在弹出的菜单中选择【打开材质库】命令，如图6-119所示。

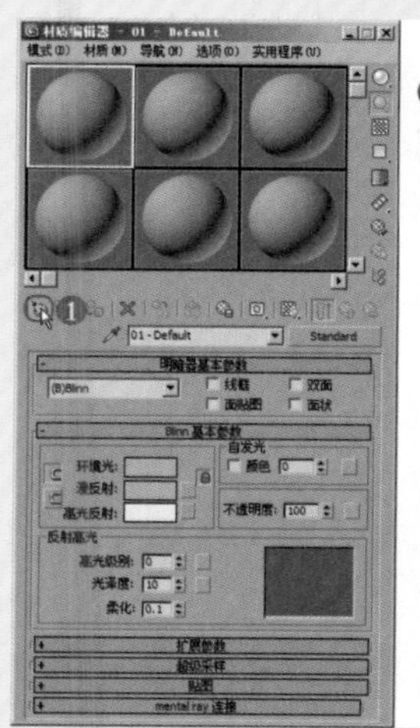

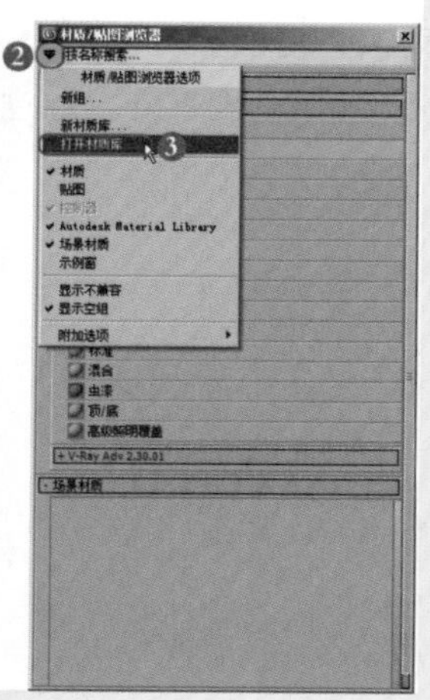

图6-119 选择【打开材质库】命令

Step 03 在弹出的【导入材质库】对话框中找到前面保存的“常用材质库.mat”文件，单击打开(O)按钮，如图6-120所示。

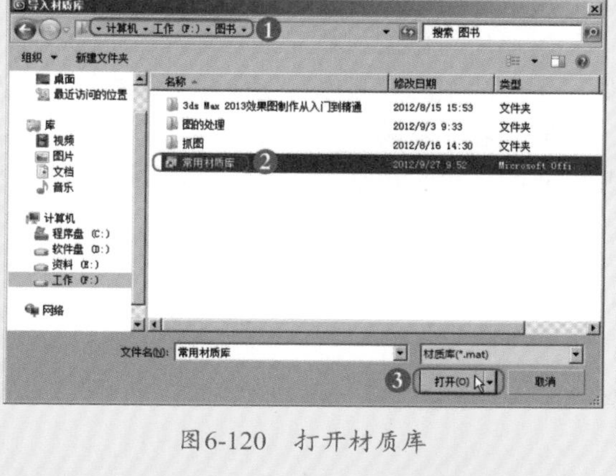

图6-120 打开材质库

Step 04 此时便打开了“常用材质库.mat”文件，效果如图6-121所示。

图6-121　打开的材质库

大家一定要注意，在【材质/贴图浏览器】对话框中选择所需要的材质后，双击该材质就可以了，或者将所需要的材质拖到材质球中。另外，在打开材质之前，必须将VRay渲染器指定为当前渲染器。

6.5 小结

本章详细介绍了材质的基本知识及各参数面板的设置，重点讲解了常用装饰材质的调制，如乳胶漆、陶瓷、木材、石材、布料、玻璃、金属等。由此可见，材质对质感和纹理的表现起着至关重要的作用，希望读者朋友多加练习并掌握其精髓。

这里所讲解的材质只是众多材质中的一部分，因为材质是无穷的，需要不断地去探索、学习。做一个生活中的有心人，学会在生活中认真观察，留心身边的每一件事物，了解材质在不同环境中的不同表现，收集各种颜色、纹理的细节元素，整理出自己的资料库，使其在材质的制作中起到举足轻重的作用。再复杂的材质也是由基本的材质一步一步调制出来的，通过不同的调制方法，最终目的是制作出好的效果。

第7章 真实灯光的表现——灯光

Chapter 07

本章内容

- 了解灯光
- 标准灯光
- 光度学灯光
- VRay灯光
- 设置灯光的原则与技巧
- 灯光的设置实例
- 小结

在效果图的制作过程中，灯光起着举足轻重的作用，空间层次、材质质感、环境氛围都要靠灯光来体现，同时灯光的设置难度也相当大。其实要创作一幅真实的效果图是很不容易的，在很多效果图中灯光只是把空间照亮，并不符合实际灯光的照明效果。要想表现真实的效果图，不仅要熟悉灯光的基本参数和布光原则，还要知道现实中光源的特性及光线传递的特点，这样才能把握好灯光的设置，处理好光与影的关系，制作出真实的效果。

7.1 了解灯光

灯光是由亮度、照度、光通亮、色温组成的。灯光在室内除了提供功能上的需要外，还为空间赋予了灵魂。

任何一个好的室内设计空间，如果没有配合适当的灯光照明，那就算不上是完整的设计。细心分析每一个出色的空间结构后便不难发现，原来灯光是一个十分重要的设计元素。在每个项目的设计过程中，灯光这一环节的效果最容易受到其他外来因素的影响。例如，从窗户引进的阳光、家具的颜色、饰面的反光度及空间的功能，再加上人们在空间移动所产生的不同视觉方向等，这些因素都会令最后的灯光效果发生无穷无尽的变化。

对一个空间来说，灯光使空间的材质得以提升。在室内，光与影是共同存在的，作为设计师应该在设计上接纳和运用它。当太阳移动而使室内光线的方向发生变化时，光与影在空间中的交替互动是一种对比效果。自然光的光线及倒影的分布，增强了空间的三维立体感，从而形成了有思想的空间。

7.2 标准灯光

单击命令面板中的【创建】|【灯光】按钮，面板中显示出8种标准灯光类型，如图7-1所示，它们分别是【目标聚光灯】、【Free Spot（自由聚光灯）】、【目标平行光】、【自由平行光】、【泛光】、【天光】、【mr Area Omni（mr区域泛光灯）】和【mr Area Spot（mr区域聚光灯）】，各种灯光形态如图7-2所示。

图7-1 【标准灯光】命令面板

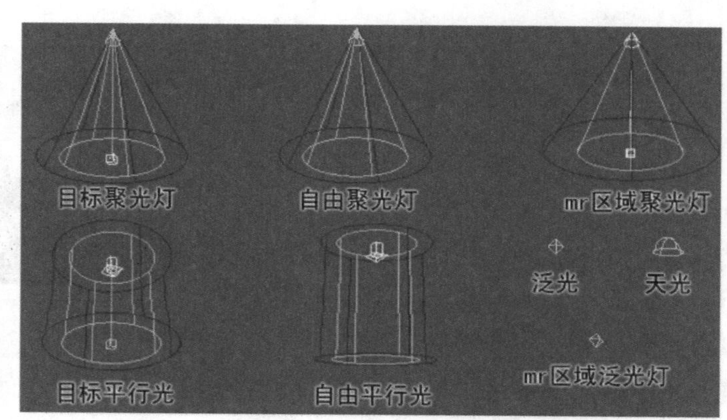

图7-2 3ds Max 2013中8种标准灯光的形态

7.2.1 聚光灯

聚光灯包括目标聚光灯和自由聚光灯两种。它是一种锥形投射光束，可影响光束内被照射的对象，产生逼真的投射阴影。当有对象遮挡光束时，光束将被截断，而且光束的范围可以任意调整。目标聚光灯包含投射点和目标点。投射点，即场景中的圆锥体图形；目标点，即场景中的小立方体图形。可以通过调整这两个图形的位置来改变对象的投影状态，从而产生逼真的立体效果，如图7-3所示。聚光灯有矩形和圆形两种投影区域，矩形特别适合制作电影投影图像、窗户投影等；圆形适合制作筒灯、台灯、壁灯、车灯等灯光的照射效果。

图7-3 聚光灯的照明效果

7.2.2 平行光

平行光包括目标平行光和自由平行光两种，可以产生圆柱形或方柱形的平行光束。平行光束是一种类似于激光的光束，它的发光点与照射点大小相等，其照明效果如图7-4所示。目标平行光主要用于模拟阳光、探照灯、激光光束等效果。

图7-4 平行光的照明效果

7.2.3 泛光

泛光是在效果图制作中应用得最多的光源，可以用来照亮整个场景，是一种可以向四面八方均匀发光的“点光源”，它的照射范围可以任意调整，使对象产生阴影，效果如图7-5所示。照明原理类似室内的白炽灯，如果想产生层次感，必须使用衰减才能达到理想的效果。

没有使用衰减的效果

使用了衰减的效果

图7-5 泛光的照明效果

7.2.4 天光

天光主要用于模拟太阳光遇到大气层时产生的散射照明，效果如图7-6所示。它提供给人们整体的照明和阴影效果，但不会产生高光，而且有时阴影过虚，所以常与太阳光或目标平行光配合使用，以体现对象的高光和阴影的清晰度。使用这种灯光必须配合光跟踪器才能产生理想的效果。

图7-6 天光的照明效果

至于mr区域泛光灯和mr区域聚光灯就不进行讲解了，它们主要用于mental ray渲染器。当使用mental ray渲染器渲染场景时，mr区域泛光灯从球体或圆柱体体积发射光线，而不是从点光源发射光线；mr区域聚光灯从矩形或碟形区域发射光线，而不是从点光源发射光线。使用默认的扫描线渲染器时，mr区域泛光灯和mr区域聚光灯会像其他标准灯光一样发射光线。

7.2.5 标准灯光的基本参数

虽然3ds Max提供了很多种类型的灯光，但是它们的参数基本相同。下面以目标聚光灯为例详细讲解灯光面板中所有参数的功能。

1.【常规参数】卷展栏

适用于各种灯光的一般参数，用于控制灯光的开启、类型的选择、阴影的投射以及排除一些不需要照明的对象等，参数面板如图7-7所示。

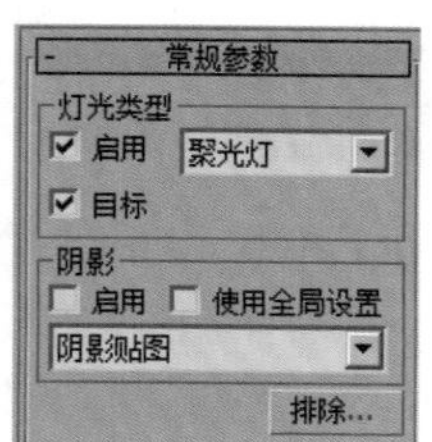

图7-7 【常规参数】卷展栏

参数详解

【灯光类型】参数区

- 启用：打开或关闭灯光。
- 类型：改变已经创建好的灯光，只有在【修改】命令面板中才可以使用，可以选择【泛光】、【聚光灯】、【平行光】等灯光类型。

【阴影】参数区

- 启用：打开或关闭灯光的阴影，其效果如图7-8所示。

没有投射阴影的效果

投射阴影的效果

图7-8 打开和关闭阴影的效果

- 使用全局设置：使用3ds Max的默认设置制作投影。
- 阴影贴图 下拉列表：确定灯光投射阴影的方式。3ds Max中产生的阴影有5种类型，即【高级光线跟踪】、【mental ray阴影贴图】、【区域阴影】、【阴影贴图】和【光线跟踪阴影】。选择不同的阴影类型，其阴影参数面板不同，产生的效果也不同（后面将详细讲解【VRay阴影】的使用）。
- 排除... 按钮：将对象排除在灯光影响以外，单击此按钮将弹出【排除/包含】对话框，如图7-9所示。

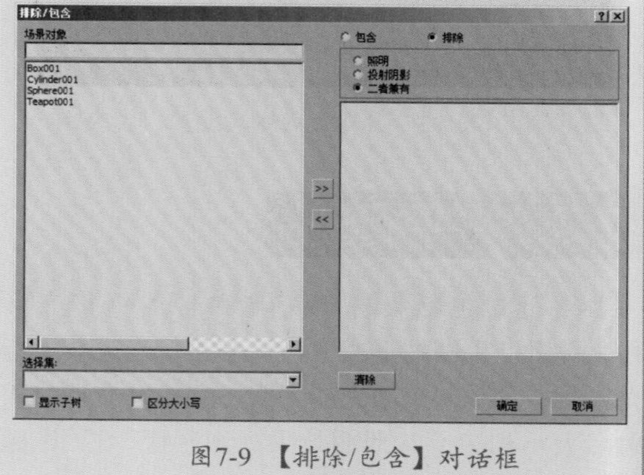

图7-9 【排除/包含】对话框

【排除/包含】对话框用来设置不需要受灯光影响的对象，或者灯光只影响某些对象。当场景中有些对象需要单独照亮时，就可以为灯光设置此参数。

2.【强度/颜色/衰减】卷展栏

用来设置灯光的强弱、灯光的颜色及灯光的衰减参数。在现实世界中，不管灯光的亮度如何，灯光的光源区域最亮，离光源越远则越暗，远到一定的距离就没有了光照效果，这种物理现象被称为灯光的衰减。

可以对泛光及聚光灯使用衰减效果，使用衰减会使场景中的灯光更加真实，而且由于渲染场景时不计算灯光衰减为0的对象，还节省了时间。默认灯光是不使用衰减的。设置灯光时除了辅助光源，其他光源都应使用衰减，参数面板如图7-10所示。

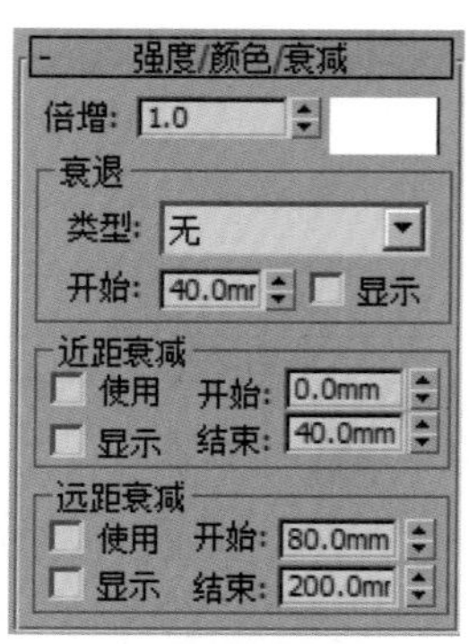

图7-10 【强度/颜色/衰减】卷展栏

参数详解

- 倍增：调节亮度，默认值为1.0。数值越高，亮度越大。如果将其设置为负值，将吸收其他灯光的亮度，但是没有实际意义。
- 色块：决定灯光的颜色，单击色块，可弹出颜色选择器以调整灯光的颜色（默认为白色）。

【衰退】参数区

- 类型：在右侧的下拉列表中可以选择一种衰减的计算类型，有【无】、【倒数】、【平方反比】3种方式。
- 开始：在右侧的文本框中可以控制衰减范围。
- 显示：选中此复选框，可以显示衰减范围框。

【近距衰减】参数区

- 使用：打开或关闭灯光的近距衰减效果，默认为关闭。
- 开始：设定光线开始出现时的位置。
- 显示：在视图中显示近距衰减的区域。
- 结束：设定光线强度增加到最大值时的位置。

【远距衰减】参数区

- 使用：打开或关闭灯光的远距衰减效果，默认为关闭。
- 开始：光线从最强开始变弱时的位置。
- 显示：在视图中显示远距衰减范围，随着灯光及参数设置的不同，衰减范围的形状也不同，默认为关闭。
- 结束：光线衰减到0时的位置。

3.【聚光灯参数】卷展栏

当创建的光源是聚光灯时，才显示该卷展栏，主要用于调整聚光灯的聚光区和衰减区等，参数面板如图7-11所示。

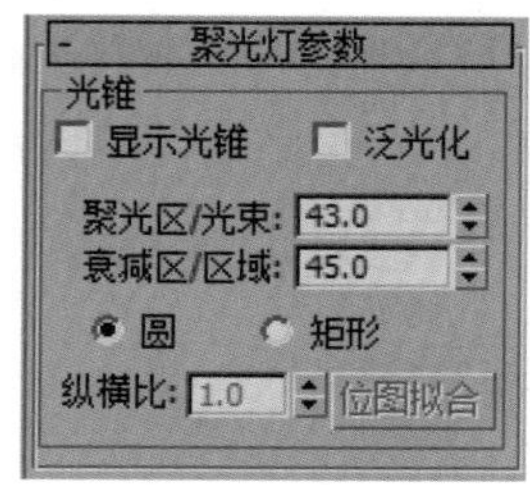

图7-11 【聚光灯参数】卷展栏

参数详解

【光锥】参数区

- 显示光锥：控制聚光灯锥形框的显示。当灯光被选中时，不管此复选框是否被选中，均显示锥形框。
- 泛光化：选中此复选框，使聚光灯兼有泛光的功能，可以向四面八方投射光线，照亮整个场景，但仍会保留聚光灯的特性，如投射阴影和图像的功能仍被限制在衰减区以内。如果既想照亮整个场景，又想产生阴影效果，那么选中此复选框，只设置一盏聚光灯即可，这样可以减少渲染时间。
- 聚光区/光束：调整聚光灯锥形框聚光区的角度，在锥形框聚光区内的对象受全部光强的照射，聚光区的值以角度计算，默认值为43.0。
- 衰减区/区域：调整衰减区的角度以设置光线完全不照射的范围，默认值为45.0。此衰减区外对象将不受任何光照的影响。此范围与聚光区之间，光线由强向弱进行衰减变化。
- 圆、矩形：设置聚光灯是圆形灯还是矩形灯，默认设置是圆形，产生圆锥状灯柱；矩形灯产生立方体灯柱，常用于窗户投影灯或电影、幻灯机的投影灯。
- 纵横比：用来调节矩形的长宽比例。
- 位图拟合：使用图像的长宽比作为灯光的长宽比。

4.【高级效果】卷展栏

主要用于控制灯光影响表面区域的方式，

并提供了对投影灯光的调整和设置，参数面板如图7-12所示。

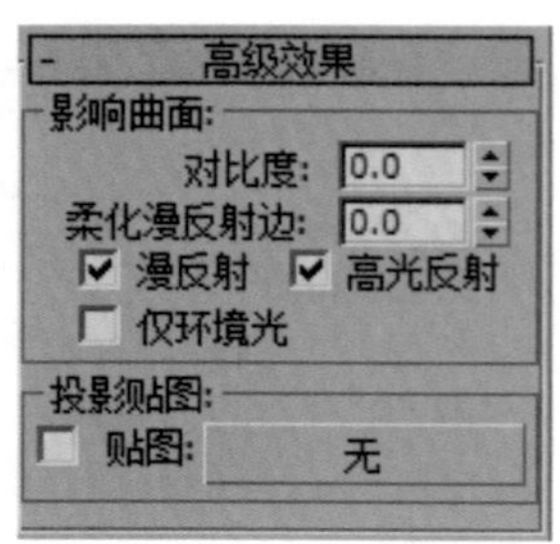

图7-12 【高级效果】卷展栏

参数详解

【影响曲面】参数区

- 对比度：调节对象高光区与过渡区之间的表面对比度，取值范围为0.0～100.0。默认值为0.0，是正常的对比度。
- 柔化漫反射边：柔化过渡区与阴影区表面之间的边缘，避免产生清晰的明暗分界，取值范围为0.0～100.0。数值越小，边界越柔和。
- 漫反射、高光反射、仅环境光：这几个选项一般不需要调整。

【投影贴图】参数区

- 贴图：选中此复选框，单击【贴图】右侧的按钮，可以选择一张图片作为投影图，使灯光投影出图片效果；如果使用的是动画文件，可以投影出动画，和电影放映机一样；如果增加质量光效，可以产生彩色的图像光柱；如图7-13所示。

图7-13 投影图片产生的效果

5.【阴影参数】卷展栏

场景中的阴影可以描述许多重要信息，如可以描述灯光与对象之间的关系，对象与其下表面的相对关系等。此参数主要用来调节阴影的颜色、浓度及用于阴影贴图的设置，参数面板如图7-14所示。

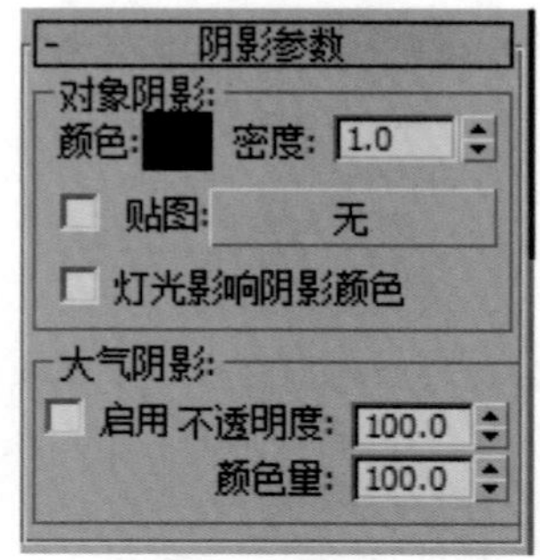

图7-14 【阴影参数】卷展栏

参数详解

【对象阴影】参数区

- 颜色：手动设置阴影的颜色，默认设置是黑色。
- 密度：调整阴影的浓度。增加该值，可使阴影更重（或者使阴影更亮）；减小该值，可使阴影变淡；默认值为1.0。图7-15所示是【密度】值为1.0和0.2时产生的阴影效果。

【密度】为1.0

【密度】为0.2

图7-15 不同【密度】参数的对比效果

- 贴图：为阴影指定贴图。
- 灯光影响阴影颜色：选中此复选框，光源将影响阴影的颜色。

【大气阴影】参数区

用于控制大气效果如何投射阴影，大气效果一般是不产生阴影的。

- 启用：打开或关闭大气阴影。
- 不透明度：用于设置大气阴影的不透度，默认值为100.0。
- 颜色量：用于调整大气色和阴影色的混合程度，该值是一个百分数，默认值为100.0。

6.【阴影贴图参数】卷展栏

在【常规参数】卷展栏中选择【阴影贴图】类型后，将出现【阴影贴图参数】卷展栏，如图7-16所示，这些参数主要用来控制灯光投射阴影的质量（此类型是系统默认的选项）。

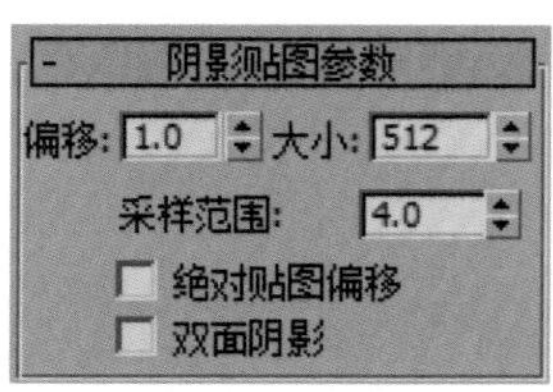

图7-16 【阴影贴图参数】卷展栏

参数详解

- 偏移：用来设置阴影与对象之间的距离。该值越小，阴影越接近对象。图7-17所示是【偏移】值分别为1.0和10.0时的阴影效果。

【偏移】为1.0

【偏移】为10.0

图7-17 不同【偏移】参数的对比效果

- 大小：设定阴影贴图的大小。如果阴影面积较大，应增大该值，否则阴影会显得很粗糙。虽然增大该值可以优化阴影的质量，但也会大大延长渲染的时间。
- 采样范围：设置阴影中边缘区域的柔和程度。该值越大，边缘越柔和，可以产生比较模糊的阴影。在使用【阴影贴图】时才有【采样范围】参数，如果使用其他阴影方式则不会有此参数。图7-18所示是【采样范围】分别为4.0、15.0和35.0时的阴影效果，注意在制作室内效果图时要经常使用阴影模糊。

【采样范围】为4.0

【采样范围】为15.0

【采样范围】为35.0

图7-18 不同【采样范围】参数的对比效果

- 绝对贴图偏移：以绝对值方式计算贴图的偏移值。
- 双面阴影：选中此复选框，与使用双面材质所产生的阴影效果一样。

7.【光线跟踪阴影参数】卷展栏

在【常规参数】卷展栏中选择【光线跟踪阴影】类型后，将出现【光线跟踪阴影参数】卷展栏，如图7-19所示。

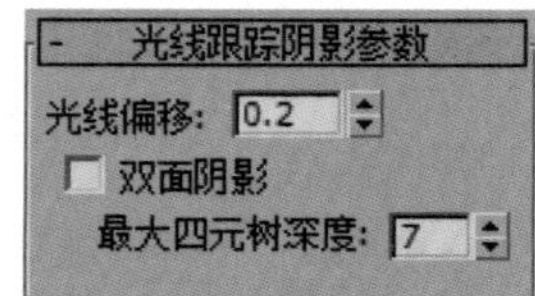

图7-19 【光线跟踪阴影参数】卷展栏

参数详解

- 光线偏移：设定阴影靠近或远离其投射阴影对象的偏移距离。当值很小时，阴影可能在不应该显示的位置显示，与对象重叠；当值很大时，阴影会和投射阴影的对象分离。
- 双面阴影：选中该复选框，在计算阴影时考虑背面阴影，此时对象内部并不被外部灯光照亮，同时也会耗费更多的渲染时间。未选中该复选框时，将忽略背面阴影，此时渲染速度加快，外部灯光也可以照亮对象内部。
- 最大四元树深度：设定光线跟踪器的四叉树的最大深度，默认值为7。四叉树用来计算光线跟踪阴影的数据结构，具有最大深度的四叉树的光线跟踪器通过消耗内存来提高渲染计算速度。泛光生成光线跟踪阴影时的计算速度要比聚光灯慢得多，所以泛光要尽量少使用光线跟踪来生成阴影，或者使用聚光灯来模拟泛光。

光线跟踪的阴影效果鲜明强烈，如同强烈日光照射下的阴影，计算速度非常缓慢，阴影的边缘清晰可见，有【偏移】值可调。它适用于制作建筑外景效果图，而且它有一项特殊的功能，即可以在透明对象后产生透明的阴影，这一点是【阴影贴图】类型无法做到的，但是它无法产生模糊的阴影。

8.【区域阴影】卷展栏

当在【常规参数】卷展栏中选择【区域阴影】类型后，将出现【区域阴影】卷展栏，如图7-20所示，它适用于任何类型的光线以产生区域阴影效果，从而模拟出真实的光照效果。

图7-20 【区域阴影】卷展栏

参数详解

【基本选项】参数区

- 长方形灯光 下拉列表：从中选择区域阴影的产生方式。3ds Max 2013提供了【简单】、【长方形灯光】、【圆形灯光】、【长方体形灯光】和【球形灯光】5个选项。
    - 简单：从光源向表面投射单一光线，不考虑反走样计算。
    - 长方形灯光：以长方形阵列的方式从光源向表面投射光线。
    - 圆形灯光：以圆形阵列的方式从光源向表面投射光线。
    - 长方体形灯光：从光源向表面投射盒状光线。
    - 球形灯光：从光源向表面投射球状光线。
- 双面阴影：选中该复选框，在计算阴影时同时考虑背面阴影，此时对象内部并不被外部灯光照亮，同时也会耗费更多的渲染时间；未选中该复选框时，将忽略背面阴影，此时渲染速度加快，外部灯光也可以照亮对象内部。

【抗锯齿选项】参数区

- 阴影完整性：设置从发光表面发射的第一束光线的数量。这些光线是从接收光源光线的表面发射出来的，使阴影轮廓和细节更加精确。默认值为2。
- 阴影质量：设置投射到半阴影区域内的光线数量。这些光线是从半阴影区域内的点或阴影的反走样边缘发射出来用于平滑阴影边缘的，可以增加阴影轮廓，产生更精确、更平滑的半阴影效果。默认值为5。
- 采样扩散：设置反走样边缘的模糊半径（以像素为单位）。默认值为1.0。
- 阴影偏移：设置发射光线的对象到产生阴影的点之间的最小差距，用来防止模糊的阴影影响其他区域。当增大模糊值时，应同时增加阴影偏差值。默认值为0.5。
- 抖动量：用于增加光线位置的随机性。由于初始光线排列规则，在模糊的阴影部分也有规则的人工痕迹。使用抖动可以把这些因素转化为噪音，使肉眼不易察觉。建议值为0.25 ~ 1.0，越模糊的阴影需要越大的抖动程度。通过增加【抖动量】值，可更大程度地混合多个阴影，以产生更真实的阴影效果。默认值为1.0。

【区域灯光尺寸】参数区

用于计算区域阴影的虚拟光源大小，不影响实际的光源大小。

- 长度：用于设置区域阴影的长度，默认值为10.0mm。
- 宽度：用于设置区域阴影的宽度，默认值为10.0mm。
- 高度：用于设置区域阴影的高度，默认值为10.0mm。

9.【优化】卷展栏

当在【常规参数】卷展栏中选择了【高级光线跟踪】或【区域阴影】类型后，将出现【优化】卷展栏，如图7-21所示，该卷展栏中的参数可用来为高级光线跟踪和区域阴影提供附加控制，以达到最佳效果。

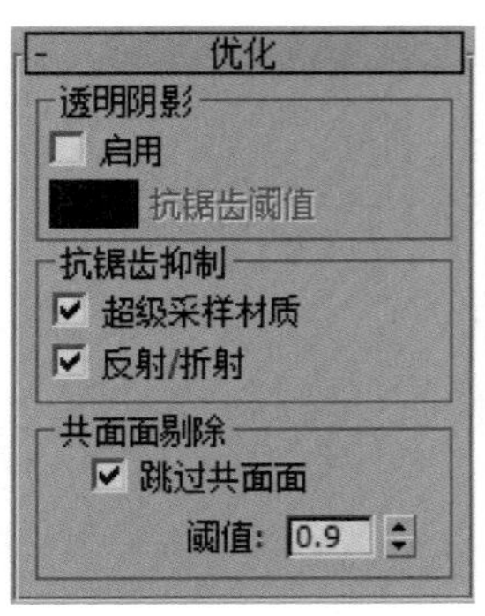

图7-21 【优化】卷展栏

参数详解

【透明阴影】参数区

- 启用：选中该复选框，透明的表面将投射出彩色的阴影；反之，则所有的阴影都是黑色的，同时也会加快阴影的生成速度。
- 抗锯齿阈值：用来设置在进行消除锯齿之前透明对象之间的最大色差。增加此颜色值，可降低阴影对锯齿痕迹的敏感程度，同时加快阴影的生成速度。

【抗锯齿抑制】参数区

- 超级采样材质：选中该复选框，则当绘制超级样本材质阴影时，将会增加渲染时间。
- 反射/折射：选中该复选框，则当绘制反射或折射阴影时，将会增加渲染时间。

【共面面剔除】参数区

- 跳过共面面：选中该复选框，可防止相邻面之间的相互遮蔽。对于诸如球这样的曲面上的明暗界限需要特别关注。
- 阈值：用来设置相邻面之间的角度，取值范围为0.0（垂直）~1.0（平行），默认值为0.9。

10.【大气和效果】卷展栏

主要是增加、删除及修改大气效果，【大气和效果】卷展栏如图7-22所示。

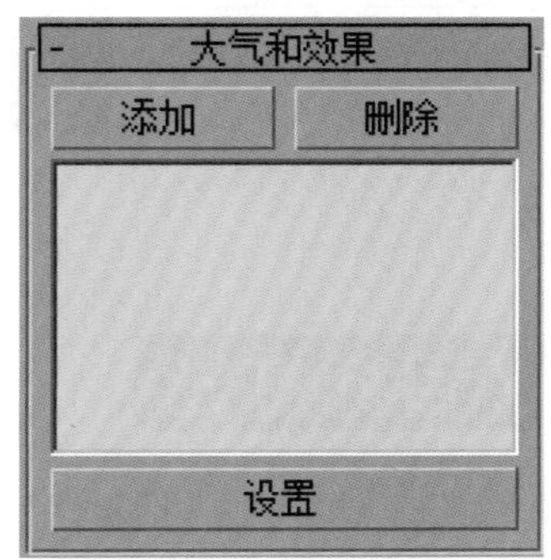

图7-22 【大气和效果】卷展栏

参数详解

- 添加：单击此按钮，显示增加【大气效果及光效】对话框，可以为灯光添加大气效果或者光效。
- 删除：从列表中删除已选择的大气效果及光效。
- 大气及光效列表：显示为灯光增加的所有大气效果及光效的名称。
- 设置：单击此按钮，可对选择的大气或光效进行设置。如果选择的是大气效果，则弹出【环境】对话框；如果选择的是光效，则弹出【渲染效果】对话框。

7.3 光度学灯光

光度学灯光使用光度学（光能）值，通过这些值可以更精确地定义灯光，就像在真实世界中一样，可以创建具有各种分布和颜色特性的灯光，或导入照明制造商提供的特定光度学文件。

3ds Max 2013光度学的灯光类型虽然变少了，但是都包含在现在剩余的这几个类型里面了，如【目标灯光】就包含了【目标点光源】、【目标线光源】和【目标面光源】。

单击【创建】|【灯光】按钮，显示【光度学】参数面板，其中包括3种光度学灯光类型，如图7-23所示。

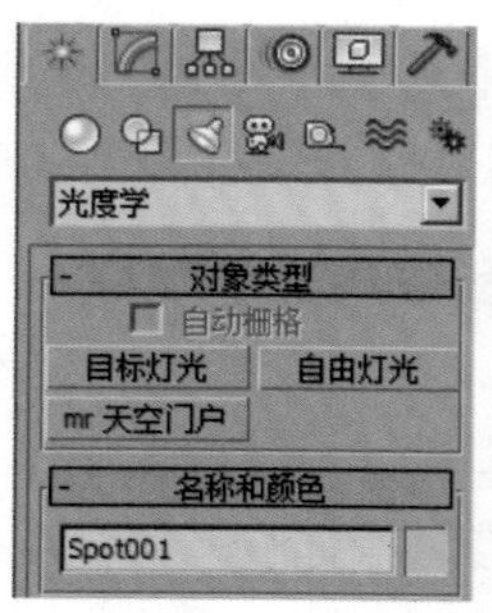

【光度学】命令面板

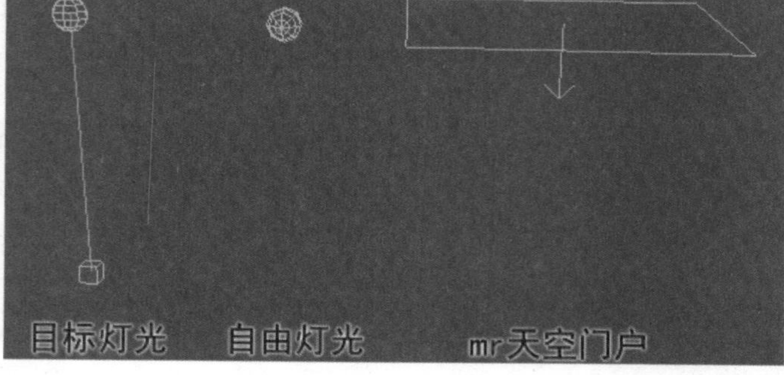

图7-23　光度学灯光的形态

7.3.1 目标灯光

目标灯光具有可以用于指向灯光的目标子对象。3ds Max 2013将光度学灯光进行整合，成为一个对象，可以在该对象的参数面板中选择不同的模板和类型。通过控制【常规参数】卷展栏下的【灯光分布（类型）】来修改目标灯光的分布类型，形态如图7-24所示。

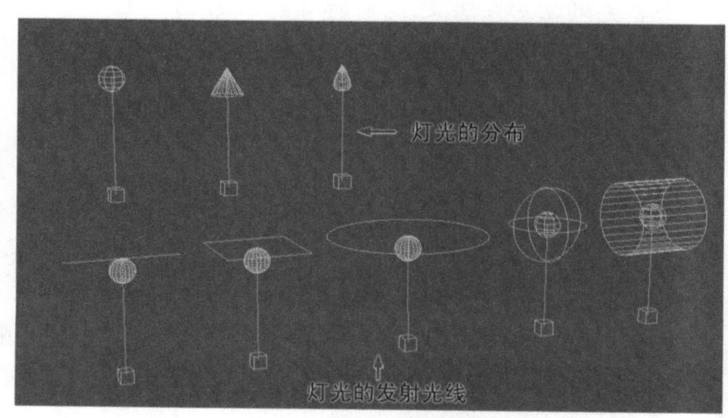

图7-24　灯光的分布及发射

7.3.2 自由灯光

自由灯光与目标灯光的参数完全相同，只是少了目标点。自由灯光不具备目标子对象，可以通过选中【目标】复选框来变换出目标点的效果。

7.3.3 mr天空门户

mr（mental ray）天空门户提供了一种聚集内部场景中现有天空照明的有效方法，无需最终高度聚集或全局照明设置（这会使渲染时间过长）。实际上，门户就是区域灯光，从环境中导出其亮度和颜色。为使【mr天空门户】正确工作，场景必须包含天光组件，此组件可以是IES天光、mr天光，也可以是天光，主要是为室内补充天光，可以明显地改善室内天光效果的情形。

7.3.4 【光度学】灯光参数面板

光度学灯光的参数面板，大致与标准灯光的参数面板相同。为了让大家在有限的篇幅中学习更多的内容，在接下来的参数讲解中，只介绍光度学灯光与标准灯光不同的参数。

1.【常规参数】卷展栏

功能：使用光度学灯光时，会显示【常规参数】卷展栏，与标准灯光不同的参数是【灯光分布（类型）】参数区，可以从中选择光度学灯光的分布类型。它有4个选项，即【光度学Web】、【聚光灯】、【统一漫反射】和【统一球形】，参数面板如图7-25所示。

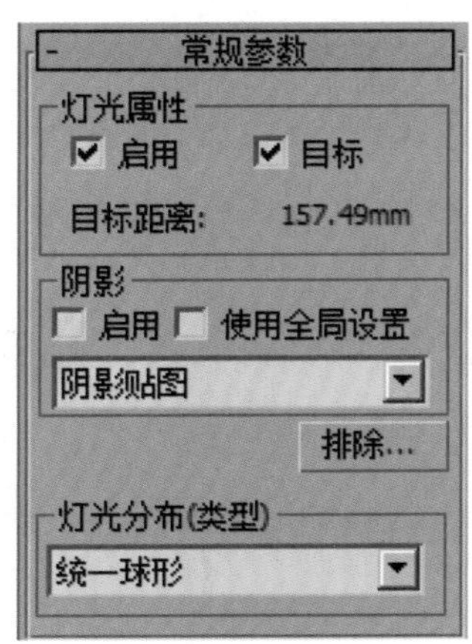

图7-25 【常规参数】卷展栏

参数详解

- 光度学Web：这种分布类型可以定义光线的强度，通常使用由灯光制造商提供的参数，也就是常说的IES光域网文件，如图7-26所示。

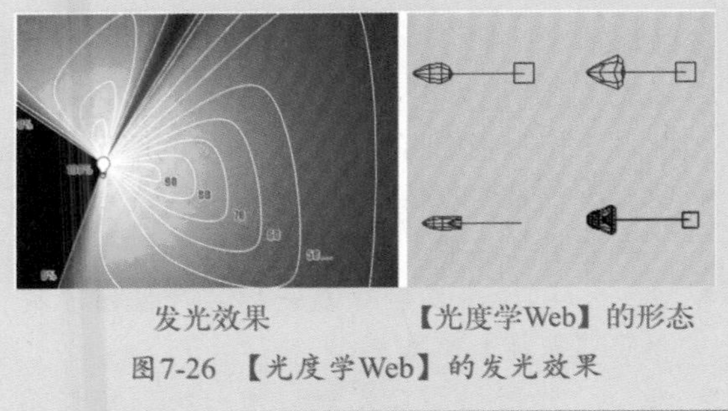

发光效果　　【光度学Web】的形态

图7-26 【光度学Web】的发光效果

当选择了【光度学Web】分布类型时，将会增加【光域网参数】，可以导入IES文件的光域网。

- 聚光灯：这种分布类型如同发射集中光束的手电筒，如图7-27所示。

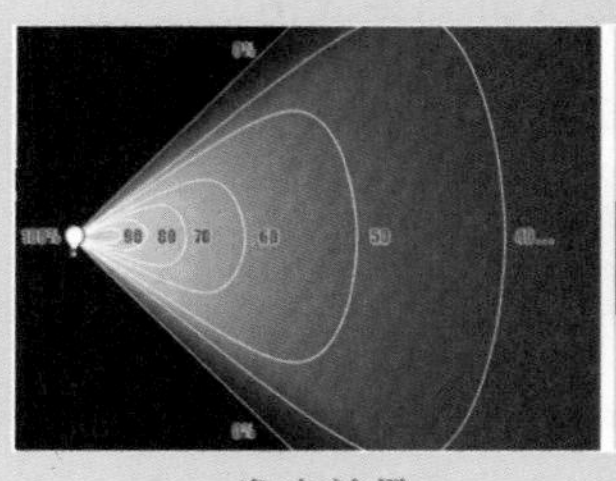

发光效果　　【聚光灯】的形态

图7-27 【聚光灯】的发光效果

- 统一漫反射：统一漫反射仅在半球体中投射漫反射灯光，就如同从某个表面发射灯光一样。统一漫反射分布遵循Lambert余弦定理，从各个角度观看灯光时，它都具有相同明显的强度，如图7-28所示。

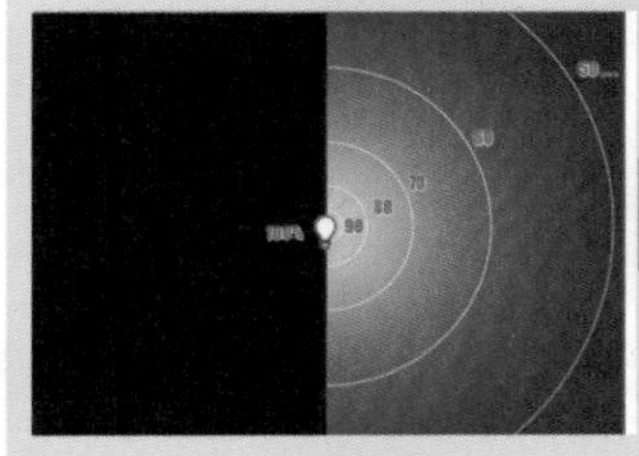
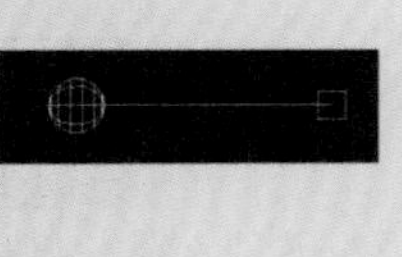

发光效果　　【统一漫反射】的形态

图7-28 【统一漫反射】的发光效果

- 统一球形：统一球形分布，可在各个方向上均匀投射灯光，如图7-29所示。

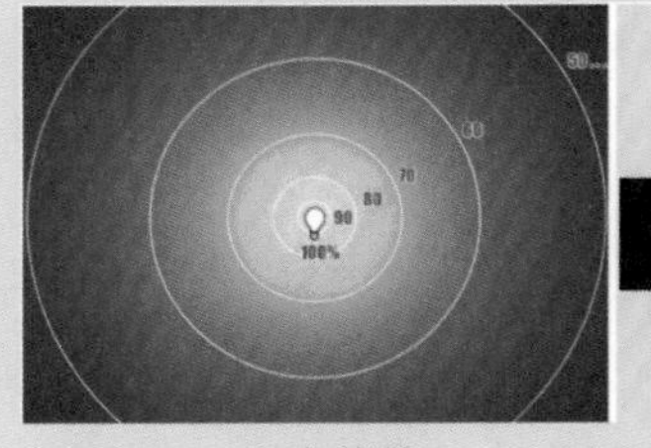

发光效果　　【统一球形】的形态

图7-29 【统一球形】的发光效果

2.【强度/颜色/衰减】卷展栏

可以设置灯光的颜色和强度，还可以设置衰减的极限，参数面板如图7-30所示。

参数详解

【颜色】参数区

- 灯光：选择公用灯光，以近似灯光的光谱特征，更新【开尔文】参数右侧的色块，以反映选择的灯光。可以使用系统默认的15种色温调节画面效果。

- 开尔文：通过调整色温微调器设置灯光的颜色，色温以开尔文度数显示，相应的颜色在色温微调器右侧的色块中可见。
- 过滤颜色：使用颜色过滤器模拟置于光源上的过滤色的效果，如图7-31所示。例如，红色过滤器置于白色光源上就会投射红色灯光。单击色块，设置过滤颜色，默认设置为白色。

图7-30 【强度/颜色/衰减】卷展栏

图7-31 使用过滤颜色的效果

【强度】参数区

- 强度：使用lm（流明）、cd（坎德拉）或lx（lux）单位设置光源的强度，这些参数在物理数量的基础上指定光度学灯光的强度或亮度，数值可从灯光制造商获得。例如，一个100W的灯泡约等于1750lm。

【暗淡】参数区

- 结果强度：用于显示暗淡所产生的强度。
- 暗淡百分比：选中该复选框后，该值会指定用于降低灯光强度的倍增，效果如图7-32所示。当该值为100.0%时，灯光具有最大强度；当该值较低时，灯光较暗。

100.0%的白炽灯效果　　衰减至10.0%的白炽灯效果

图7-32 使用不同【暗淡百分比】的对比效果

- 光线暗淡时白炽灯颜色会切换：选中此复选框后，灯光可在暗淡时通过产生更多黄色来模拟白炽灯。

3.【图形/区域阴影】卷展栏

可以选择用于生成阴影的灯光图形，其参数面板如图7-33所示。

参数详解

【从（图形）发射光线】参数区

从该下拉列表中可选择阴影生成的图形。

- 点光源：如同点在发射灯光一样，点图形未提供其他参数。
- 线：如同线在发射灯光一样，线性图形提供了【长度】参数。
- 矩形：如同矩形在发射灯光一样，矩形图形提供了【长度】和【宽度】参数。
- 圆形：如同圆形在发射灯光一样，圆形提供了【半径】参数。
- 球体：如同球体在发射灯光一样，球体图形提供了【半径】参数。
- 圆柱体：如同圆柱体在发射灯光一样，圆柱体图形提供了【长度】和【半径】参数。

【渲染】参数区

- 灯光图形在渲染中可见：选中此复选框后，如果灯光对象位于视野内，灯光图形在渲染中会显示为自供照明（发光）的图形。取消此复选框的选中状态后，将无法渲染灯光图形，而只能渲染其投影的灯光。默认设置为禁用状态。
- 阴影采样：设置区域灯光的整体阴影质量。如果渲染的图像呈颗粒状，增大该值；如果渲染需要耗费太长的时间，减小该值。默认设置为32。

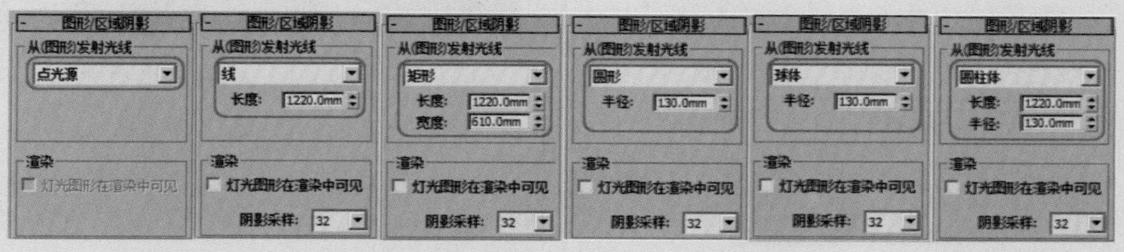

图7-33 【图形/区域阴影】卷展栏

7.4 VRay灯光

VRay除了支持3ds Max的标准灯光和光度学灯光外，还提供了自己的灯光面板，由VR灯光、VRayIES、VR环境灯光、VR太阳组成，如图7-34所示。

VRay灯光是学习的重点，在后面的实例中用到的大部分都是VRay灯光。

图7-34 【VRay】灯光面板

7.4.1 VR灯光

VR灯光是最常用的灯光之一，参数比较简单，但是效果非常真实。一般常用来模拟柔和的灯光、灯带、台灯灯光、补光灯，参数面板及形态如图7-35所示。

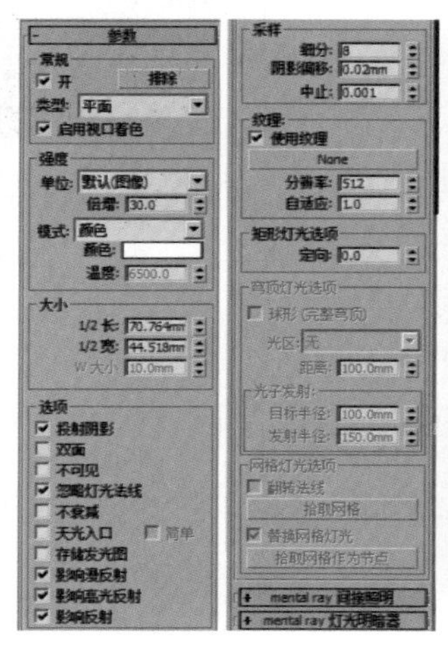

参数面板

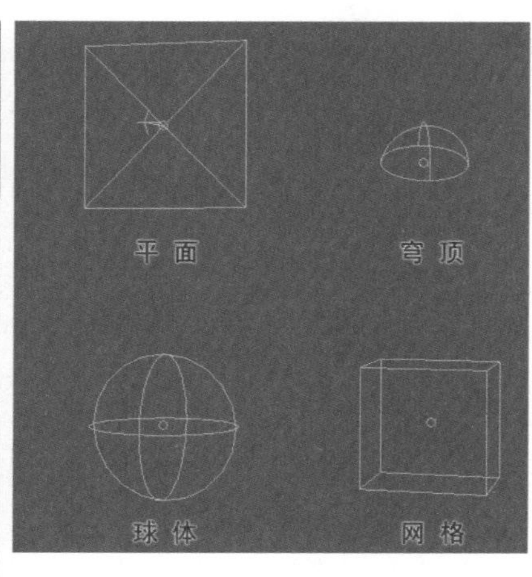

形 态

图7-35 【VR灯光】的参数面板及形态

参数详解

【常规】参数区

- 开：控制是否开启VR灯光。
- 排除：可以将场景中的物体排除光照或者单独照亮。
- 类型：灯光的类型，在右侧共有4种灯光类型，分别是【平面】、【穹顶】、【球体】、【网格】，如图7-36所示。

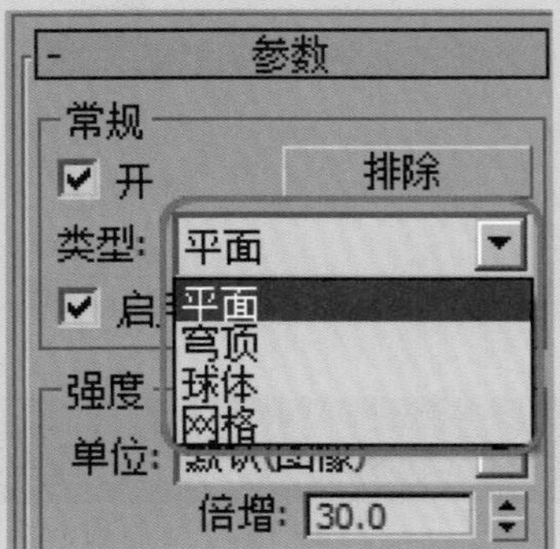

图7-36　VR灯光的类型

【强度】参数区

- 单位：灯光的强度单位，可以在右侧的下拉列表中选择【默认（图像）】、【发光率（lm）】、【亮度（lm/m/sr）】、【辐射率（W）】或者【辐射（W/m/sr）】。
- 倍增：调整灯光的亮度。
- 模式：控制用哪一种方式来调整灯光的亮度，可以在右侧的下拉列表中选择【颜色】或者【温度】。
- 颜色：设置灯光的颜色。
- 温度：设置灯光的温度。

【大小】参数区

- 1/2长：平面灯光长度的一半（如果选择【球体】灯光类型，这里的参数会变成【半径】）。
- 1/2宽：平面灯光宽度的一半（如果选择【穹顶】或者【球体】灯光类型，这里的参数不可用）。
- W大小：在当前的版本中该参数值不可用。

【选项】参数区

- 投射阴影：控制是否对物体的光照产生阴影。
- 双面：用来控制灯光的双面都产生照明效果，对比效果如图7-37所示。

图7-37　【双面】复选框选中与否的对比效果

- 不可见：用来控制渲染后是否显示灯光（在设置灯光时一般选中该复选框），如图7-38所示。

图7-38　【不可见】复选框选中与否的对比效果

- 忽略灯光法线：选中此复选框，光源在任何方向上发射的光线都是均匀的；如果取消该复选框的选中状态，光线将根据光源的法线向外照射，光影更加柔和。
- 不衰减：在真实的自然界中，所有的光线都是有衰减的。如果取消该复选框的选中状态，VRay灯光将不计算灯光的衰减效果，对比效果如图7-39所示。

图7-39　【不衰减】复选框选中与否的对比效果

- 天光入口：将VRay灯光转换为天光，这时的VR灯光变成了间接照明（GI），失去了直接照明。当选中这个复选框时，【投射阴影】、【双面】、【不可见】等参数都不可用，这些参数将被VRay的天光参数所取代。
- 储存发光图：如果使用发光贴图来计算间

接照明，选中该复选框后，发光贴图会存储灯光的照明效果，这有利于快速渲染场景。当渲染完光子图后，可以把VR灯光关闭或者删除，它对最后的渲染效果没有影响，因为它的光照信息已经被保存在发光贴图里。

- 影响漫反射：决定灯光是否影响物体材质属性的漫反射。
- 影响高光反射：决定灯光是否影响物体材质属性的高光。
- 影响反射：当选中该复选框时，灯光将对物体的反射区进行照明，物体可以将光源进行反射，如图7-40所示。

图7-40 【影响反射】复选框选中与否的对比效果

【采样】参数区

- 细分：用来控制渲染后的品质。较低的参数，杂点多，渲染速度快；较高的参数，杂点少，渲染速度慢，对比效果如图7-41所示。

图7-41 设置【细分】不同参数的对比效果

- 阴影偏移：用来控制物体与阴影的偏移距离（一般保持默认即可）。
- 中止：控制阴影偏移中止时的数值。

【纹理】参数区

在【类型】中选择【穹顶】选项时，此参数可用。

- 使用纹理：控制是否使用纹理贴图作为半球光源。
- 分辨率：设置纹理贴图的分辨率，最高为2048。
- 自适应：设置贴图光照的适应性，最大数值为1.0。

【穹顶灯光选项】参数区

在【类型】中选择【穹顶】造型时，此参数可用。

- 球形（完整穹顶）：没有什么具体的意义。
- 目标半径：定义光子从什么地方开始发射。
- 发射半径：定义光子从什么地方结束发射。

【网格灯光选项】参数区

在【类型】中选择【网格】选项时，此参数可用。

- 翻转法线：可以控制是否翻转选定灯光的方向。
- 拾取网格按钮：单击该按钮，可以将场景中的物体定义为灯光（灯光类型必须选择【网格】选项时才可使用）。
- 替换网格灯光：控制是否将灯光形状定义为场景中拾取的物体。选中该复选框，单击拾取网格按钮，可以将场景中拾取的物体定义为灯光；取消选中该复选框，可以将灯光的形状定义为拾取物体的形状。
- 拾取网格作为节点按钮：将场景中的网格作为节点。

建议读者在研究参数时，自己多做测试，通过测试可以更深刻地理解每个参数的含义，为以后制作高品质的效果图打好基础。千万不要死记硬背，一定要从原理的层次去理解参数，这样才是学习的硬道理。

7.4.2 VRayIES

VRayIES是V形射线光源的特定插件，它的灯光特性类似于光度学灯光，可以为灯光添加IES光域网文件，使光的分布更加逼真，常用来模拟现实灯光的均匀分布。VRayIES和3ds Max中的光度学灯光类似，而专门优化的V形射线的渲染速度要比通常的渲染速度要快。【VRayIES参数】卷展栏如图7-42所示。

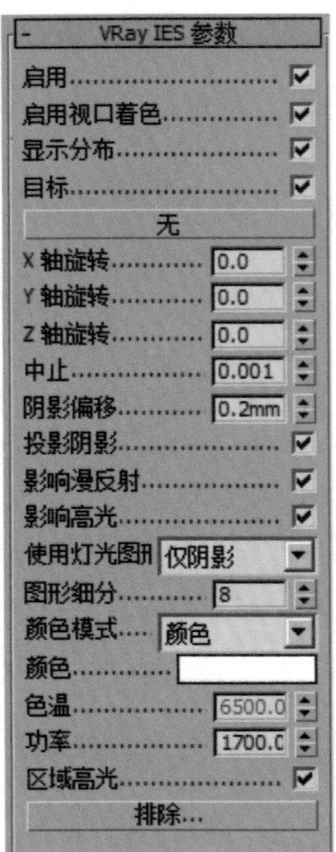

图7-42 【VRayIES参数】卷展栏

参数详解

- 启用：灯光的开关控制。
- 目标：控制是否出现灯光的目标点。在添加了带有投射方向的IES光域网文件后，可以直观地调整灯光目标点的方向。
- 无 按钮：可以为灯光添加IES光域网文件。
- 中止：控制阴影偏移中止时的数值。
- 阴影偏移：控制物体与阴影的偏移距离（一般保持默认设置即可）。
- 投影阴影：用来控制灯光是否产生阴影投射效果。
- 使用灯光图形：用来控制阴影效果的处理，使阴影边缘虚化或者清晰，效果如图7-43所示。

设置【使用灯光图形】

未设置【使用灯光图形】

图7-43 设置与未设置【使用灯光图形】的对比效果

- 图形细分：用来控制渲染后的品质。较低的参数，杂点多，渲染速度快；较高的参数，杂点少，渲染速度慢。
- 颜色模式：控制使用哪一种方式来调整灯光的亮度，可以在右侧的下拉列表中选择【颜色】或者【温度】。
- 颜色：设置灯光的颜色。
- 色温：设置灯光的温度。
- 功率：设置灯光的强度。
- 区域高光：控制灯光的区域高光效果。
- 【排除】按钮：将对象排除在灯光影响以外，单击此按钮将弹出【排除/包含】对话框。

7.4.3 VR环境灯光

VR环境灯光是由VR模拟天空光。天空本身没有光，是大气层接收到太阳光并产生了漫反射所形成的。【VRay环境灯光参数】卷展栏如图7-44所示。

图7-44 【VRay环境灯光参数】卷展栏

7.4.4 VR太阳和VR天空光

VR太阳和VR天空光能模拟物理世界里真实太阳光和天光的效果。它们的变化，主要是随着VR太阳位置的变化而变化的。【VRay太阳参数】卷展栏如图7-45所示。

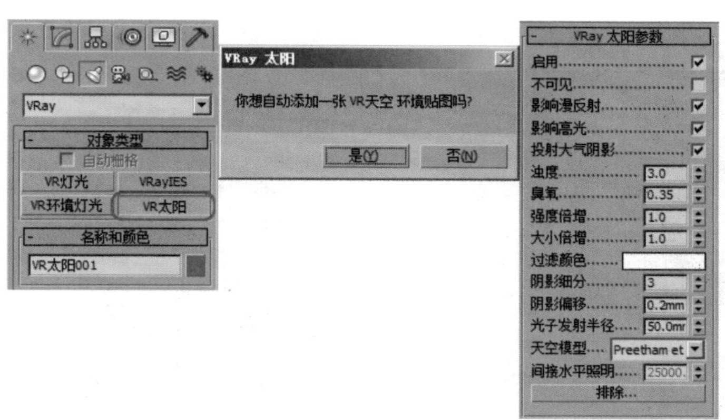

图7-45 【VR太阳参数】卷展栏

参数详解

- 启用：控制灯光开启与关闭的开关。
- 不可见：控制灯光的可见与不可见的开关。
- 浊度：指空气的混浊度，能影响太阳和天空的颜色。如果是较低的数值，表示是晴朗干净的空气，颜色比较蓝；如果是较高的数值，表示是阴天有灰尘的空气，颜色呈橘黄色。
- 臭氧：指空气中氧的含量。如果是较低的数值，表示阳光比较黄；如果是较高的数值，表示阳光比较蓝。
- 强度倍增：指阳光的亮度，默认值为1.0，场景会出现很亮的曝光效果。一般情况下使用标准摄影机，亮度被设置为0.01～0.005之间；如果使用VRay摄影机，亮度使用默认值就可以了。
- 大小倍增：指阳光的大小。如果是较高的数值，阴影的边缘较模糊；如果是较低的数值，阴影的边缘较清晰。
- 阴影细分：用来调整阴影的质量。数值越高，阴影质量越好，没有杂点。
- 阴影偏移：用来控制阴影与物体之间的距离。
- 光子发射半径：用来控制光子发射的半径大小。
- 排除... 按钮：与标准灯光一样，用来排除物体的照明。

在VR太阳中会涉及到一个知识点——VR天空环境贴图。在第一次创建VR太阳时，会提醒制作者是否添加VR天空环境贴图，如图7-46所示。

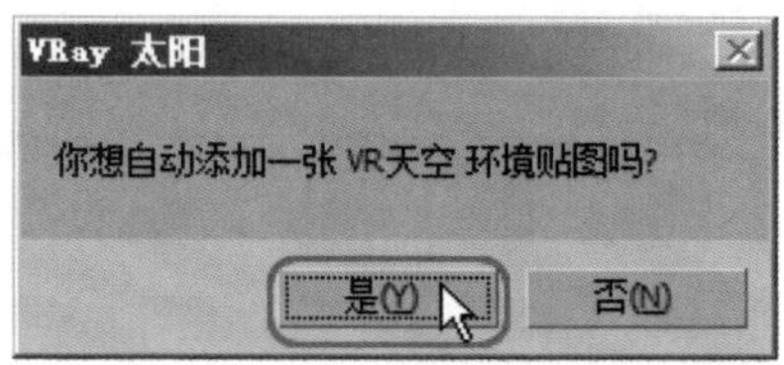

图7-46 提示框

单击【是】，在改变VR太阳的参数时，VR天空的参数会自动随之发生变化。此时按8键，可以弹出【环境和效果】窗口，然后单击【DefaultVRaySky（VR天空）】贴图，将其拖到一个空白材质球上，并在弹出的对话框中选择【实例】单选按钮，最后单击【确定】按钮，如图7-47所示。

可以选中【指定太阳节点】复选框，并设置相应的参数，单独控制VR天空的效果，如图7-48所示。

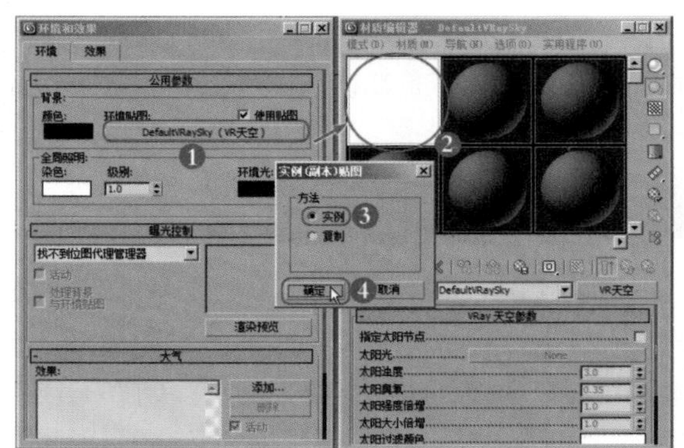

图7-47 设置过程

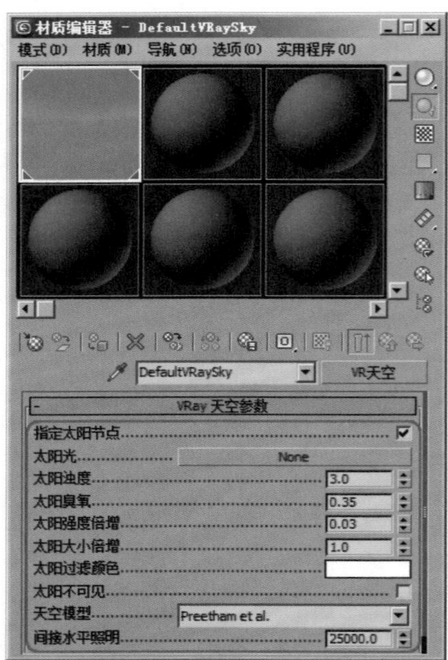

图7-48 【VR天空参数】卷展栏

下面讲解【VR天空参数】卷展栏，VR天空贴图既可以放在3ds Max的环境里，也可以放在VRay的GI环境里。

参数详解

- 指定太阳节点：取消选中该复选框时，VR天空的参数将从场景中VR太阳的参数里自动匹配；选中该复选框时，可以从场景中选择不同的光源，如3ds Max的目标平行光，这样VR太阳就不能再控制VR天空了，而直接调整VR天空的参数就可以了。
- 太阳光：在场景中用来拾取VR太阳。
- 太阳不可见：设置太阳光在背景中的可见性。

其他参数与刚才讲解的VR太阳参数的作用相同，在这里就不重复讲解了。

7.4.5 VR阴影

使用VRay进行渲染，在设置灯光时，标准灯光和光度学灯光用来模拟室内灯光的效果。多数情况下，标准的3ds Max光影追踪阴影无法在VRay中正常工作，此时必须使用VRay阴影才能得到好的效果。除了支持模糊阴影外，VR阴影也可以正确表现来自VRay置换物体或者透明物体的阴影，参数面板如图7-49所示。

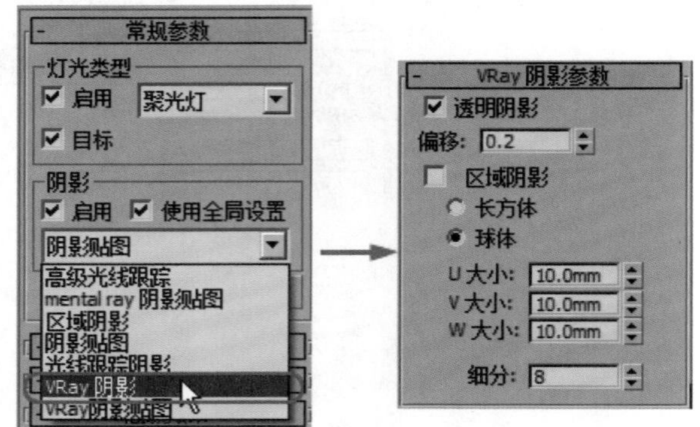

图7-49 【VRay阴影参数】卷展栏

VRay支持面阴影。在使用VRay透明折射贴图时，VRay阴影是必须使用的。同时使用VRay阴影产生的模糊阴影的计算速度要比其他类型的阴影的计算速度快。

参数详解

- 透明阴影：用于确定场景中透明物体投射的阴影。当物体的阴影由透明物体产生时，该参数十分有用。选中该复选框时，VRay会忽略3ds Max的物体阴影参数。
- 偏移：用来控制物体底部与阴影的偏移距离（一般保持默认值即可）。
- 区域阴影：打开或关闭面阴影。
- 长方体：在计算阴影时，假定光线是由一个长方体发出的。
- 球体：在计算阴影时，假定光线是由一个球体发出的。
- U大小：当计算面阴影时，可以控制光源的U向尺寸（如果光源是球形，该尺寸等于该球形的半径）。
- V大小：当计算面阴影时，可以控制光源的V向尺寸(如果光源是球形，该参数无效)。
- W大小：当计算面阴影时，可以控制光源的W向尺寸(如果光源是球形，该参数无效)。
- 细分：用来控制面阴影的品质。数值比较低的参数，杂点多，渲染速度快；数值比较高的参数，杂点少，渲染速度慢。

7.5 设置灯光的原则与技巧

效果图制作高手一般都会有一套自己习惯的灯光布局方式。这些方式虽然不同，但都能达到较为理想的效果。这一事实说明，从严格的意义上讲，灯光布局没有一个固定的模式，这正是实现理想灯光布局的困难之处。灯光布局虽然可以用不同的模式来实现相同的效果，但这些布局方式所耗用的工作量是大不相同的。为了尽可能地减少效果图制作人员在灯光布局方面的工作量，在总结多年工作经验的基础上，笔者提出了一套相对实用的灯光布局原则和流程。只要遵循这些原则，在效果图制作过程中，灯光的布局就会达到比较理想的状态，而不需要反复调整，这样就可以大大减少灯光布局方面的工作量，提高工作效率。

7.5.1 实际布光

一般来讲，实际布光就是按照室内的光源位置进行灯光设置，也就是，在哪个位置有光源就要为其设置灯光。一定是按照光的属性来设置，也就是什么样的灯就要设置什么样的灯光类型。例如，天花上面的筒灯就要为其设置一盏筒灯的光域网来进行模拟。

室内的灯光通常是筒灯、吊灯、壁灯、台灯、灯槽。只要将这些灯光的特性把握好，在设置灯光的时候就没有什么大问题了。一般使用锥形光或者筒灯光域网，就可以模拟出非常漂亮的筒灯光晕效果。吊灯、壁灯、台灯大部分使用光域网来模拟。至于灯槽，可以使用VR面光源或者材质来表现，效果也非常好。图7-50所示的客厅灯光的设置就很有代表性。

其实每个设计师都有自己的布光原则，但是只要是使用光能传递，基本上都是按照实际情况来布光的。这种布光方法很简单而且效果很理想，为大部分设计师和效果图制作高手所采用。图7-51所示的效果就是按照实际布光来设置的。

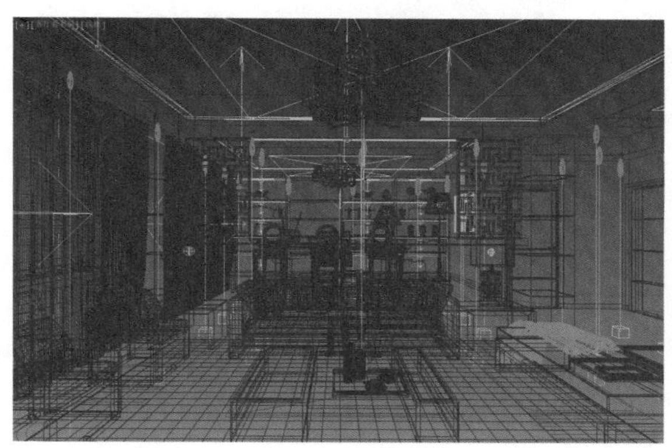

图7-50 客厅的灯光设置

图7-51 按照实际布光后渲染的效果

7.5.2 日光照明

日光场景主要用太阳光和天空光来照亮，灯光的设置相对来说比较简单。首先设置一盏VR太阳表现真实的阳光效果，然后再用VR平面光表现天空光的效果，这样就可以将现实生活中的真实日光表现得淋漓尽致，如图7-52所示。

通过上面的布光，客厅的最终渲染效果如图7-53所示。

无论采用实际布光还是日光照明，有时候必须设置很多辅助光源，否则达不到所需要的效果。尤其是对于一些复杂的空间，必须依靠辅助光源来照亮整体效果。

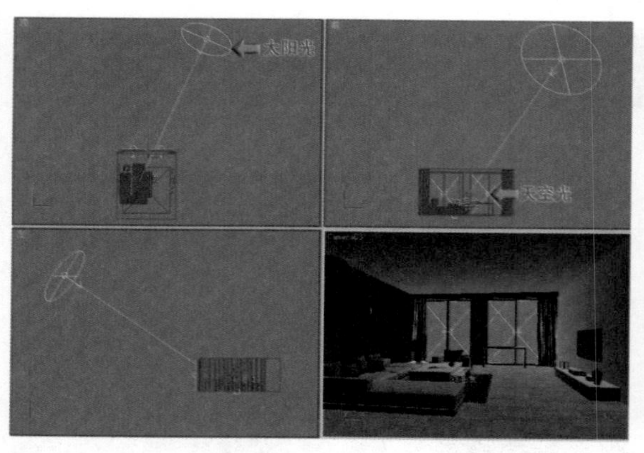

图7-52　为客厅创建的太阳光和天空光

图7-53　设置太阳光和天空光后的渲染效果

7.6 灯光的设置实例

上面已经详细地讲解了灯光的基础知识及一些参数设置。下面以实例的形式来进一步了解。

7.6.1 筒灯效果

筒灯在效果图的制作中经常会遇到，主要通过创建目标点光源并用光域网来表现。不同的光域网表现的光效是不一样的，要根据不同的筒灯来选择不同的光域网，效果如图7-54所示。

图7-54　筒灯效果

现场实战　筒灯效果的设置

Step 01 启动3ds Max 2013中文版。

Step 02 打开本书配套光盘“场景\第7章\筒灯.max”文件。

Step 03 单击【创建】|【灯光】|目标灯光按钮，在前视图中拖动鼠标，创建一盏目标灯光，将它移动到任意一盏筒灯的位置，效果如图7-55所示。

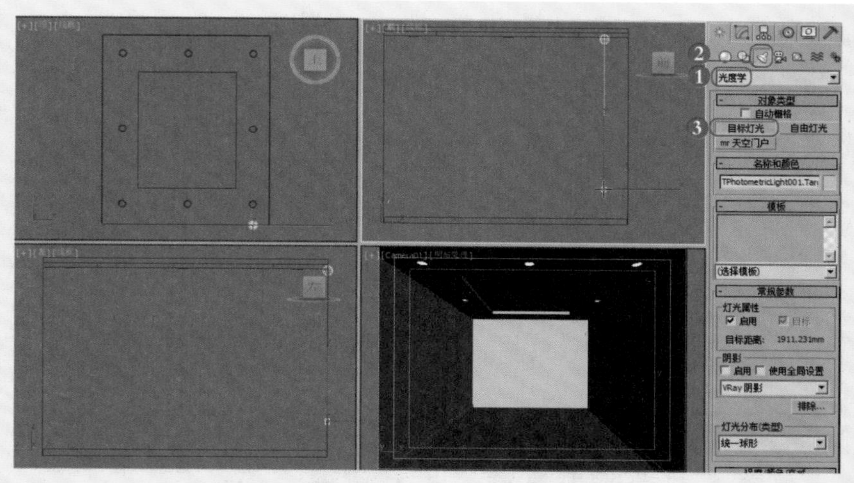

图7-55　目标灯光的位置

Step 04 单击【修改】按钮，进入【修改】命令面板。在【阴影】参数区中选中【启用】复选框，选择【VRay阴影】选项；在【灯光分布（类型）】参数区中选择【光度学Web】选项，单击 <选择光度学文件> 按钮，如图7-56所示。

图7-56　设置参数

Step 05 在弹出的【打开光域Web文件】对话框中选择本书配套光盘中“场景\第7章\map\1（4500cd）.ies”文件，如图7-57所示。

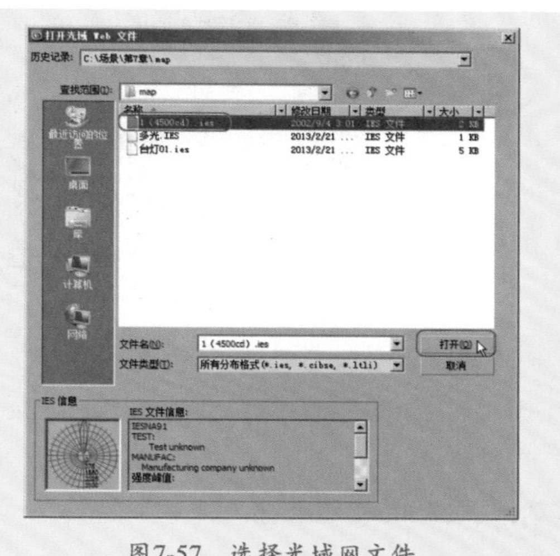

图7-57　选择光域网文件

技巧

如果感觉选择的光域网文件不太理想，可以重新指定一个光域网文件，这要看灯光需要表现的效果及周围的整体感觉。

Step 06 将【目标点光源】的亮度修改为600，然后在顶视图中用实例的方式复制多盏，如图7-58所示。

Step 07 按F10键，弹出【渲染设置】窗口，设置【V-Ray】、【间接照明】选项卡下的参数。进行草图设置的目的，是为了快速进行渲染，以观看整体的效果，参数设置如图7-59所示。

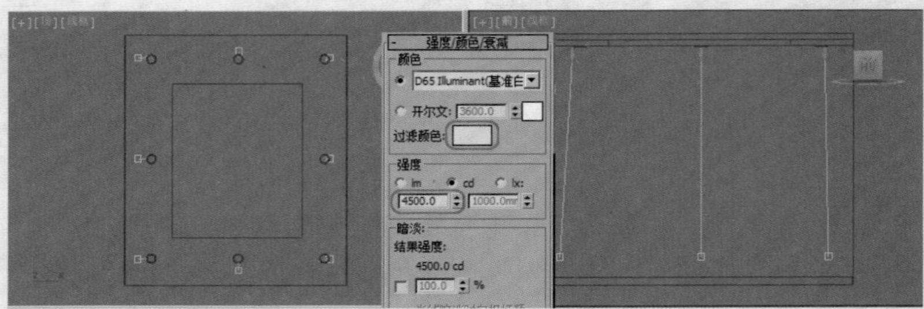

图7-58　复制后的位置

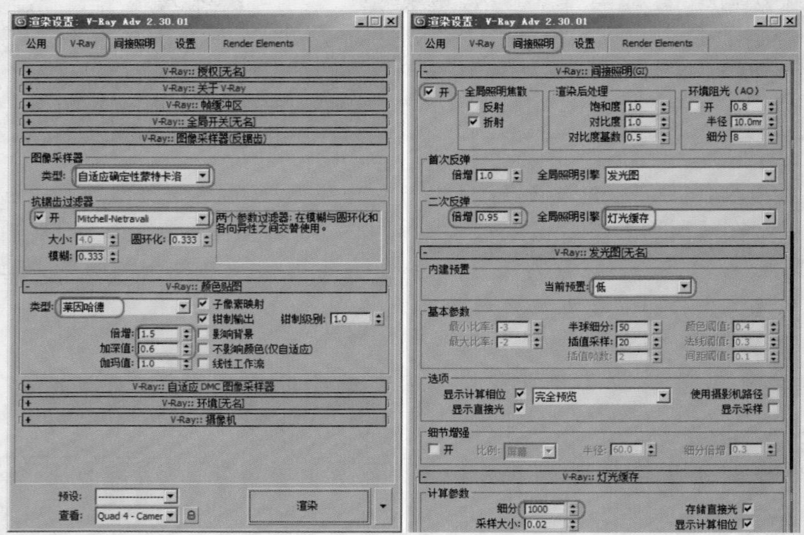

图7-59　渲染参数设置

Step 08 按Shift+Q组合键，快速渲染摄影机视图，渲染效果如图7-60所示。

图7-60　渲染效果

Step 09 执行菜单栏中的【文件】|【另存为】命令，将此线架保存为“筒灯A.max”文件。

7.6.2 台灯效果

在表现台灯效果时，可以采用光域网，也可以采用VR球型灯，这要根据实际情况来决定，VR球型灯的阴影要比光域网的阴影质量好一些。图7-61是采用的VR球型灯来表现的台灯效果。

图7-61　台灯效果

现场实战　台灯效果的设置

Step 01 启动3ds Max 2013中文版。

Step 02 打开本书配套光盘“场景\第7章\台灯.max”文件。

Step 03 单击【创建】|【灯光】|【VRay】|VR灯光按钮，在【类型】右侧选择【球体】选项，在顶视图中单击鼠标左键，创建一盏VR球型灯，并将其放置在合适的位置，将灯光的颜色设置为暖色（R:255，G:216，B:175），设置【倍增】为30.0，【半径】为50.0，效果如图7-62所示。

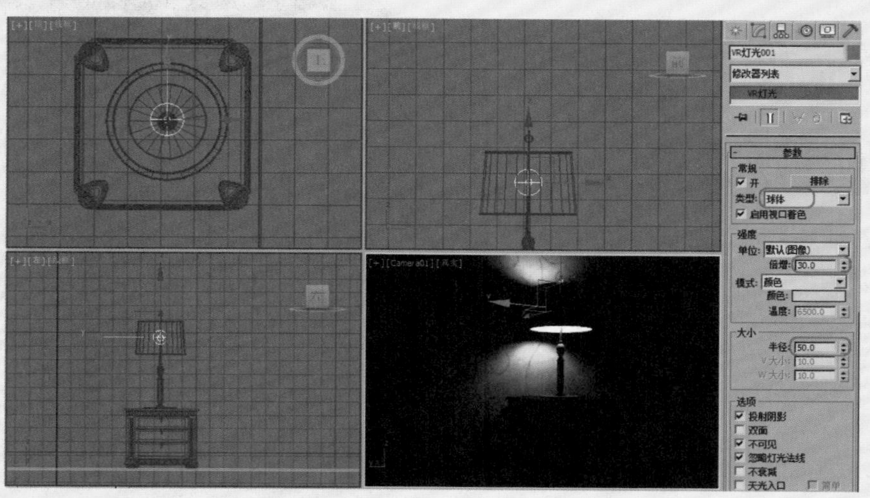

图7-62　VR球型灯的参数设置及位置

Step 04 按F10键，弹出【渲染设置】窗口，设置【V-Ray】、【间接照明】选项卡下的参数。进行草图设置的目的，是为了快速进行渲染，以观看整体的效果，参数设置如图7-63所示。

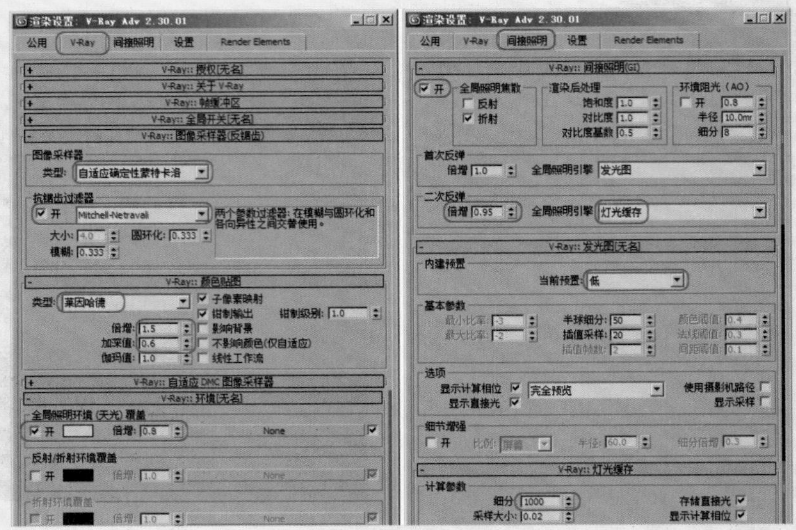

图7-63 渲染参数设置

Step 05 按Shift+Q组合键，快速渲染摄影机视图，渲染效果如图7-64所示。

Step 06 执行菜单栏中的【文件】|【另存为】命令，将此线架保存为“台灯A.max”文件。

图7-64 渲染效果

7.6.3 壁灯效果

在表现壁灯效果时，可以采用光域网，也可以采用VR球型灯，这要根据壁灯的形状以及场景的需要而定。图7-65是采用VR球型灯来表现的壁灯效果。

图7-65 壁灯效果

现场实战 壁灯效果的设置

Step01 启动3ds Max 2013中文版。

Step02 打开本书配套光盘“场景\第7章\壁灯.max”文件。

Step03 单击 【创建】| 【灯光】|【VRay】| VR灯光 按钮，在【类型】右侧选择【球体】选项，在顶视图中单击鼠标左键，创建一盏VR球型灯，在各视图中调整其位置，将灯光的颜色设置为暖色（R:255，G:216，B:175），设置【倍增】为50.0，【半径】为20.0，效果如图7-66所示。

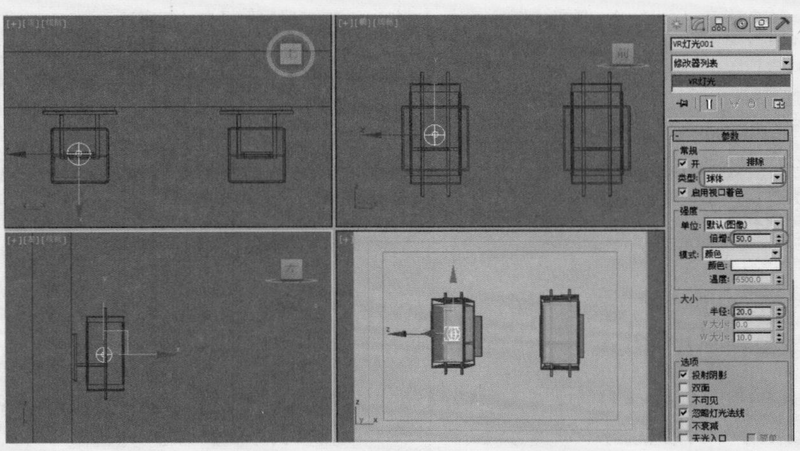

图7-66 VR球型灯的参数设置及位置

Step04 在前视图中用实例复制的方式复制一盏壁灯，将其放在合适的位置，如图7-67所示。

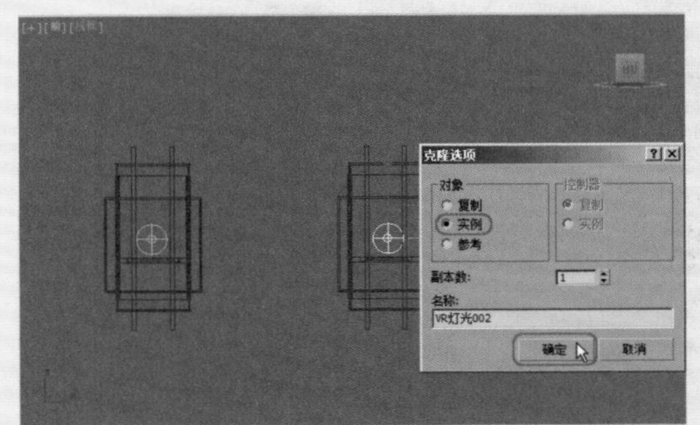

图7-67 复制壁灯

Step05 按F10键，弹出【渲染设置】窗口，指定VRay为当前渲染器，设置简单的渲染参数并快速渲染摄影机视图，效果如图7-68所示。

图7-68 渲染效果

Step06 执行菜单栏中的【文件】|【另存为】命令，将此线架保存为“壁灯A.max”文件。

7.6.4 日光效果

现在很多设计师经常将设计方案表现为白天的日光效果，设置比较简单，效果也比较好，如图7-69所示。

图7-69 日光效果

现场实战 日光效果的设置

Step 01 启动3ds Max 2013中文版。

Step 02 打开本书配套光盘“场景\第7章\日光.max”文件。

Step 03 单击【创建】|【灯光】|【VRay】| VR太阳 按钮，在顶视图中单击鼠标左键，创建一盏VR太阳，在各视图中调整其位置。将灯光的【浊度】设置为2.0，可以使天空晴朗干净；将【强度倍增】设置为0.003，将【大小倍增】设置为3.0，目的是让阴影的边缘比较虚；设置【阴影细分】为25，这样阴影质量会好一些，没有杂点，效果如图7-70所示。

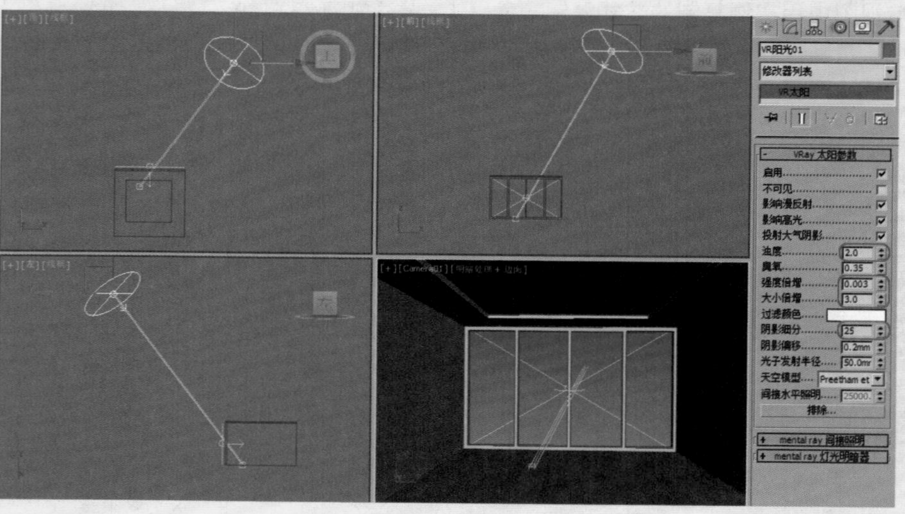

图7-70 VR太阳的位置及参数设置

Step 04 按F10键，弹出【渲染设置】窗口，将VRay指定为当前渲染器，设置简单的渲染参数并快速渲染摄影机视图，效果如图7-71所示。

图7-71 渲染效果

通过渲染效果可以看出，阳光的位置基本令人满意。下面创建VR平面光，将其放置在窗户的位置，用于模拟天光的效果。

Step 05 单击【创建】|【灯光】|【VRay】|VR灯光按钮，在前视图中窗户的位置创建一盏VR平面光，设置灯光的类型为【平面】，【颜色】为淡蓝色，【倍增】为2.5，选中【不可见】复选框，设置【细分】为30，如图7-72所示。

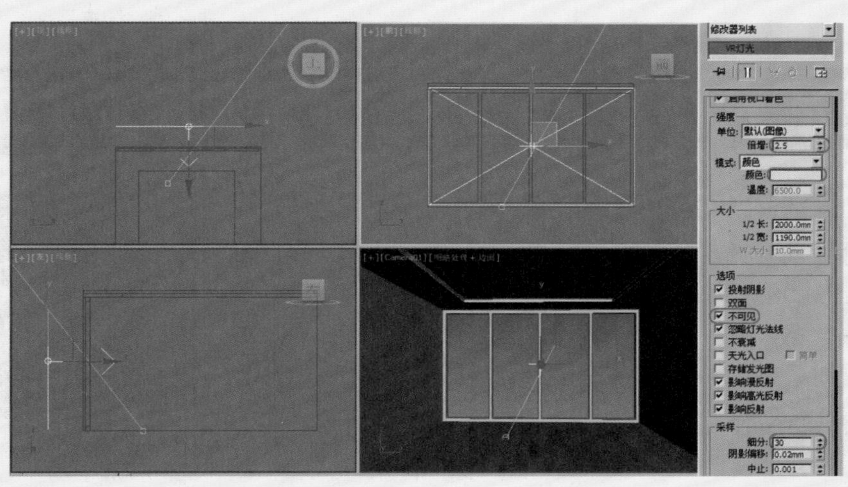

图7-72 VR平面光的位置及参数设置

Step 06 按Shift+Q组合键，快速渲染摄影机视图，渲染效果如图7-73所示。

Step 07 执行菜单栏中的【文件】|【另存为】命令，将此线架保存为“日光A.max”文件。

从现在的效果可以看出，整体还是不错的，就是有些灰暗，这个问题在Photoshop中可以轻松解决。

图7-73 渲染效果

7.6.5 灯槽效果

灯槽在效果图制作中也经常会遇到。在表现时可以采用两种方法，第一种方法是使用材质来表现，对于圆形灯槽比较方便，效果也不错；第二种方法是使用VR平面光，对于直线造型比较方便。图7-74是使用VR灯光材质的灯槽表现效果。

图7-74 灯槽效果

现场实战 灯槽效果的设置

Step01 启动3ds Max 2013中文版。

Step02 打开本书配套光盘“场景\第7章\灯槽.max”文件。

Step03 使用前面讲解的方法，为场景设置筒灯，如图7-75所示。

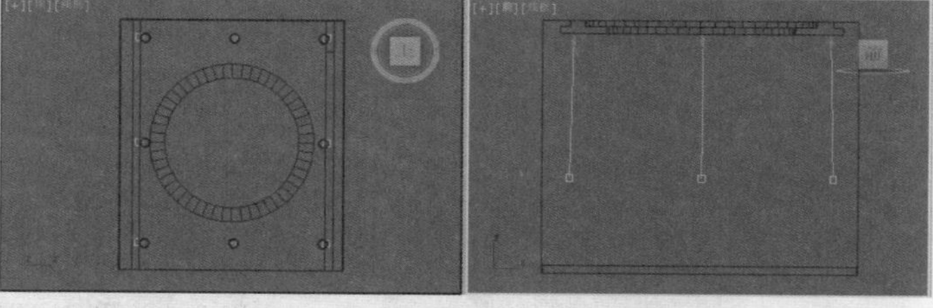

图7-75 为场景设置的筒灯效果

下面为灯槽设置效果。

Step04 按M键，弹出【材质编辑器】窗口，选择一个未用的材质球，将其指定为【VR灯光材质】，将材质命名为“自发光”，设置【颜色】为淡黄色，【亮度】为4.0，参数设置如图7-76所示。

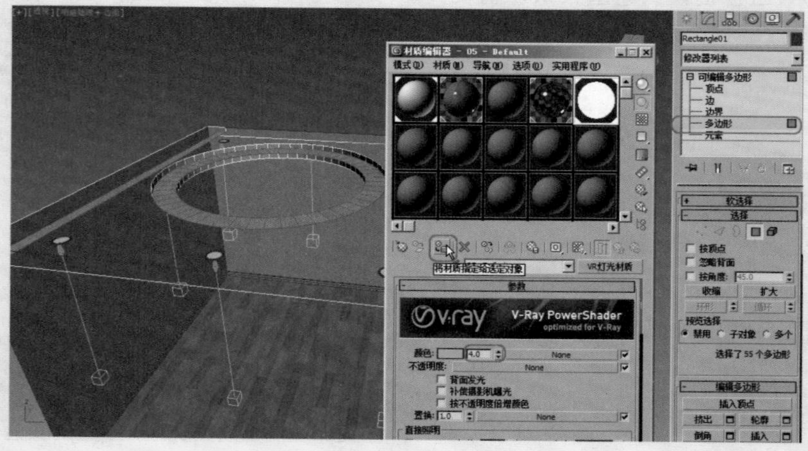

图7-76 为灯槽赋予“自发光”材质

Step05 按F10键，弹出【渲染设置】窗口，将VRay指定为当前渲染器，设置简单的渲染参数并快速渲染摄影机视图，效果如图7-77所示。

Step06 执行菜单栏【文件】|【另存为】命令，将此线架保存为“灯槽A.max”文件。

图7-77　渲染效果

7.7 小结

本章重点讲解了3ds Max灯光的属性及相关的设置操作，提供了很多可用、实用的信息，并通过典型场景详细讲解了各种灯光的设置技巧。

从中可以发现，在3ds Max中灯光的设置与现实生活有着密切的联系。建议读者平时多注意积累工程照明方面的知识，结合灯光的布光技巧，体现出光线的形状、体积、重量，以及光与影的互动交替效果，从而突出整个空间的质感。

第8章

Chapter 08

家装——卧室的设计表现

本章内容

- 介绍案例
- 建立模型
- 设置材质
- 设置灯光并进行草图渲染
- 设置成图渲染参数
- Photoshop后期处理
- 小结

从本章开始，将带领大家以综合应用的形式，全面学习几个软件在设计过程中的交互穿插应用，慢慢了解它们之间所存在的相互联系并掌握它们的使用技巧，尽量让读者以最好、最快的方法制作出最出色的效果图。

8.1 介绍案例

本案例制作的是一个新古典主义的主卧室效果图。新古典主义传承了古典主义的文化底蕴、历史美感及艺术气息，同时将繁复的家居装饰变得更为简洁凝练，为硬而直的线条配上温婉雅致的软性装饰，将古典美注入简约实用的现代设计中，使家居装饰更有灵性，让古典的美丽穿透岁月，在人们的身边活色生香。本案例以米色为整体基色，墙面采用米色花纹壁纸，床头背景采用米色软包，周围以深色木线条进行收口，这样有深有浅的色彩对比，有软有硬的质感对比，映衬了新古典主义空间的低调奢华。

本案例制作的新古典主义的卧室设计效果图，如图8-1所示。

图8-1 卧室的设计效果图

8.2 建立模型

因为有对应的图纸，所以将AutoCAD平面图纸导入到3ds Max中进行建模，这样不仅尺寸准确，还可以对照图纸中的家具进行安排布置。

8.2.1 导入图纸

现场实战 导入CAD平面图

Step 01 启动3ds Max 2013中文版，执行菜单栏中的【自定义】|【单位设置】命令，弹出【单位设置】对话框，将【显示单位比例】和【系统单位比例】参数区下的单位设置为【毫米】，如图8-2所示。

Step 02 执行按钮下的【导入】|【导入】命令，在弹出的【选择要导入的文件】对话框中，选择本书配套光盘“场景\第8章\卧室图纸.dwg”文件，然后单击 打开(O) 按钮，如图8-3所示。

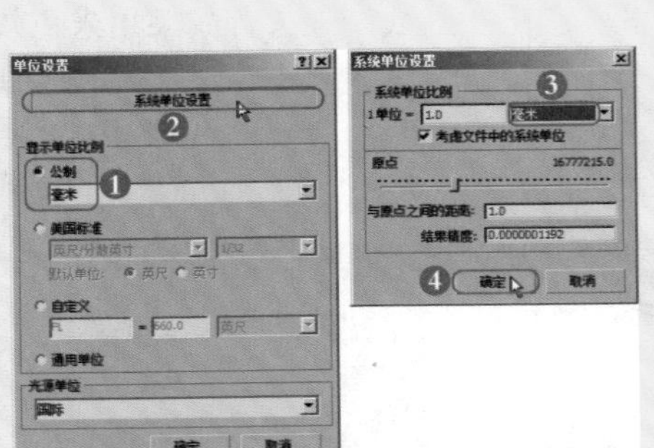

图8-2 设置单位

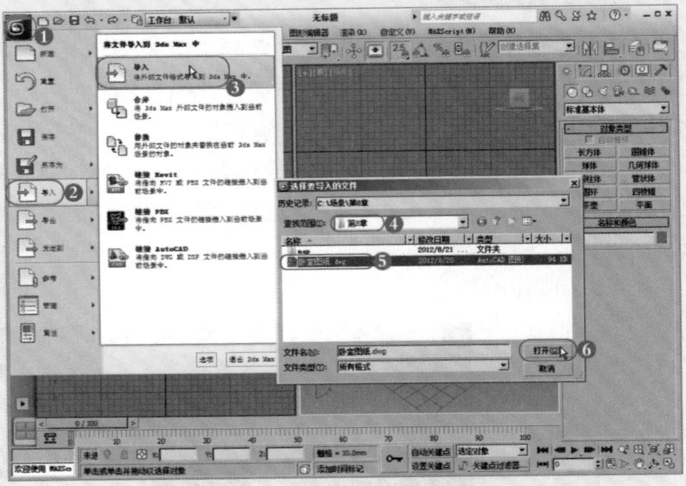

图8-3 导入图纸

Step 03 在弹出的【AutoCAD DWG/DXF导入选项】对话框中单击 确定 按钮，如图8-4所示。

Step 04 “卧室图纸.dwg”文件被导入到3ds Max场景中，在顶视图中的效果如图8-5所示。

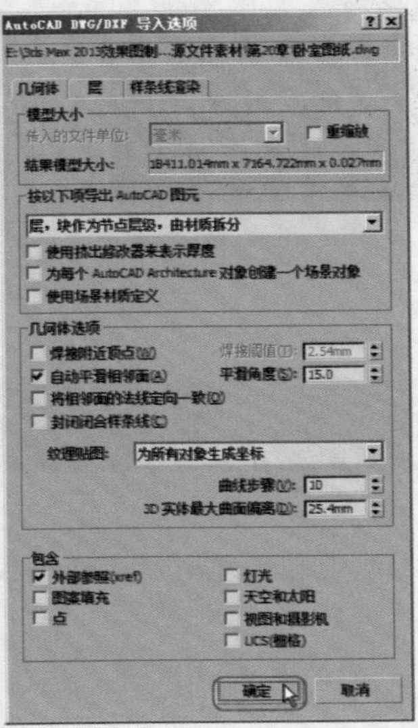

图8-4 【AutoCAD DWG/DXF导入选项】对话框

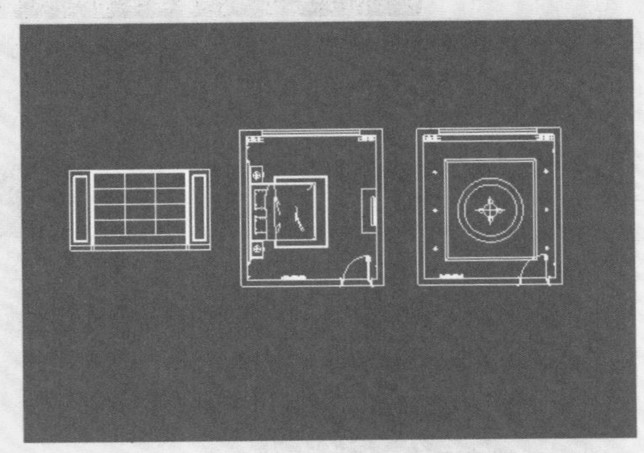

图8-5 导入的图纸效果

注 意

在CAD中已经将平面图移动到原点（0,0）的位置，这样做的目的是加快电脑的运行速度，以方便管理。因为设置摄影机的时候要从门的位置向窗户看，所以门就看不到了，也不需要表现了。如果仍然想要表现，必须使用两架摄影机。本章只表现一架摄影机的效果。

Step 05 按S键将捕捉打开，采用2.5维的捕捉模式，将鼠标指针放在按钮上方，单击鼠标右键，在弹出的【栅格和捕捉设置】窗口中设置【捕捉】及【选项】选项卡的参数，如图8-6所示。

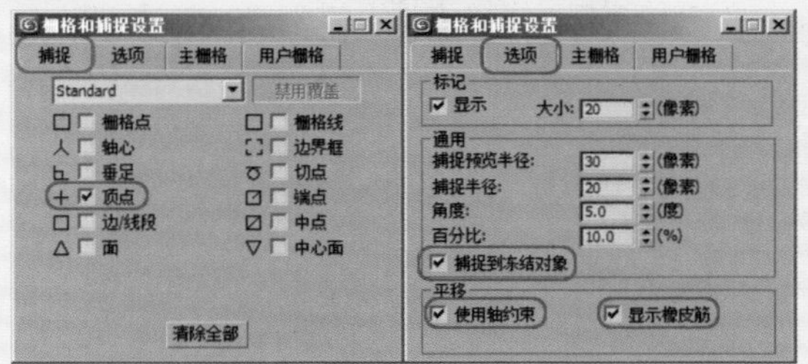

图8-6 设置捕捉

Step 06 在顶视图中选择天花层，将其移动到平面图的位置；在前视图中将天花层移动到2750mm的位置，效果如图8-7所示。

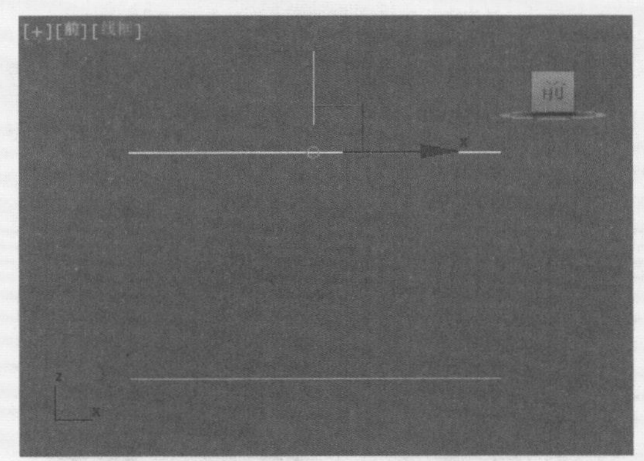

图8-7 移动天花层

此时，在顶视图中观看立面图的形态是正确的，但是必须在左视图中看到它的形态是立面的，所以必须对其进行旋转操作。

Step 07 在顶视图中选择整个立面图纸，单击工具栏中的【旋转】按钮，将鼠标指针放在该按钮上，单击鼠标右键，在弹出的【旋转变换输入】窗口的【X】文本框中输入90.0，如图8-8所示，按Enter键。

Step 08 在顶视图中沿Z轴再旋转－90°，并用捕捉模式将其移动到合适的位置，如图8-9所示。

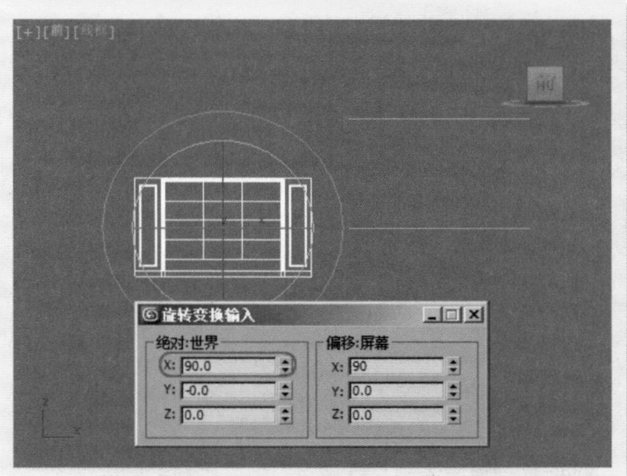

图8-8 旋转立面图纸

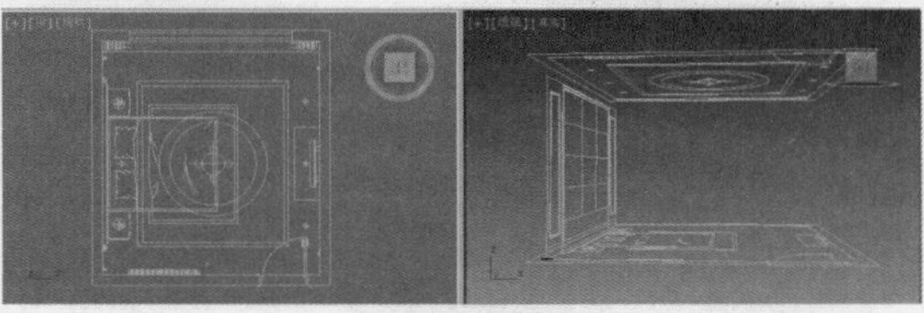

图8-9 对齐图纸

将所有图纸进行冻结，至此，在使用3ds Max制图之前的一些基本设置已经完成。下面创建卧室的墙体。

Step 09 激活顶视图，按Alt＋W组合键，将顶视图最大化显示，再按G键，隐藏系统的栅格。

Step 10 单击【创建】|【图形】| 线 按钮，在顶视图中按照平面图绘制墙体的封闭线形，执行【挤出】命令，将【数量】设置为2750.0mm，如图8-10所示。

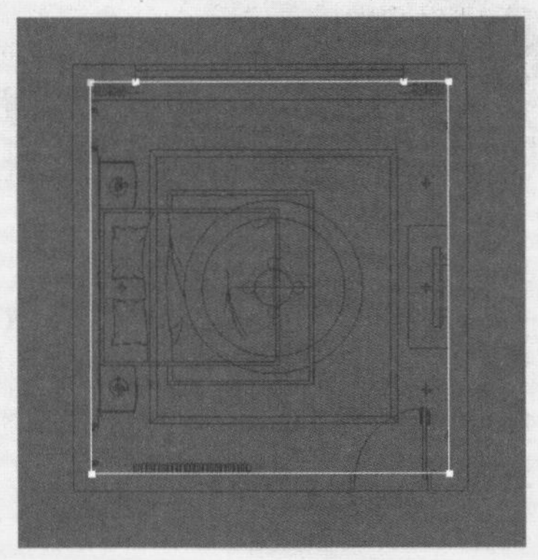

图8-10 绘制线形并执行【挤出】命令

Step 11 选择挤出后的线形，单击鼠标右键，在弹出的菜单中选择【转换为】|【转换为可编辑多边形】命令，将挤出后的线形转换为可编辑多边形物体，如图8-11所示。

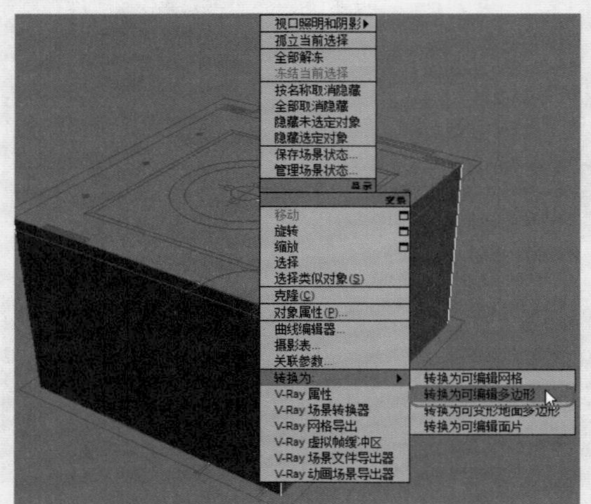

图8-11　转换为可编辑多边形物体

Step 12 按5键，进入【元素】层级子物体，按Ctrl+A组合键，选择所有多边形，单击 翻转 按钮翻转法线，如图8-12所示。

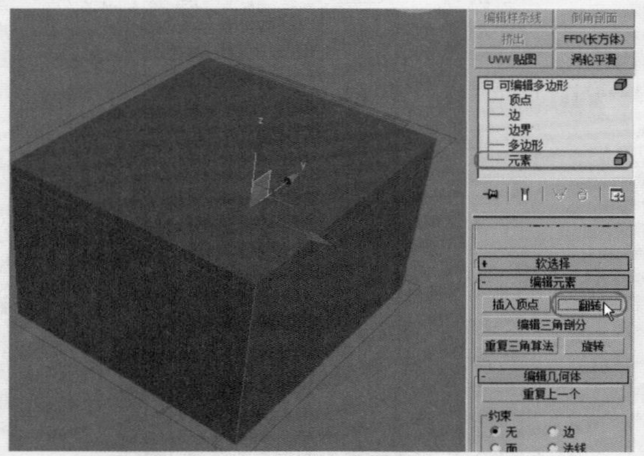

图8-12　翻转法线

Step 13 为了方便观察，可以对墙体执行消隐操作，在透视图中选择挤出后的线形，单击鼠标右键，在弹出的菜单中选择【对象属性】命令，弹出【对象属性】对话框，选中【背面消隐】复选框，如图8-13所示。

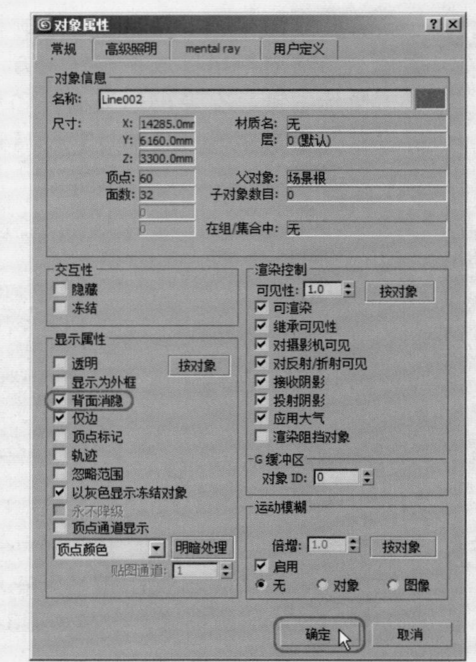

图8-13　设置墙体的对象属性

Step 14 此时墙体里面的空间可以看得很清楚了，效果如图8-14所示。

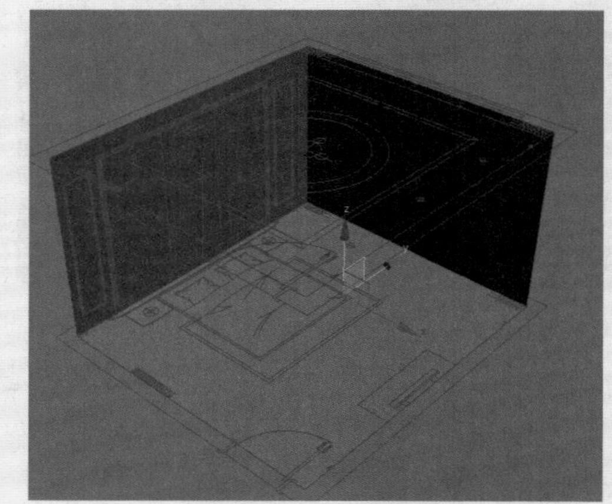

图8-14　选中【背面消隐】复选框后的效果

Step 15 在视图中选择墙体，按2键，进入【边】层级子物体，在透视图中选择如图8-15所示的边。

Step 16 单击【编辑边】卷展栏下 连接 右侧的小按钮，在弹出的对话框中将【分段】设置为2，单击【确定】按钮，如图8-16所示。

图8-15 选择的两条边

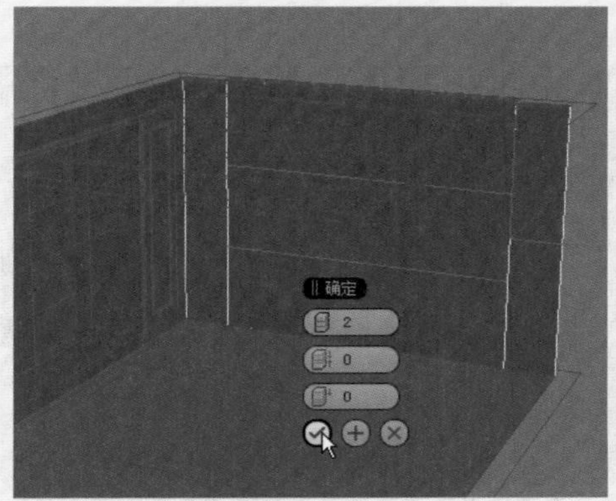

图8-16 使用连接增减段数

Step 17 按4键，进入【多边形】层级子物体，在透视图中选择如图8-17所示的面。

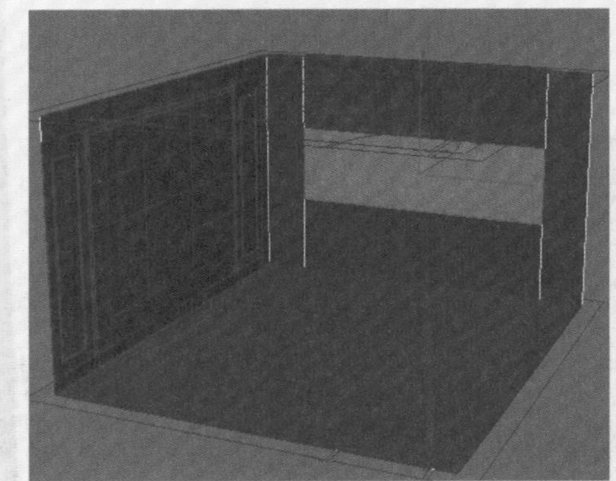

图8-17 选择的面

Step 18 单击 挤出 右侧的小按钮，设置【挤出高度】为－240.0mm，单击【确定】按钮，将挤出的面删除，如图8-18所示。

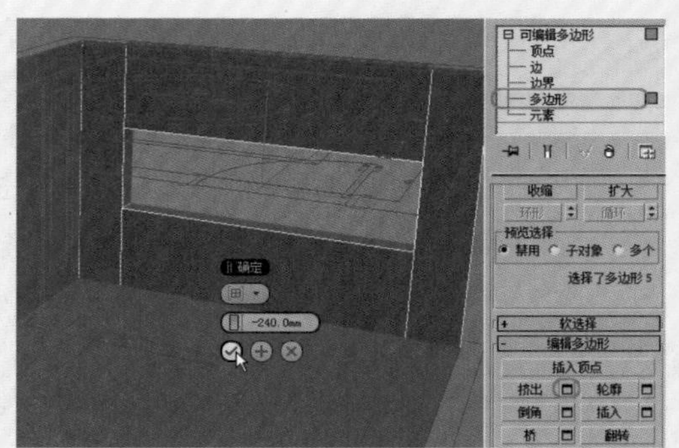

图8-18 使用挤出制作窗洞

Step 19 按1键，进入【顶点】层级子物体，在前视图中选择中间下面的一排顶点，按F12键（确认【移动】按钮被激活），弹出【移动变换输入】窗口，在【Z】文本框中输入900.0mm，在中间上面顶点的【Z】文本框中输入2500.0mm，如图8-19所示。

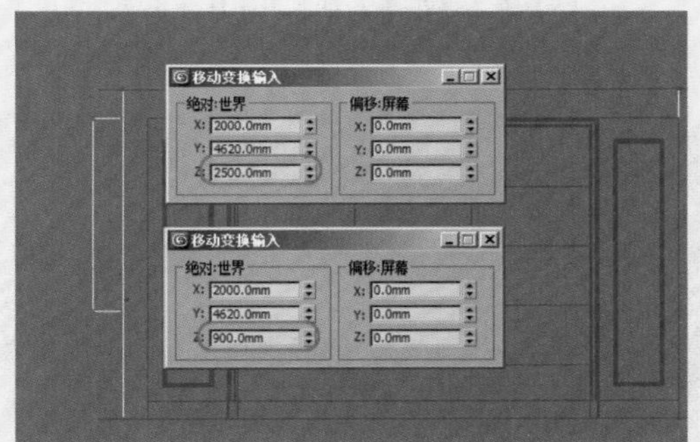

图8-19 在前视图中调整顶点的位置

Step 20 激活前视图，确认捕捉模式为2.5维捕捉。单击【创建】|【图形】| 矩形 按钮，沿窗洞绘制矩形，作为窗框，效果如图8-20所示。

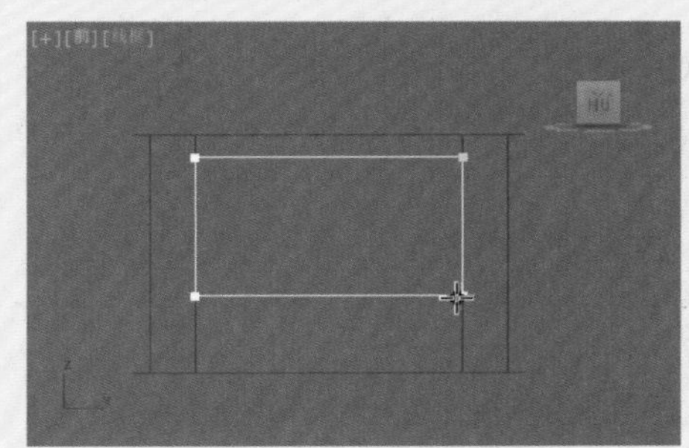

图8-20 绘制的矩形

Step 21 对矩形执行一次【编辑样条线】命令，按3键，进入【样条线】层级，在【几何体】卷展栏下【轮廓】按钮右侧的文本框中输入60，单击 轮廓 按钮，产生轮廓，效果如图8-21所示。

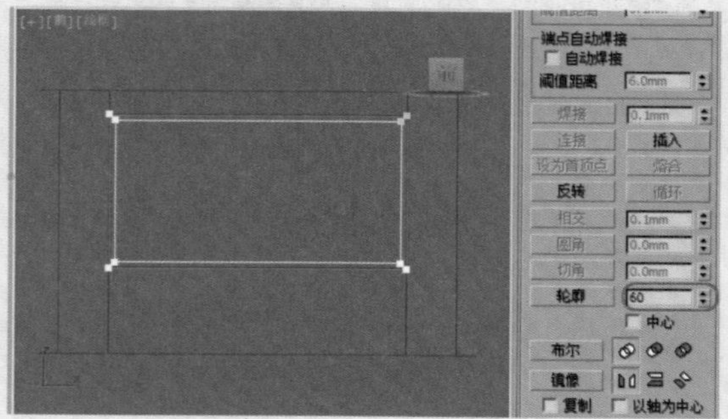

图8-21　添加轮廓

Step 22 为绘制的线形执行【挤出】命令，将【数量】设置为60.0mm（即窗框的厚度为60mm），效果如图8-22所示。

图8-22　执行【挤出】命令

Step 23 中间再制作出两条竖撑，效果如图8-23所示。

窗套就不用包了，下面制作一个窗台板。

Step 24 在顶视图中创建一个200mm×3100mm×40mm的长方体（作为窗台板），在顶视图及前视图中将其放到合适的位置，效果如图8-24所示。

图8-23　制作的窗框

图8-24　创建长方体

Step 25 将长方体转换为可编辑多边形物体，按2键，进入【边】层级子物体，在透视图中选择外面及两侧的边执行切角操作，如图8-25所示。

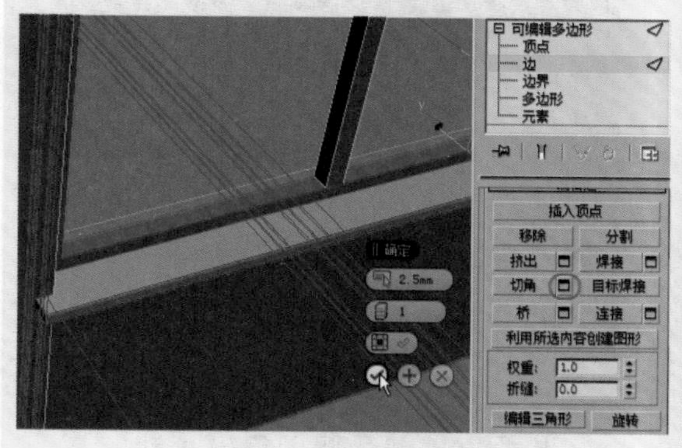

图8-25　对窗台板执行切角操作

Step 26 按Ctrl+S组合键，将文件保存为“新古典卧室.max”文件。

8.2.2 制作天花

卧室的墙体和窗已经制作完成，下面制作天花。

现场实战 制作天花

Step 01 单击【创建】|【图形】| 矩形 按钮，在顶视图中沿着天花图用捕捉绘制两个矩形，留出窗帘盒的位置（200mm），效果如图8-26所示。

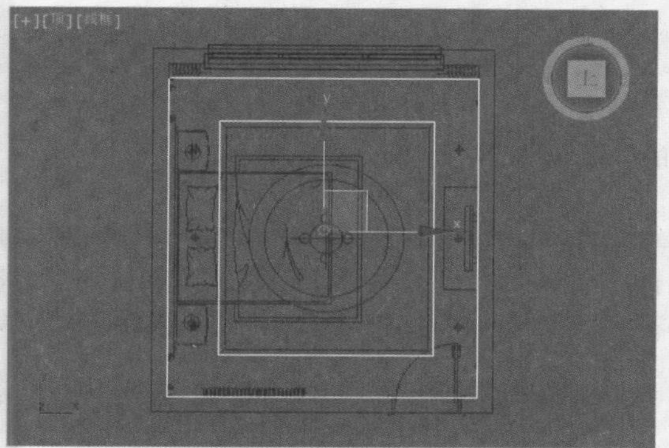

图8-26 绘制矩形

Step 02 执行【挤出】命令，设置【数量】为300.0mm（即天花的厚度为300mm），放在顶的下面，效果如图8-27所示。

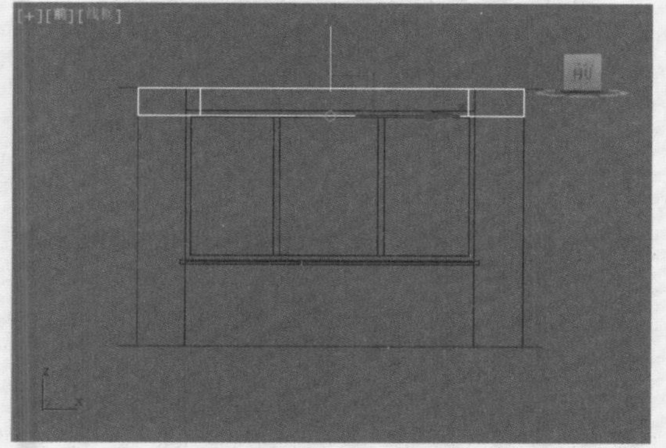

图8-27 制作的天花

下面使用【倒角剖面】命令为天花制作石膏线造型。

Step 03 在前视图中使用【线】命令绘制两条剖面线，效果如图8-28所示。

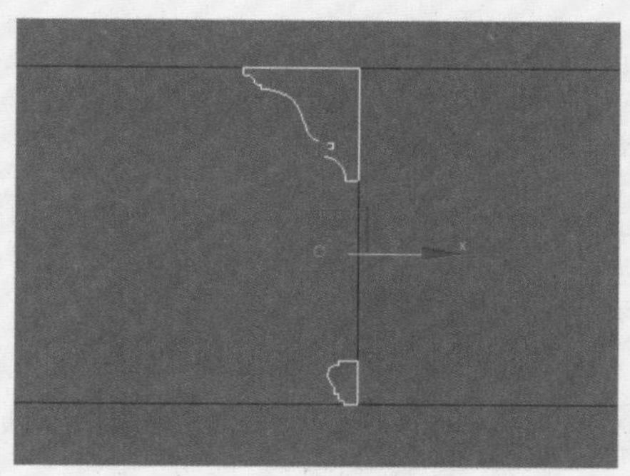

图8-28 绘制效果

Step 04 在顶视图中沿着天花的内侧用捕捉绘制一个矩形作为路径，效果如图8-29所示。

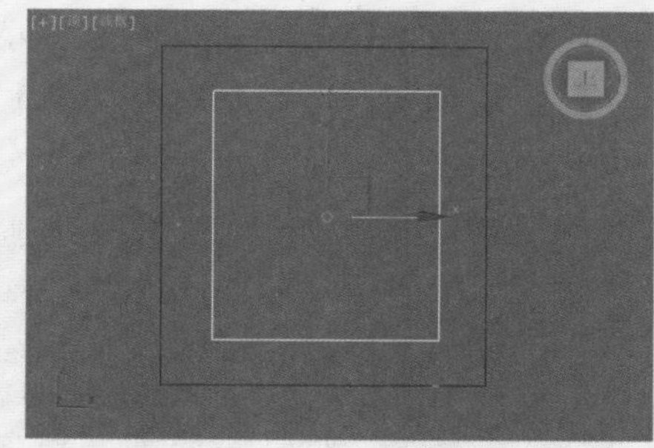

图8-29 绘制的路径

Step 05 在视图中选择路径，执行【倒角剖面】命令，然后单击 拾取剖面 按钮，在前视图中点击剖面线，石膏线制作完成，复制一次石膏线，再拾取下面的小石膏线，效果如图8-30所示。

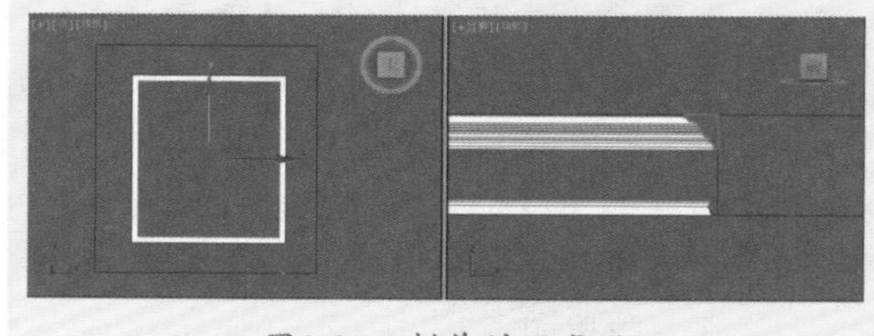

图8-30 制作的石膏线

如果发现石膏线的形态反了，可以进入剖面的【样条线】层级进行镜像。

Step 06 使用同样的方法，制作出中间的圆形石膏线，效果如图8-31所示。

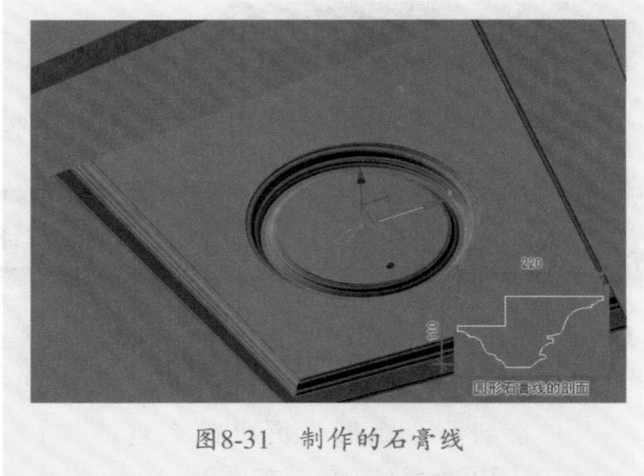

图8-31　制作的石膏线

8.2.3 制作床头墙

现在，卧室的基本框架制作完成，下面制作卧室的床头墙造型。

现场实战　制作床头墙

Step 01 使用捕捉方式在左视图中绘制两个矩形，然后将其附加为一体，执行【挤出】命令，设置【数量】为80.0mm，如图8-32所示。

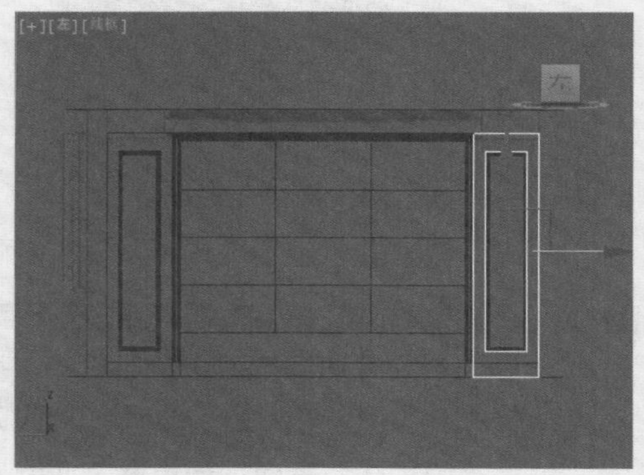

图8-32　制作效果

Step 02 里面的木质装饰线条用【倒角剖面】命令制作，剖面直接按照平面图绘制出来就可以了，效果如图8-33所示。

Step 03 同样使用【倒角剖面】命令制作出软包周围的木线条，按照平面图绘制剖面，效果如图8-34所示。

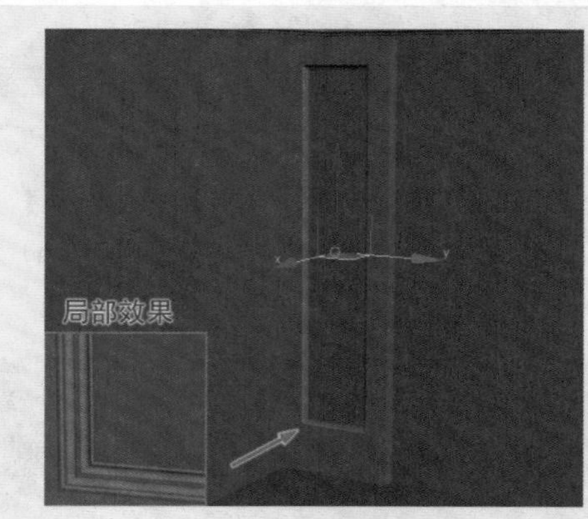

图8-33　制作出木质装饰线条

图8-34　制作的木线条

Step 04 制作中间的软包，创建一个长方体，执行【转换为可编辑多边形】命令，对边执行切角操作，效果如图8-35所示。

图8-35 制作的软包

Step 05 在软包的下面创建一个长方体，作为木质装饰板，对面造型直接实例复制一组就可以了，效果如图8-36所示。

Step 06 使用【倒角剖面】命令制作踢脚板，在顶视图中用【线】命令绘制路径，在前视图中绘制剖面，效果如图8-37所示。

图8-36 制作的木质装饰板

图8-37 制作的踢脚板

Step 07 按Ctrl+S组合键，对文件进行保存。

8.2.4 设置摄影机及合并家具

将场景中的框架及基本结构制作完成后，就可以设置摄影机了。

现场实战 设置摄影机及合并家具

Step 01 单击【创建】|【摄影机】| 目标 按钮，在顶视图中沿X轴从左向右拖动鼠标，创建一架目标摄影机，然后将摄影机移动到高度为1200mm左右的位置，修改【镜头】为24.0mm，效果如图8-38所示。

Step 02 激活透视图，按C键，透视图即成为摄影机视图。因为摄影机被前面的墙体挡住了，所以必须选中【手动剪切】复选框，设置【近距剪

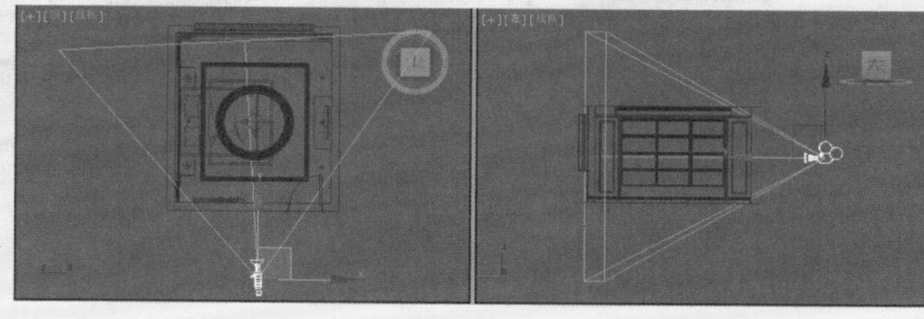

图8-38 摄影机的位置及高度

切】为2200.0mm，【远距剪切】为10000.0mm，最后调整摄影机的位置，效果如图8-39所示。

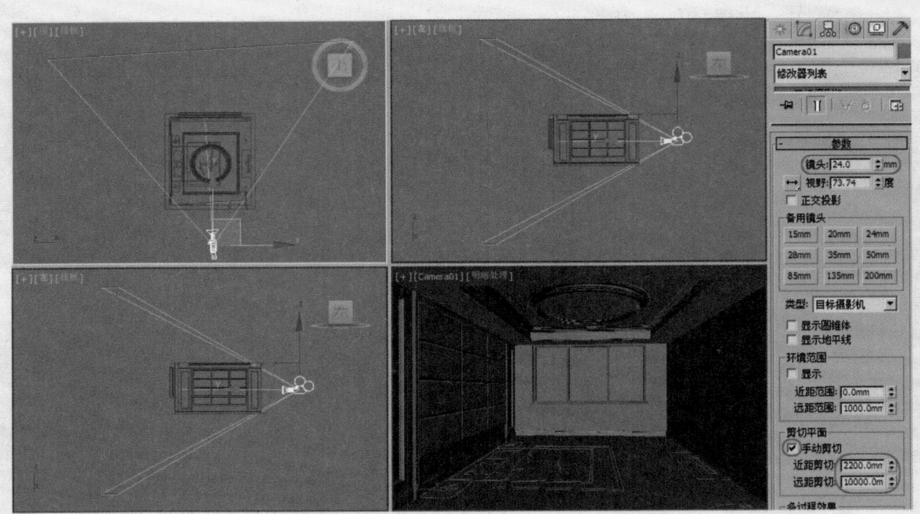

图8-39　修改摄影机的参数

Step 03 调整完成后，按Shift + C组合键，快速隐藏摄影机。

Step 04 执行按钮下的【导入】|【合并】命令，在弹出的【合并文件】对话框中选择本书配套光盘"场景\第8章\新古典卧室家具.max"文件，然后单击 打开(O) 按钮，在弹出的【合并-新古典卧室家具.max】对话框中单击 全部(A) 按钮，再单击 确定 按钮，如图8-40所示。

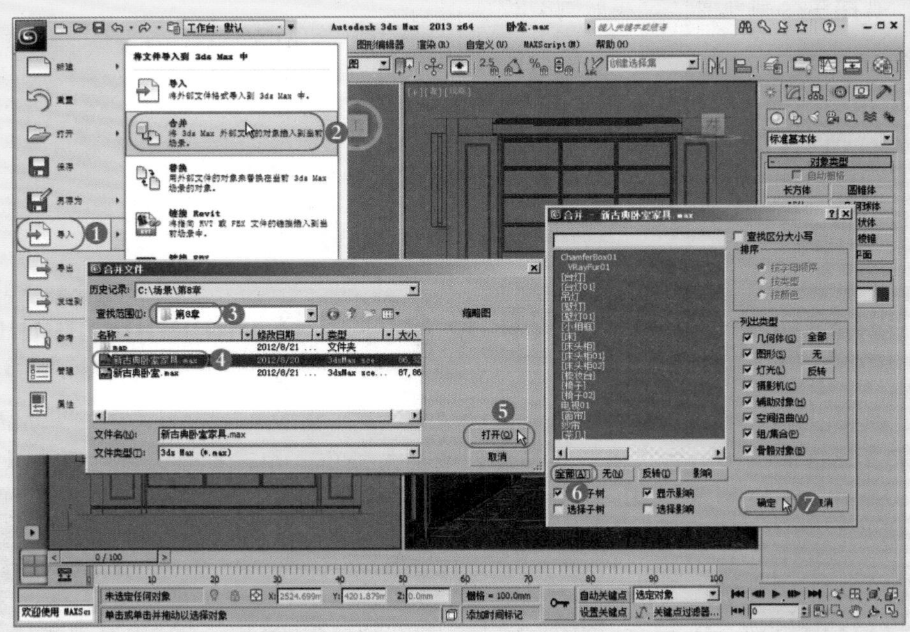

图8-40　合并卧室家具

在实际制图的过程中，场景中所使用的家具需要有针对性地去寻找或者制作。在这里要将所有家具和饰品整理在一个文件中，只需将它们合并进来就可以了。

注 意

如果场景中已经被赋予材质了，在合并时材质重名，则会弹出【重复材质名称】对话框，单击【使用合并材质】按钮就可以了。

此时，“新古典卧室家具.max”文件被合并到场景中，效果如图8-41所示。

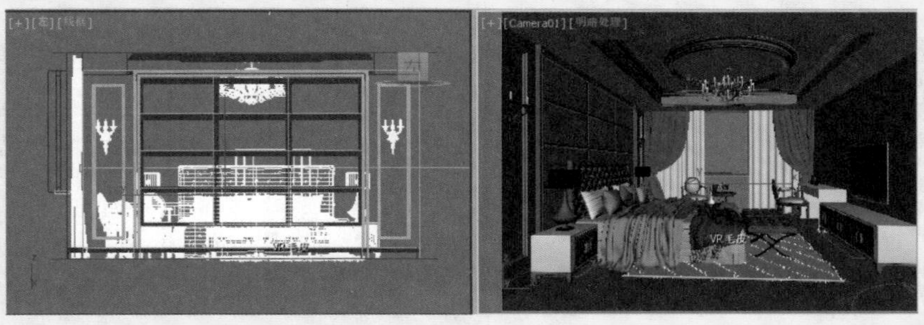

图8-41　合并家具后的效果

Step 05 最后将图纸删除，按Ctrl + S组合键，将文件进行保存。

在这里所合并的造型中包括床、床头柜、台灯、壁灯、地毯、电视、电视柜、水晶灯具、电视等，位置已经调整好了，读者只要按照书中的步骤进行操作就可以了。

8.3 设置材质

卧室的框架模型已经制作完成，合并进来的物体材质也已经赋予好了，下面讲解场景中主要材质的调制，包括白乳胶漆、壁纸、地板、软包等，效果如图8-42所示。

在调制材质时，首先应该将VRay指定为当前渲染器，否则将不能在正常情况下使用VRay的专用材质。

按F10键，弹出【渲染设置】窗口，选择【公用】选项卡，在【指定渲染器】卷展栏下单击按钮，从弹出的【选择渲染器】对话框中选择【V-Ray Adv 2.30.01】选项，弹出【确定】按钮，如图8-43所示。

图8-42　场景中的主要材质

图8-43　将VRay指定为当前渲染器

下面就可以调制材质了。

8.3.1 白乳胶漆

现场实战 调制白乳胶漆材质

Step 01 按M键，弹出【材质编辑器】窗口，选择第1个材质球，单击 Standard （标准）按钮，在弹出的【材质/贴图浏览器】对话框中选择【VRayMtl（VR材质）】，如图8-44所示。

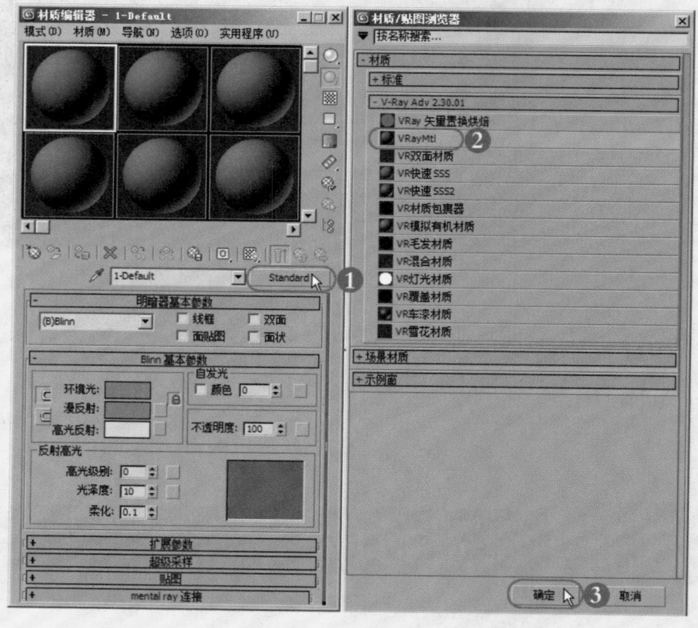

图8-44 选择【VR材质】

在调制材质时，除了要了解材质编辑器内各参数的作用外，还要懂得所要调制的材质在现实生活中的一些特性。如乳胶漆材质主要用于墙顶面、天花等造型，墙面从大范围上看是比较平整、颜色较白的；而当靠近墙面观察时，会发现上面有很多不规则的、细小的凹凸和痕迹，这是在粉刷的过程中使用刷子涂抹留下的。这个痕迹是不可避免的，在调制白乳胶漆材质时，不需要考虑痕迹。

Step 02 将材质命名为"白乳胶漆"，设置【漫反射】的颜色值为（R:245，G:245，B:245），而不是纯白色（R、G、B值均为255），这是因为墙面不可能全部反光；设置【反射】的颜色值为（R:15，G:15，B:15），在【选项】卷展栏下取消选中【跟踪反射】复选框，参数设置如图8-45所示。

Step 03 将调制好的白乳胶漆材质赋予天花、石膏线及顶造型。

Step 04 使用同样的方法，为中间的圆形天花调制并赋予一种淡黄色的乳胶漆材质。

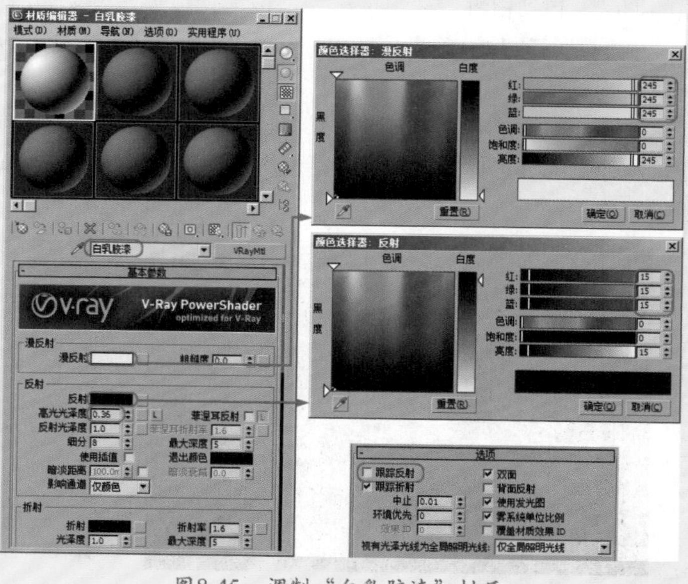

图8-45 调制"白乳胶漆"材质

8.3.2 壁纸材质

现场实战 调制壁纸材质

Step 01 选择第2个材质球，将其指定为【VRayMtl（VR材质）】，将材质命名为“壁纸”，单击【漫反射】右侧的■小按钮，选择【位图】选项，在弹出的【选择位图图像文件】对话框中选择本书配套光盘“场景\第8章\map\卷草纹壁纸.jpg”文件，如图8-46所示。

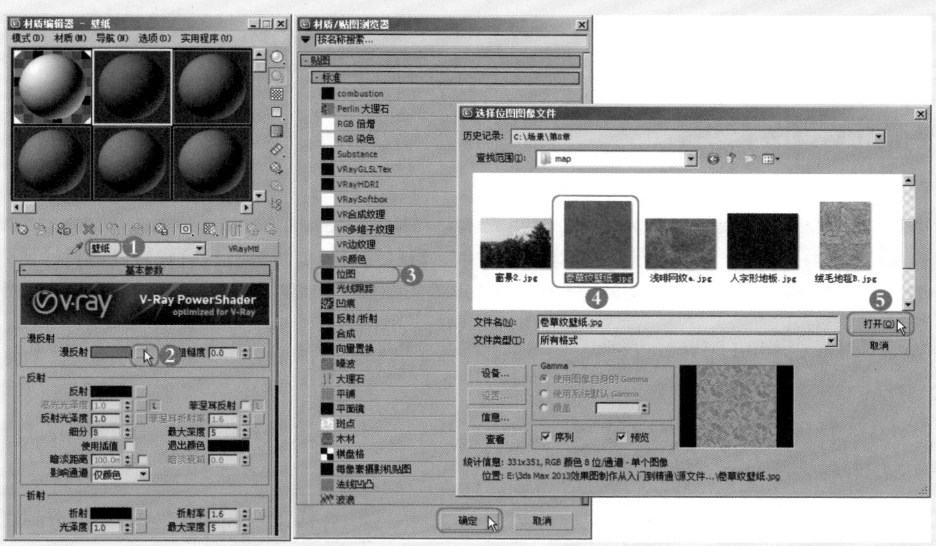

图8-46 调整“壁纸”材质

壁纸的表面有一定的粗糙度和凹凸效果，为了让壁纸显得更加真实、清晰，根据这些特性来设置各项参数。

Step 02 设置【坐标】卷展栏下的【模糊】为0.5，这样可以使贴图更加清晰，如图8-47所示。

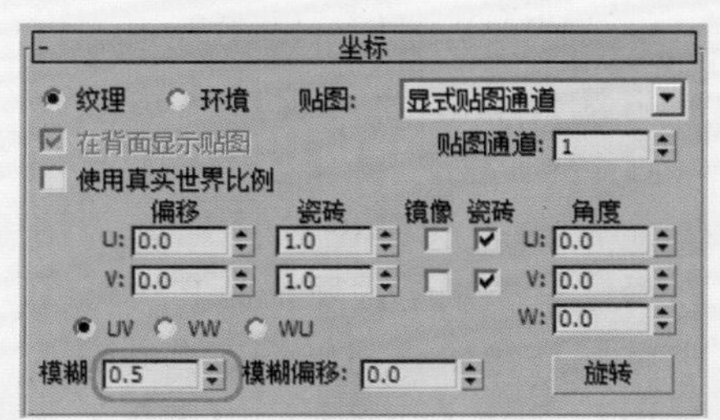

图8-47 调整【模糊】参数

Step 03 在【贴图】卷展栏下，将【漫反射】通道中的位图复制给【凹凸】通道，将【数量】设置为20.0，如图8-48所示。

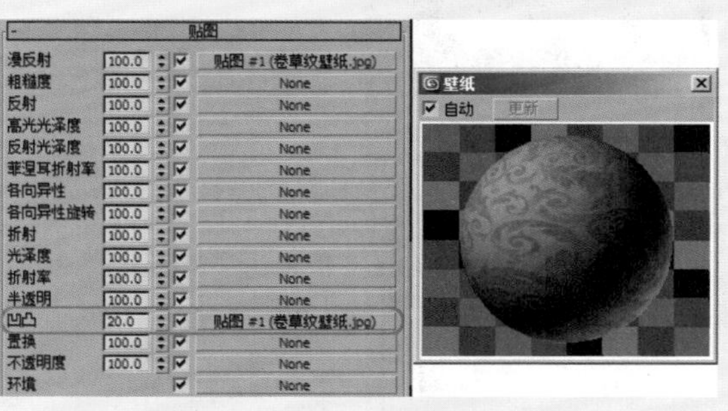

图8-48 设置凹凸效果

Step 04 在视图中选择墙体，按4键，进入■【多边形】层级子物体，在前视图中选择墙体的面，将“壁纸”材质赋予墙体，为其执行【UVW贴图】命令，将贴图方式设置为【长方体】，将【长度】、【宽度】、【高度】均设置为1000.0mm，效果如图8-49所示。

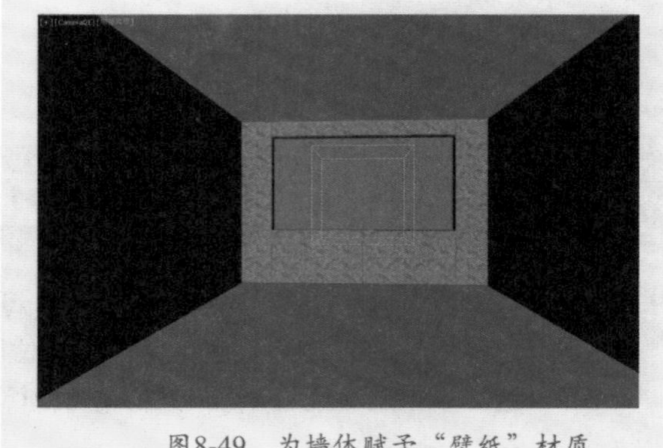

图8-49　为墙体赋予“壁纸”材质

8.3.3 地板材质

现场实战　调制地板材质

Step 01 选择一个未用的材质球，将其指定为【VRayMtl（VR材质）】，将材质命名为“地板”。为【漫反射】添加一张“人字形地板.jpg”图片；设置【坐标】卷展栏下的【模糊】为0.5，这样可以使贴图更加清晰；为【反射】添加【衰减】贴图，参数设置如图8-50所示。

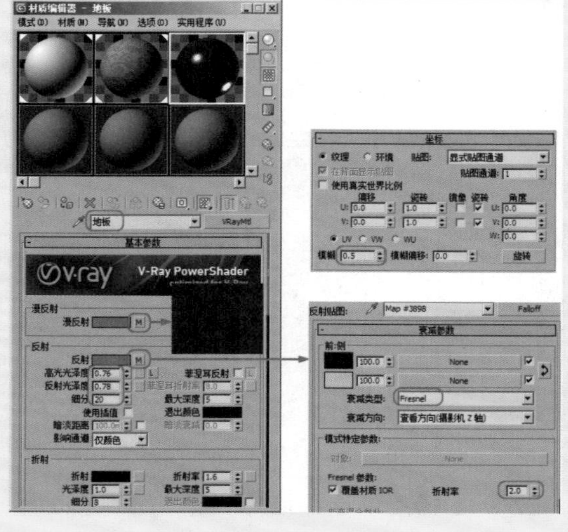

图8-50　调整“地板”材质

Step 02 在【贴图】卷展栏下，将【漫反射】通道中的位图复制给【凹凸】通道，将【数量】设置为10.0，如图8-51所示。

贴图			
漫反射	100.0	☑	Map #3851 (人字形地板.jpg)
粗糙度	100.0	☑	None
反射	100.0	☑	Map #3898 (Falloff)
高光光泽度	100.0	☑	None
反射光泽度	100.0	☑	None
菲涅耳折射率	100.0	☑	None
各向异性	100.0	☑	None
各向异性旋转	100.0	☑	None
折射	100.0	☑	None
光泽度	100.0	☑	None
折射率	100.0	☑	None
半透明	100.0	☑	None
凹凸	10.0	☑	Map #3851 (人字形地板.jpg)
置换	100.0	☑	None
不透明度	100.0	☑	None
环境		☑	None

图8-51　设置凹凸效果

Step 03 将墙体转换为可编辑多边形物体，按4键，进入■【多边形】层级子物体，在透视图中选择地面，将“地板”材质赋予地面，为其执行【UVW贴图】命令，将贴图方式设置为【平面】，将【长度】、【宽度】设置为1200.0mm，如图8-52所示。

图8-52　为地面赋予“地板”材质

至此，框架的材质已经调制完成。至于合并的物体，之前已经被赋予材质了，在这里就不需要讲解了。

Step 04 复制“地板”材质球，将其重命名为“木纹”，更换贴图为“桃心木纹A.jpg”，将【凹凸】通道中的贴图删除，将“木纹”材质赋予踢脚板、床头墙造型。

8.3.4 软包材质

现场实战　调制软包材质

Step 01 选择一个未用的材质球，将材质命名为“软包”，使用默认的【Standard（标准）】材质就可以了。

Step 02 调整【漫反射】的颜色为浅枣红色；选中【自发光】参数区下的【颜色】复选框，在右侧的M小按钮中添加【遮罩】贴图；在【遮罩参数】卷展栏下添加两张【衰减】贴图，参数设置如图8-53所示。

Step 03 将调制好的“软包”材质赋予床头软包造型，装饰板中间的造型也赋予“软包”材质。

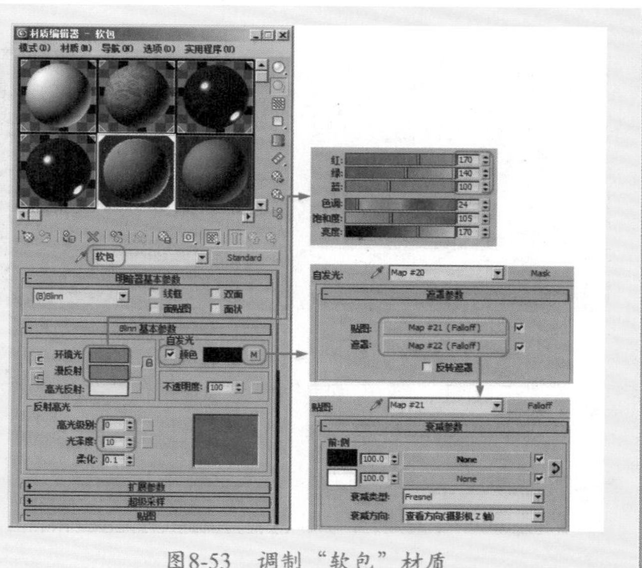

图8-53　调制“软包”材质

8.4 设置灯光并进行草图渲染

在这个卧室的场景中，是使用两部分灯光照明来表现的，一部分使用了天空光效果，另一部分使用了室内灯光。也就是说，要想得到好的效果，必须配合室内的一些照明，然后设置一下辅助光源就可以了。

8.4.1 设置天空光

现场实战 设置天空光

Step 01 单击【灯光】|【VRay】| VR灯光 按钮，在前视图中玻璃门的位置创建一盏VR灯光，大小与窗户差不多，将它移动到窗户的外面，位置如图8-54所示。

Step 02 设置灯光的类型为【平面】，将颜色设置为淡蓝色，将【倍增】设置为8.0，并且选中【不可见】复选框，如图8-55所示。

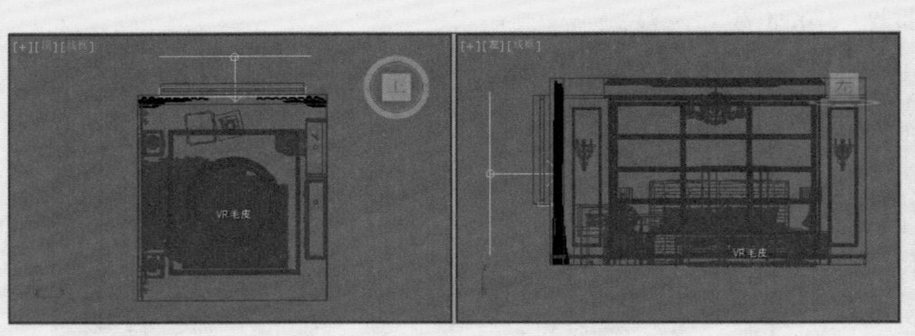

图8-54 VR灯光的位置

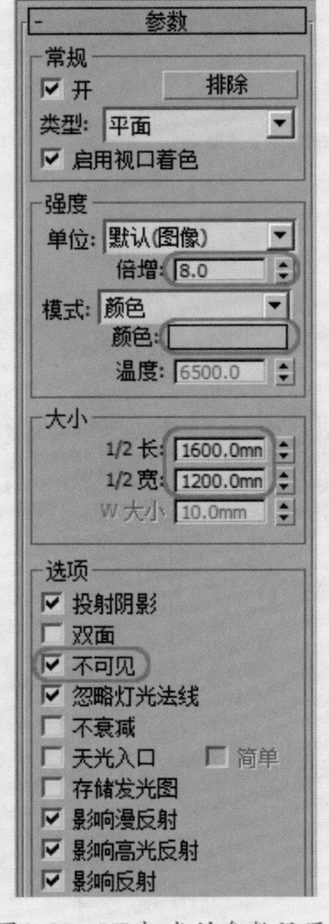

图8-55 VR灯光的参数设置

Step 03 按F10键，弹出【渲染设置】窗口，设置【VRay】、【间接照明】选项卡下的参数。进行草图设置的目的，是为了快速进行渲染，以观看整体的效果，参数设置如图8-56所示。

Step 04 按Shift+Q组合键，快速渲染摄影机视图，渲染效果如图8-57所示。

通过渲染效果可以看出，整体的光感还是不够理想，此时需要设置室内灯光以作为辅助光源来提亮整体的空间。

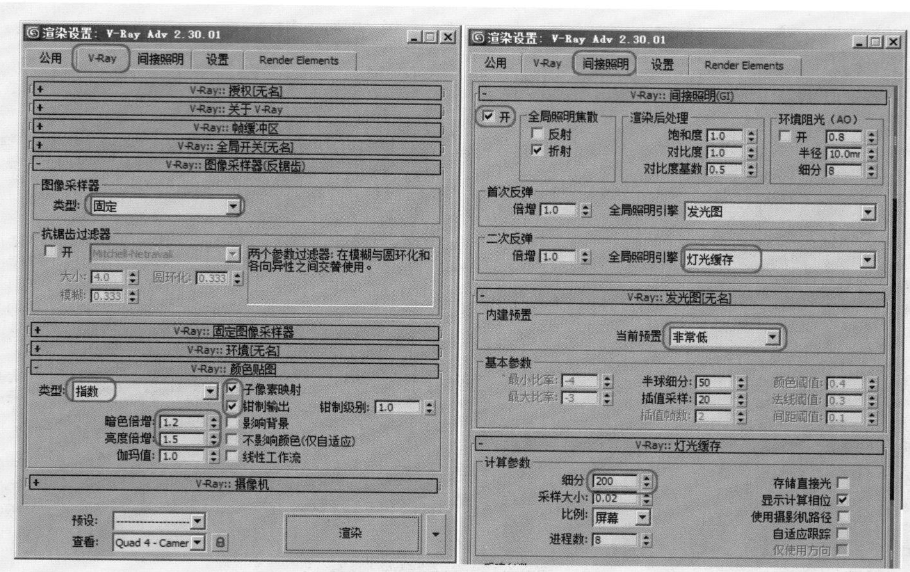

图8-56 设置草图渲染参数

图8-57 渲染效果

8.4.2 设置辅助灯

现场实战 设置辅助灯

在前视图中创建一盏目标灯光，在有筒灯的位置以【实例】的方式复制一盏，在【阴影】参数区下选中【启用】复选框，选择【VRay阴影】选项，将【灯光分布（类型）】设置为

【光度学Web】，选择“7.IES”文件，参数设置如图8-58所示。

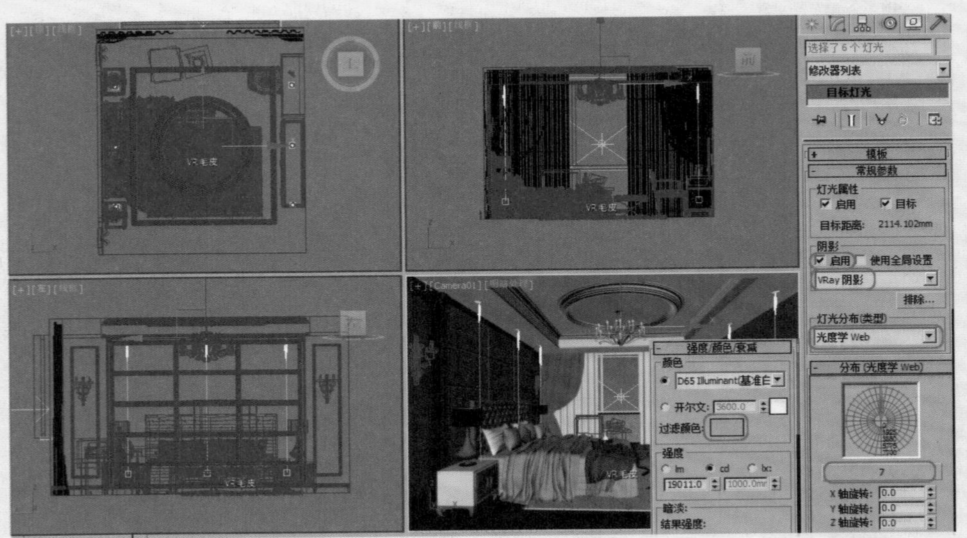

图8-58 为筒灯设置灯光

Step 02 在顶视图中创建一盏VR灯光，在其他两盏台灯的位置进行实例复制。将灯光的类型设置为【球体】，将颜色设置为暖色（R:255，G:207，B:145），将【倍增】设置为50.0，将【半径】设置为50.0mm，选中【不可见】复选框，参数设置如图8-59所示。

图8-59 为台灯设置灯光

Step 03 壁灯也同样使用VR球形灯光来模拟，将【倍增】设置为10.0，将【半径】设置为30.0mm，最后使用【实例】方式复制一组。

Step 04 按Shift+Q组合键，快速渲染摄影机视图，渲染效果如图8-60所示。

从现在的效果来看，整体还是不错的，就是局部有些灰暗，通过设置渲染参数可以解决这一问题。为了使效果更真实，为背景添加一张风景图片。

Step 05 在顶视图中窗户的外面绘制一个圆弧，执行【挤出】命令，将【数量】设置为3000，将圆弧放在灯光的外面，效果如图8-61所示。

图8-60 渲染效果

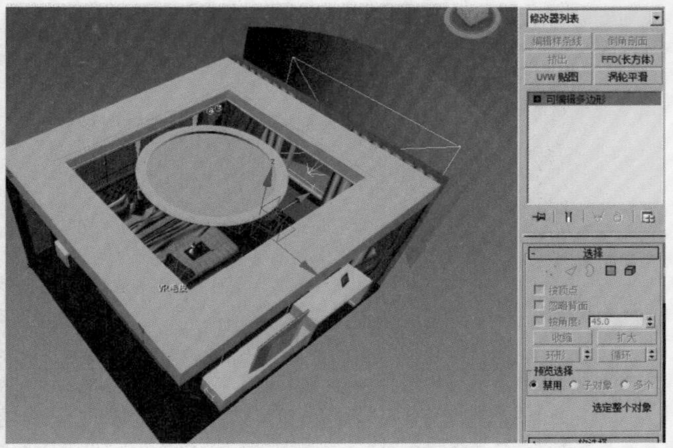

图8-61 制作风景板

Step 06 按M键，弹出【材质编辑器】窗口，选择一个未用的材质球，单击 Standard （标准）按钮，在弹出的【材质/贴图浏览器】对话框中选择【VR灯光材质】，调整【亮度】为1.0，添加一张“窗景2.jpg”位图，如图8-62所示。

Step 07 快速渲染摄影机视图，渲染效果如图8-63所示。

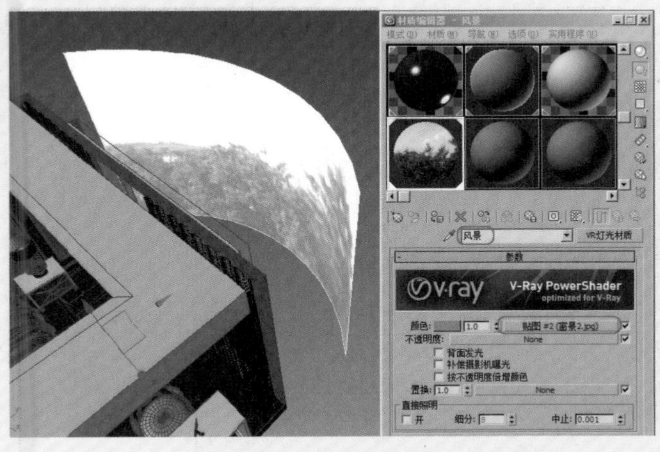

图8-62 为平面赋予天空位图

图8-63 渲染效果

8.5 设置成图渲染参数

在前面已经完成了大量繁琐的工作，下面需要做的是把渲染参数设置得高一些，渲染一张小的光子图，然后进行渲染输出，利用Photoshop进行后期处理。

现场实战　设置成图渲染参数

Step 01 选择在窗户外面模拟天光的VR灯光，修改【参数】卷展栏下的【细分】数值为20~30左右，如图8-64所示。

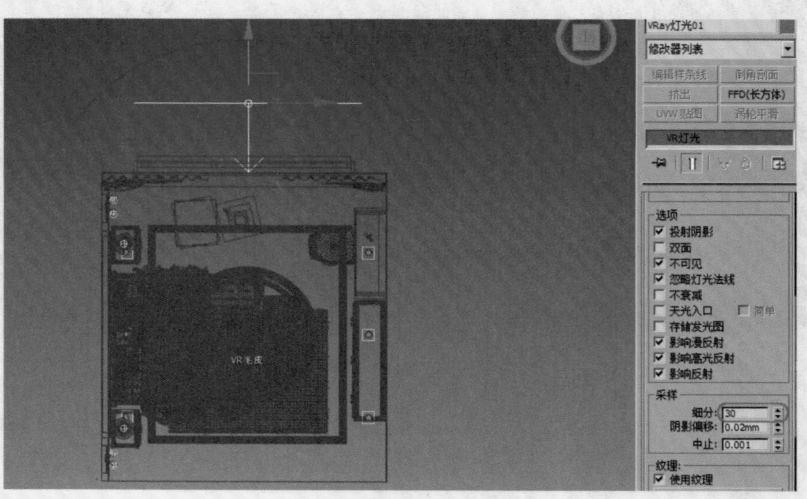

图8-64　修改灯光的【细分】参数

灯槽里面的灯光就不细分了，如果细分的话，速度会比较慢。

Step 02 重新设置渲染参数。按F10键，在弹出的【渲染设置】窗口中选择【V-Ray】和【间接照明】选项卡，设置【V-Ray::图像采样器（反锯齿）】、【V-Ray::颜色贴图】、【V-Ray::发光图】和【V-Ray::间接照明(GI)】卷展栏下的参数，如图8-65所示。

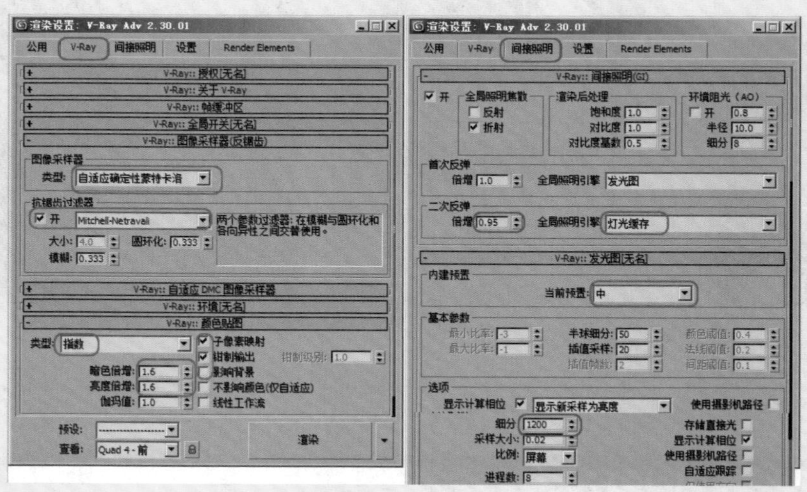

图8-65　设置最终的渲染参数

在渲染出图时，可以根据不同的场景来选择不同的渲染方式。对于较大的场景，可以采取先渲染尺寸较小的光子图，然后通过载入渲染的光子图来渲染成图的方式以加快渲染速度。本案例中的场景比较小，就不渲染光子图了，直接渲染出图即可。

Step 03 为了得到更加细腻的效果，设置【设置】选项卡下【V-Ray::DMC采样器】卷展栏下的参数，如图8-66所示。

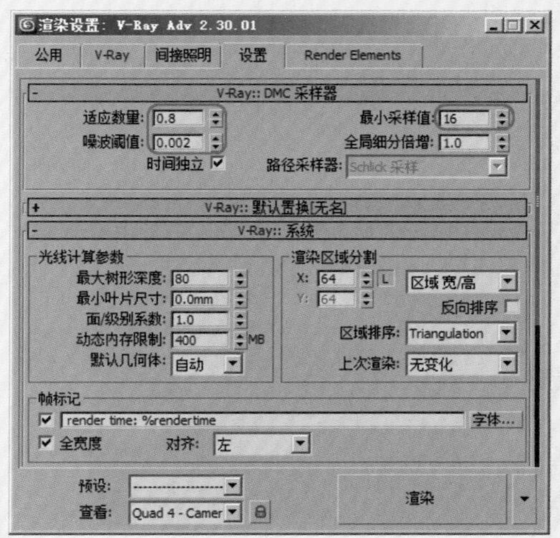

图8-66 设置卷展栏参数

Step 04 选择【公用】选项卡，设置输出的尺寸为2000mm × 1400mm，如图8-67所示。

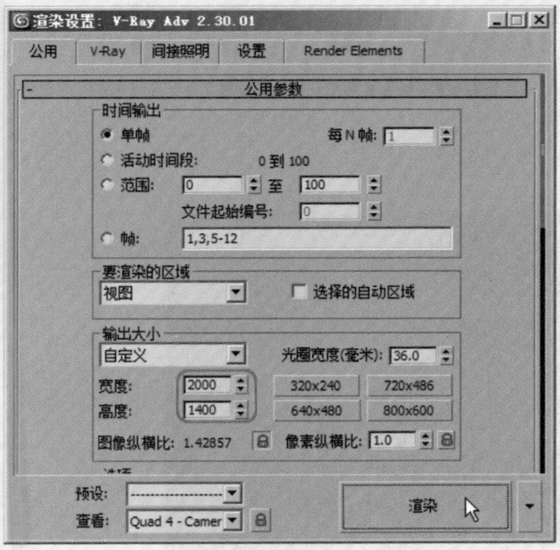

图8-67 设置渲染尺寸

Step 05 渲染完成，最终效果如图8-68所示。

图8-68 渲染的最终效果

Step 06 单击【保存位图】按钮，在弹出的对话框中选择保存的路径，将【保存类型】设置为【TIF图像文件（*.tif）】，将文件名设置为“新古典卧室.tif”文件，如图8-69所示。

图8-69 保存渲染的文件

Step 07 在弹出的【TIF图像控制】对话框中选中【存储Alpha通道】复选框，单击确定按钮。

Step 08 按Ctrl+S组合键，对场景进行保存。

提 示

设置完参数后直接进行渲染就可以了。对于渲染尺寸大于2000mm × 2000mm的，为了加快渲染速度，可以采用先渲染光子图再渲染大图的方法，这样会大大提高渲染速度。

8.6 Photoshop后期处理

使用Photoshop的最终目的是对图像的色相、饱和度及明度进行适当的调整。在对效果图后期的背景及配景进行融合时，由于是从不同的资料上截取的图像，色调、对比度各不相同，如果同时出现在一个画面中，会使整个场景的氛围不统一，此时可以使用Photoshop强大的色彩调节功能对其进行处理，图8-70所示是处理前后的对比效果。

处理前的效果

处理后的效果

图8-70　用Photoshop处理前后的对比效果

现场实战　对卧室进行后期处理

Step 01 启动Photoshop CS6中文版。

Step 02 打开上面输出的“新古典卧室.tif”文件，这张渲染图是按照2000mm × 1400mm的尺寸来渲染的，效果如图8-71所示。

图8-71　打开渲染的文件

观察和分析渲染的图片，可以看出图片稍微有些暗，并且发灰，这就需要使用Photoshop来调节亮度和对比度。

Step 03 在【图层】面板中选择【背景】图层，将其拖动到下面的【创建新图层】按钮上，复制【背景】图层，按Ctrl＋M组合键，弹出【曲线】对话框，参数设置如图8-72所示。

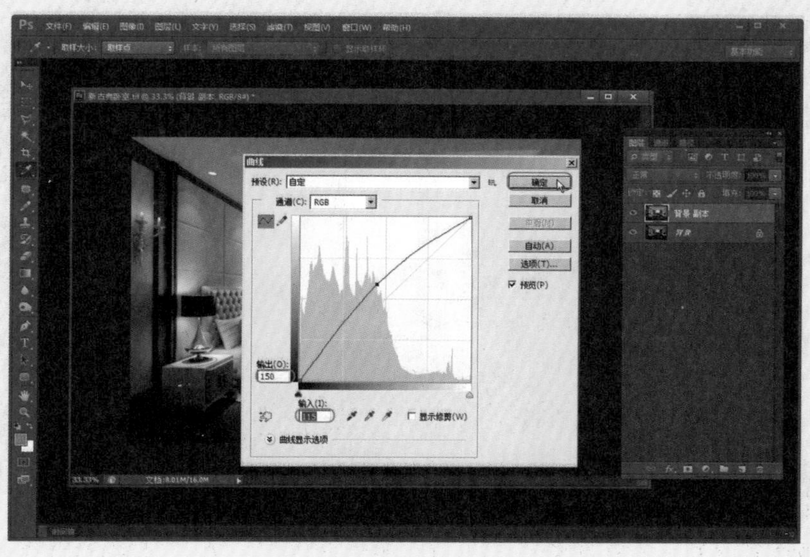

图8-72　调整图像的亮度

Step 04 调出【亮度/对比度】对话框，调整图像的对比度，如图8-73所示。

Step 05 初步调节后的效果如图8-74所示。

图8-73　调整图像的对比度

图8-74　初步调节后的效果

提 示

在执行【曲线】和【亮度/对比度】等命令时，可以通过选中对话框中的【预览】复选框来观看调整前后的对比效果，根据实际情况调整参数。

因为制作的是一张上午时分的卧室效果图，整体色调不用太暖。现在场景的色调太暖了，下面执行【照片滤镜】命令来改变整体色调。

Step 06 确认位于【图层】面板最上方的图层是当前图层。

Step 07 在【图层】面板的下方单击按钮，在弹出的菜单中选择【照片滤镜】命令，如图8-75所示。

Step 08 在弹出的【属性】面板中设置【照片滤镜】参数，如图8-76所示。

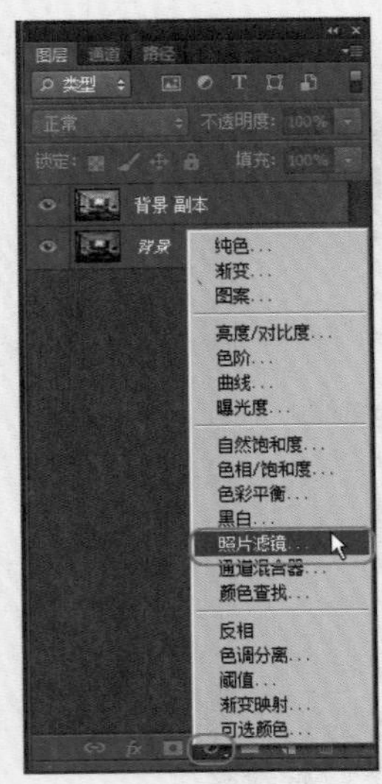

图8-75 选择【照片滤镜】命令

图8-76 调整【照片滤镜】参数

此时，卧室的后期处理已基本完成，读者可以根据自己的感受，使用Photoshop的一些工具对效果图的每一部分进行精细调整。这项工作是很感性的，希望大家多加练习，提高自己的审美能力，为以后制作出更好的作品打下坚实的基础，最终效果如图8-77所示。

Step 09 将处理后的文件保存为“新古典卧室后期. psd”文件，读者还可以查看本书配套光盘中“场景\第8章\ 后期”中的文件。

图8-77 卧室效果图的最终效果

8.7 小结

本章学习了卧室的设计与效果图的制作，并将操作步骤进行了演示。首先接触图纸、确立设计方案，用专业的思路将CAD平面图引入到3ds Max中建立模型；然后合并家具、赋予材质、设置灯光、进行VRay渲染，以详细的操作步骤把设计方案表现出来，从而得到真实的效果；最后对卧室效果图进行后期处理。通过这些操作步骤，将设计方案最终展现在客户眼前，直观地为其解说设计的内容，以便于与客户进行沟通，这正是设计师制作效果图的真正目的。

第9章

家装——卫生间的设计表现

Chapter 09

本章内容

- 介绍案例
- 建立模型
- 设置材质
- 设置灯光并进行草图渲染
- 设置成图渲染参数
- Photoshop后期处理
- 小结

本章制作欧式卫生间的效果图。上一章带领大家制作了新古典主义卧室的效果图，对效果图整体的制作过程应该有了全面的了解，虽然不是很熟练，但是也不至于很生疏。本章为了巩固前面学到的知识，再制作一个家装户型中的卫生间效果图，相对来说要比卧室复杂一些，但是整体的思路和流程都是一样的。

9.1 介绍案例

本案例制作的是一个欧式卫生间的效果图。这是一个长条状的卫生间户型，在使用功能的划分上，可以有效地进行干湿分区，很好地满足客户的需求。在设计风格上主要以欧式的米色调为主，线条主要使用直线，通过材质来烘托整体的气氛。浅米黄大理石墙面用6cm的布朗啡大理石进行分隔，洗手台则用布朗啡大理石做出区域性的套线，既有效地划分了洗漱区的空间，又可以作为座便器上方大理石隔板的收口造型。本案例中的卫生间整体为淡淡的米色调，搭配白色欧式柜门，布朗啡大理石的细腻纹理与地面上的几何图形拼花映射到镜子里，无形中扩展了空间的宽度。这样的方案，使卫生间的整体效果既有家的温馨，又不失欧式风格的大气。

本案例制作的欧式风格卫生间的最终效果图，如图9-1所示。

图9-1　卫生间的设计效果图

9.2 建立模型

卫生间的模型相对来说要比卧室的模型复杂一些，主要由墙体、地面、踢脚板、洗手盆、大理石套线、天花、石膏线组成。建立完框架后，再将卫生间中用到的家具合并到场景中就可以了。

9.2.1 导入图纸

现场实战　导入CAD平面图

Step 01 启动3ds Max 2013中文版，执行菜单栏中的【自定义】|【单位设置】命令，弹出【单位设置】对话框，将【显示单位比例】和【系统单位比例】参数区下的单位设置为【毫米】，如图9-2所示。

Step 02 使用前面讲解的方法，将本书配套光盘“场景\第9章\卫生间图纸.dwg”文件导入到场景中，如图9-3所示。

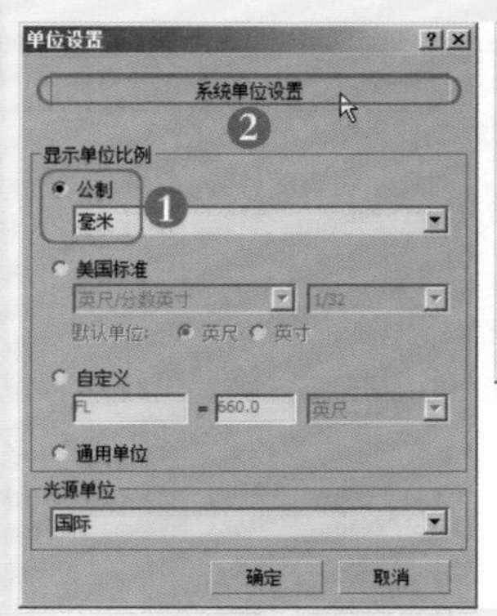

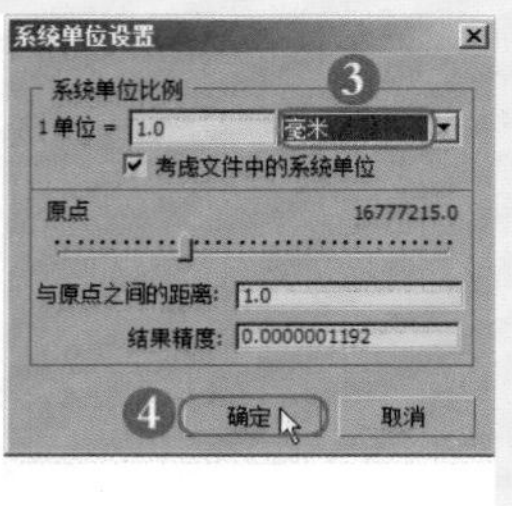

图9-2　设置单位

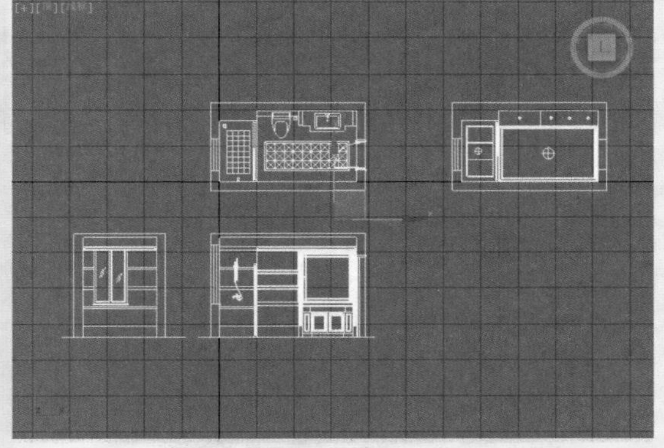

图9-3　导入的图纸

注 意

在CAD中已经将平面图移动到原点（0,0）的位置，这样做的目的是加快电脑的运行速度以方便管理。设置摄影机时要从门的位置向窗户看，门就看不到了，也就不需要表现了，如果想要表现，必须使用两架摄影机。本章只表现一架摄影机的效果。

Step 03 按S键将捕捉打开，采用2.5维的捕捉模式，将鼠标指针放在按钮上方，单击鼠标右键，在弹出的【栅格和捕捉设置】窗口中设置【捕捉】及【选项】选项卡的参数，如图9-4所示。

Step 04 在顶视图中选择天花层，将其移动到平面图的位置，在前视图中将天花层移动到2800mm的位置。

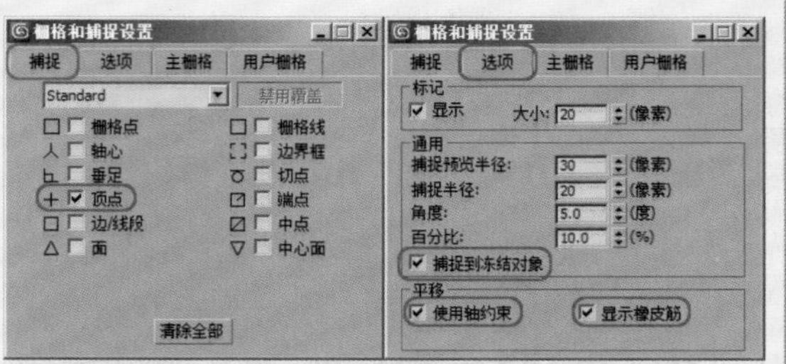

图9-4　设置捕捉

此时在顶视图中观看立面图的形态是正确的，但是必须在左视图中看到它的形态是立面的，所以必须对其进行旋转操作。

Step 05 使用上一章讲解的方法，将图纸进行对齐并将其放到合适的位置，效果如图9-5所示。

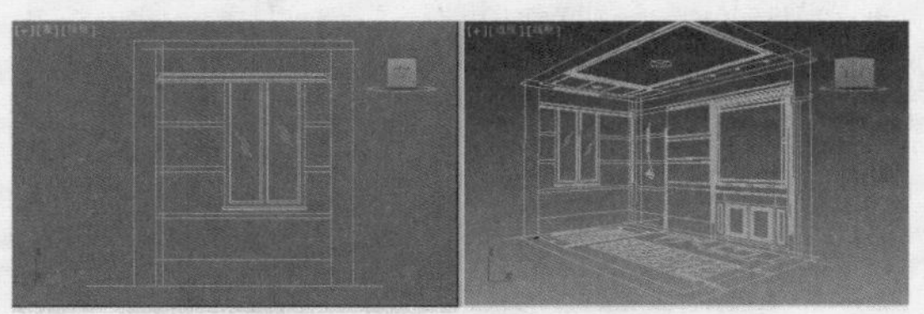

图9-5　对齐图纸

Step 06 单击【创建】|【图形】| 线 按钮，在顶视图中按照平面图绘制墙体的封闭线形，执行【挤出】命令，将【数量】设置为2800.0mm，如图9-6所示。

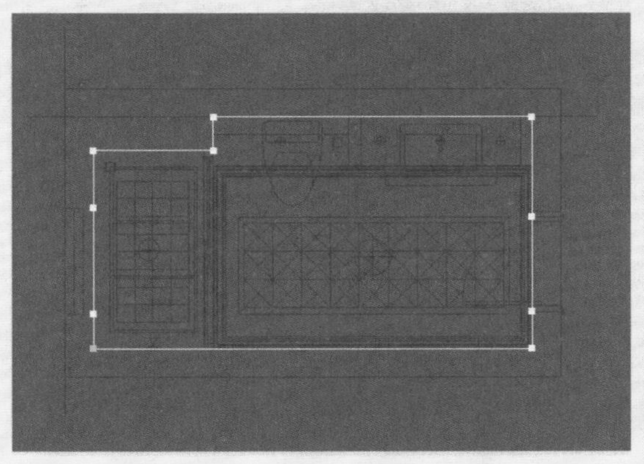

图9-6　绘制线形并执行【挤出】命令

Step 07 选择挤出后的线形，单击鼠标右键，在弹出的菜单中选择【转换为】|【转换为可编辑多边形】命令，将挤出后

的线形转换为可编辑多边形物体，如图9-7所示。

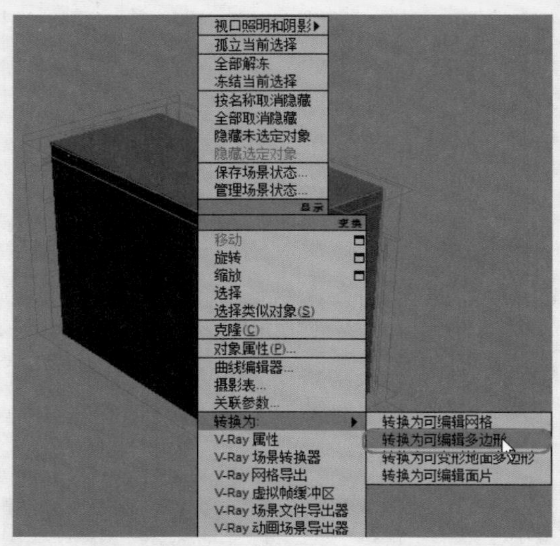

图9-7 转换为可编辑多边形物体

Step 08 按5键，进入【元素】层级子物体，按Ctrl+A组合键，选择所有多边形，单击 翻转 按钮，翻转法线，如图9-8所示。

图9-8 翻转法线

Step 09 为了方便观察，可以对墙体执行消隐操作，在透视图中选择挤出后的线形，单击鼠标右键，在弹出的菜单中选择【对象属性】命令，弹出【对象属性】对话框，选中【背面消隐】复选框，如图9-9所示。

Step 10 此时墙体里面的空间可以看得很清楚了，效果如图9-10所示。

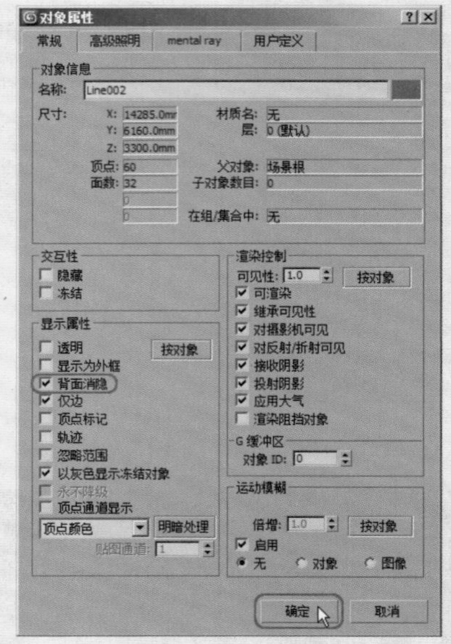

图9-9 设置墙体的对象属性

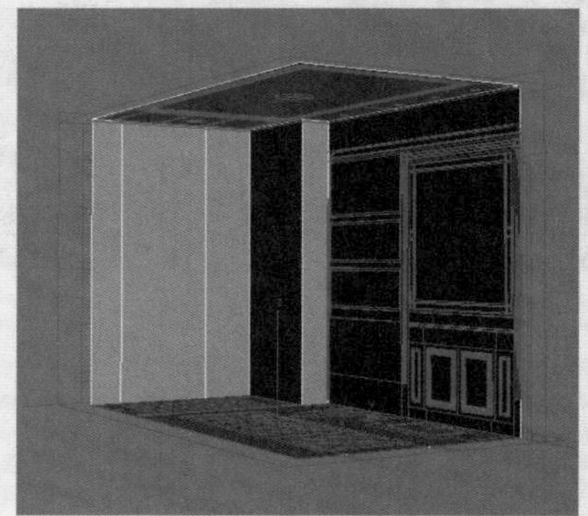

图9-10 选中【背面消隐】复选框后的效果

Step 11 在视图中选择墙体，按2键，进入【边】层级子物体，在透视图中选择窗户两侧的边，如图9-11所示。

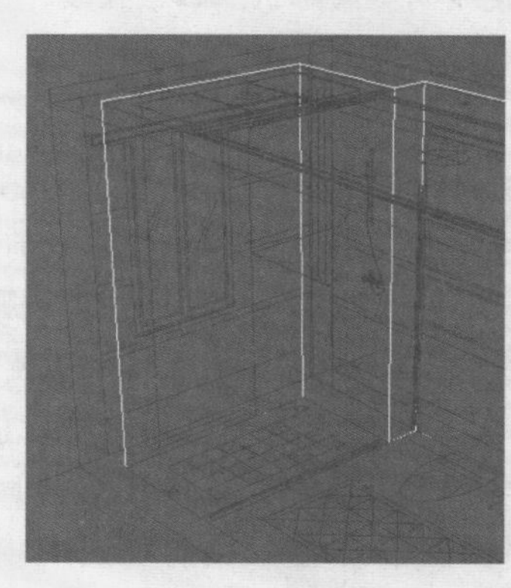

图9-11 选择的两条边

Step 12 单击【编辑边】卷展栏下 连接 右侧的小按钮，在弹出的对话框中将【分段】设置为2，单击【确定】按钮，如图9-12所示。

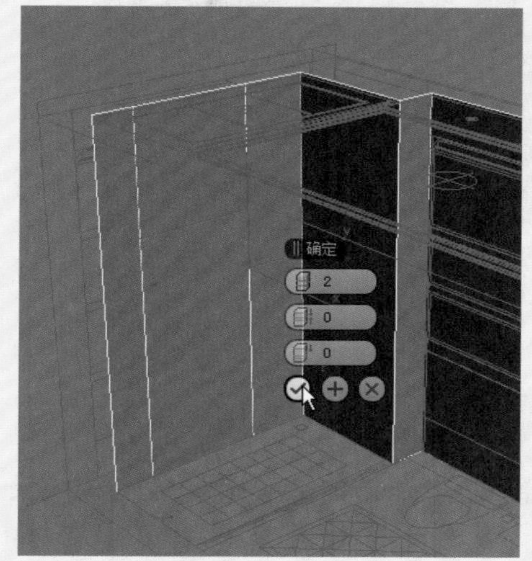

图9-12 使用连接增减段数

Step 13 按4键，进入【多边形】层级子物体，在透视图中选择窗户中间的面进行挤出，设置【挤出高度】为－240.0mm，将挤出的面删除，如图9-13所示。

图9-13 将选择的面进行挤出

Step 14 按1键，进入【顶点】层级子物体，在前视图中调整窗洞的大小，然后制作出窗框及窗台板，效果如图9-14所示。

图9-14 制作效果

Step 15 在摄影机视图中看不到门洞，所以就没有必要制作了。

墙面的大理石采用了两种材料，并且有V型槽，所以先为墙体增加段数。

Step 16 选择墙体，按4键，进入【多边形】层级子物体，选择所有的面，单击 切片平面 按钮，在状态栏中将Z轴设置为300.0mm，单击 切片 按钮，此时会增加一个段数，如图9-15所示。

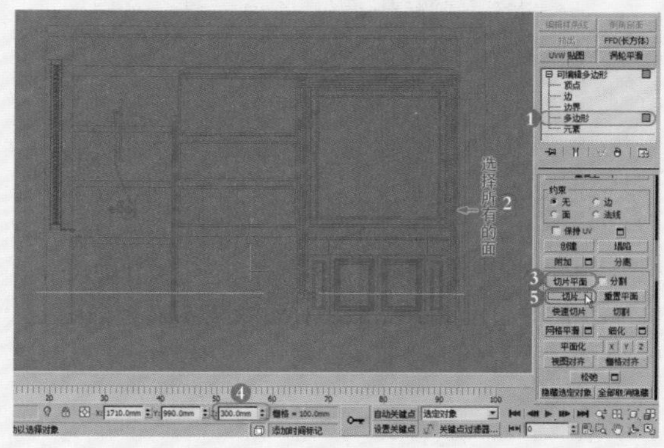

图9-15 为墙体增加段数

Step 17 使用同样的方法，分别在高度为780mm、840mm、1320mm、1380mm，1860mm、1920mm的位置为墙体增加段数，效果如图9-16所示。

Step 18 按2键，进入【边】层级子物体，选择增加的段数，单击 挤出 右侧的小按钮，在弹出的对话框中设置参数，单击【确定】按钮，如图9-17所示。

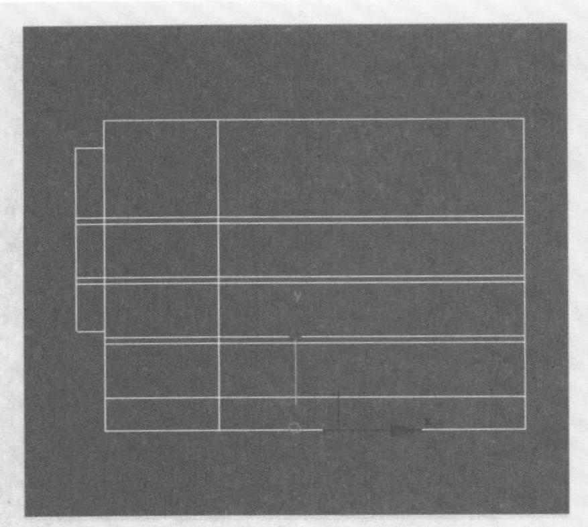

图9-16　增加段数

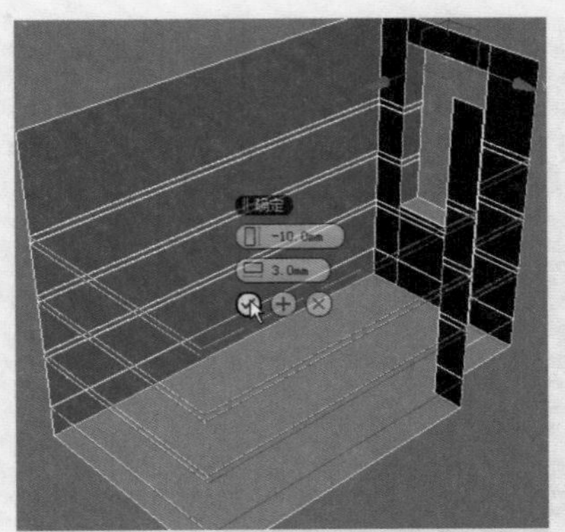

图9-17　为边执行挤出

9.2.2 制作造型墙

现场实战　制作造型墙

Step 01 在顶视图中参考平面图使用【线】命令绘制剖面线，效果如图9-18所示。

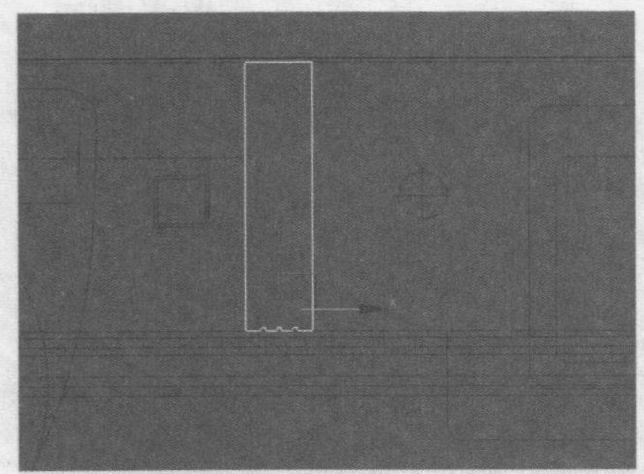

图9-18　绘制剖面线

Step 02 在顶视图中，沿着天花的内侧用捕捉绘制矩形作为路径，如图9-19所示。

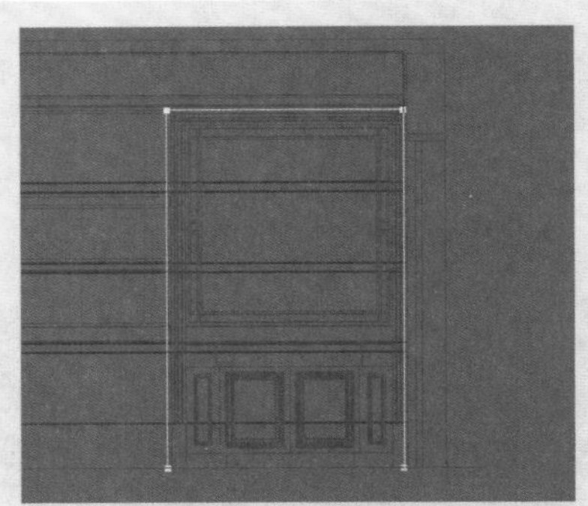

图9-19　绘制路径

Step 03 在视图中选择路径，执行【倒角剖面】命令，然后单击 拾取剖面 按钮，在前视图中点击剖面线，大理石套线制作完成，效果如图9-20所示。

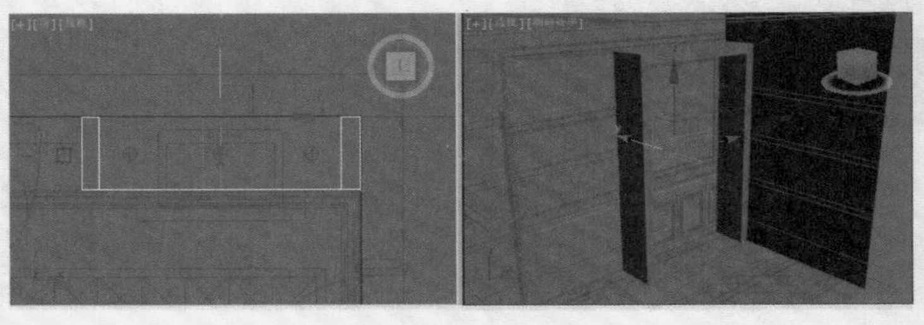

图9-20　制作大理石套线

如果发现石膏线的形态反了，可以进入剖面的【样条线】层级进行镜像。

Step 04 参考平面和立面，制作出座便器上面的隔板，如图9-21所示。

图9-21 制作隔板

9.2.3 制作天花

卫生间的墙体和墙面已经制作完成，下面制作天花。

现场实战 制作天花

Step 01 在顶视图中创建一个420mm×2660mm×100mm的长方体，效果如图9-22所示。

图9-22 创建长方体

Step 02 再创建一个1690mm×1000mm×80mm的长方体，将其放在淋浴房的上面，并将其转换为可编辑多边形物体，然后参考天花图纸增加段数，效果如图9-23所示。

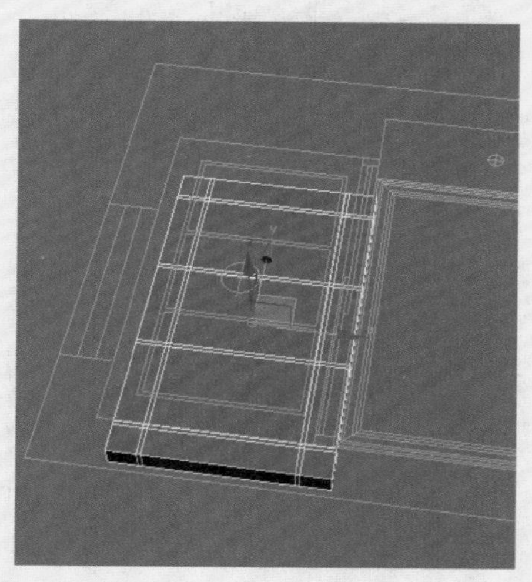

图9-23 增加的段数

Step 03 按4键，进入【多边形】层级子物体，选择底部的小面，执行挤出操作，制作出凹槽，深度为-20mm，如图9-24所示。

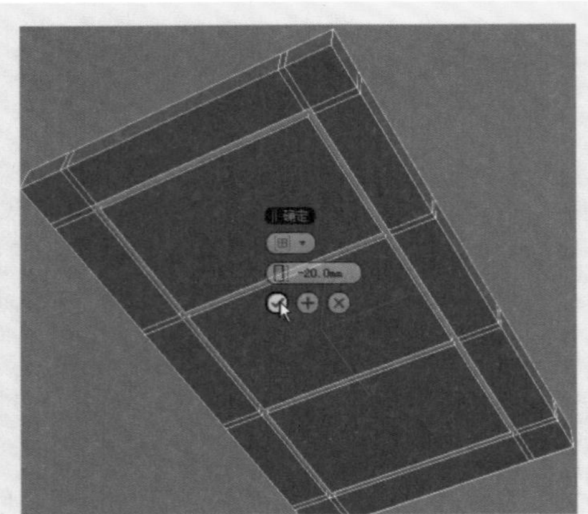

图9-24　制作的凹槽

Step 04 在顶视图中的墙体立面用捕捉创建一个长方体，将其放在天花的上面，效果如图9-25所示。

图9-25　制作的顶

Step 05 在前视图中使用【线】命令绘制剖面线（长度和宽度分别为100mm、108mm），效果如图9-26所示。

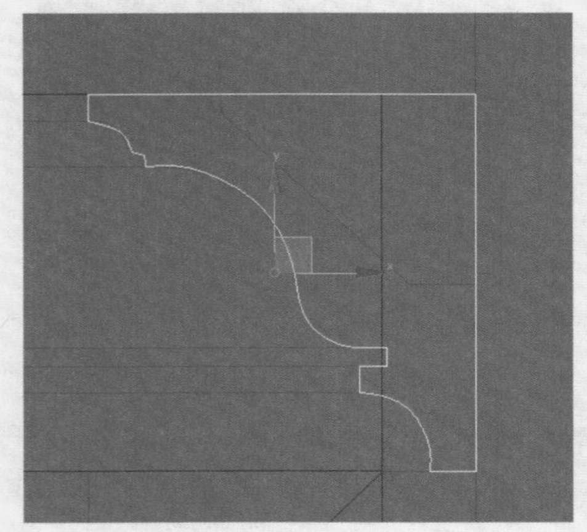

图9-26　绘制剖面线

Step 06 在顶视图中，沿着天花的内侧用捕捉绘制一个矩形作为路径，效果如图9-27所示。

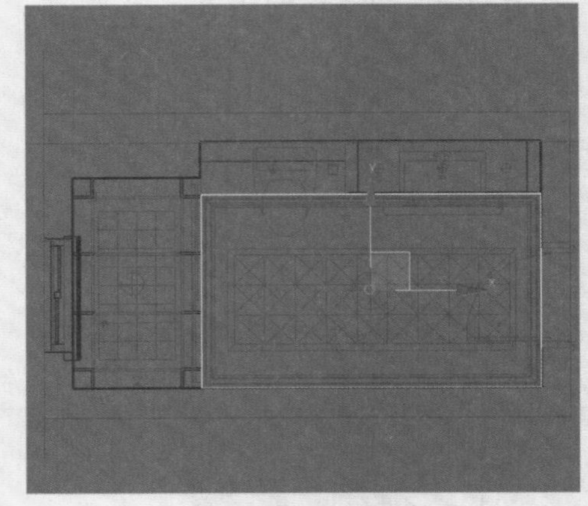

图9-27　绘制路径

Step 07 在视图中选择路径，执行【倒角剖面】命令，然后单击 拾取剖面 按钮，在前视图中点击剖面线，制作出石膏线，效果如图9-28所示。

图9-28　制作石膏线

地面的制作在这里就不讲解了，按照平面图绘制线形后执行【挤出】命令即可，效果如图9-29所示。

图9-29　制作地面

9.2.4 设置摄影机及合并家具

把场景中的框架及基本结构制作完成后，就可以设置摄影机了。

现场实战 设置摄影机及合并家具

Step 01 单击【创建】|【摄影机】| 目标 按钮，在顶视图中沿X轴从左向右拖动鼠标，创建一架目标摄影机，然后将摄影机移动到高度为1000mm左右的位置，修改【镜头】为24.0mm，效果如图9-30所示。

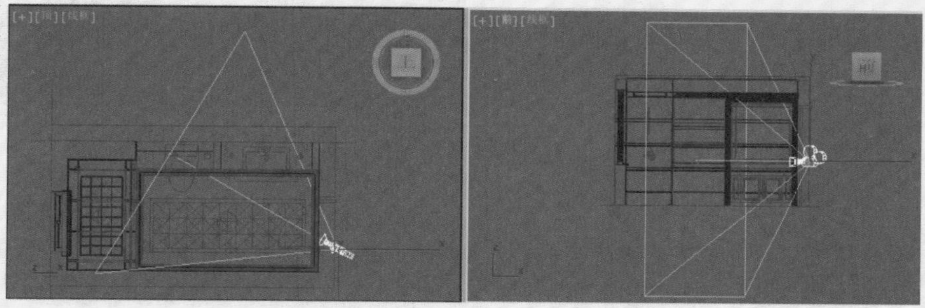

图9-30 摄影机的位置及高度

Step 02 激活透视图，按C键，透视图即成为摄影机视图。因为摄影机被前面的墙体挡住了，所以必须选中【手动剪切】复选框，设置【近距剪切】为600.0mm，【远距剪切】为6000.0mm，效果如图9-31所示。

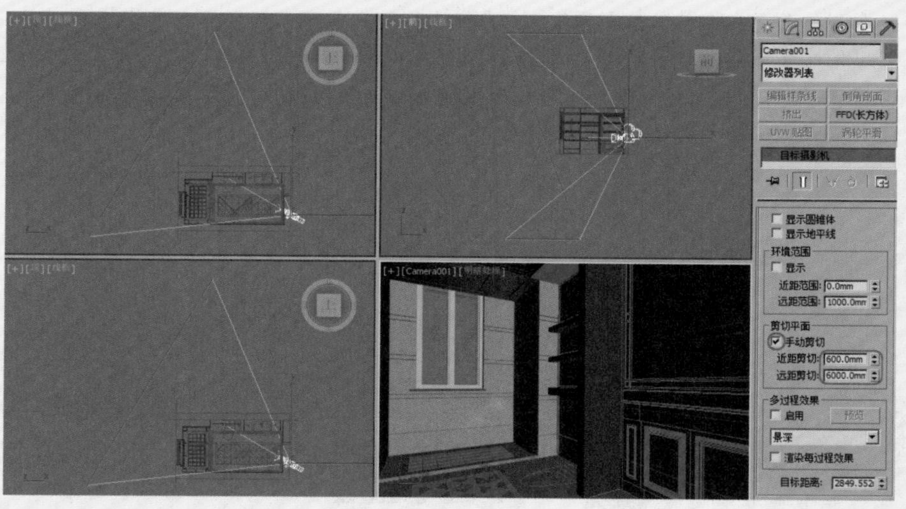

图9-31 修改摄影机参数

Step 03 参数调整好后，按Shift + C组合键，快速隐藏摄影机。

Step 04 执行按钮下的【导入】|【合并】命令，将本书配套光盘“场景\第9章\卫生间家具.max”文件合并到场景中，效果如图9-32所示。

Step 05 按Ctrl + S组合键，将文件进行保存。

合并的模型中包括洗手盆、镜子、座便器、吸顶灯、推拉门、花洒等，具体位置都已经调整好了。如果有偏差，可以使用移动工具将其调整到合适的位置。

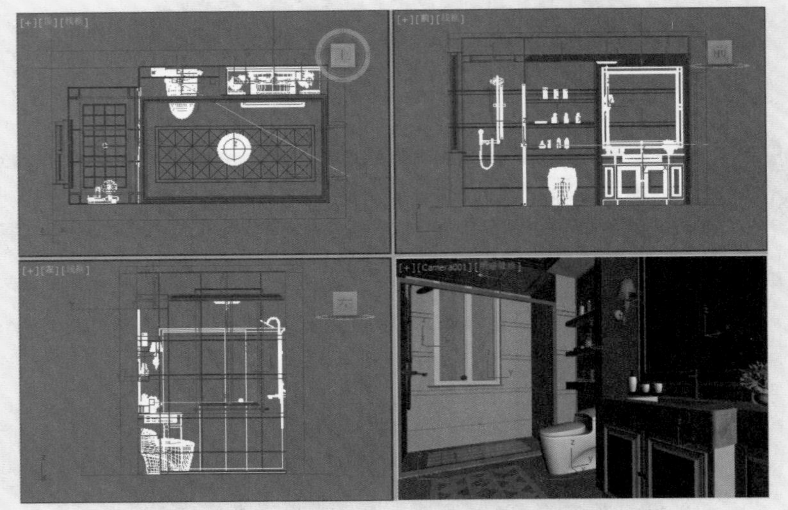

图9-32 合并家具后的效果

9.3 设置材质

卫生间的框架模型已经制作完成，合并到场景的模型材质也已经赋好了。下面调制场景中模型的主要材质，主要的材质包括白乳胶漆、米色乳胶漆、布朗啡理石、诺瓦米黄理石、爵士白理石等，效果如图9-33所示。

在调制材质时，首先应该将VRay指定为当前渲染器。

按F10键，弹出【渲染设置】窗口，选择【公用】选项卡，在【指定渲染器】卷展栏下单击...按钮，从弹出的【选择渲染器】对话框中选择【V-Ray Adv 2.30.01】选项，如图9-34所示。

图9-33 场景中的主要材质

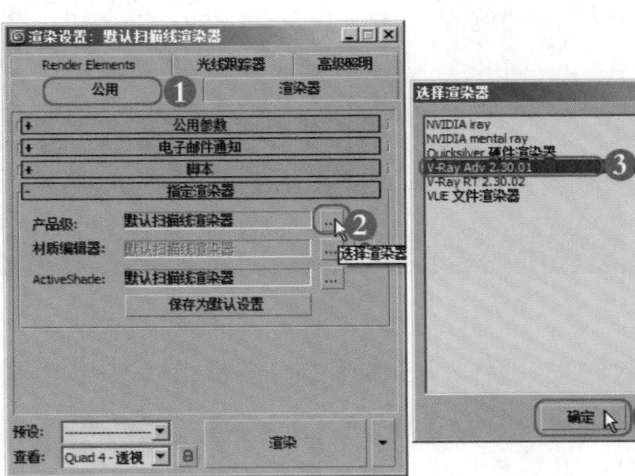

图9-34 将VRay指定为当前渲染器

此时当前的渲染器已经被指定为VRay渲染器了，下面就可以调制材质了。

选择一个材质球，调制一种白乳胶漆材质赋予天花，再调制一种米色乳胶漆材质赋予穹顶，具体步骤在这里就不讲解了。

现场实战 调制大理石材质

Step 01 按M键，弹出【材质编辑器】窗口，选择第1个材质球，在洗手盆上面用【吸管工具】将洗手盆的“布朗啡理石”材质吸到材质球上，然后将“布朗啡理石”材质赋给大理石套线和墙体的小块，为其执行【UVW贴图】命令，将贴图方式设置为【长方体】，将【长度】、【宽度】、【高度】设置为1000.0mm，如图9-35所示。

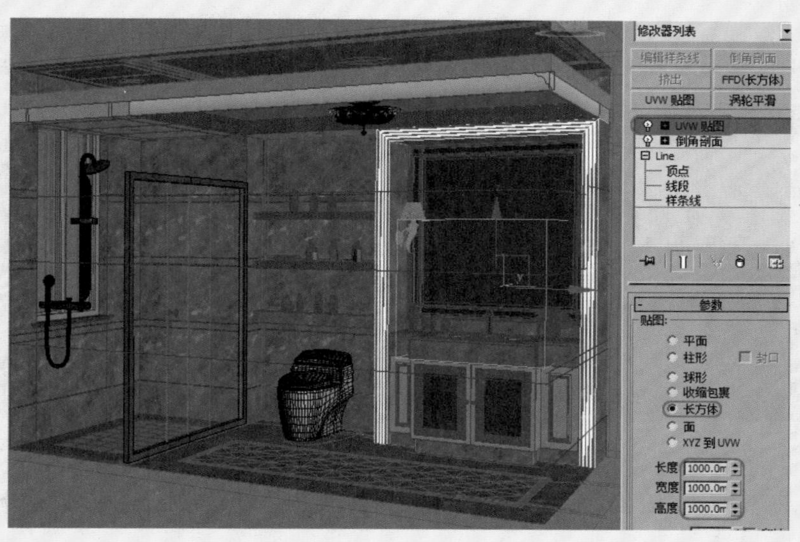

图9-35 为造型赋予“布朗啡理石”材质

Step 02 复制“布朗啡理石”材质球，然后将材质重命名为“诺瓦米黄理石”，在【漫反射】中修改位图为本书配套光盘“场景\第9章\map\金世纪米黄(黄龙玉).jpg”，将其赋给墙体的大面，添加【UVW贴图】修改器，设置【长度】、【宽度】、【高度】为1000.0mm。

Step 03 再复制一个理石材质球，将材质重命名为“米黄理石”，在【漫反射】中修改位图为本书配套光盘“场景\第9章\map\米黄大理石(墙面)a.jpg”，将其赋给地面的外围和淋浴房里面的理石方块。

Step 04 继续复制一个理石材质球，将材质重命名为“爵士白理石”，在【漫反射】中修改位图为本书配套光盘“场景\第9章\map\1115909239.jpg”，将其赋给地面的方形串边，效果如图9-36所示。

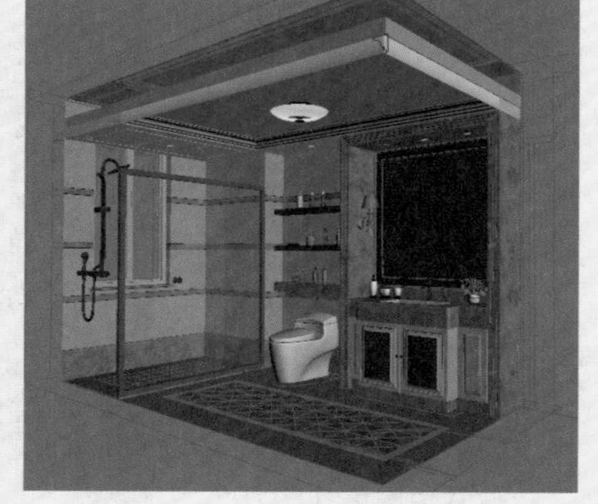

图9-36 为场景赋予材质后的效果

9.4 设置灯光并进行草图渲染

一幅效果图的成功与否，除了可以准确表现场景具体结构的模型，灯光也是整个环节中的主导因素，不同的灯光可以营造不同的环境效果。这个卫生间的场景灯光是采用两部分灯光照明来表现的，也就是天空光效果、室内灯光照明共同使用，最后借助辅助光源进行补光，以弥补局部的灯光不足。

现场实战　设置灯光并进行草图渲染

Step 01 单击【灯光】|【VRay】| VR灯光 按钮，激活左视图，在窗户的位置创建一盏VR灯光，大小与窗户差不多，将它移动到窗户的外面，效果如图9-37所示。

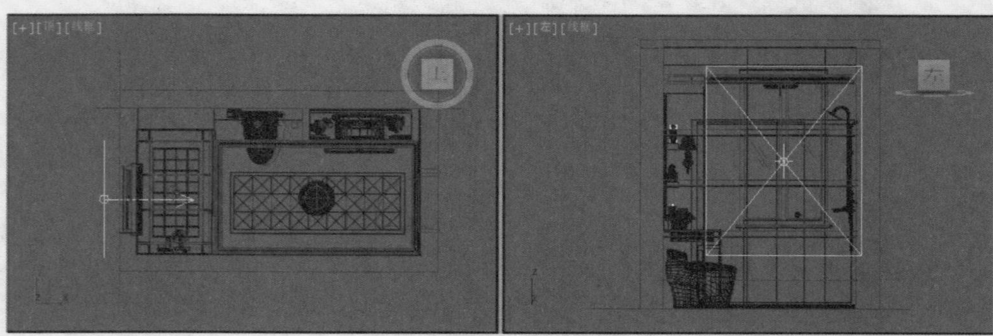

图9-37　VR灯光的位置

Step 02 设置灯光的颜色为淡蓝色，设置【倍增】为12左右，选中【不可见】复选框，取消选中【影响反射】复选框。

Step 03 在前视图中创建一盏目标灯光，在【阴影】参数区选中【启用】复选框，选择【VRay阴影】选项，将【灯光分布（类型）】设置为【光度学Web】，选择“标准(cooper).ies”文件，实例复制多盏，参数设置如图9-38所示。

图9-38　为筒灯设置灯光

Step 04 在顶视图中创建一盏VR球型灯光，放在吸顶灯的下面，将颜色设置为暖色（R:255，G:207，B:145），将

【倍增】设置为30.0，将【半径】设置为30.0，选中【不可见】复选框，复制一盏放在壁灯灯罩的里面，修改【倍增】为60.0，如图9-39所示。

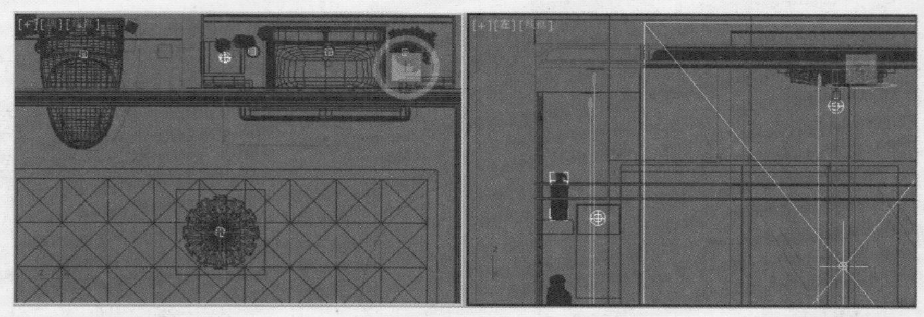

图9-39 为吸顶灯及壁灯设置灯光

Step 05 最后再创建两盏VR平面灯。在天花的下面放置一盏，将【倍增】设置为3.0，在门的位置放置一盏，将【倍增】设置为1.0，效果如图9-40所示。

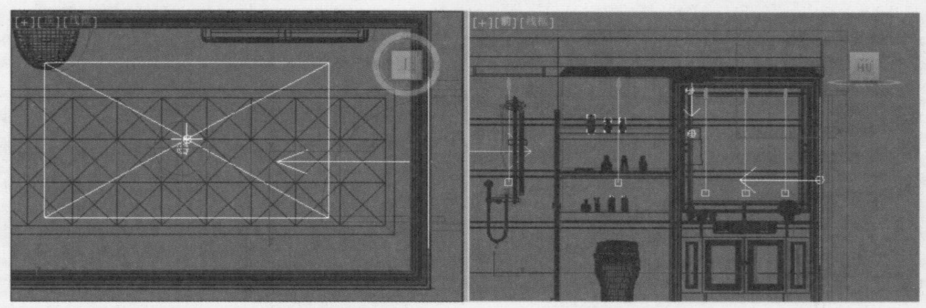

图9-40 设置辅助光

Step 06 使用前面讲解的方法，为场景制作一个风景板，赋予【VR灯光材质】，效果如图9-41所示。

图9-41 为场景创建风景板

场景中的灯光设置完成，下面进行渲染以观看效果。

Step 07 按F10键，弹出【渲染设置】窗口，设置【VRay】、【间接照明】选项卡下的参数。进行草图设置的目的，是为了快速进行渲染，以观看整体效果，参数设置如图9-42所示。

Step 08 按Shift+Q组合键，快速渲染摄影机视图，渲染效果如图9-43所示。

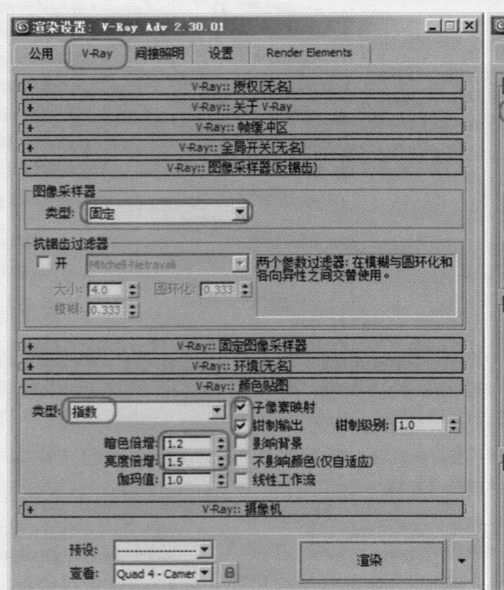

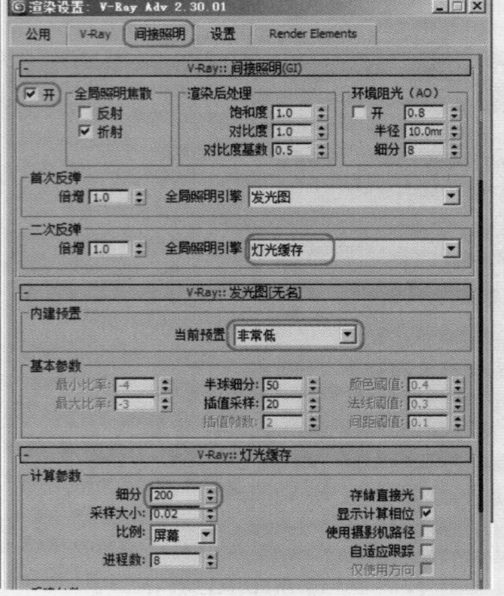

图9-42　设置草图渲染参数

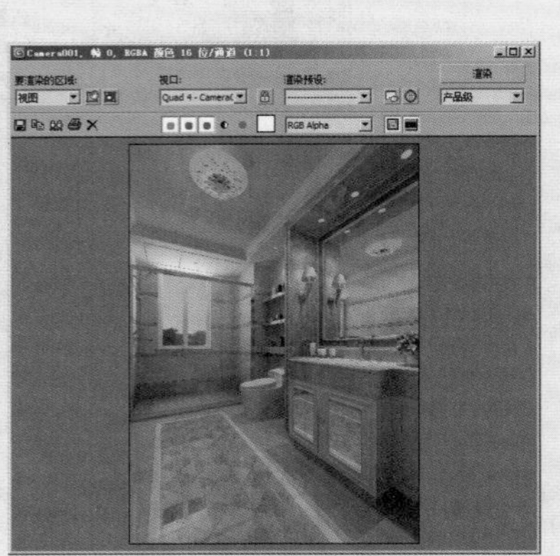

图9-43　渲染效果

9.5 设置成图渲染参数

对于已经设置好灯光材质的场景，剩下的工作就是把渲染的参数设置得高一些，渲染一张小的光子图，然后进行大图的渲染输出，利用Photoshop进行后期处理。

现场实战　设置成图渲染参数

Step 01 选择在窗户外面模拟天光的VR灯光，修改【参数】卷展栏下的【细分】为20~30左右，其他VR灯光的【细分】也要进行设置，如图9-44所示。

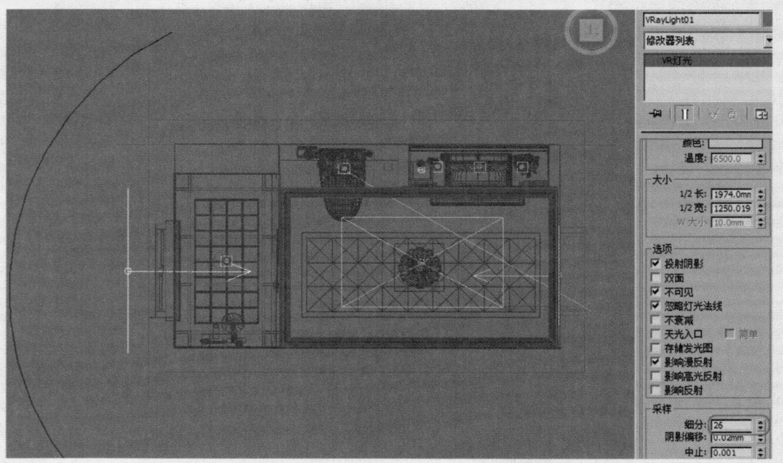

图9-44　修改灯光的【细分】参数

Step 02 重新设置渲染参数。按F10键，在弹出的【渲染设置】窗口中选择【V-Ray】和【间接照明】选项卡，设置【V-Ray::图像采样器（反锯齿）】、【V-Ray::颜色贴图】、【V-Ray::发光图】和【V-Ray::间接照明】卷展栏下的参数，如图9-45所示。

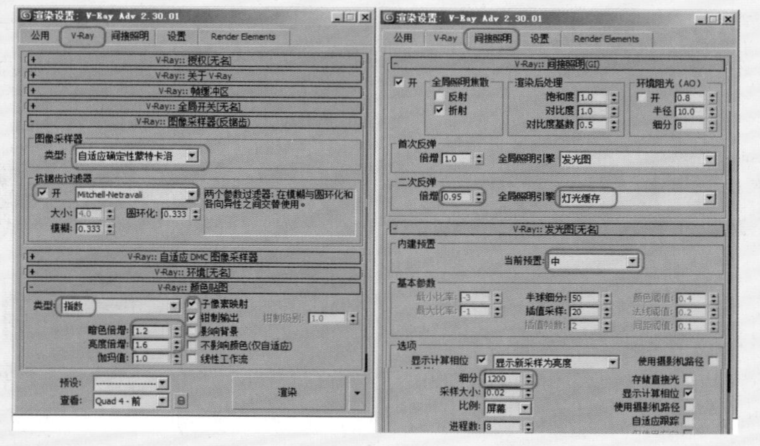

图9-45　设置最终的渲染参数

在渲染出图的时候，可以根据不同的场景来选择不同的渲染方式。对于较大的场景，可以采取先渲染尺寸稍小的光子图，然后通过载入渲染的光子图来渲染成图以加快渲染速度的方法。

Step 03 为了得到更加细腻的效果，设置【设置】选项卡下【V-Ray::DMC采样器】卷展栏下的参数，如图9-46所示。

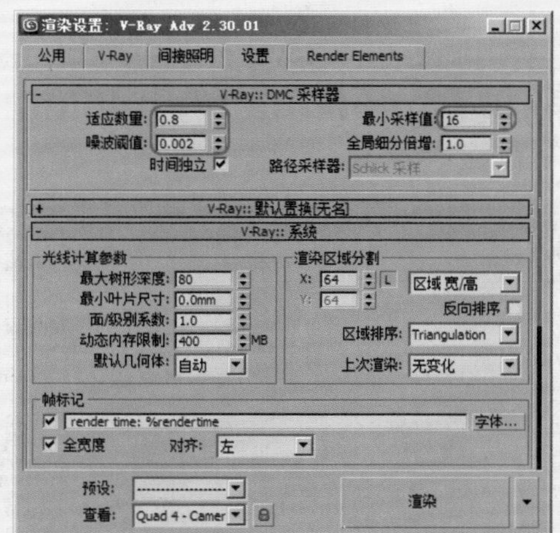

图9-46　设置卷展栏参数

Step 04 光子图的渲染尺寸为367mm × 500mm，如图9-47所示。

Step 05 将光子图渲染完成后进行保存，然后加载光子图，最终成图的渲染尺寸为1466mm × 2000mm。

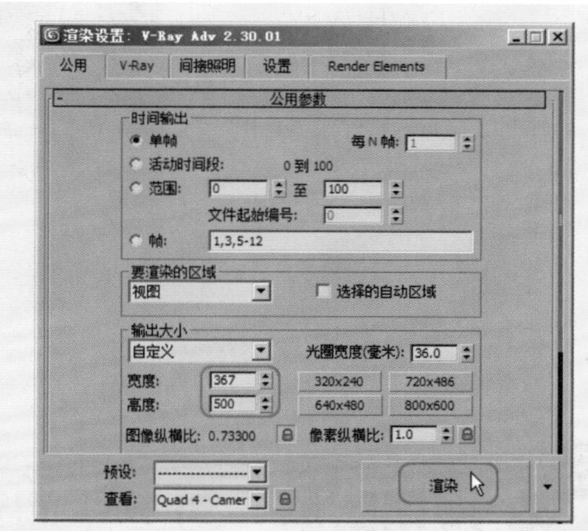

图9-47　设置光子图的尺寸

Step 06 最终渲染完成的的效果如图9-48所示。

图9-48　渲染的最终效果

Step 07 单击【保存位图】按钮，选择一个路径，将【保存类型】设置为【Targa图像文件（*. tga）】，将文件名设置为“卫生间.tga”。

9.6 Photoshop后期处理

使用3ds Max渲染出来的图片，总会存在色调、饱和度方面的不足，这些都可以使用Photoshop来进行修饰，这也说明熟练应用Photoshop可以提高商业图的工作效率，图9-49所示是处理前后的对比效果。

处理前的效果

处理后的效果

图9-49　使用Photoshop处理前后的对比效果

现场实战　对卫生间进行后期处理

Step 01 启动Photoshop CS6中文版。

Step 02 打开上面输出的“卫生间.tga”文件，这张渲染图是按照1466mm ×2000mm的尺寸来渲染的，效果如图9-50所示。

观察和分析渲染的图片，可以看出效果稍微有些暗，并且发灰，这就需要使用Photoshop来调节该图的亮度和对比度。

图9-50　打开渲染的卫生间文件

Step 03 在【图层】面板中按住【背景】图层，将其拖动到下面的【创建新图层】按钮上，复制【背景】图层，按Ctrl＋M组合键，弹出【曲线】对话框，参数设置如图9-51所示。

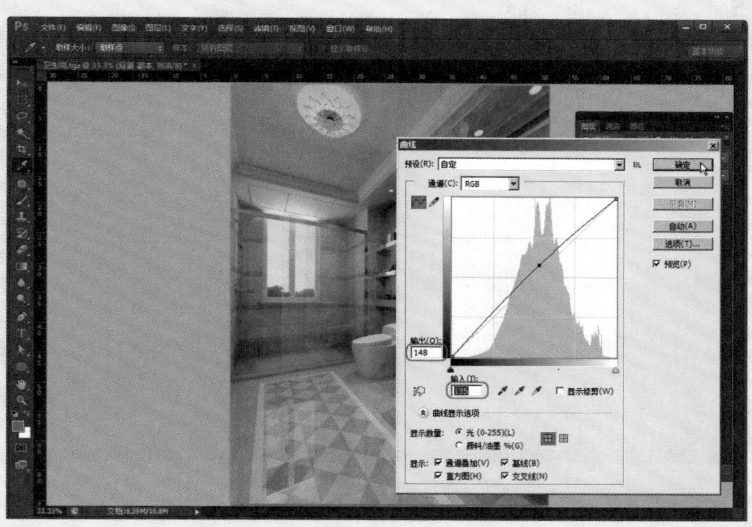

图9-51 调整图像的亮度

Step 04 按Ctrl＋L组合键，弹出【色阶】对话框，调整图像的明暗对比度，如图9-52所示。

Step 05 画面的亮度及明暗对比度调整完成，效果如图9-53所示。

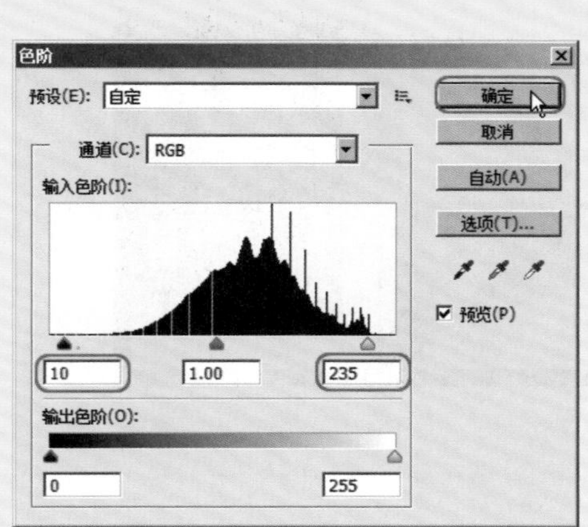

图9-52 调整图像的对比度

图9-53 调整后的效果

Step 06 复制图层“背景副本”，设置图层混合模式为【柔光】，调整【不透明度】为50%左右，目的是让画面更有层次感，效果如图9-54所示。

Step 07 将上面的两个图层进行合并，按Ctrl+B组合键，弹出【色彩平衡】对话框，选中【高光】单选按钮，对高光的色阶进行调整，如图9-55所示。

Step 08 将处理后的文件保存为“卫生间后期. psd”文件，读者可以查看本书配套光盘中“场景\第9章\后期”中的文件。

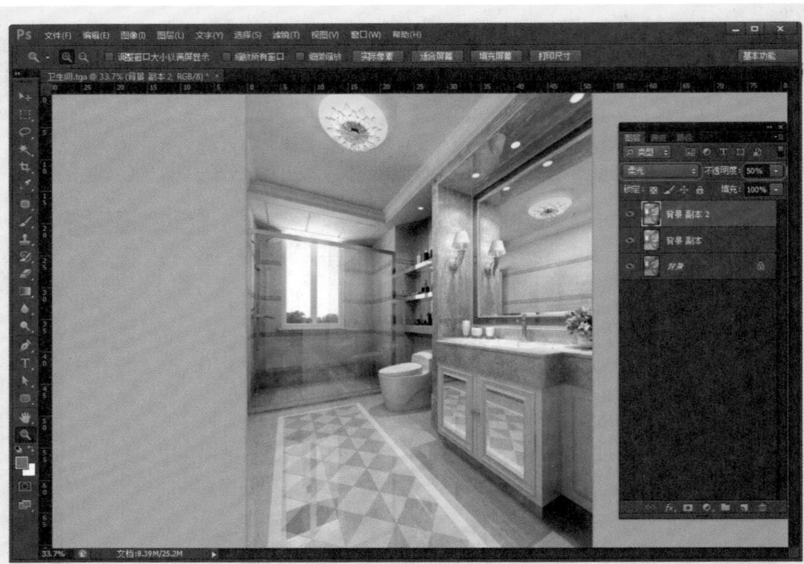

图9-54　使用柔光效果

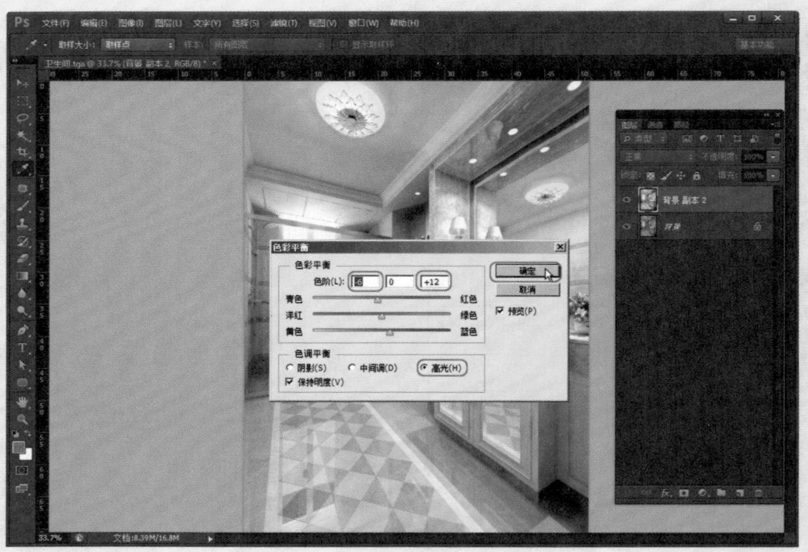

图9-55　调整高光

9.7 小结

本章学习了卫生间效果图的制作方法，用专业的制图思路引导大家将AutoCAD的平面图引入到3ds Max中建立模型，然后再依据图纸来确立合并家具的位置并赋予材质、设置灯光、进行VRay渲染，最后又详细地讲解了卫生间效果图的后期处理。

第10章

家装——厨房的设计表现

Chapter 10

本章内容

- 介绍案例
- 建立模型
- 设置材质
- 设置灯光并进行草图渲染
- 设置成图渲染参数
- Photoshop后期处理
- 小结

本章将带领大家制作一个欧式厨房的效果图。厨房是烹饪美食的场所，为减轻劳动强度，需要运用人体工程学原理合理地布置空间。这就要求在制作厨房空间时，不但要将厨房表现得生动、逼真，而且在设计上也应该注重新颖，讲究布局合理，同时还要将室内环境处理得美观大方、格调高雅、富有个性，使室内气氛与室内空间功能、设计风格相协调。

10.1 介绍案例

本案例制作的是一个欧式厨房的效果图。6m²的厨房，面积上不算小，但因为是偏方形的结构，在厨房的右侧墙面还有一根柱子，这样在使用功能上就要略逊于长条状的厨房，于是采用了L型橱柜，尽量扩大其储物功能。在这个空间中，墙面采用了小块的仿古瓷砖，使用带有小花图案的瓷砖进行局部点缀，以达到画龙点睛的效果。纯净的白色柜门、简单的直线条凹槽，配以古铜色的拉手，打造出一组简约的欧式橱柜，让空间显得更加干净而明快。

本案例制作的欧式厨房的最终效果图，如图10-1所示。

图10-1　欧式厨房的设计效果图

10.2 建立模型

相对来说，厨房的模型比卧室的模型要简单一些，主要由墙体、地面、天花组成。建立完框架后，家具部分使用合并命令合并到场景中就可以了。

10.2.1 导入图纸

现场实战　导入CAD平面图

Step 01　启动3ds Max 2013中文版，将单位设置为mm（毫米）。

Step 02　使用前面讲解的方法，将本书配套光盘“场景\第10章\厨房图纸.dwg”文件导入到场景中，如图10-2所示。

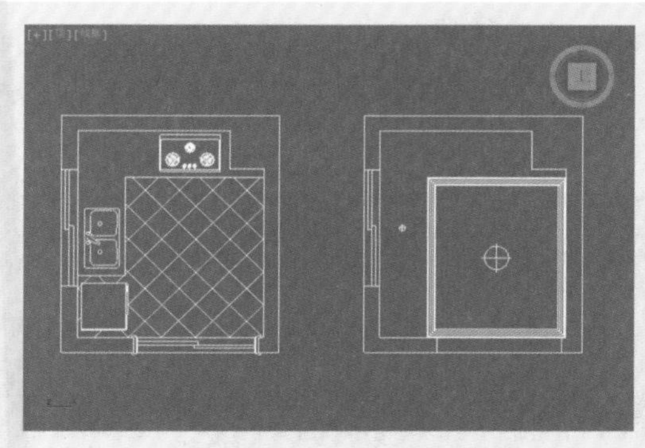

图10-2 导入的图纸

Step 03 按Ctrl+A组合键，选择所有线形，为其指定一种便于观察的颜色。

Step 04 激活顶视图，按Alt+W组合键，将视图最大化显示，按G键将网格隐藏。

Step 05 按S键将捕捉打开，采用2.5维的捕捉模式，将鼠标指针放在按钮上方，单击鼠标右键，在弹出的【栅格和捕捉设置】窗口中设置【捕捉】及【选项】选项卡的参数，如图10-3所示。

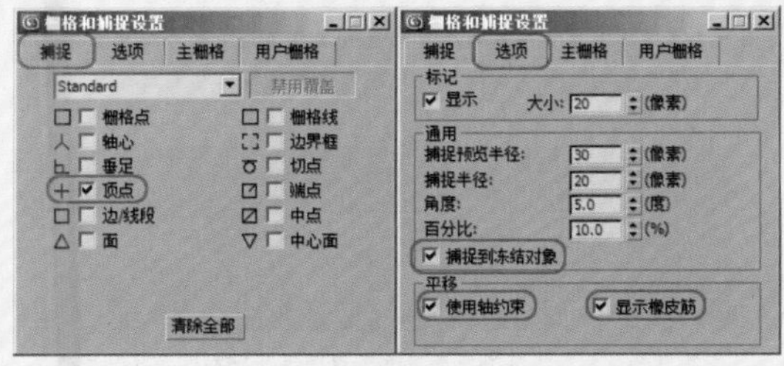

图10-3 设置参数

Step 06 选择图纸，单击鼠标右键，在弹出的菜单中选择【冻结当前选择】命令，将图纸冻结起来，这样在后面的操作中就不会选择和移动图纸。

Step 07 在顶视图中选择天花层，将其移动到平面图的位置，在前视图中将天花层移动到2500mm的位置，效果如图10-4所示。

Step 08 单击【创建】|【图形】| 线 按钮，在顶视图中按照平面图绘制墙体的封闭线形，执行【挤出】命令，将【数量】设置为2500.0mm，如图10-5所示。

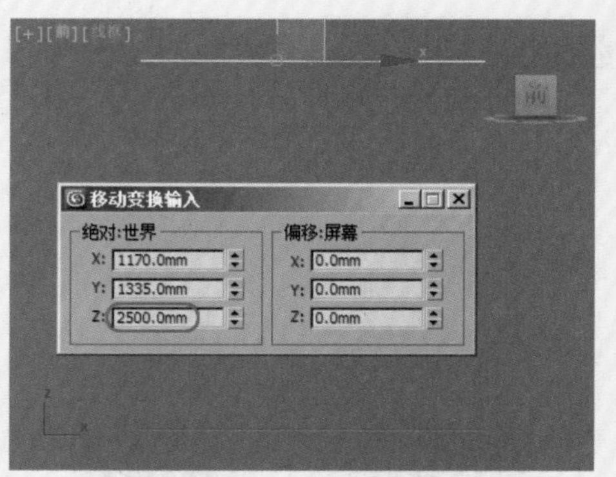

图10-4 移动天花层

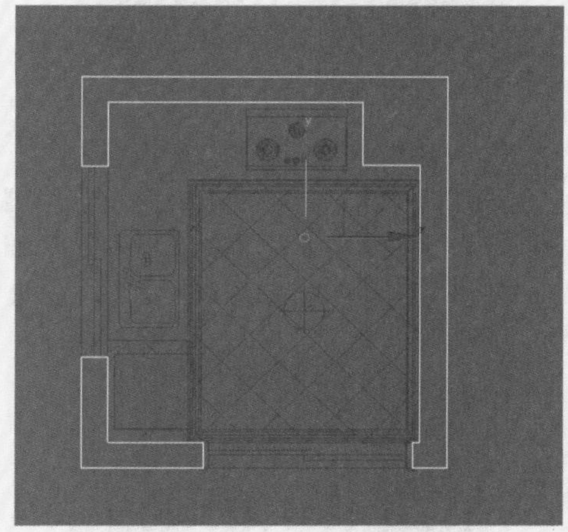

图10-5 绘制线形并执行【挤出】命令

Step 09 选择挤出后的线形，单击鼠标右键，在弹出的菜单中选择【转换为】|【转换为可编辑多边形】命令，将挤出后的线形转换为可编辑多边形物体，如图10-6所示。

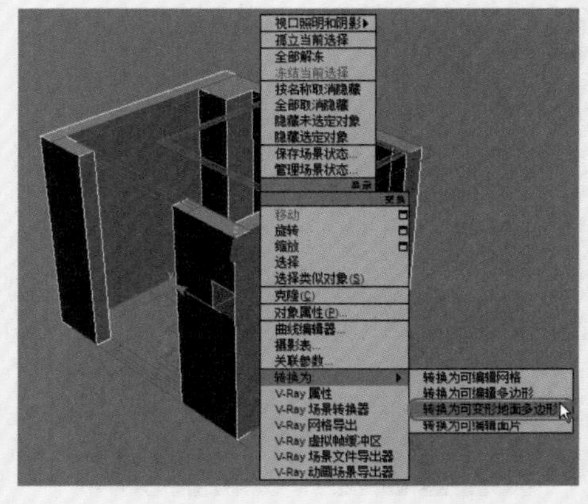

图10-6 转换为可编辑多边形物体

Step 10 在视图中选择墙体，按2键，进入【边】层级子物体，在透视图中选择如图10-7所示的边。

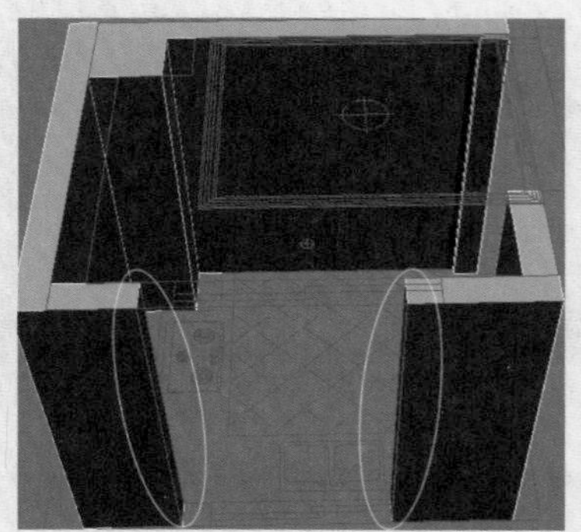

图10-7　选择的两条边

Step 11 单击【编辑边】卷展栏下 连接 右侧的小按钮，在弹出的对话框中将【分段】设置为2，单击【确定】按钮，如图10-8所示。

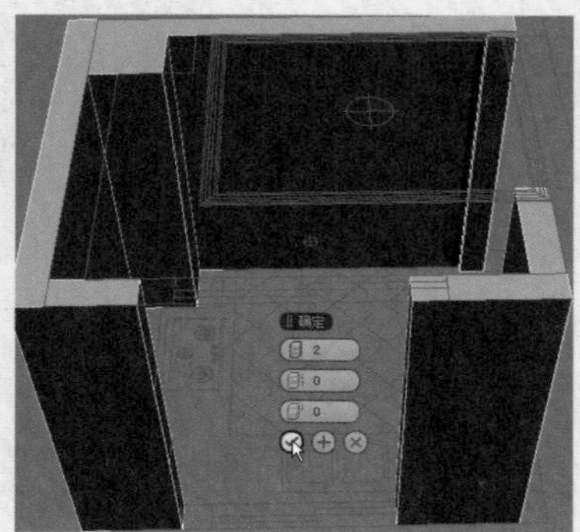

图10-8　使用连接增减段数

Step 12 按4键，进入【多边形】层级子物体，在透视图中选择如图10-9所示的面。

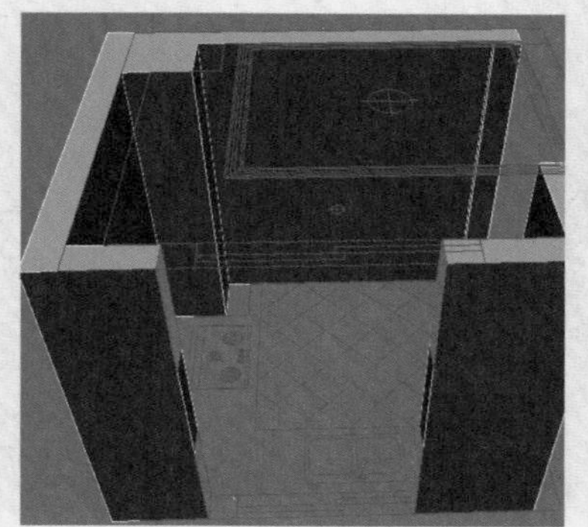

图10-9　选择的4个面

Step 13 单击【编辑多边形】卷展栏下的 桥 按钮，此时窗洞就形成了，效果如图10-10所示。

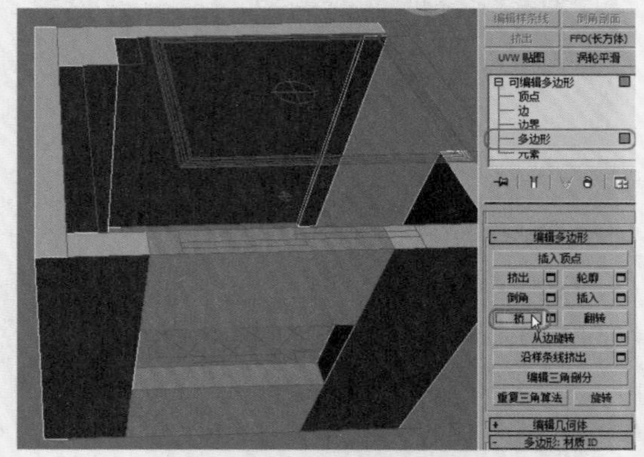

图10-10　用桥制作的窗洞

Step 14 按1键，进入【顶点】层级子物体，在前视图中选择中间下面的一排顶点，按F12键（确认【移动】按钮被激活），在弹出的【移动变换输入】窗口中设置【Z】值为900.0mm，然后将中间上面顶点的【Z】值设置为2400.0mm，如图10-11所示。

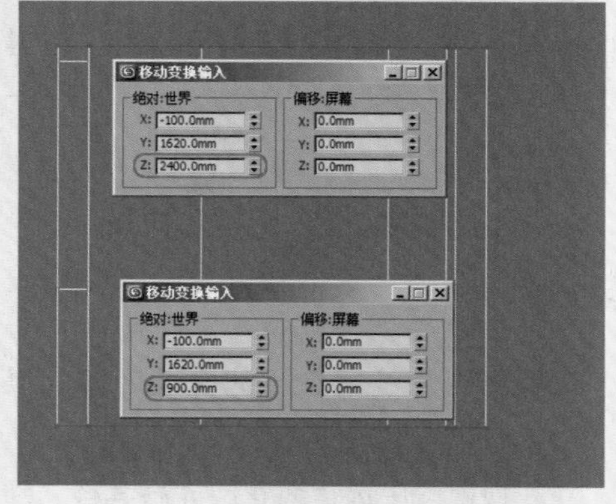

图10-11　在前视图中调整顶点的位置

Step 15 使用同样的方法制作出门洞，在为门洞添加段数时添加一个段数就可以了，门洞的高度为2200mm，如图10-12所示。

Step 16 激活前视图，确认捕捉模式处于2.5维捕捉。单击【创建】|【图形】| 矩形 按钮，沿窗洞绘制矩形作为

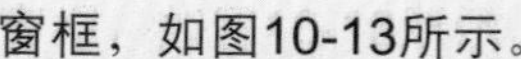
窗框，如图10-13所示。

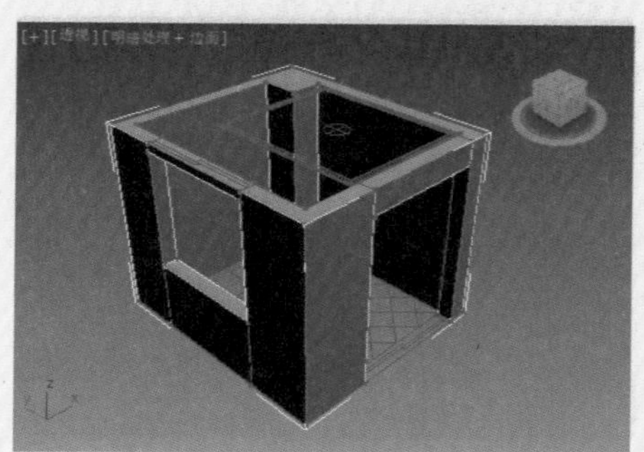
图10-12　制作的门洞

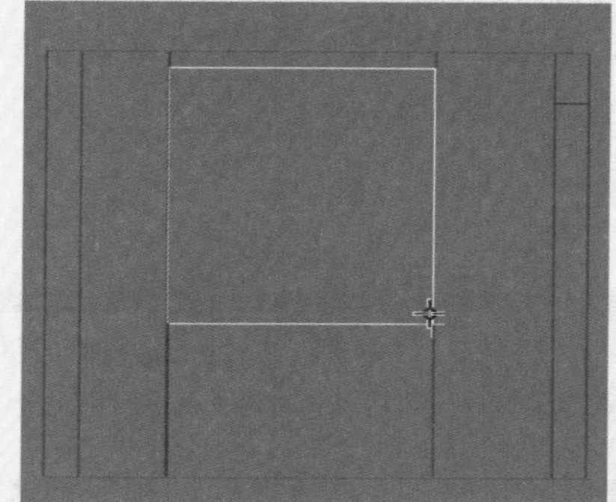
图10-13　绘制矩形

Step 17 为矩形执行【编辑样条线】命令，按3键，进入【样条线】层级，在【几何体】卷展栏下【轮廓】按钮右侧的文本框中输入60，单击 轮廓 按钮，产生轮廓，效果如图10-14所示。

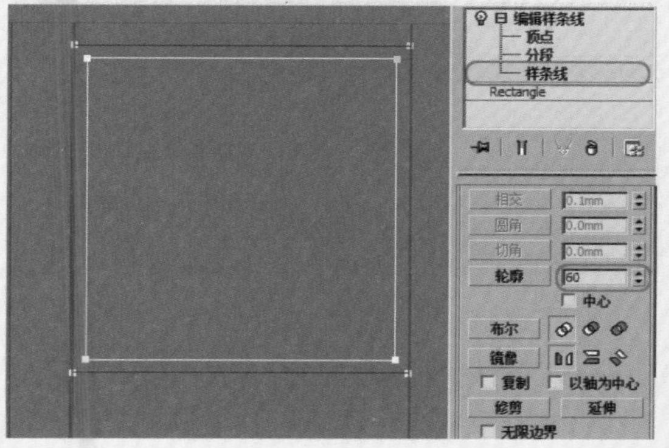

图10-14　添加轮廓

Step 18 为绘制的线形执行【挤出】命令，将【数量】设置为60.0mm（即窗框的厚度为60mm），效果如图10-15所示。

图10-15　执行【挤出】命令

Step 19 在中间再制作出一条竖撑，效果如图10-16所示。

图10-16　制作窗框的竖撑

窗套就不用包了，下面制作一个窗台板。

Step 20 在顶视图中创建一个1600mm×165mm×20mm的长方体作为窗台板，在顶视图及前视图中将其放到合适的位置，如图10-17所示。

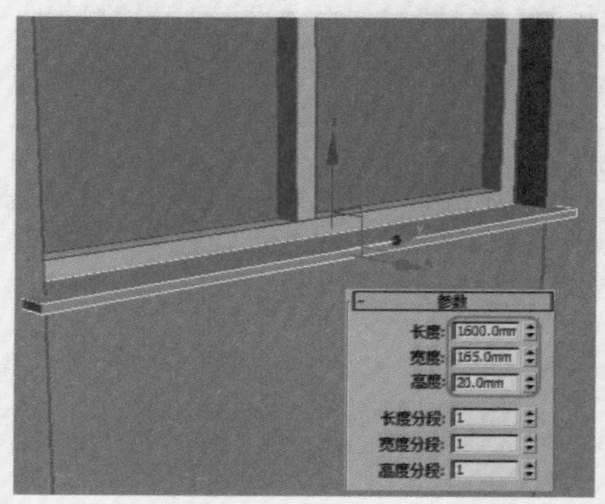

图10-17　创建长方体

Step 21 将长方体转换为可编辑多边形物体，分别进入【多边形】和【边】层级子物体进行编辑，制作出窗台造型，效果如图10-18所示。

Step 22 门及门套就不制作了，将其直接合并到场景中就可以了

Step 23 按Ctrl+S组合键，将文件保存为“欧式厨房.max”文件。

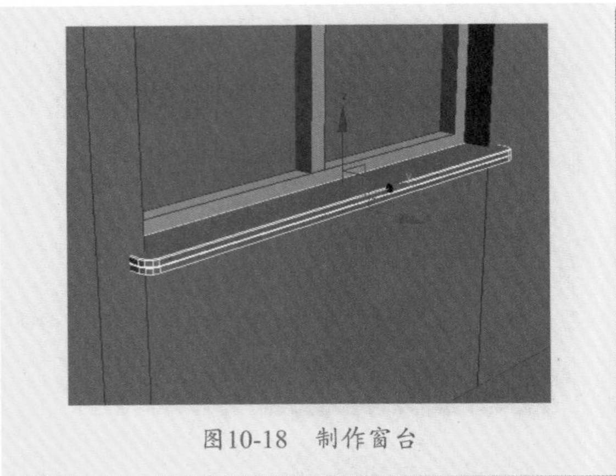

图10-18 制作窗台

10.2.2 制作天花

厨房的墙体和窗已经制作完成，下面制作天花。

现场实战 制作天花

Step 01 单击【创建】|【图形】|线按钮，在顶视图中沿着天花图的形态用捕捉绘制线形，效果如图10-19所示。

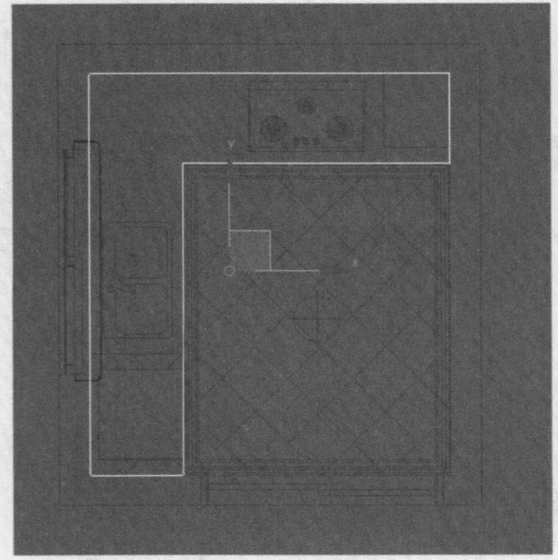

图10-19 绘制线形

Step 02 执行【挤出】命令，设置【数量】为100.0mm（即天花的厚度为100mm），将天花放在顶的下面，效果如图10-20所示。

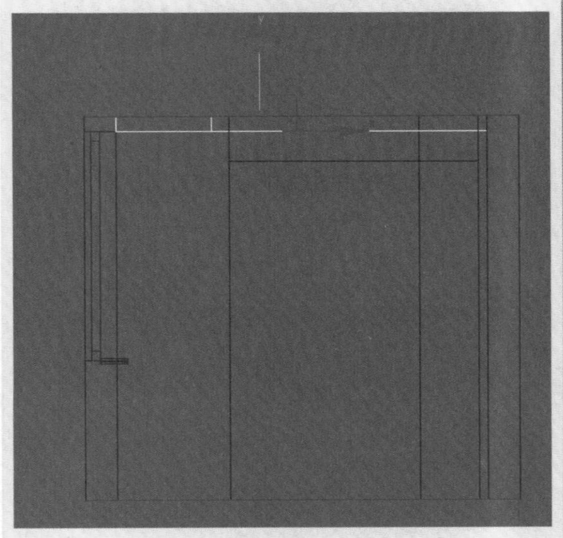

图10-20 制作天花

下面使用【倒角剖面】命令为天花制作石膏线造型。

Step 03 在前视图中使用【线】命令绘制一个石膏线的剖面（尺寸约100mm × 100mm），效果如图10-21所示。

图10-21 绘制剖面

Step 04 在顶视图中沿着天花的内侧用捕捉绘制一个线形作为路径，如图10-22所示。

Step 05 在视图中选择路径，执行【倒角剖面】命令，然后单击 拾取剖面 按钮，在前视图中点击剖面线，石膏线制作完成，复制石膏线，再拾取下面的小石膏线，效果如图10-23所示。

如果发现石膏线的形态反了，需要进入剖面的【样条线】层级进行镜像。

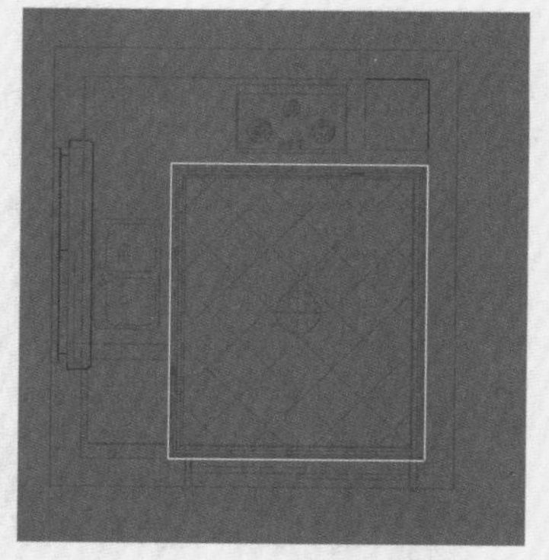

图10-22 绘制路径

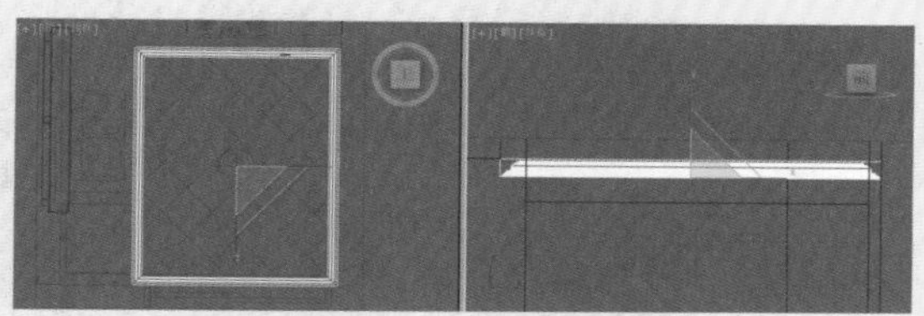

图10-23 制作石膏线

Step 06 在顶视图中创建一个3070mm × 2740mm × -10mm的长方体作为地面，在前视图中复制一个长方体作为顶。

Step 07 按Ctrl+S组合键，对文件进行保存。

10.2.3 设置摄影机及合并家具

当把场景中的框架及基本结构制作完成后，就可以设置摄影机了。

现场实战 设置摄影机及合并家具

Step 01 单击【创建】|【摄影机】| 目标 按钮，在顶视图中沿X轴从左向右拖动鼠标，创建一架目标摄影机，然后将摄影机移动到高度为1100mm左右的位置，修改【镜头】为26.0mm，效果如图10-24所示。

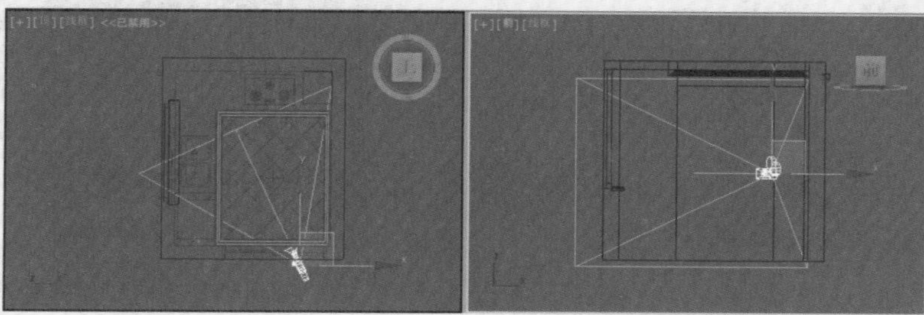

图10-24 摄影机的位置及高度

Step 02 激活透视图，按C键，透视图即成为摄影机视图。因为摄影机被前面的墙体挡住了，所以必须选中【手动剪切】复选框，设置【近距剪切】为500.0mm，【远距剪切】为5000.0mm，最后调整摄影机的位置，效果如图10-25所示。

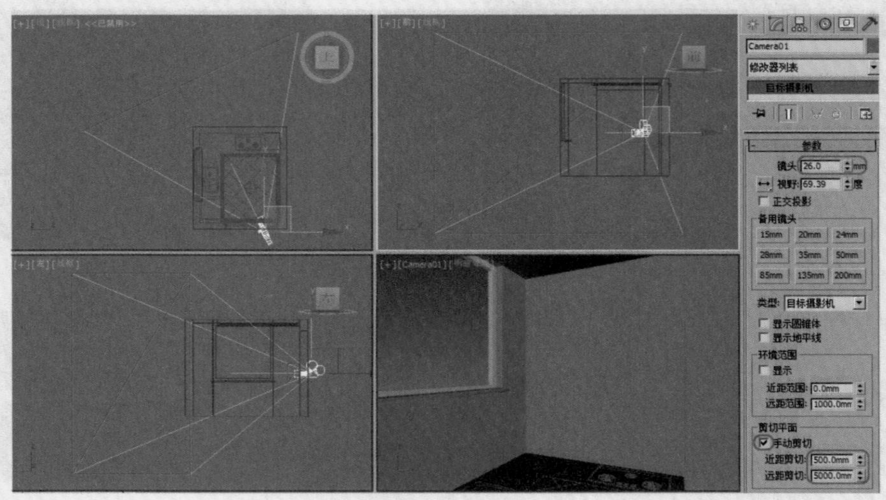

图10-25 修改摄影机参数

Step 03 调整完成后，按Shift + C组合键，快速隐藏摄影机。

Step 04 执行按钮下的【导入】|【合并】命令，将本书配套光盘“场景\第10章\厨房家具.max”文件合并到场景中，效果如图10-26所示。

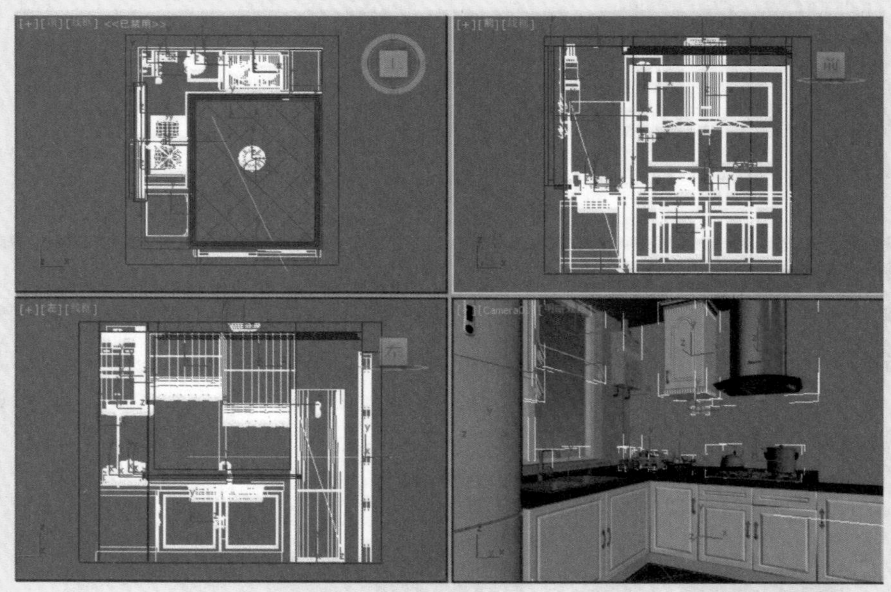

图10-26 合并家具后的效果

Step 05 最后将图纸删除，按Ctrl + S组合键，将文件进行快速保存。

为厨房合并的模型中包括橱柜、吊柜、厨具、冰箱等，它们的位置已经调整好了，按照本书提供的图纸进行导入并制作出的模型，就不用再调整位置了。

10.3 设置材质

厨房的模型还没有被赋予材质，下面讲解场景中主要材质的调制，包括白乳胶漆、淡黄乳胶漆、墙砖、地砖等，效果如图10-27所示。

在调制材质之前先把VRay指定为当前渲染器，然后按M键，弹出【材质编辑器】窗口，选择一个材质球，调制白乳胶漆和淡黄乳胶漆并分别赋给天花和顶，具体步骤在这里就不讲解了。

图10-27 场景中的主要材质

10.3.1 墙砖材质

现场实战 调制墙砖材质

Step 01 选择一个未用的材质球，调制一种“墙砖”材质。在【漫反射】中添加名为“M B.jpg”的位图，在【坐标】卷展栏中调整【角度】下的【W】为45.0（也就是将贴图旋转45°），设置【模糊】为0.01，以提高贴图的清晰度。调整【反射】的颜色（R、G、B均为28），其他参数设置如图10-28所示。

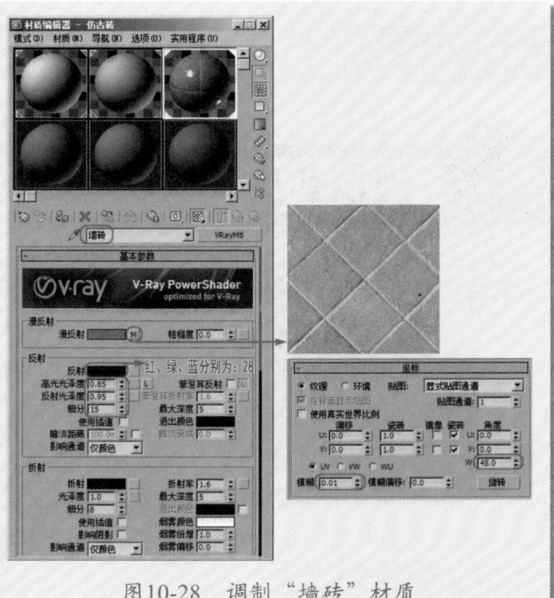

图10-28 调制“墙砖”材质

Step 02 在【贴图】卷展栏下，将【漫反射】通道中的位图实例复制给【凹凸】通道，将【数量】设置为10.0，如图10-29所示。

Step 03 将调制好的“墙砖”材质赋给墙体，然后为墙体添加【UVW贴图】修改器，将贴图类型设置为【长方体】，设置【长度】、【宽度】、【高度】均为300.0mm，效果如图10-30所示。

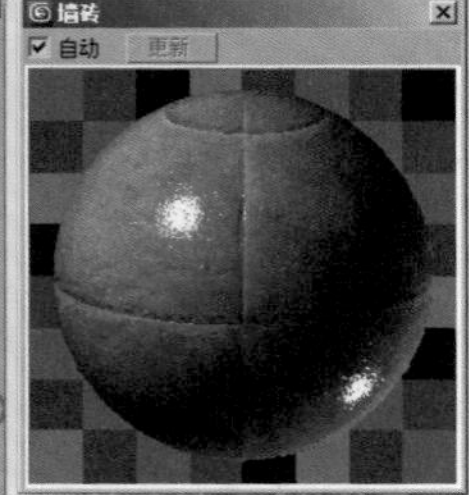

“墙砖”材质球的效果

图10-29　调制“墙砖”材质

图10-30　为墙体赋予“墙砖”材质

10.3.2 地砖材质

现场实战　调制地砖材质

Step 01 复制“墙砖”材质球，将其命名为“地砖”，将【漫反射】中的位图替换为“d z.jpg”，调整【坐标】卷展栏【角度】下的【W】为0.0，其他参数就不需要调整了。将“地砖”材质赋给地面，同样为地面添加【UVW贴图】修改器，将贴图类型设置为【长方体】，设置【长度】、【宽度】均为450.0mm，设置【高度】为10.0mm，效果如图10-31所示。

Step 02 再调制一种米黄大理石材质赋予窗台，为窗框赋予一种白色材质就可以了。

现在，厨房框架的材质已经调制完成，合并到厨房的模型都已经被赋予材质了，这里就不重复讲解了。如果想换一种色调，可以使用【吸管工具】将颜色吸到材质球上，然后修改【漫反射】中的颜色或位图。

图10-31　为地面赋予“地砖”材质

10.4 设置灯光并进行草图渲染

在为厨房布置灯光时，还是按照实际灯光进行布置。因为是小场景，灯光相对也很简单。对于这样的场景，如果灯光不够，可以设置辅助灯光，以丰富空间的光影变化，这需要根据实际情况灵活运用。

10.4.1 设置天空光

现场实战　设置天空光

Step 01 单击【灯光】|【VRay】| VR灯光 按钮，激活左视图，在窗户的位置创建一盏VR灯光，大小与窗户差不多，将它移动到窗户的外侧。设置【颜色】为天蓝色，【倍增】为10.0左右，选中【不可见】复选框，取消选中【影响反射】复选框，效果如图10-32所示。

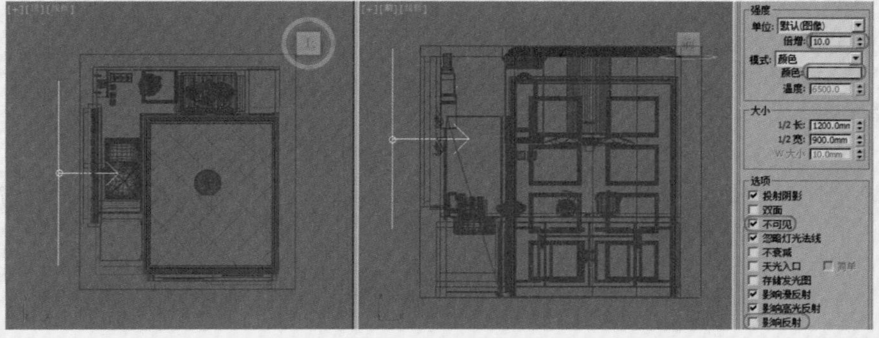

图10-32　VR灯光的位置及参数

Step 02 按F10键，弹出【渲染设置】窗口，设置【V-Ray】、【间接照明】选项卡下的参数。进行草图设置的目的，是为了快速进行渲染，以观看整体效果，参数设置如图10-33所示。

Step 03 按Shift+Q组合键，快速渲染摄影机视图，渲染效果如图10-34所示。

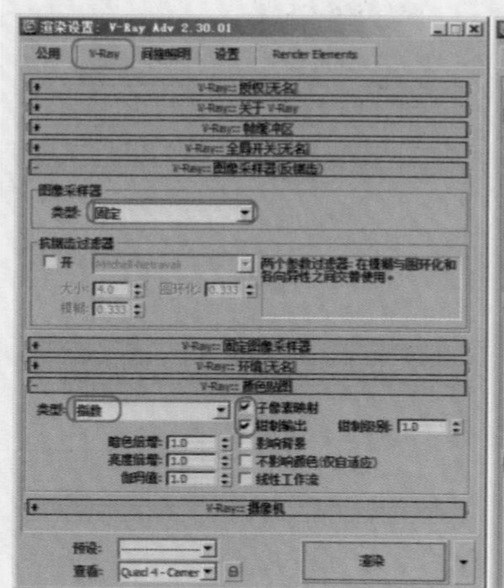

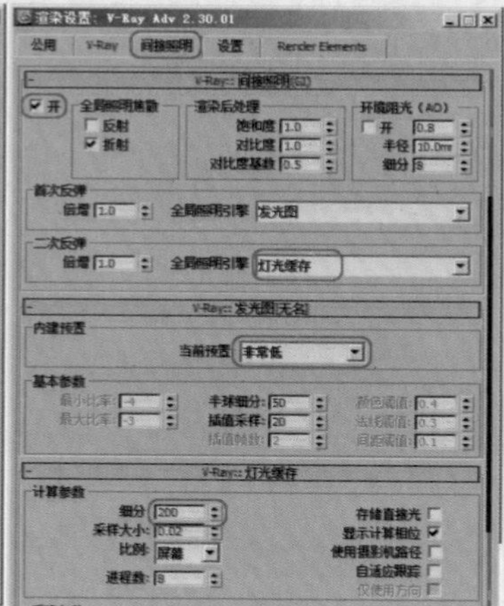

图10-33 设置草图渲染参数

图10-34 渲染效果

通过上面的渲染效果可以看出，整体的光感还是不够理想，此时需要设置室内的灯光作为辅助光源以提亮整体空间。

10.4.2 设置辅助灯

动手操作 设置辅助灯

Step 01 在前视图中创建一盏目标灯光，选中【阴影】参数区下的【启用】复选框，选择【VRay阴影】选项，将【灯光分布（类型）】设置为【光度学Web】，选择“7.ies”文件，参数设置如图10-35所示。

图10-35 为筒灯设置灯光

Step 02 在顶视图中创建一盏VR灯光，用来模拟吸顶灯的发光效果，将它移动到吸顶灯的下方，设置【颜色】为淡黄色，【倍增】为3.0，选中【不可见】复选框，取消选中【影响反射】复选框，效果如图10-36所示。

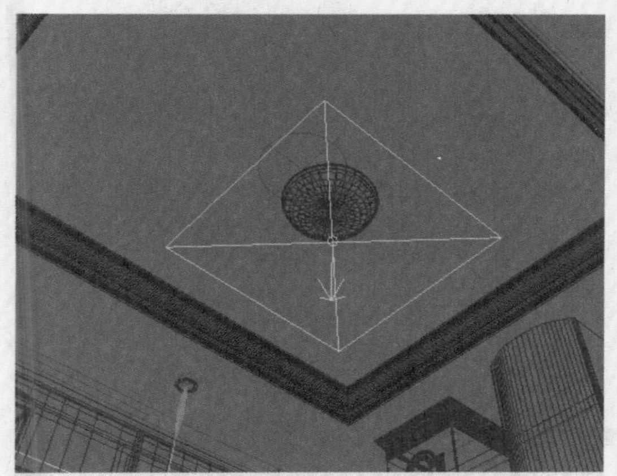

图10-36 为吸顶灯创建灯光

Step 03 在抽油烟机的下方创建一盏VR平面灯光，参数设置和吸顶灯相同就可以了，效果如图10-37所示。

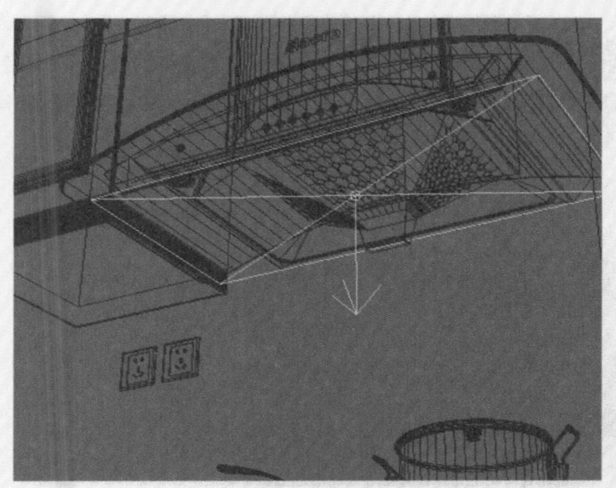

图10-37 为抽油烟机创建灯光

Step 04 在摄影机视图中门口的位置创建一盏VR灯光，设置灯光的类型为【球体】，颜色为暖色（R：255，G：207，B：145），【倍增】为50.0左右，【半径】为100.0左右，选中【不可见】复选框，效果如图10-38所示。

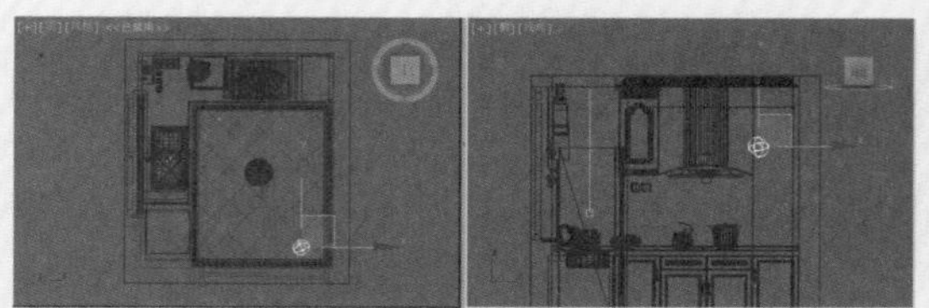

图10-38 设置灯光

Step 05 按Shift+Q组合键，快速渲染摄影机视图，渲染效果如图10-39所示。

图10-39 渲染效果

现在透过窗户往外看，看到的是黑色的背景。为了产生真实的效果，需要添加一张风景图片，也就是常说的风景板，以模拟窗外的风景。

Step 06 使用前面讲解的方法，为场景制作一个风景板，并赋予【VR灯光材质】，效果如图10-40所示。

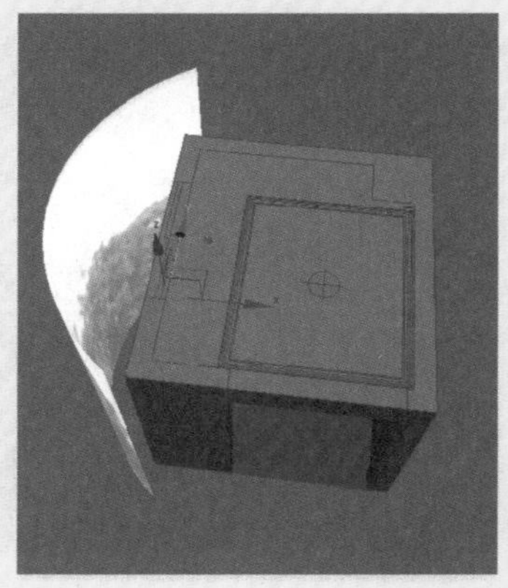

图10-40 为场景创建风景板

Step 07 对摄影机视图进行快速渲染，渲染效果如图10-41所示。

图10-41 渲染效果

10.5 设置成图渲染参数

如果感觉满意，就可以设置最终的渲染参数了，需要把灯光的【细分】参数和渲染参数提高，以得到更好的渲染效果。

现场实战 设置成图渲染参数

Step 01 选择在窗户外面模拟天光的VR灯光，修改【参数】卷展栏下的【细分】为20左右，如图10-42所示。

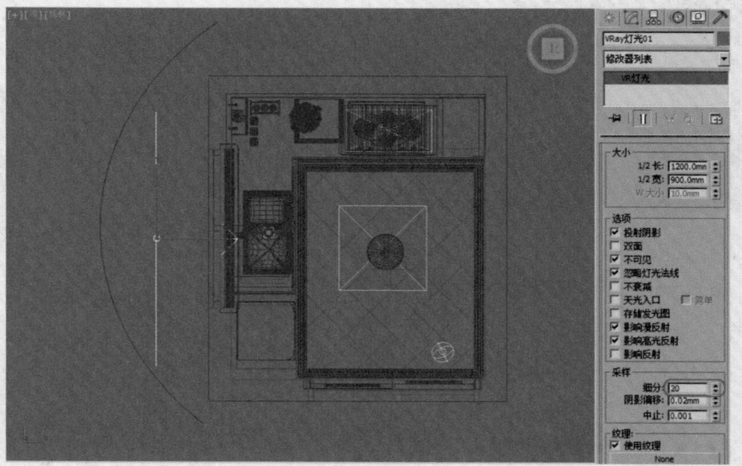

图10-42 修改灯光的【细分】参数

Step 02 重新设置渲染参数。按F10键，在弹出的【渲染设置】窗口中选择【V-Ray】和【间接照明】选项卡，设置【V-Ray::图像采样器（反锯齿）】、【V-Ray::颜色贴图】、【V-Ray::发光图】和【V-Ray::间接照明(GI)】卷展栏下的参数，如图10-43所示。

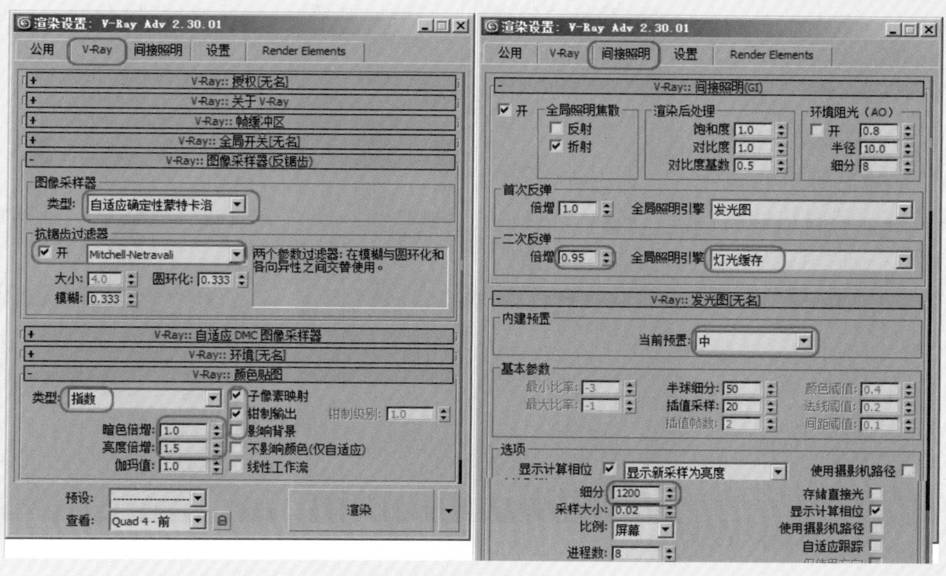

图10-43 设置最终的渲染参数

Step 03 为了得到更加细腻的效果，设置【设置】选项卡【V-Ray::DMC采样器】卷展栏下的参数，如图10-44所示。

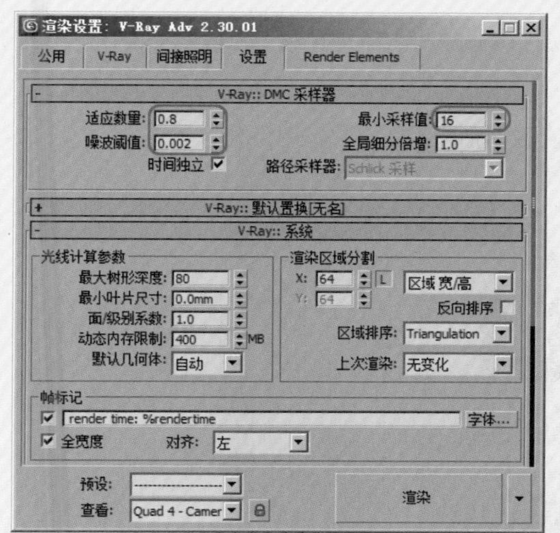

图10-44 设置卷展栏参数

关于光子图的渲染在这里就不进行讲解了，希望读者按照前面章节的方法进行设置，光子图渲染的尺寸为354mm × 500mm。

Step 04 最终成图的渲染尺寸为1414mm × 2000mm，将渲染完成的成图保存为“欧式厨房.tga”文件，如图10-45所示。

图10-45 渲染的最终效果

10.6 Photoshop后期处理

效果图渲染输出后，还需要用Photoshop来修改渲染输出的图片，以修饰、美化图片的细节，并对效果图的光照、明暗、颜色等进行调节。图10-46所示是厨房处理前后的对比效果。

处理前的效果　　处理后的效果

图10-46　使用Photoshop处理前后的对比效果

现场实战　对厨房进行后期处理

Step 01 启动Photoshop CS6中文版。

Step 02 打开上面输出的“欧式厨房.tga”文件，这张渲染图是按照1414mm × 2000mm的尺寸来渲染的，效果如图10-47所示。

图10-47　打开的厨房文件

渲染出来的图片稍微有些暗，整体不够亮，效果显得不够艳丽，需要使用Photoshop来调节该图的亮度和对比度。

Step 03 按Ctrl＋J组合键，对【背景】图层进行复制，并将其粘贴到一个新的图层中，如图10-48所示。

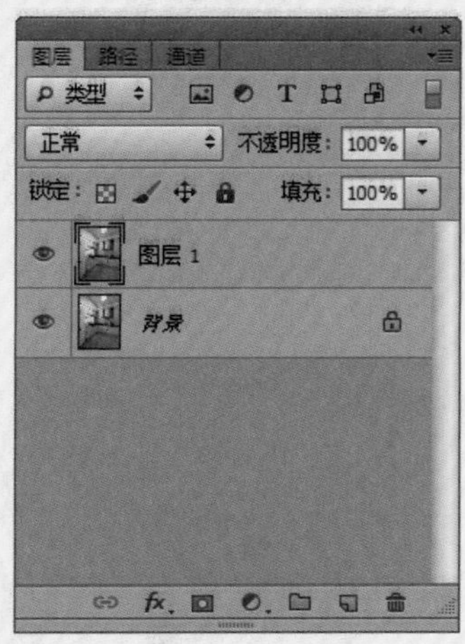

图10-48　复制图层

Step 04 按Ctrl＋M组合键，弹出【曲线】对话框，对图像的亮度进行调节，如图10-49所示。

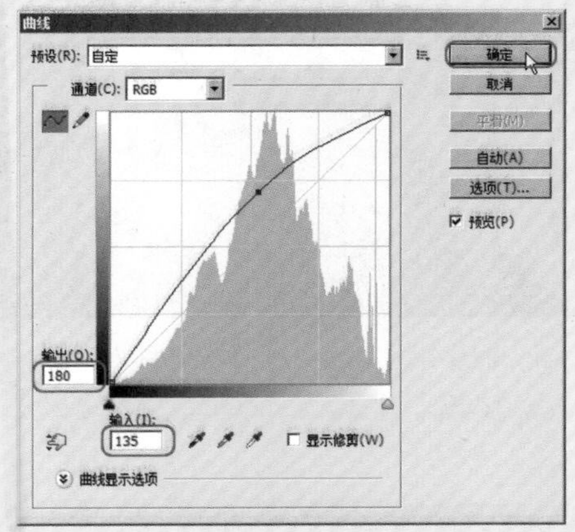

图10-49　调整图像的亮度

Step 05 按Ctrl＋L组合键，弹出【色阶】对话框，调整图像的明暗对比度，如图10-50所示。

Step 06 画面的亮度及明暗对比度调整完成，效果如图10-51所示。

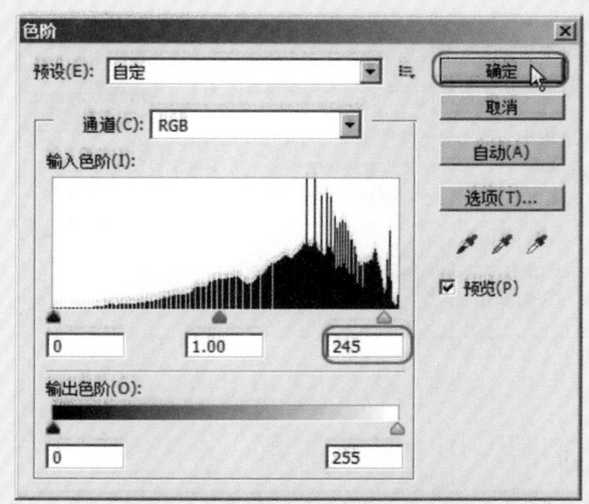

图10-50　调整图像的明暗对比度

图10-51　调整后的效果

下面为画面调整色调。

Step 07 按Ctrl＋B组合键，弹出【色彩平衡】对话框，调整图像的高光色阶，如图10-52所示。

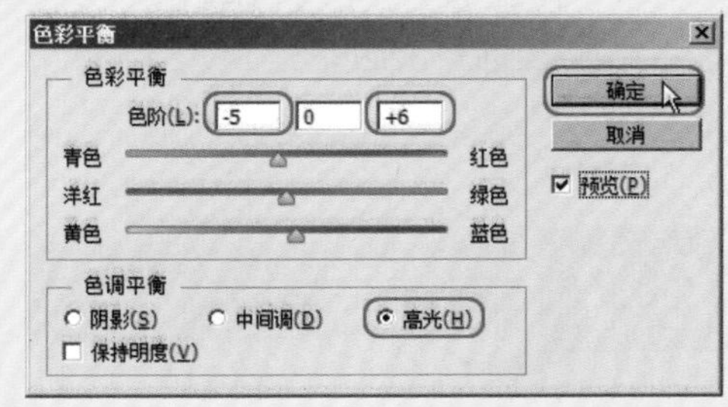

图10-52　调整高光色阶

Step 08 选中【色彩平衡】对话框中的【中间调】单选按钮，调整图像的中间调色阶，如图10-53所示。

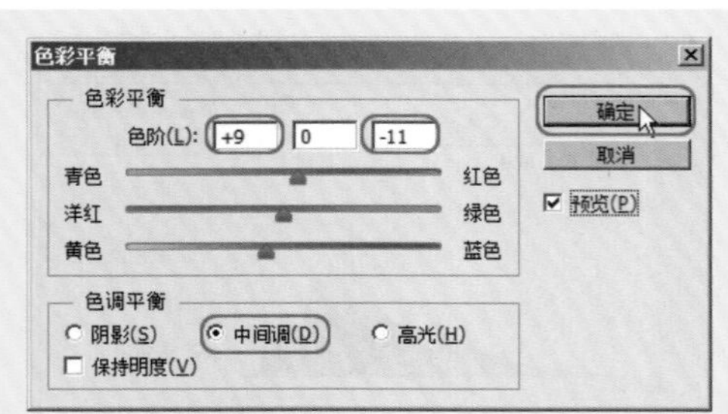

图10-53 调整中间调色阶

Step 09 按Ctrl＋U组合键，弹出【色相/饱和度】对话框，调整图像的饱和度，如图10-54所示。

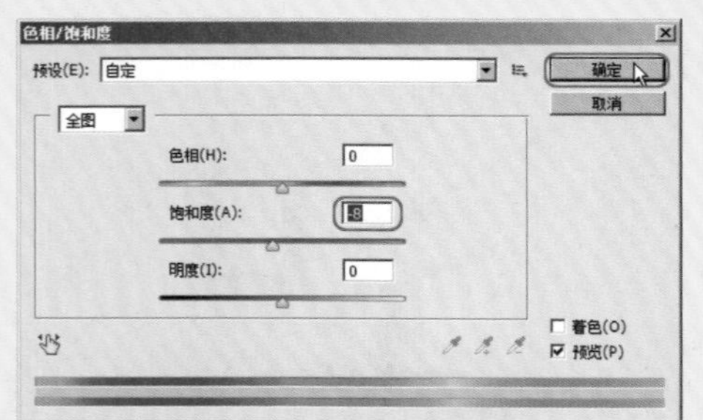

图10-54 调整图像的饱和度

Step 10 复制【图层1】，按Ctrl＋Shift＋U组合键将色彩去掉，设置图层混合模式为【柔光】，调整【不透明度】为50%左右，目的是让画面更有层次感，效果如图10-55所示。

Step 11 将上面的两个图层进行合并，将处理后的文件保存为“欧式厨房后期.psd”文件，如图10-56所示，读者可以查看本书配套光盘中“场景\第10章\后期”中的文件。

图10-55 调整效果

图10-56 厨房效果图的最终效果

10.7 小结

本章通过讲解厨房的设计与表现方法，全面地展示了建立模型、合并家具、赋予材质、布置灯光及进行VRay渲染的全过程，并从中提醒大家在哪些地方需要注意，以及在制作的过程中通过哪些简单的技巧可以提高工作效率，最后完善图面效果。

第11章

家装——书房的设计表现

Chapter 11

本章内容

- 介绍案例
- 建立模型
- 设置材质
- 设置灯光并进行草图渲染
- 设置成图渲染参数
- Photoshop后期处理
- 小结

本章学习制作一个简单的欧式书房效果图。通过这个书房的练习进行强化训练，从建模、调制材质、设置灯光到最终渲染，做一次全套的练习。在学习新知识的同时自我检测，了解自己在绘制效果图的过程中还有哪方面的问题，然后有针对性地进行学习。

11.1 介绍案例

本案例制作的是一个欧式书房的效果图。书房是充满艺术气息的地方，也是一个人独处的最佳空间。同其他居室空间一样，书房的风格是多种多样的，是随着整体的家居氛围而定制的一个体现个性的、令人心情愉悦的阅读环境。

欧式风格的装修以意大利、法国和西班牙风情的家具为主要代表，延续了17世纪至19世纪皇室贵族家具的特点，讲究手工精细的裁切雕刻，轮廓和转折部分由对称而富有节奏感的曲线或曲面构成，并装饰有镀金铜饰，结构简练，线条流畅，色彩富丽，艺术感强，给人的整体感觉是华贵优雅，十分庄重。从营造氛围的角度来讲，欧式书房的装修要么追求庄严宏大，强调理性的和谐宁静，要么追求浪漫主义的装饰性和戏剧性，追求非理性的无穷幻想，富有激情，不管是过去还是现在，它都是高贵生活的象征。书房既是起居室的延伸，又是家庭生活的一部分。书橱作为书房中最重要的家具之一，更是书房家具选择的重点。本案例的重点也是欧式的书橱和书桌，厚重的木色，点缀雕刻的金饰，让这个空间质朴又不失华贵，书桌上面的金色台灯为书房的欧式味道增添了浓重的一笔。这个空间原建筑墙体有四个拱形窗户，如果在墙面做造型，不大会出彩，本身其实已经具备足够的欧式风格，只需要将墙面进行壁纸处理，做好门窗套，配以方正的欧式线条吊顶和欧式枝型水晶吊灯，一个安静的书房空间便展现出来了。

本案例制作的欧式风格书房的最终效果图，如图11-1所示。

图11-1　欧式风格书房的设计效果图

11.2 建立模型

在书房的模型中，墙面上是没有造型的，只要在原建筑结构的基础上进行找平处理，然后再贴上壁纸就可以了。这里唯一复杂的可能就是原建筑的拱形窗了，通过前面案例中的命令操作可以轻松地实现。书房的场景框架主要由墙体、地面、天花组成，建立完框架后，使用合并命令将家具合并到场景中就可以了。

11.2.1 导入图纸

现场实战 导入CAD平面图

Step01 启动3ds Max 2013中文版，将单位设置为mm（毫米）。

Step02 使用前面讲解的方法，将本书配套光盘"场景\第11章\书房图纸.dwg"文件导入到场景中，如图11-2所示。

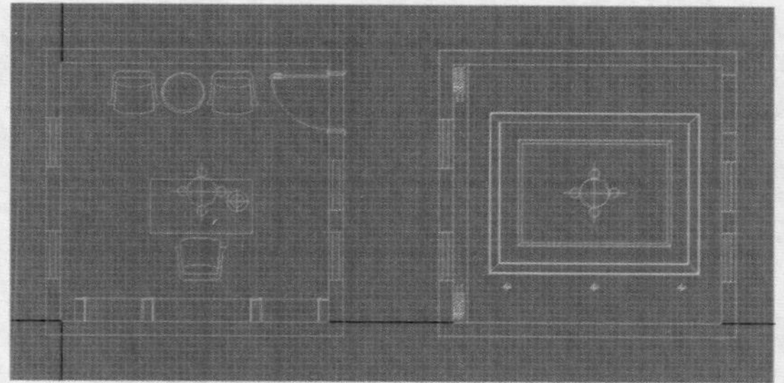

图11-2 导入的图纸

Step03 按Ctrl+A组合键，选择所有线形，为其指定一种便于观察的颜色。

Step04 选择平面图纸，单击鼠标右键，在弹出的菜单中选择【冻结当前选择】命令，将图纸冻结起来，这样在后面的操作中就不会选择和移动图纸了。

Step05 激活顶视图，按Alt+W组合键，将视图最大化显示，按G键隐藏网格。

Step06 按S键将捕捉打开，采用2.5维的捕捉模式，将鼠标指针放在按钮的上方，单击鼠标右键，在弹出的【栅格和捕捉设置】窗口中设置【捕捉】及【选项】选项卡的参数，如图11-3所示。

Step07 在顶视图中选择天花图纸，将其移动并对齐到平面图的位置，在前视图中将天花层移动到2700mm的位置，效果如图11-4所示。

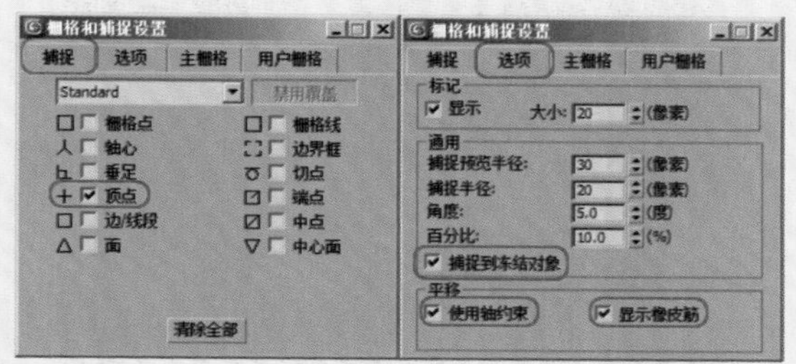

图11-3 设置捕捉

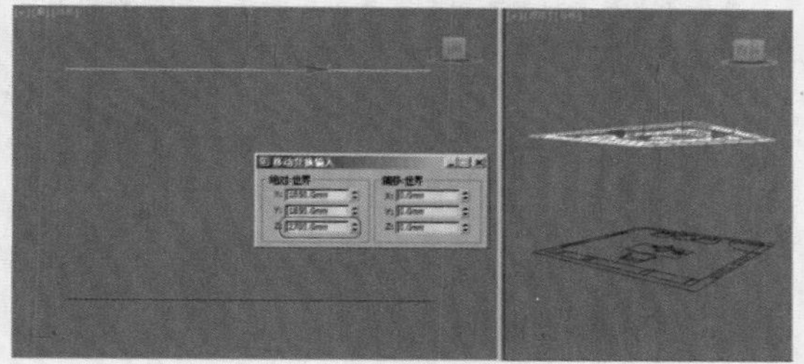

图11-4 移动天花层

Step08 将对齐后的天花图纸也冻结起来，方便后面模型的制作。

Step09 单击【创建】|【图形】|线按钮，在顶视图中按照平面图绘制墙体的封闭线形，执行【挤出】命令，将【数量】设置为2700.0mm，如图11-5所示。

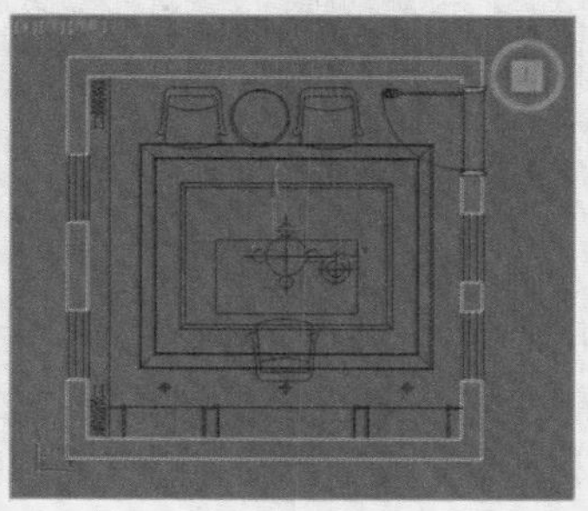

图11-5 绘制线形并执行【挤出】命令

Step 10 选择挤出后的线形，单击鼠标右键，在弹出的菜单中选择【转换为】|【转换为可编辑多边形】命令，将挤出后的线形转换为可编辑多边形物体，如图11-6所示。

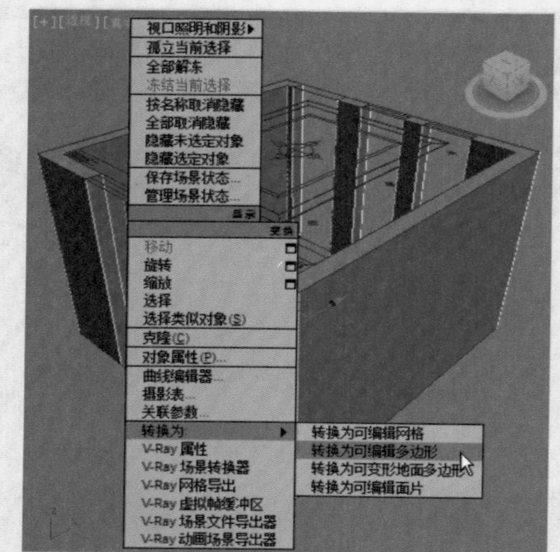

图11-6　转换为可编辑多边形物体

Step 11 在视图中选择墙体，按2键，进入【边】层级子物体，在透视图中选择4个窗户的边，如图11-7所示。

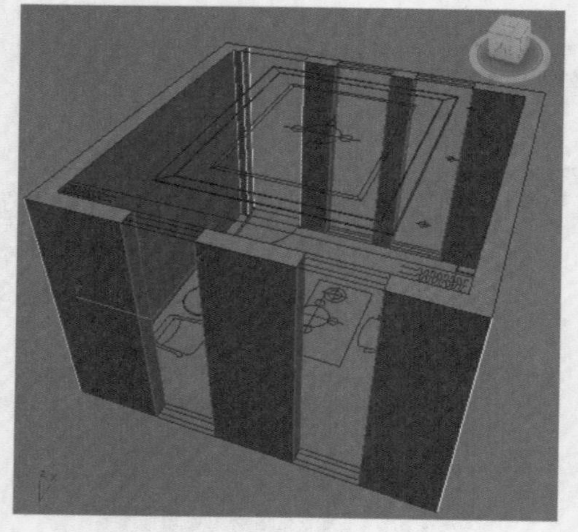

图11-7　选择窗户的边

Step 12 单击【编辑边】卷展栏下 连接 右侧的小按钮，在弹出的对话框中将【分段】设置为2，单击【确定】按钮，如图11-8所示。

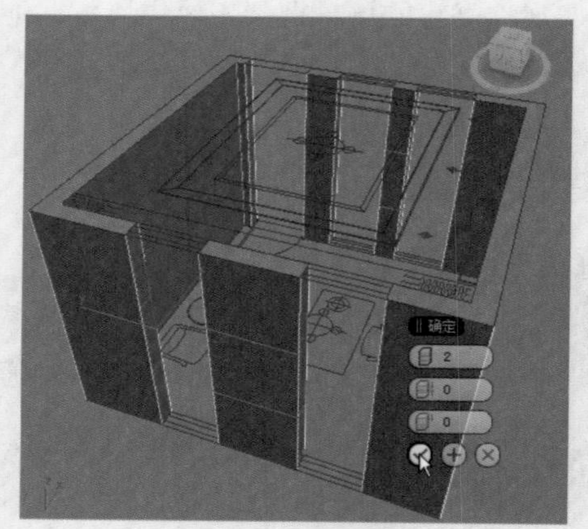

图11-8　使用连接增加段数

Step 13 按4键，进入【多边形】层级子物体，在透视图中选择如图11-9所示的面。

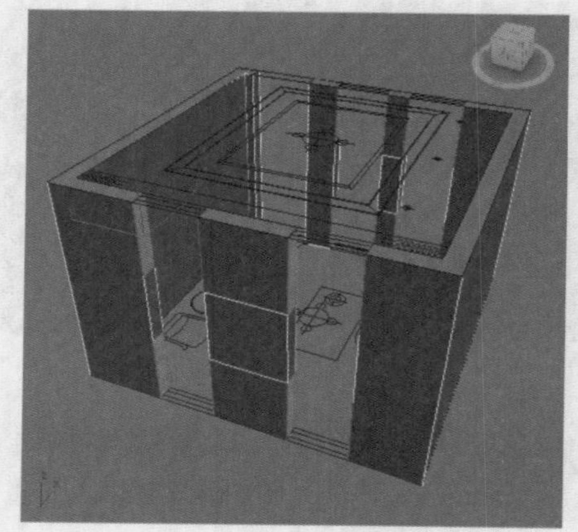

图11-9　选择多边形的面

Step 14 单击【编辑多边形】卷展栏下的 桥 按钮，此时窗洞就形成了，如图11-10所示。

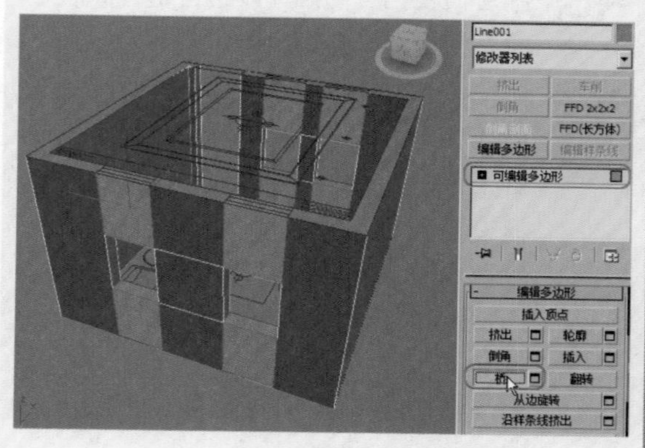

图11-10　用桥制作的窗洞

Step 15 按1键，进入【顶点】层级子物体，在前视图中选择窗户上面的一排顶点，按F12键（确认【移动】按钮被激活），在弹出的【移动变换输入】窗口中设置【Z】值为2440.0mm，然后将窗台下面的顶点的【Z】值设置为900.0mm，如图11-11所示。

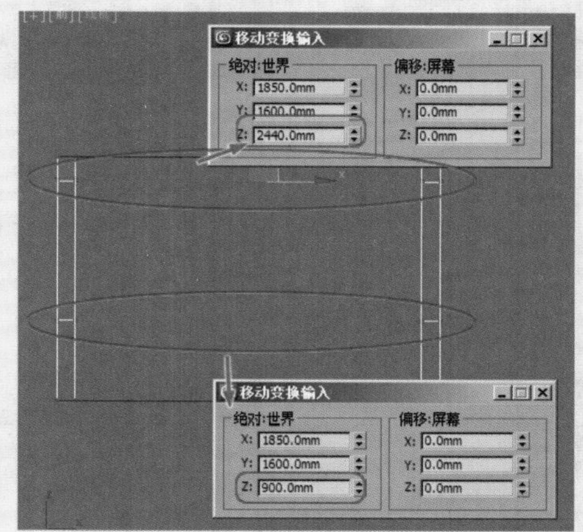

图11-11 在前视图中调整顶点的位置

Step 16 使用同样的方法制作出门洞，在为门洞添加段数时添加一个段数就可以了，门洞的高度为2100mm，如图11-12所示。

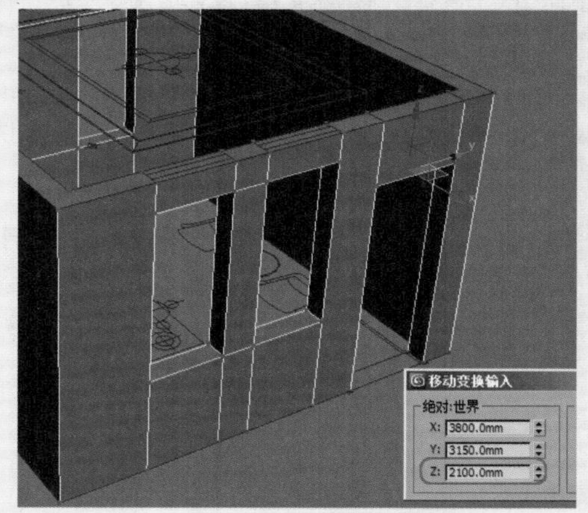

图11-12 制作门洞

这样，门和窗户的框架就制作完成了。因为房屋的建筑结构中包括圆弧的拱形窗，所以还需要把窗户上面的圆弧做出来。

Step 17 激活左视图，确认捕捉模式处于2.5维捕捉。单击【创建】|【图形】|矩形按钮，沿窗洞绘制矩形，修改【长度】为400.0mm，如图11-13所示。

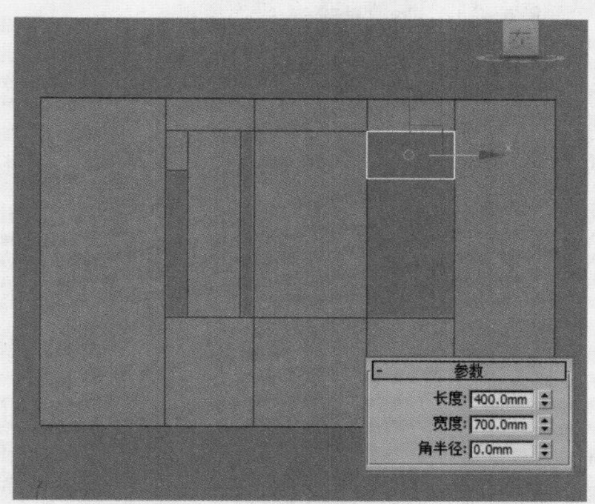

图11-13 绘制矩形

Step 18 单击【创建】|【图形】|弧按钮，按S键打开捕捉，沿绘制的矩形角点绘制圆弧，效果如图11-14所示。

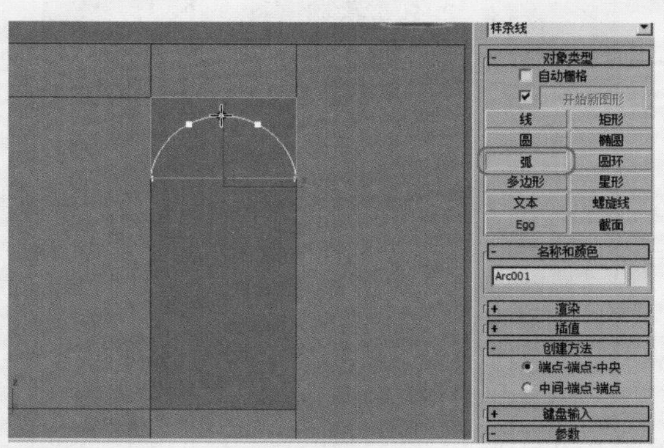

图11-14 绘制弧

Step 19 为绘制的圆弧添加【样条线】命令，单击【几何体】卷展栏下的附加按钮，在视图中拾取前面绘制的矩形，将其与圆弧附加为一体，如图11-15所示。

Step 20 按2键，进入【分段】层级，选择矩形下面的边，将其删除。进入【顶点】层级子物体，选择矩形和圆弧的交点，单击 焊接 按钮，对顶点进行焊接，如图11-16所示。

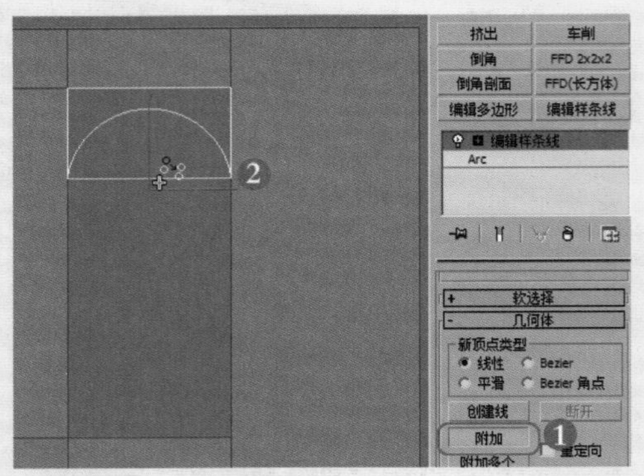

图11-15　将弧和矩形附加为一体

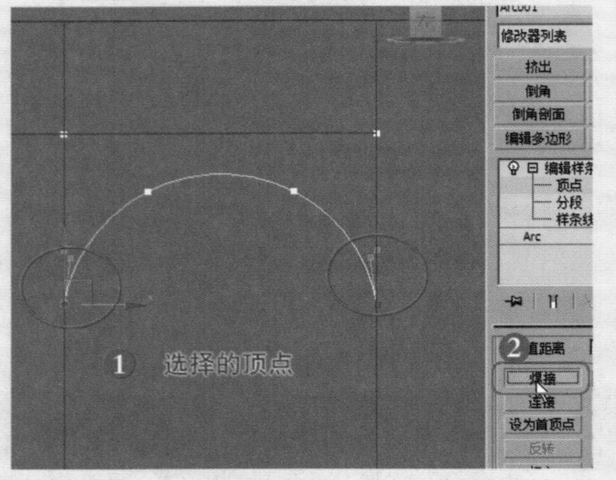

图11-16　焊接顶点

Step 21 为绘制的线形执行【挤出】命令，将【数量】设置为200.0mm，在顶视图中调整位置，并根据图纸再复制其他3个造型，如图11-17所示。

因为书房的长度有限，为了更好地体现这个房间的设计效果，可以适当地把墙体往外扩大一点，这样在设置摄影机时，可以不用考虑墙体是否会挡住镜头，影响对空间的观察。

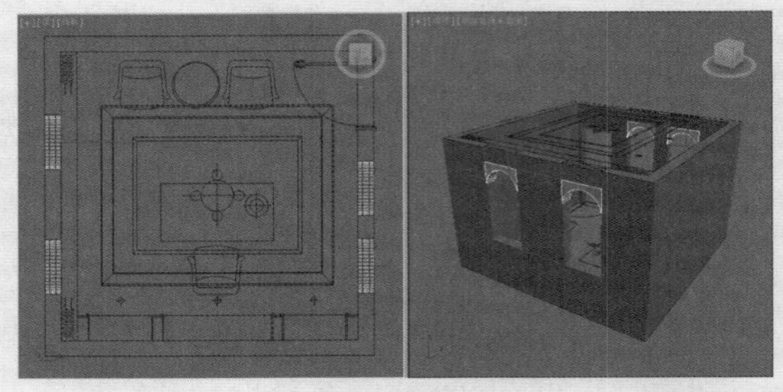

图11-17　制作的拱形窗

Step 22 激活顶视图，选择制作的墙体，进入【顶点】层级，选择如图11-18所示的顶点，沿Y轴向上移动一段距离，为后面设置摄影机提供方便。

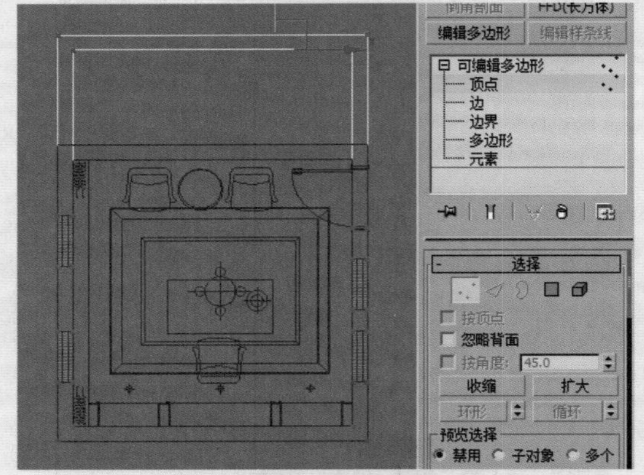

图11-18　调整后的顶点

Step 23 门及门套就不制作了，直接合并到场景中就可以了。

Step 24 按Ctrl+S组合键，将文件保存为“书房.max”文件。

11.2.2 制作天花

书房的墙体和窗已经制作完成，下面制作天花。

现场实战　制作天花

Step 01 单击【创建】|【图形】| 矩形 按钮，在顶视图中沿着制作的墙体的形态用捕捉

绘制矩形。

Step 02 取消 开始新图形 的选中状态，继续用矩形绘制里面的天花矩形，这样就可以让两个矩形直接附加为一体，效果如图11-19所示。

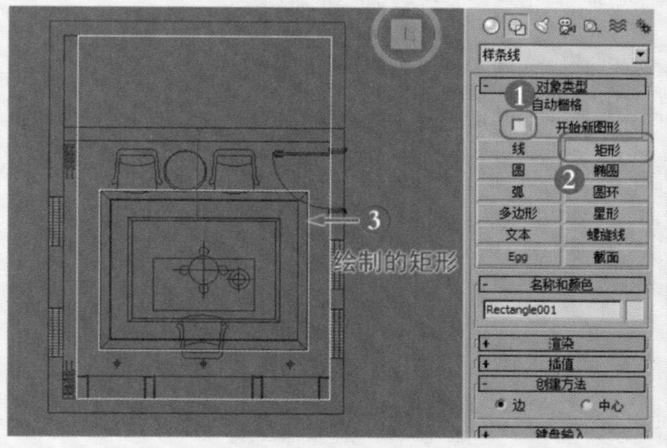

图11-19 绘制矩形

Step 03 为绘制的天花线形执行【挤出】命令，设置【数量】为300.0mm（即天花的厚度为300mm），将天花放在顶的下面，效果如图11-20所示。

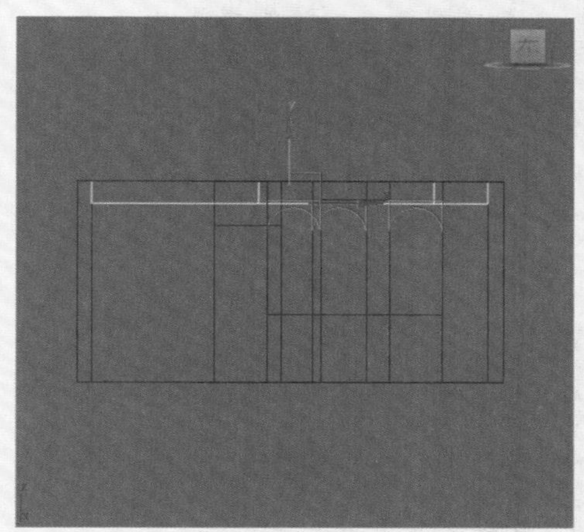

图11-20 制作天花

下面使用【倒角剖面】命令为天花制作石膏线造型。这个书房的天花有两条石膏线，需要绘制两个石膏线的截面。

Step 04 在前视图中用【线】命令绘制石膏线的剖面（尺寸约50mm × 150mm和40mm × 35mm），效果如图11-21所示。

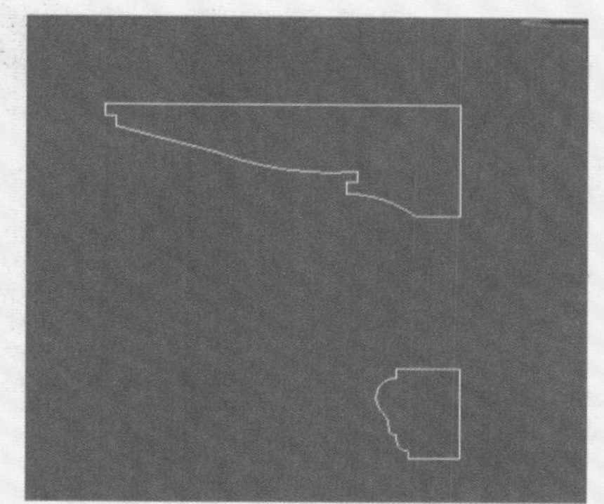

图11-21 绘制的剖面

Step 05 在顶视图中沿着天花的内侧用捕捉绘制一个线形作为路径，如图11-22所示。

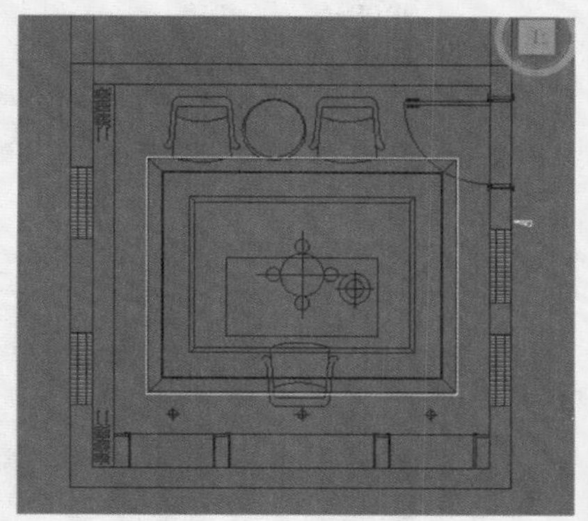

图11-22 绘制的路径

Step 06 在视图中选择路径，执行【倒角剖面】命令，然后单击 拾取剖面 按钮，在视图中点击绘制的50mm × 150mm剖面，顶部的石膏线制作完成。复制一条石膏线，再拾取下面的小石膏线截面，制作下面的石膏线，效果如图11-23所示。

如果发现石膏线的形态反了，需要进入剖面的【样条线】层级进行镜像。

Step 07 使用同样的方法，将位于顶面中间的石膏线制作出来，效果如图11-24所示。

Step 08 激活顶视图，使用【线】命令绘制踢脚板的路径，在前视图中绘制踢脚板的截面，控制截面的尺寸为120mm × 15mm，执行【倒角剖面】命令，制作出踢脚板造型，如图11-25所示。

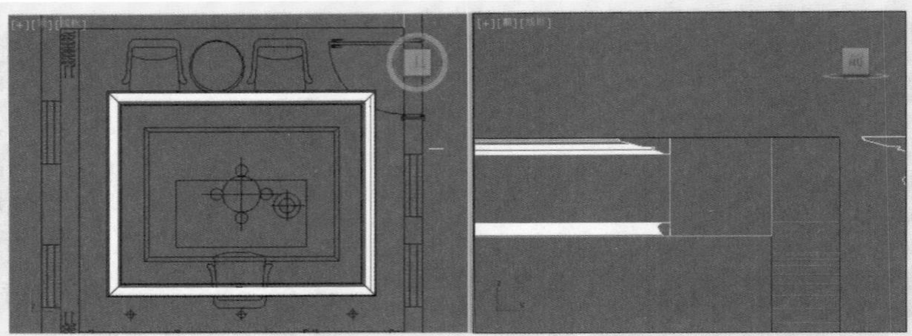

图11-23　制作石膏线

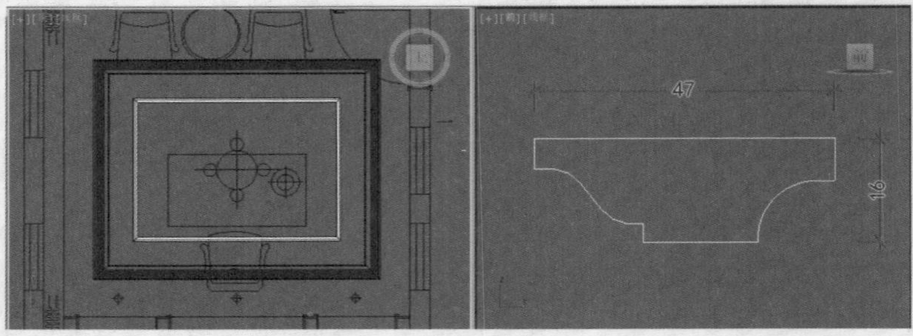

图11-24　制作中间的石膏线

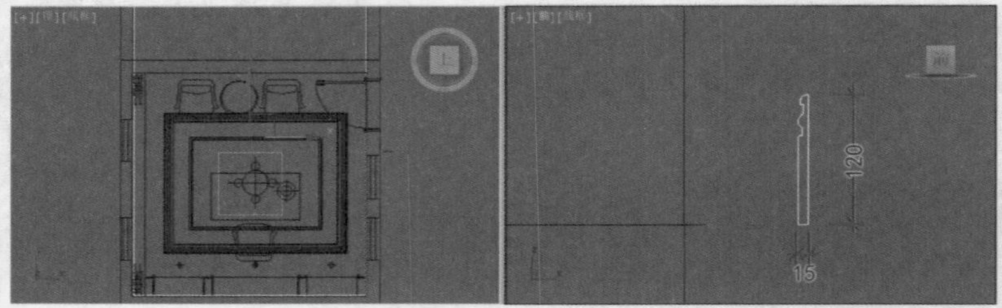

图11-25　制作踢脚板

Step 09 打开捕捉，在顶视图中捕捉墙体的外轮廓线，创建一个5600mm × 4100mm × -100mm的长方体作为地面，在前视图中复制一个长方体作为顶，如图11-26所示。

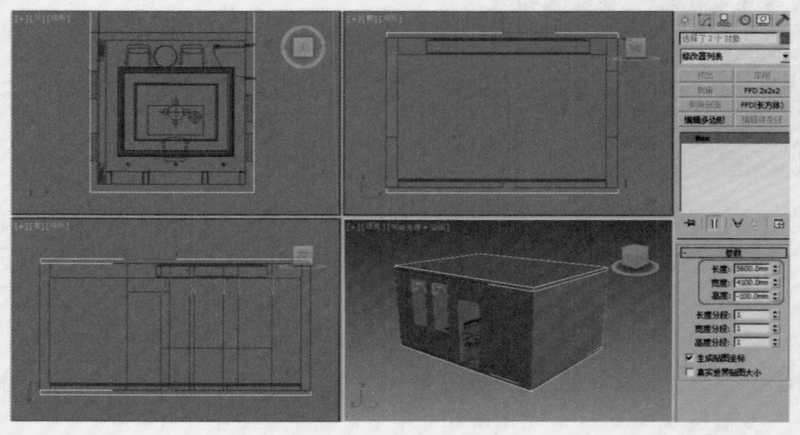

图11-26　制作的地面和顶

Step 10 按Ctrl+S组合键，对文件进行保存。

11.2.3 设置摄影机及合并家具

把场景中的框架及基本结构制作完成后，就可以设置摄影机了。

现场实战 设置摄影机及合并家具

Step 01 单击【创建】|【摄影机】| 目标 按钮，在顶视图中沿Y轴从上向下拖动鼠标指针，创建一架目标摄影机，然后将摄影机移动到高度为1200mm左右的位置，修改【镜头】为24.0mm，效果如图11-27所示。

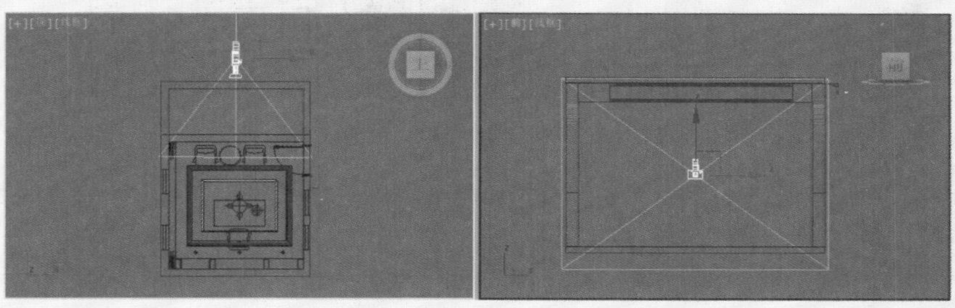

图11-27 摄影机的位置及高度

Step 02 激活透视图，按C键，透视图即成为摄影机视图。因为摄影机被前面的墙体挡住了，所以必须选中【手动剪切】复选框，设置【近距剪切】为1000.0mm，【远距剪切】为8000.0mm，最后再调整摄影机的位置，效果如图11-28所示。

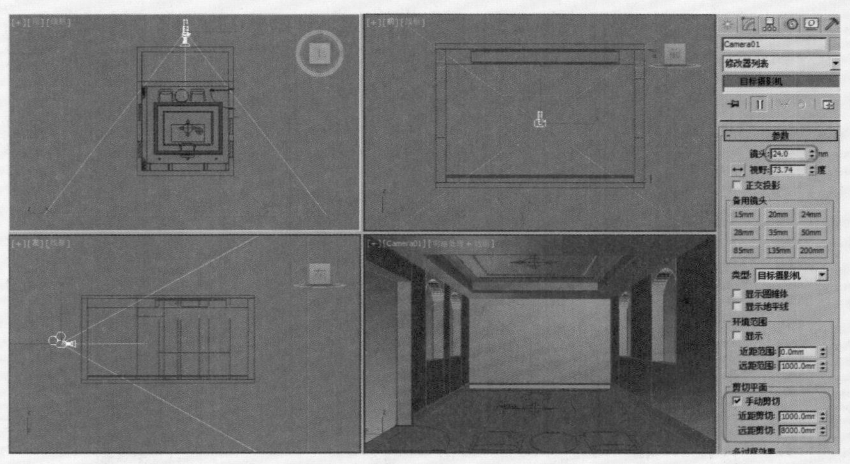

图11-28 修改摄影机参数

Step 03 调整好后，按Shift + C组合键，快速隐藏摄影机。

Step 04 执行按钮下的【导入】|【合并】命令，将本书配套光盘“场景\第11章\书房家具.max”文件合并到场景中，效果如图11-29所示。

Step 05 最后将冻结的图纸进行解冻并删除，按Ctrl + S组合键，将文件进行快速保存。

图11-29　合并家具后的效果

合并的造型中包括门及门套、书橱、书桌、椅子、吊灯等，它们的位置已经调整好了，合并到场景后就不用再调整了。

11.3 设置材质

书房的框架模型已经制作完成，合并进来的物体材质也已经赋予好了。下面讲解场景中主要材质的调制，包括白乳胶漆、淡黄乳胶漆、壁纸、地毯、大理石（浅啡）等，效果如图11-30所示。

图11-30　场景中的主要材质

在调制材质之前先把VRay指定为当前渲染器，然后按M键，弹出【材质编辑器】窗口，选择一个材质球，调制一种白乳胶漆和淡黄乳胶漆分别赋给天花和顶。因为顶的中间位置是淡黄色的乳胶漆，所以需要把前面创建的长方体的段数修改为3 × 3 × 1，转化为可编辑多边形物体后再进行材质的赋予，具体步骤在这里就不讲解了。

11.3.1 壁纸材质

现场实战 调制壁纸材质

Step 01 选择一个未用的材质球，调制“壁纸”材质，在【漫反射】中添加一张名为“墙纸195.jpg”的位图，设置【坐标】卷展栏下的【模糊】为0.01，以提高贴图的清晰度，在【裁剪/放置】参数区调整贴图的纹理，如图11-31所示。

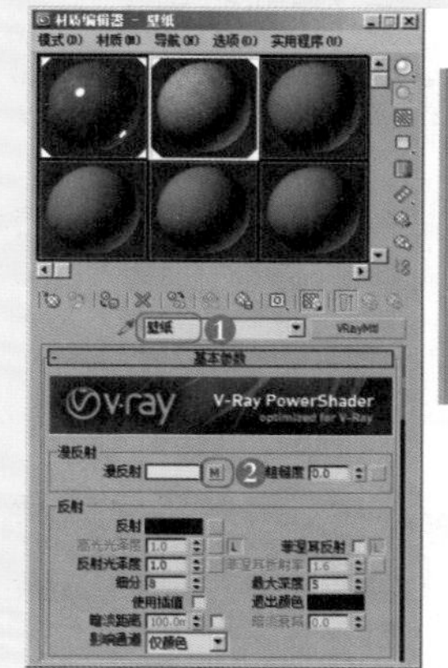

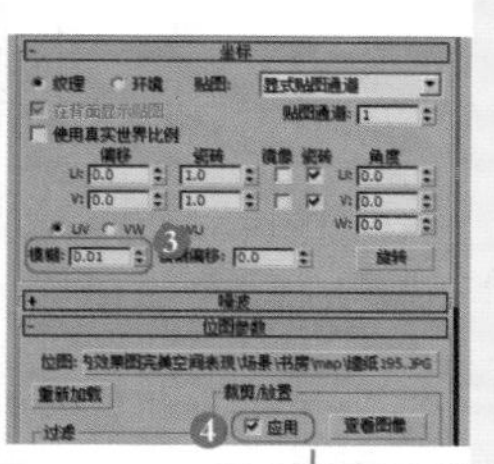

图11-31 调制“壁纸”材质

Step 02 在【贴图】卷展栏下，将【漫反射】通道中的位图复制给【凹凸】通道，将【数量】设置为20.0。

Step 03 将调制好的“壁纸”材质赋给墙体，然后为墙体添加【UVW贴图】修改器，将贴图类型设置为【长方体】，设置【长度】、【宽度】、【高度】均为800.0mm，效果如图11-32所示。

图11-32 为墙体赋予“壁纸”材质

11.3.2 地毯材质

现场实战 调制地毯材质

Step 01 复制“壁纸”材质球，修改名称为“地毯”，将【漫反射】中的位图替换为“2alpaca-19.jpg”，将“地毯”材质赋给地面，同样为地面添加【UVW贴图】修改器，将贴图类型设置为【长方体】，设置【长度】、【宽度】、【高度】均为1000.0mm，效果如图11-33所示。

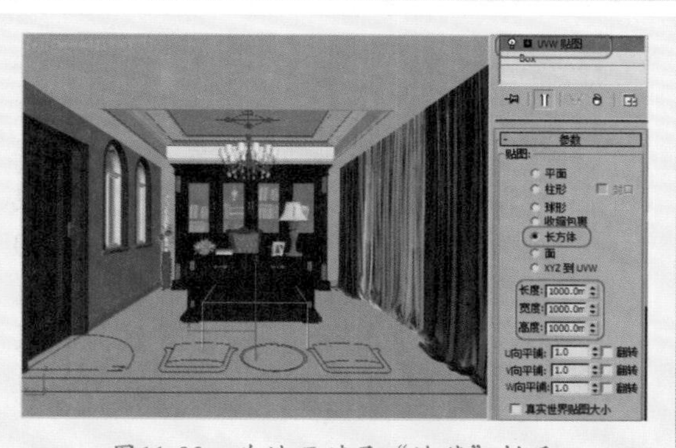

图11-33 为地面赋予“地毯”材质

书房地毯的质地是长毛绒，为了模拟出真实的模型效果，可以在【贴图】卷展栏下的【凹凸】和【置换】通道中添加位图。

Step 02 在【贴图】卷展栏下，将【漫反射】通道中的位图复制给【置换】通道，将【数量】设置为3.0，然后将【置换】通道下的贴图修改为“arch25_fabric_Gbump.jpg”，设置【坐标】卷展栏下的【模糊】为0.1，如图11-34所示。

Step 03 使用【吸管工具】在门的位置单击，这时木纹材质显示在【材质编辑器】窗口中，将其赋予踢脚板，为踢脚板添加【UVW贴图】修改器，将贴图类型设置为【长方体】，设置【长度】、【宽度】、【高度】均为1000.0mm。

Step 04 激活顶视图，在门洞的位置创建一个800mm × 200mm × 2mm的长方体作为过门石，再调制一种浅啡大理石材质，赋给过门石。

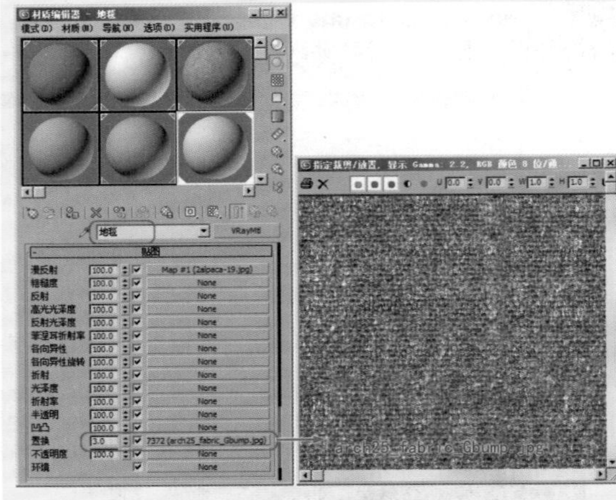

图11-34　设置【置换】参数

书房框架的材质已经调制完成，至于合并的模型，之前已经赋予材质了，在这里就不需要讲解了。

11.4 设置灯光并进行草图渲染

灯光的布置通常是按照实际灯光进行的。但是根据源文件素材中摄影机的效果，有的地方是看不到的或者是对场景没有太大影响的，可以根据实际情况进行简化或者省略，以提高渲染速度。

11.4.1 设置天空光

现场实战　设置天空光

Step 01 单击【灯光】|【VRay】|VR灯光按钮，在前视图中窗户的位置创建一盏VR灯光，大小与窗户差不多，将它移动到窗户的外面。将【颜色】设置为天蓝色，将【倍增】设置为6.0左右，选中【不可见】复选框，取消选中【影响反射】复选框，效果如图11-35所示。

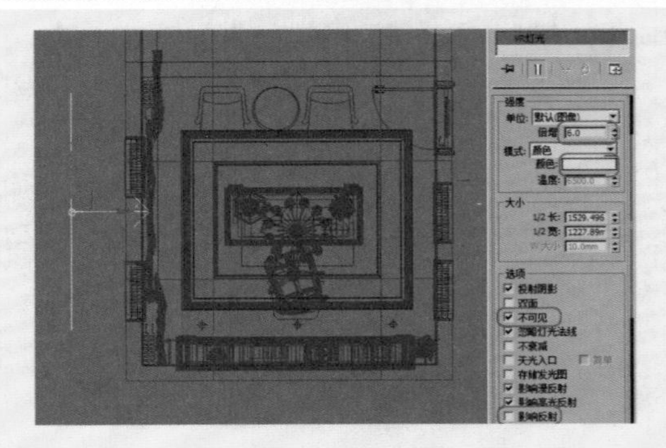

图11-35　VR灯光的位置及参数设置

Step 02 在顶视图中将创建的灯光沿Y轴镜像一盏，将其移动到右侧窗户的位置，修改灯光颜色为淡黄色，效果如图11-36所示。

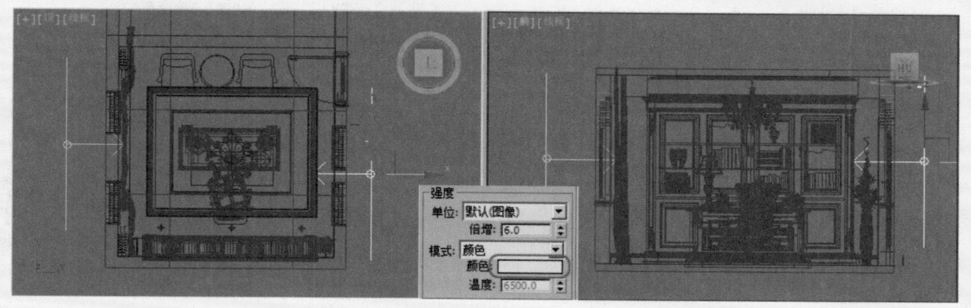

图11-36 第2盏VR灯光的位置及参数设置

Step 03 再复制一盏VRay灯光作为这个场景中的辅助光源，修改【倍增】为2.0，效果如图11-37所示。

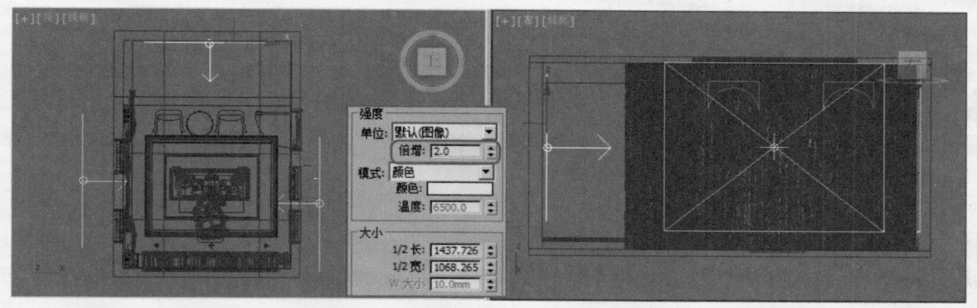

图11-37 辅助灯光的位置及参数设置

Step 04 按F10键，弹出【渲染设置】窗口，设置【V- Ray】、【间接照明】选项卡下的参数。进行草图设置的目的，是为了快速进行渲染，以观看整体的效果，参数设置如图11-38所示。

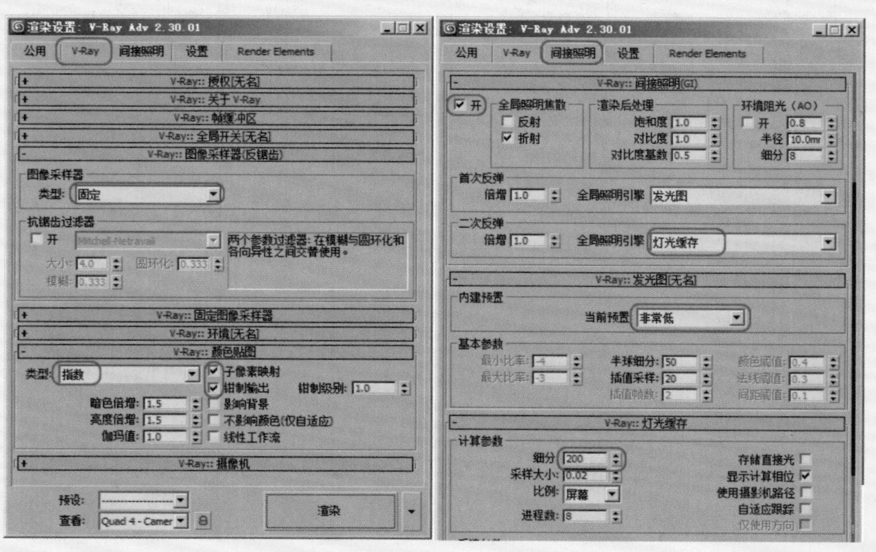

图11-38 设置草图渲染参数

Step 05 按Shift+Q组合键，快速渲染摄影机视图，渲染效果如图11-39所示。

通过渲染效果可以看出，整体的光感还是不够理想，此时可以设置室内的灯光作为辅助光源来提亮整体空间。

图11-39 渲染效果

11.4.2 设置室内灯光

现场实战 设置室内灯光

Step 01 在前视图中创建一盏VR灯光，设置灯光的类型为【球体】，设置颜色为暖色（R:242，G:177，B:107），设置【倍增】为50.0左右，设置【半径】为35.0mm左右，选中【不可见】复选框，参数设置如图11-40所示。

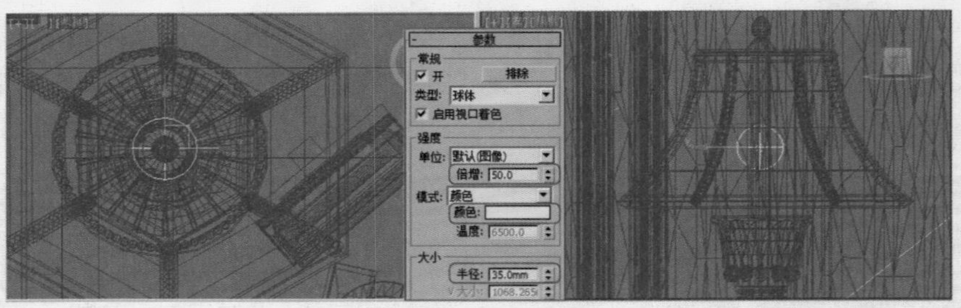

图11-40 为台灯设置灯光

Step 02 在前视图中将台灯的VR灯光复制一盏，修改【半径】为25.0mm，调整灯光到吊灯灯头的位置，然后进行旋转复制，使每一个吊灯灯光里面都有一盏VR灯光，如图11-41所示。

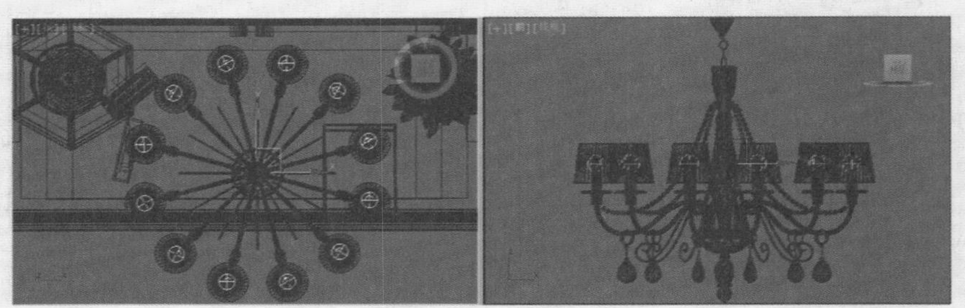

图11-41 为吊灯设置灯光

Step 03 在顶视图中创建一盏VR灯光，用来模拟吊灯的发光效果，将它移动到吊灯的上方，将【颜色】设置为淡黄色（R：254，G：246，B：235），将【倍增】设置为3.0，选中【不可见】复选框，取消选中【影响反射】复选框，效果如图11-42所示。

图11-42 为吊灯创建灯光

为了让空间的光影更出效果，再来设置一盏目标聚光灯。

Step 04 在前视图中创建一盏目标聚光灯，参数设置及效果如图11-43所示。

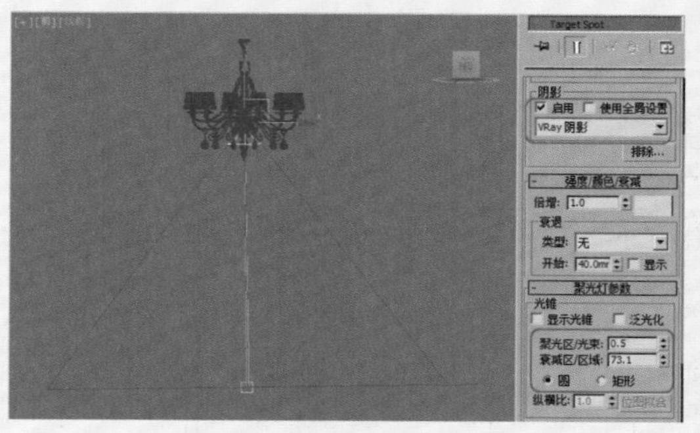

图11-43 设置目标聚光灯

Step 05 按Shift+Q组合键，快速渲染摄影机视图，渲染效果如图11-44所示。

从现在的效果来看，整体还是不错的，就是局部有些灰暗，通过设置渲染参数可以解决。为了产生真实效果，下面为背景添加一张风景图片。

Step 06 使用前面讲解的方法，为场景制作一个风景板，赋予【VR灯光材质】，效果如图11-45所示。

图11-44 渲染效果

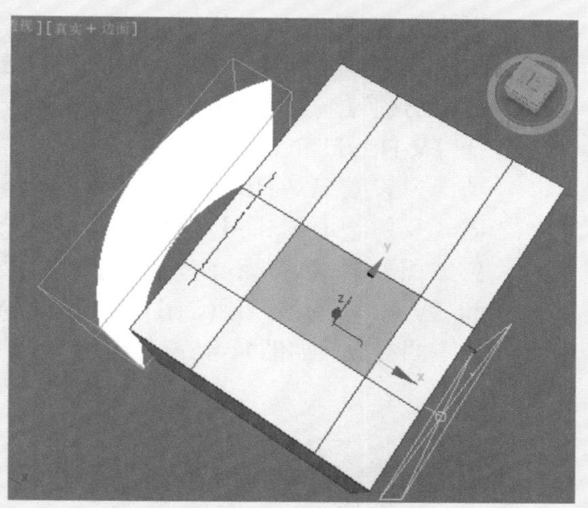

图11-45 为场景创建风景板

Step 07 再次对摄影机视图进行快速渲染，渲染效果如图11-46所示。

图11-46 渲染效果

11.5 设置成图渲染参数

如果感觉满意，就可以设置最终的渲染参数了，将灯光的【细分】参数和渲染参数提高，以得到更好的渲染效果。

现场实战 设置成图渲染参数

Step 01 选择在窗户外面模拟天光的VR灯光，修改【参数】卷展栏下的【细分】为20左右，如图11-47所示。

Step 02 重新设置渲染参数。按F10键，在弹出的【渲染设置】窗口中选择【V-Ray】和【间接照明】选项卡，设置【V-Ray::图像采样器（反锯齿）】、【V-Ray::颜色贴图】、【V-Ray::发光图】和【V-Ray::间接照明(GI)】卷展栏下的参数，如图11-48所示。

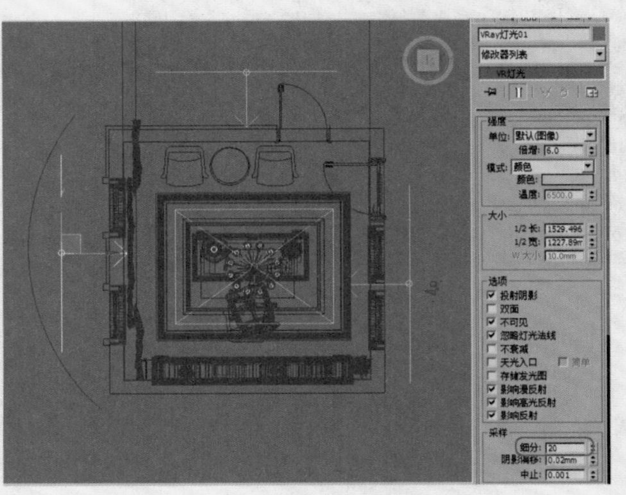

图11-47 修改灯光的【细分】参数

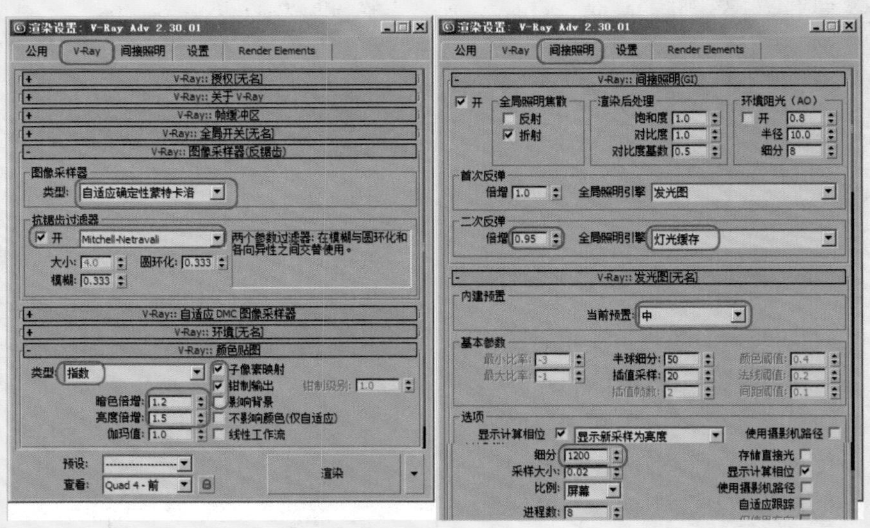

图11-48 设置最终的渲染参数

Step 03 为了得到更加细腻的效果，设置【设置】选项卡【V-Ray::DMC采样器】卷展栏下的参数，如图11-49所示。

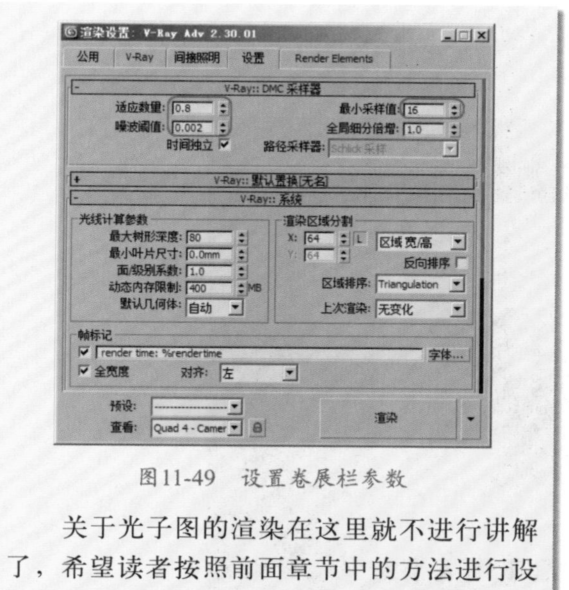

图11-49　设置卷展栏参数

关于光子图的渲染在这里就不进行讲解了，希望读者按照前面章节中的方法进行设置，光子图渲染的尺寸为500mm × 353mm。

Step 04 最终成图的渲染尺寸为2000mm × 1412mm，将渲染完成的成图保存为“书房.tga”文件，如图11-50所示。

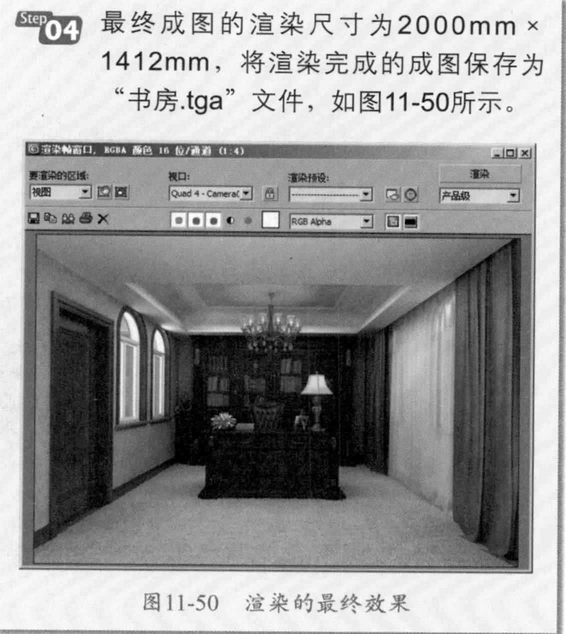

图11-50　渲染的最终效果

11.6 Photoshop后期处理

书房的后期处理主要是针对亮度、对比度及色调进行调整，最后修改局部的明暗变化，使空间里的家具细节体现出来。书房后期处理前后的对比效果如图11-51所示。

处理前的效果

处理后的效果

图11-51　使用Photoshop处理前后的对比效果

现场实战　对书房进行后期处理

Step 01 启动Photoshop CS6中文版。

Step02 打开上面输出的“书房.tga”文件，这张渲染图是按照2000mm × 1412mm的尺寸来渲染的，效果如图11-52所示。

图11-52 打开渲染的“书房.tga”文件

可以将图片渲染得暗一些，尽量不要有曝光的地方。因为画面暗一些可以通过Photoshop来修饰，曝光了就不太好处理了。在渲染时书房的色调应该偏暗、偏灰一些，下面就来进行调整。

Step03 按Ctrl＋J组合键，将【背景】图层进行复制并粘贴到一个新的图层中，如图11-53所示。

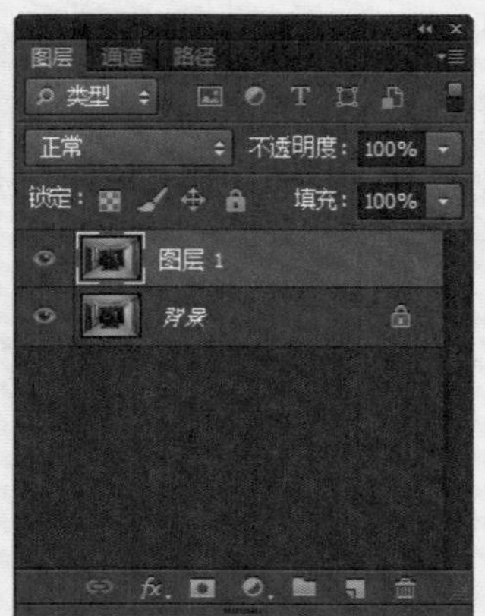

图11-53 复制图层

Step04 按Ctrl＋M组合键，弹出【曲线】对话框，对图像的亮度进行调整，如图11-54所示。

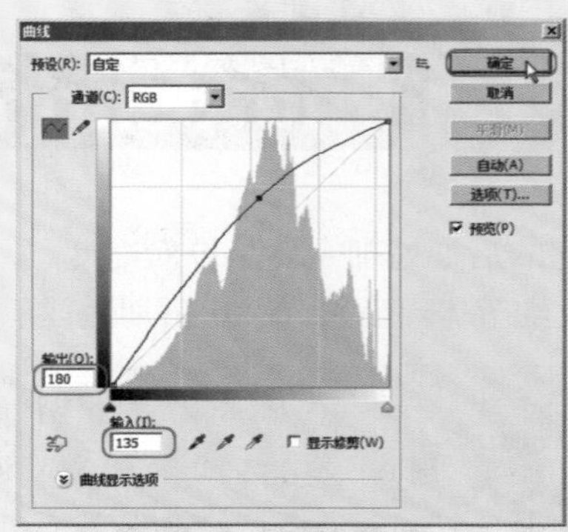

图11-54 调整图像的亮度

Step05 按Ctrl＋L组合键，弹出【色阶】窗口，调整图像的明暗对比度，如图11-55所示。

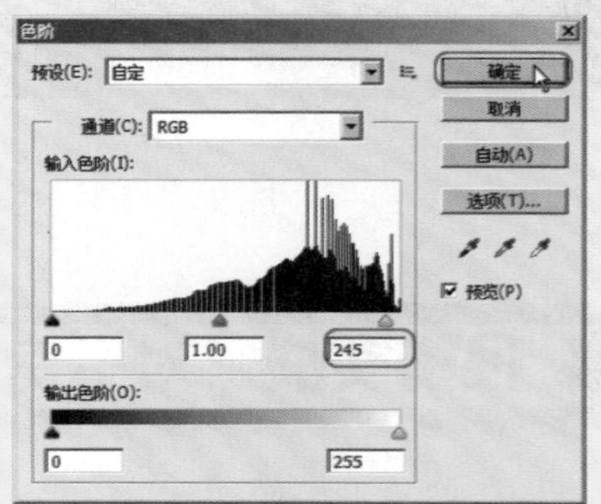

图11-55 调整图像的明暗对比度

Step 06 画面的亮度及明暗对比度调整完成，效果如图11-56所示。

图11-56 调整后的效果

Step 07 按Ctrl＋U组合键，弹出【色相/饱和度】窗口，调整图像的饱和度，如图11-57所示。

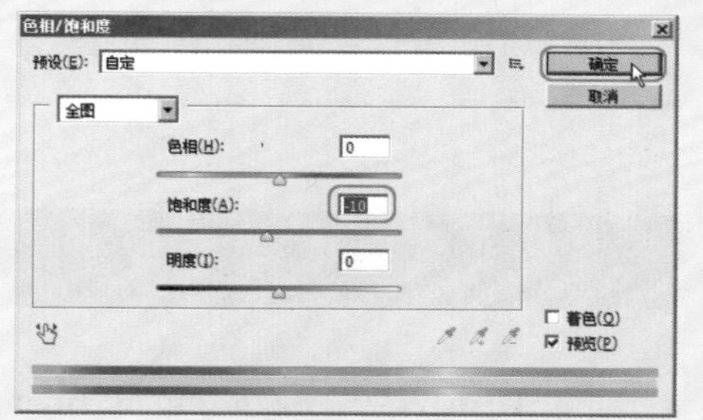

图11-57 调整图像的饱和度

Step 08 复制【图层1】，按Ctrl＋Shift＋U组合键将色彩去掉，设置图层混合模式为【柔光】，调整【不透明度】为60%左右，目的是让画面更有层次感，效果如图11-58所示。

图11-58 调整效果

Step 09 按Ctrl+E组合键向下合并图层。

Step 10 选择工具箱中的【矩形选框工具】，设置【羽化】为180像素左右，在图像中拖出矩形，效果如图11-59所示。

图11-59 选择的范围

Step 11 按Ctrl＋Shift＋I组合键反选，再按Ctrl＋M组合键弹出【曲线】对话框，对图像的亮度进行调节，将图像的四周调暗，如图11-60所示。

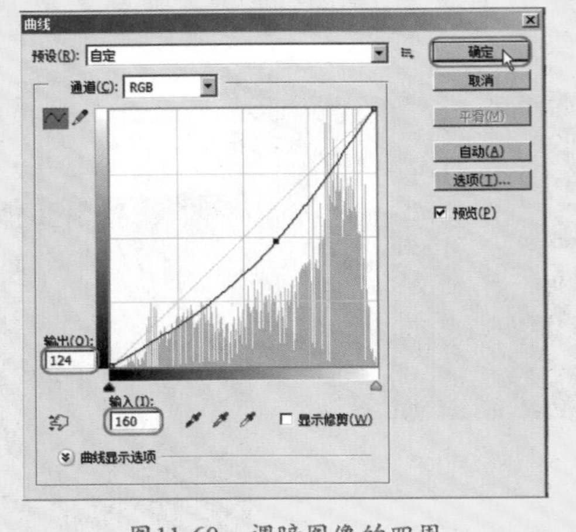

图11-60 调暗图像的四周

Step 12 后期处理完成的书房效果，如图11-61所示。

图11-61 书房的最终效果

Step 13 将处理后的文件保存为“书房后期. psd”文件，读者还可以查看本书配套光盘中“场景\第11章\后期”中的文件。

11.7 小结

本章书房效果图的制作过程，和前面学到的场景的制作过程大同小异。拱形窗户的制作在一些欧式场景中很常见，怎样用更便捷的方法制作模型而不会出错且便于修改，是制作好的商业效果图的关键。值得注意的是，制作模型时如何体现细节，如何布置灯光，如何将需要表现的地方突出显示出来，这些都要大家在学习的过程中慢慢掌握，要多看、多想、多动脑。

第12章

家装——客厅的设计表现

Chapter 12

本章内容

- 介绍案例
- 分析模型
- 设置摄影机
- 调用材质库
- 设置灯光
- 渲染出图
- Photoshop后期处理
- 小结

本章学习中式风格客厅的设计与表现。本案例的空间是很复杂的，客厅、书房、餐厅和敞开式的厨房相互贯通，在制作的过程中需要考虑到它们之间的穿插，每一个空间都可看到相邻的空间，这样就需要把各个空间的细节都制作出来。

12.1 介绍案例

中式风格以中国明、清的传统家具及中式园林式建筑、色彩等设计元素为代表，其特点是简朴、对称、文化性强、格调高雅，具有较高的审美情趣和社会地位象征。中国古典风格的空间需要相当宏观的尺度，许多中式家具与摆设才能得以表现，并非三房两厅的室内设计格局所能承载的。因此，作为后期配饰的活动元素相对地就起到了十分重要的画龙点睛的作用，这样才能弥补无法呈现进深、景深这种空间气度的不足之处。作为一种设计风格，中式设计为人们所喜好并在现代社会中广为流行。在时尚设计中，中式元素结合时尚潮流，在演绎出经典传统韵味的同时也散发着时尚前沿的魅力。因受空间的约束，作为传统中式装修风格的升华——新中式风格越来越多地成为人们中式装修的选择。作为传统中式家居风格的现代生活理念，新中式风格提取了传统家居的精华元素和生活符号并进行合理的搭配、布局，在整体的家居设计中既有中式家居的传统韵味，又更多地符合了现代人居住的生活特点，让古典与现代完美结合，传统与时尚并存。

本案例是一个套三双厅的家装户型。在户型上有很大的可发挥空间，客户喜欢现代中式元素，又不想太过繁琐，将整体风格定为极简的新中式，以直线条的现代风格为主，配合中式元素，再以后期偏中式的家具来烘托中式气氛，于是就有了现在这一案例。打通客厅与书房的墙体，抬高300mm制作地台，起到区域的软划分，在客厅和书房之间的吧台两侧增加万字纹木质隔断，书橱采用直条木板，每层隔板下面设置面光源，底板衬以清镜，将对面的空间进行了镜像，让整个空间显得更有层次。同时，客厅和书房安置深木色扶手的米色家具，点缀大红色、橘红色和暗金色的靠垫，以增加空间的亮点。从客厅往书房看的效果如图12-1所示。

图12-1　客厅、书房的设计效果图

客厅电视墙作为每个空间里必须要设计的重点，这里并没有做太复杂的造型，还是以直线条进行处理，两侧深色木板留5mm凹缝，中间采用同等宽度的米色软包，包括同样是由软包组成的挂衣板，安静的气氛让喧闹的心一下子得以沉静，家的舒适感也由此而生。从客厅往餐厅看的效果如图12-2所示。

图12-2　客厅、餐厅的设计效果图

在考虑餐厅的效果时，因为采取了敞开式厨房，所以直接将餐桌和橱柜做成一体，在餐桌的位置以色丽石面加宽，底下制作橱柜，增加绝对实用的储物空间。在餐厅光源的设置上，制作底部带有灯片的吊柜，储物、照明一举两得。通过图12-3还可以看到玄关的处理，大面积使用书房的万字纹隔断，玄关柜制作的也是中式回纹效果，上面摆放青瓷瓶，再辅以地面的回纹地砖围边，从步入门厅开始便可以感受到中式气氛，使这个空间更有灵性，让古典的美丽穿透岁月，在人们的身边活色生香。

图12-3　餐厅、客厅的设计效果图

因为客厅、书房、餐厅都是敞开式空间，互相能看见，所以制作模型时在一个场景中就可以了，这样有利于整体的效果表现。

12.2 分析模型

在建立这套家装基本框架的时候，同样是先导入平面图，这个空间比较复杂，只有通过平面图才能准确地把空间的结构按照实际尺寸描绘出来。天花的造型是通过天花图得到的，然后再通过局部细节来体现设计方案，框架建立起来后将家具合并到场景中就可以了。制作的模型如图12-4所示。

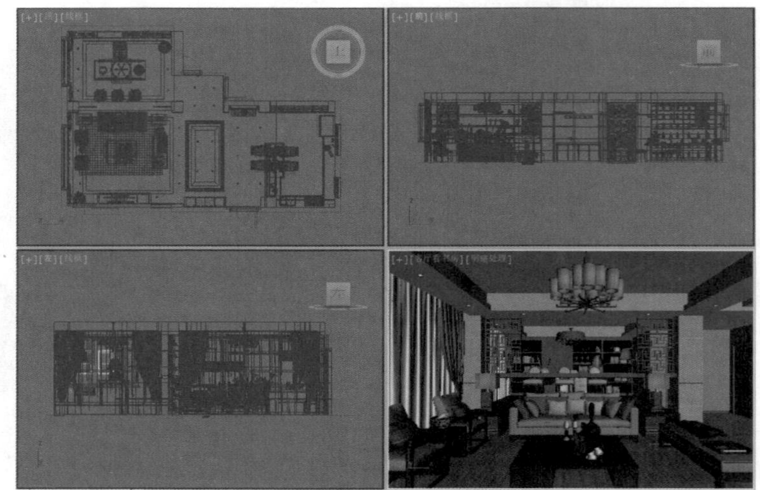

图12-4　制作的模型

12.3 设置摄影机

在这个场景中，如果要将每个空间都完全展示出来，需要设置多架摄影机，通过多幅图纸来完成。这里使用了3架摄影机，分别用来观看客厅、书房、餐厅。

现场实战　为场景设置摄影机

Step 01 启动3ds Max 2013中文版。

Step 02 打开随书光盘“场景\第12章\客厅模型.max”文件，如图12-5所示。

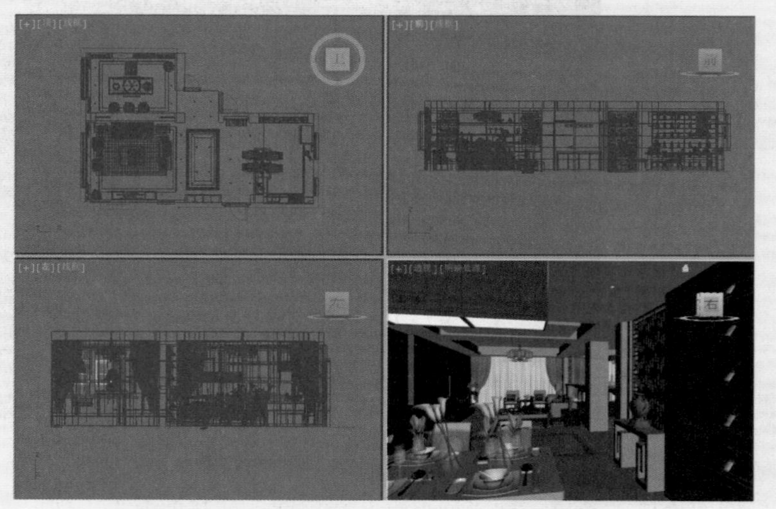

图12-5　打开的场景文件

Step 03 在顶视图中创建一架摄影机，用来观看客厅、书房的空间，将其命名为“客厅看书房”。从客厅往书房的方向观看，调整摄影机的【镜头】为24.0mm，高度为1000mm左右，效果如图12-6所示。

Step 04 因为摄影机被前面的家具挡住了，所以必须选中【手动剪切】复选框，设置【近距剪切】为600.0mm，【远距剪切】为16000.0mm，最后再调整摄影机的位置。

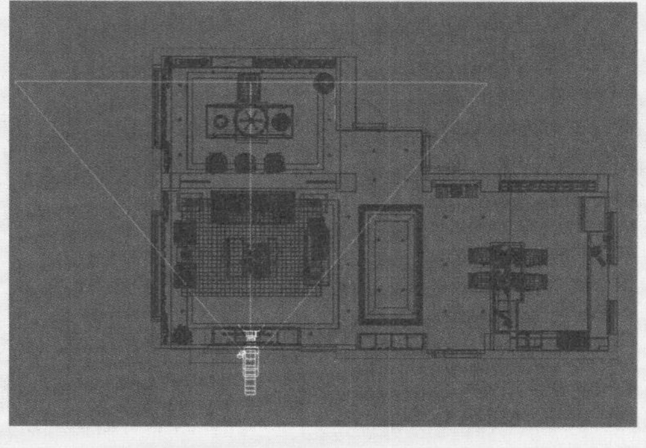

图12-6 摄影机的位置

Step 05 同样在顶视图中创建两架摄影机，用来观看客厅、餐厅以及餐厅、客厅的空间，效果如图12-7所示。

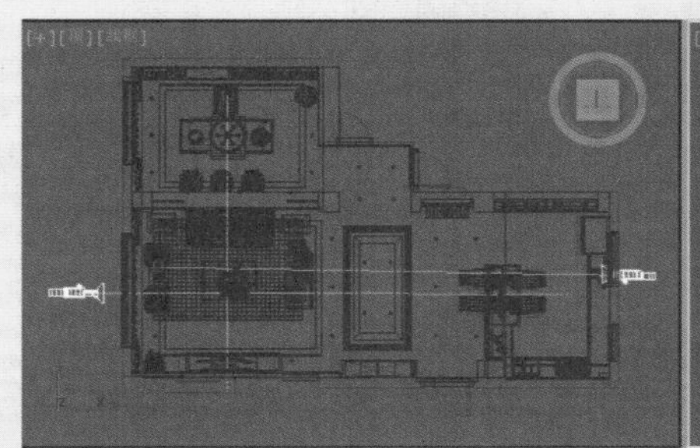

图12-7 另外两架摄影机的位置

Step 06 单击菜单栏中的按钮，在弹出的菜单中选择【另存为】命令，将场景另存为“客厅成图.max”文件。

12.4 调用材质库

本节讲解怎样用最专业的方法快速使用材质库中的材质，将场景中的单色进行快速替换，这样可以大大提高制图效率。这个场景中的材质主要包括乳胶漆、壁纸、地板、地面大理石材质等，效果如图12-8所示。其实大部分材质的调制方法都基本相同，更换位图就可以了，关键还是要看对【VRayMtl】的理解。如果对【VRayMtl】的各项参数都很明白了，大部分材质的调制就会很轻松。

图12-8 场景中的主要材质

首先将VRay指定为当前渲染器，按F10键，弹出【渲染设置】窗口，选择【公用】选项卡，在【指定渲染器】卷展栏下单击...按钮，在弹出的【选择渲染器】对话框中选择【V-Ray Adv 2.10 .01】选项。

现场实战　调用材质库

Step 01 按M键，弹出【材质编辑器】窗口。激活第1个材质球，也就是“白乳胶漆”材质球，单击 Standard （标准）按钮，在弹出的【材质/贴图浏览器】对话框中，单击▼【材质/贴图浏览器】按钮，在弹出的菜单中选择【打开材质库】命令，如图12-9所示。

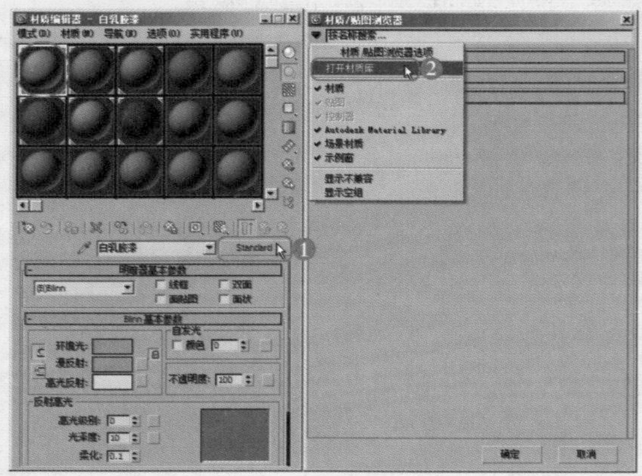

图12-9　选择【打开材质库】命令

Step 02 在弹出的【导入材质库】对话框中，选择本书配套光盘“场景\第12章\客厅材质库.mat”文件，单击 打开(O) 按钮，如图12-10所示。

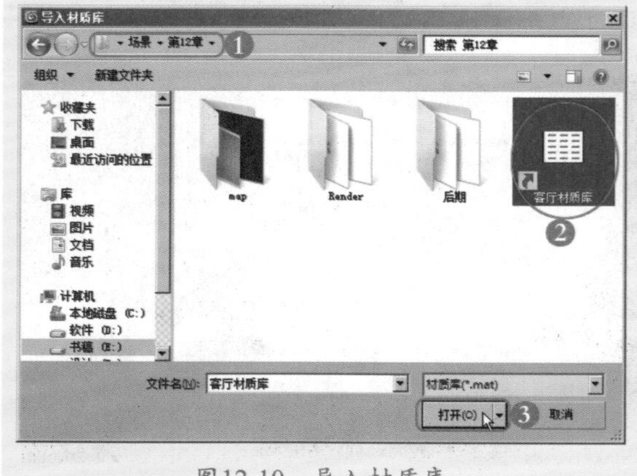

图12-10　导入材质库

Step 03 材质库导入的效果如图12-11所示。

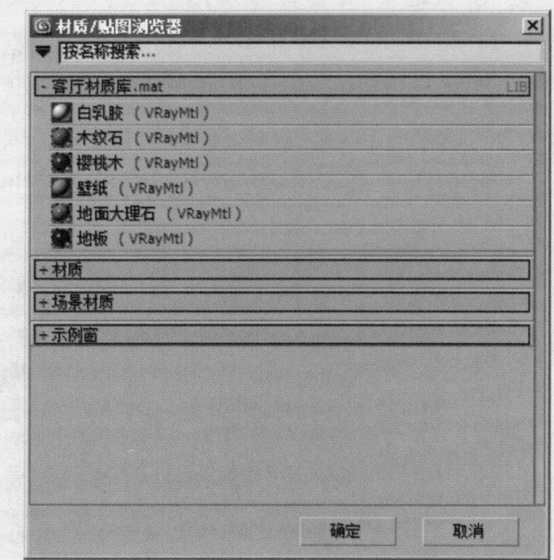

图12-11　导入的材质库

Step 04 在导入的材质库中双击“白乳胶”材质，此时的颜色被替换为“白乳胶漆”材质，也不需要赋给物体了，因为之前已经赋予过了，这样场景中物体的颜色会一起发生改变。

Step 05 在【材质编辑器】窗口中选择第2个材质球，即“壁纸”材质，在材质库中双击“壁纸”材质，于是第2个材质球及场景中凡是被赋予“壁纸”材质的模型都会同步发生改变。

Step 06 在【材质编辑器】窗口中选择第3个材质球，即“地面大理石”材质，在材质库中双击“地面大理石”材质，第3个材质球及场景中凡是被赋予“地面大理石”材质的模型都会同步发生改变，如图12-12所示。

Step 07 使用同样的方法，将材质球中的单一颜色替换为材质库中的材质，名字都是对应的，最终效果如图12-13所示。

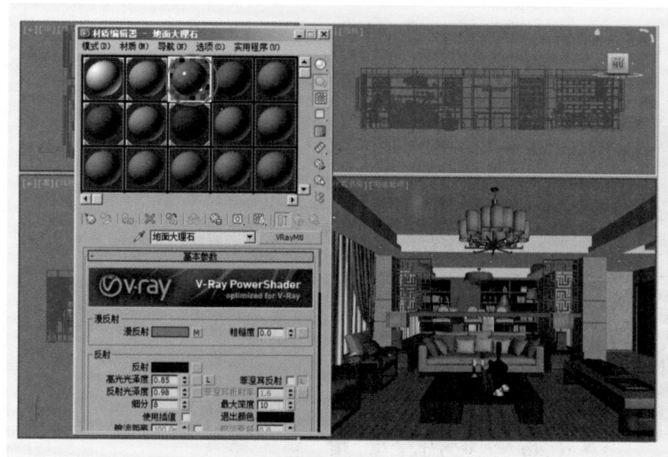

图12-12 替换“地面大理石”材质

图12-13 全部替换材质后的效果

对于场景中某些带有纹理的材质，如果感觉纹理不合适，可以为对应的模型添加【UVW贴图】修改器进行纹理修改。

通过上面的操作可以看出，在制图的过程中如果有一个自己常用的材质库是多么的重要，可以极大地提高制图效率。如果相同类型的材质需要不同的纹理，复制一个材质球然后直接在【漫反射】中换一张位图就可以了，其他参数设置基本相同。

12.5 设置灯光

这个场景主要表现室内的灯光效果，空间比较大也比较复杂，要靠很多灯光来照亮场景。客厅和餐厅有很宽敞的窗户，为了得到更好的效果，还要配合天光来进行表现。

12.5.1 设置天光

现场实战 设置天光

Step 01 单击【创建】|【灯光】|【VRay】|VR灯光按钮，在左视图中窗户的位置创建一盏VR光源用于模拟天空光，将【颜色】设置为浅蓝色（天空的颜色），设置【倍增】为10.0左右，取消选中【不可见】复选框，实例复制两盏，如图12-14所示。

为客厅、书房和厨房的窗户设置完天光后，就可以设置简单的渲染参数了，然后进行渲染以观看效果。

Step 02 因为是测试，所以参数设置得比较低，目的是为了得到一个比较快的渲染速度。在【V-Ray::图像采样器（反锯齿）】卷展栏中选择低参数的【固定】类型，取消【抗锯齿过滤器】参数区下【开】复选框的选中状态。

Step 03 展开【V-Ray::间接照明(GI)】卷展栏，在【二次反弹】参数区中选择【灯光缓存】选项；在【V-Ray::发光图】卷展栏下，选择【非常低】选项，其他参数设置如图12-15所示。

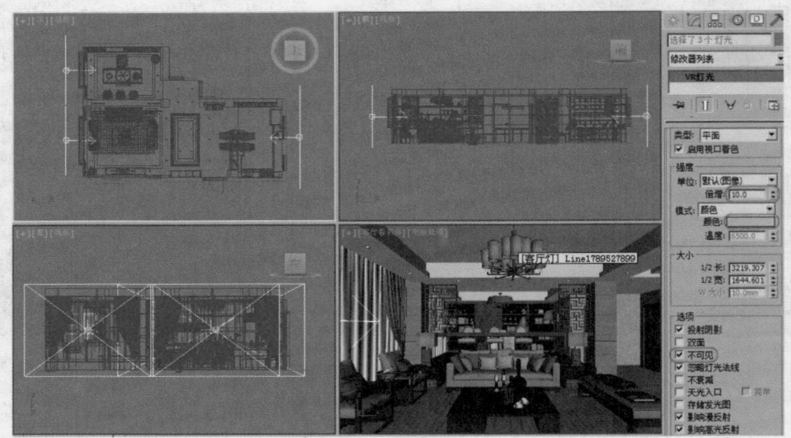

图12-14　VR灯光的位置及参数设置

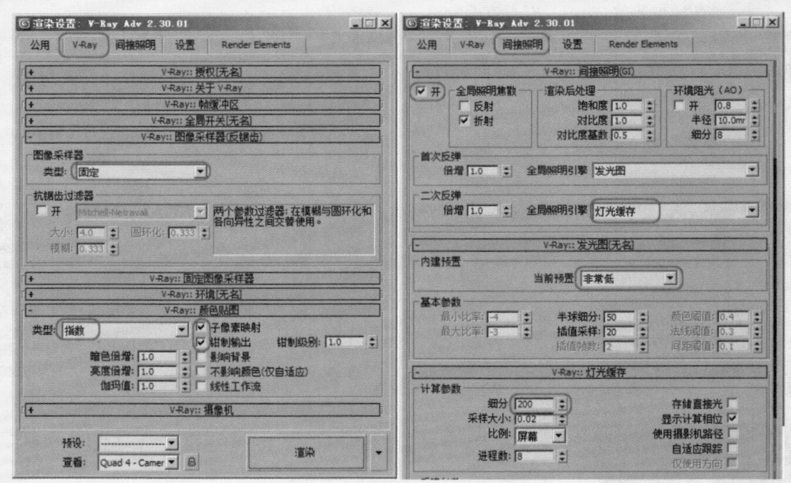

图12-15　设置草图渲染参数

Step 04 渲染“客厅看书房”角度的效果，渲染效果如图12-16所示。

通过渲染效果可以看出，整体的光感太暗了，需要为场景设置室内的灯光效果才可以将整体空间照亮。

图12-16　渲染效果

12.5.2 设置室内灯光及辅助光

现场实战 设置室内灯光及辅助光

Step 01 在前视图中创建一盏目标灯光，在有筒灯的位置以实例的方式进行复制，选中【阴影】参数区下的【启用】复选框，选择【VRay阴影】选项，将【灯光分布（类型）】设置为【光度学Web】，选择“筒灯.ies”文件，将【强度】修改为2200.0，将灯光的【颜色】调整为淡黄色，效果如图12-17所示。

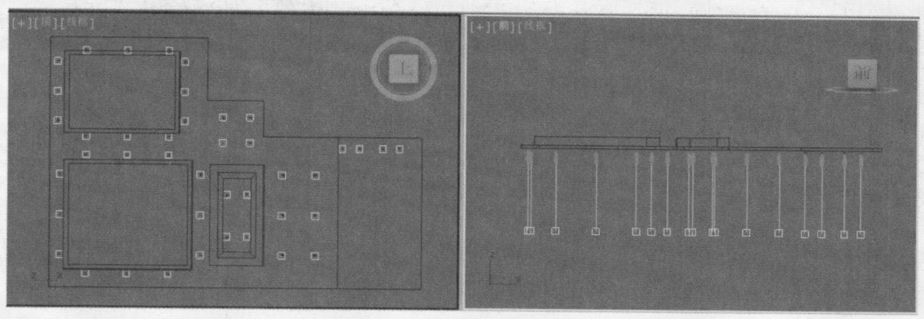

图12-17 为筒灯设置灯光

Step 02 在顶视图中天花的位置创建一盏VR平面光源，模拟灯槽的发光效果，将它移动到灯槽里面，沿着Y轴进行镜像，灯头朝上，设置颜色为淡黄色，将【倍增】设置为3.0，取消【不可见】、【影响反射】的选中状态，进行实例复制，效果如图12-18所示。

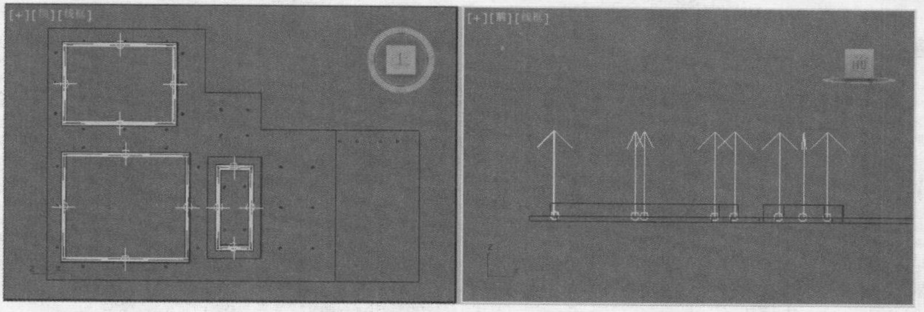

图12-18 设置灯槽

Step 03 在顶视图中天花和顶的中间位置创建VR平面光源，作为客厅吊灯的光源。在书房、餐厅的位置进行复制，将【倍增】设置为2.0左右，取消【不可见】、【影响反射】的选中状态，效果如图12-19所示。

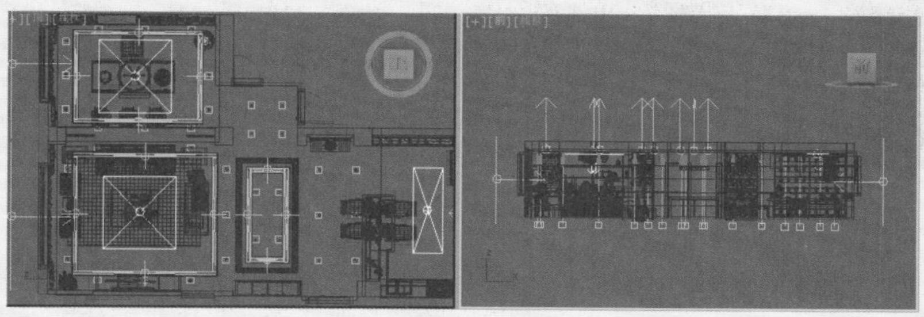

图12-19 设置吊灯

Step 04 在书房中书橱的位置创建VR平面光源，将【倍增】设置为2.0左右，取消【不可见】、【影响反射】的选中状态，效果如图12-20所示。

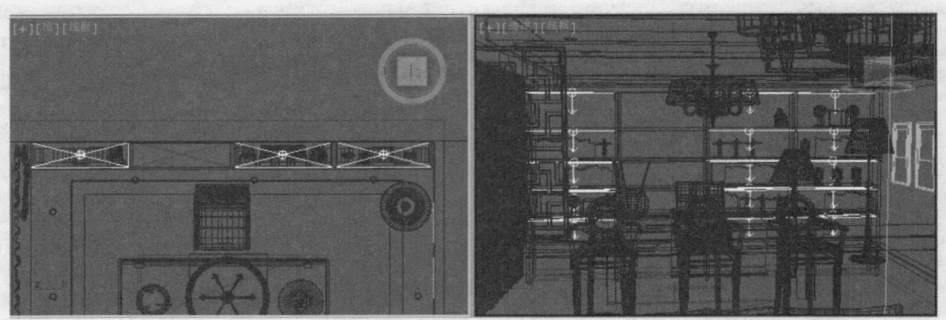

图12-20　设置书橱的灯槽

Step 05 最后再为台灯创建VR球型灯，将【倍增】设置为30.0左右，将【半径】设置为50.0mm左右，选中【不可见】复选框。

为了可以从窗户看见外面的风景，为场景创建球天，赋予一种自发光的风景材质就可以了。

Step 06 在顶视图中绘制一个半径为12000mm的圆，然后执行【挤出】命令，高度为10000mm，赋予【VR灯光材质】，为其添加一张名称为“643133-2002919920435841-embed.jpg”的位图。

Step 07 对3个角度进行快速渲染，渲染效果如图12-21所示。

图12-21　渲染效果

整个场景中的灯光设置完成。可以看出，整体效果还是可以的。下面需要做的就是精细调整灯光的【细分】参数及提高渲染参数，加强整体的亮度及对比度，再进行最终的渲染出图。

12.6 渲染出图

现场实战 设置最终渲染参数

Step01 在渲染成图时，第一步就需要修改所有VR光源的【细分】参数为20。

灯槽里面灯光的【细分】参数也可以被设置为15。数值太高，渲染的速度会变慢，设置模拟天光的VR光源的【细分】参数为30左右，可以根据自己的经验进行设置。

Step02 重新设置渲染参数，按F10键，在弹出的【渲染设置】窗口中，选择【V-Ray】选项卡，设置【V-Ray::图像采样器（反锯齿）】、【V-Ray::颜色贴图】卷展栏的参数，如图12-22所示。

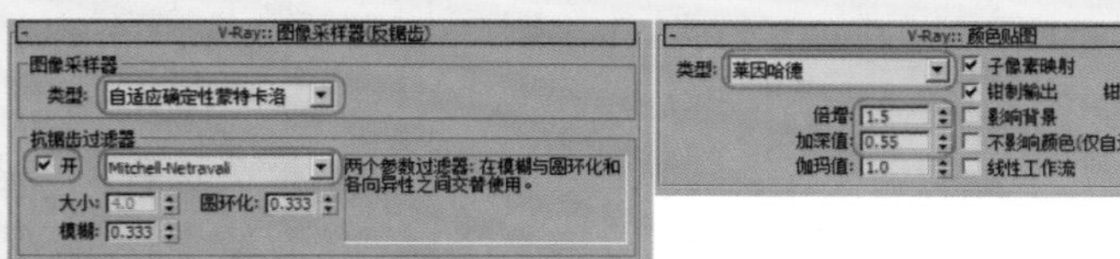

图12-22 设置最终的渲染参数

Step03 选择【间接照明】选项卡，设置【V-Ray::发光图】及【V-Ray::灯光缓存】卷展栏的参数，如图12-23所示。

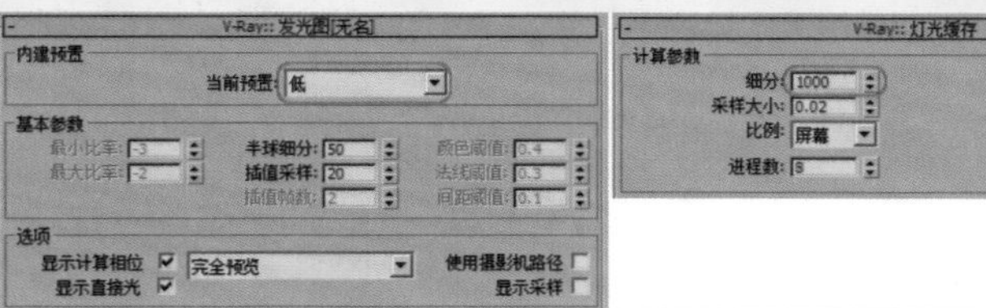

图12-23 设置卷展栏参数

Step04 选择【设置】选项卡，设置【V-Ray::DMC采样器】及【V-Ray::系统】卷展栏的参数，如图12-24所示。

Step05 各项参数调整完成，最后将渲染尺寸设置为1500mm × 1063mm，如图12-25所示。

在场景中设置了3架摄影机，可以采用【批处理渲染】命令进行渲染，将3个视角的效果一起进行渲染出图。

图12-24 设置参数

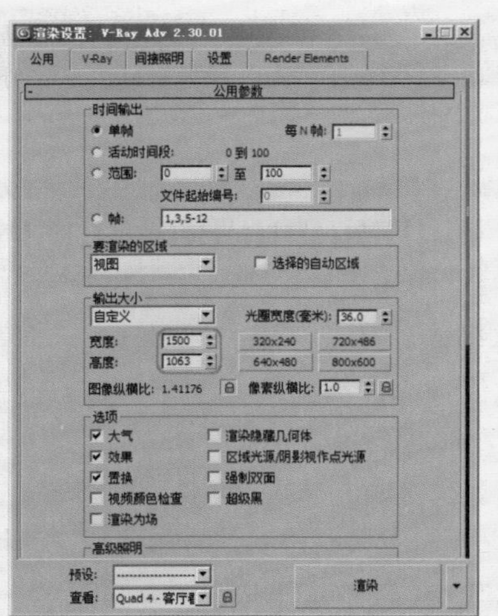

图12-25　设置成图的渲染尺寸

Step 06 执行菜单栏中的【渲染】|【批处理渲染】命令，弹出【批处理渲染】对话框，单击添加(A)...按钮，在下方的窗口中出现“View01”。在摄影机右侧的窗口中选择“客厅看餐厅”，单击输出路径右侧的...按钮，在弹出的【渲染输出文件】对话框中设置保存路径，将文件保存为*.tga格式，再单击添加(A)...按钮，为其他两个镜头设置参数，最后单击渲染(R)按钮进行渲染，如图12-26所示。

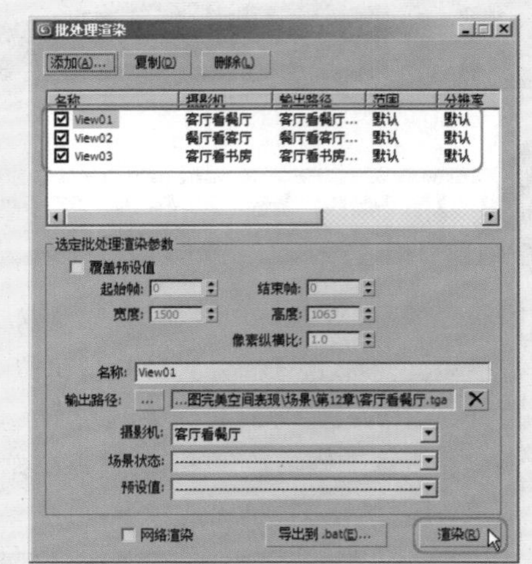

图12-26　对图像进行批处理渲染

批处理的渲染过程需要花费一段时间。因为没有渲染光子图，所以需要的时间会比较长。经过漫长的渲染，3张图像渲染完成，渲染时间的长短主要还是根据电脑的配置来决定，效果如图12-27所示。

从渲染效果可以看出，光影、材质的整体感觉还是可以的，就是画面有些偏灰、发暗，这个问题在后期可以很轻松地解决。

Step 07 将制作的客厅场景进行保存，这样本场景中3ds Max部分的工作就结束了，剩下的工作是进行后期处理。

图12-27　渲染效果

12.7 Photoshop后期处理

在效果图的制作过程中，渲染出图后就是使用Photoshop来修改渲染输出图像的光照、明暗、颜色等，还可以修饰、美化图像的细节。重点是，利用通道进行更专业的局部图像处理。处理前后的对比效果如图12-28所示。

处理前的效果

处理后的效果

图12-28 使用Photoshop处理前后的对比效果

现场实战 对“客厅看书房”进行后期处理

Step 01 启动Photoshop CS6中文版。

Step 02 打开上面输出的“客厅看书房.tga”文件，这张渲染图是按照1500mm × 1063mm的尺寸来渲染输出的，效果如图12-29所示。

图12-29 渲染的图像效果

Step 03 按Ctrl＋J组合键，复制【背景】图层并将其粘贴到一个新的图层中，如图12-30所示。

图12-30　复制图层

Step 04 按Ctrl＋M组合键，弹出【曲线】对话框，对图像的亮度进行调整，如图12-31所示。

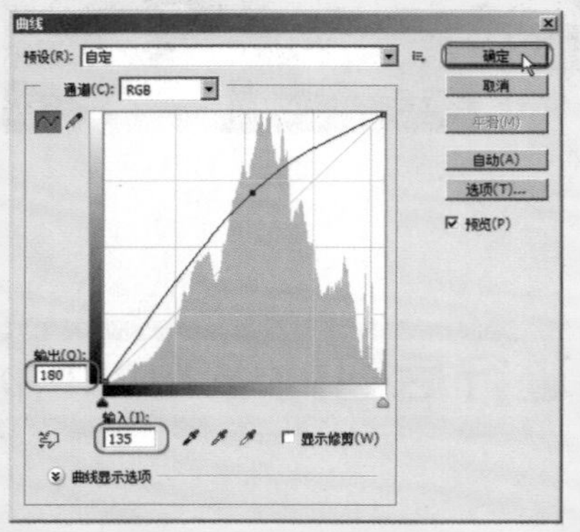

图12-31　调整图像的亮度

Step 05 按Ctrl＋L组合键，弹出【色阶】对话框，调整图像的明暗对比度，如图12-32所示。

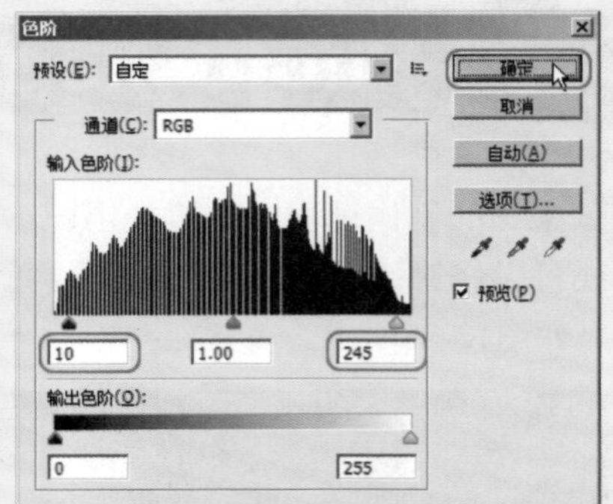

图12-32　调整图像的明暗对比度

Step 06 画面的亮度及明暗对比度调整完成，效果如图12-33所示。

图12-33　调整效果

Step 07 复制【图层1】，设置图层混合模式为【柔光】，调整【不透明度】为50%左右，目的是让画面更有层次感，效果如图12-34所示。

图12-34　调整效果

将上面的两个图层合并，下面调整画面的色调。

Step 08 合并两个调整后的图层，按Ctrl＋B组合键，弹出【色彩平衡】对话框，调整高光的色阶，如图12-35所示。

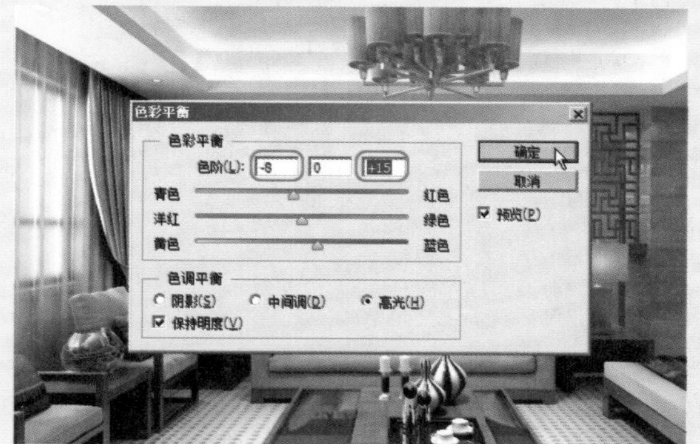

图12-35 使用【色彩平衡】命令进行调整

Step 09 执行【文件】｜【打开】命令，打开随书配套光盘“场景\第12章\后期”文件夹下的“光晕.psd”文件，效果如图12-36所示。

Step 10 将光晕文件拖到效果图中客厅的筒灯位置，然后复制多个，效果如图12-37所示。

Step 11 将处理后的文件保存为“客厅看书房后期. psd”文件，读者还可以查看本书配套光盘中“场景\第12章\后期”中的文件，处理后的“客厅看书房”效果如图12-38所示。

图12-36 打开的图像文件 图12-37 为筒灯添加光效

图12-38 “客厅看书房”的最终效果

Step 12 大家可以结合前面学到的知识，对渲染的另外两幅图像进行后期处理，在这里就不一一讲解了，处理后的图像效果如图12-39所示。

图12-39 处理后的效果

12.8 小结

本章重点练习了简中式客厅、书房、餐厅和厨房的设计制作。这是一个敞开式的空间，可以说，无论是设计还是效果表现都需要花费很大的精力，需要大家静下心来慢慢地一步步地将其体现出来。其实到现在为止，制作的难度并不是在效果的表现上，而是在于对空间的设计及材料的选用。作为优秀的设计师，对整体风格的把握和控制是非常重要的。本章用到的大部分知识在前面的章节中已经进行了讲解，在这里把主动权交给广大读者，大家可以参照以前的学习内容，检查自己掌握的程度与应用知识的能力。

Chapter 13

工装——电梯间的设计表现

本章内容

- 介绍案例
- 建立模型
- 设置材质
- 设置灯光并进行草图渲染
- 设置成图渲染参数
- Photoshop后期处理
- 小结

从本章开始，学习工装常见案例的制作和表现方法，在操作上和家装基本大同小异，结合前面学到的知识可以轻松地完成效果要求。

本章带领大家制作一个现代电梯间的效果图。电梯间是写字楼里通往各个楼层的必经之地，体现着写字楼里公共空间的设计风格，也从侧面显示了写字间整体的装修档次和企业的精神风貌。

13.1 介绍案例

本案例制作的是一个现代电梯间的效果图。浅灰色调的灰麻通过简单的横向凹槽进行分隔，等于间接地做出了公司标语的位置。电梯门采用稍微深色的灰麻作为门套及门上档的平板造型。天花也以简洁的直线条造型来处理，中间搭配有反射效果的灰镜，黑白相间的对比颜色，使整体显得干净利落又不失大气。

本案例制作的现代风格的电梯间的最终效果图，如图13-1所示。

图13-1　电梯间的设计效果图

13.2 建立模型

电梯间的模型相对来说要简单一些，主要由墙体、地面、天花组成，完成框架的建立后，使用合并命令将家具合并到场景中就可以了。

13.2.1 导入图纸

现场实战　导入CAD平面图

Step 01 启动3ds Max 2013中文版，将单位设置为mm（毫米）。

Step 02 使用前面讲解的方法，将本书配套光盘“场景\第13章\电梯间图纸.dwg”文件导入到场景中，效果如图13-2所示。

Step 03 激活顶视图，按Alt+W组合键，将视图最大化显示，按G键将网格隐藏。

Step 04 按S键将捕捉打开，采用2.5维的捕捉模式，将鼠标指针放在按钮的上方，

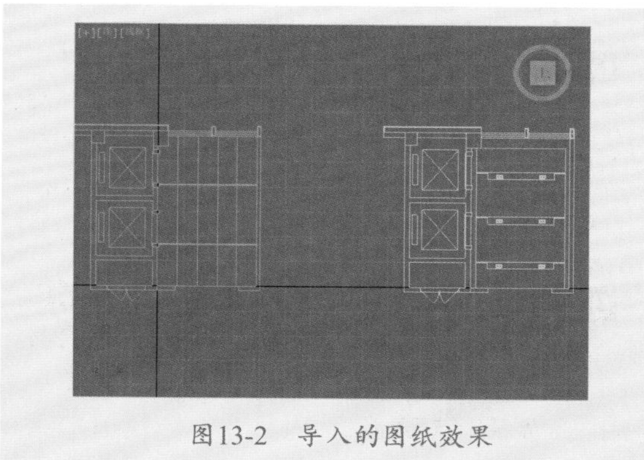

图13-2　导入的图纸效果

单击鼠标右键，在弹出的【栅格和捕捉设置】窗口中设置【捕捉】及【选项】选项卡的参数，如图13-3所示。

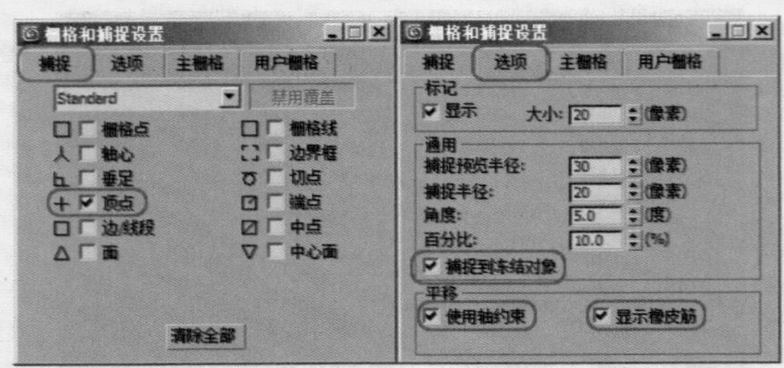

图13-3　设置捕捉

Step 05 选择图纸，单击鼠标右键，在弹出的菜单中选择【冻结当前选择】命令，将图纸冻结起来，这样在后面的操作中就不会选择和移动图纸。

Step 06 单击【创建】|【图形】|【线】按钮，在顶视图中按照平面图绘制墙体的封闭线形，执行【挤出】命令，将【数量】设置为3150.0mm，将【分段】设置为6，如图13-4所示。

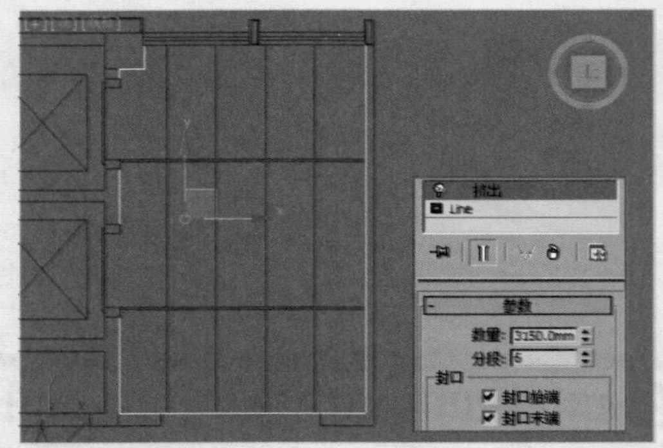

图13-4　绘制线形并执行【挤出】命令

Step 07 选择挤出后的线形，单击鼠标右键，在弹出的菜单中选择【转换为】|【转换为可编辑多边形】命令，将挤出后的线形转换为可编辑多边形物体，如图13-5所示。

Step 08 为了方便观察，可以对墙体执行消隐操作，在透视图中选择挤出后的线形，单击鼠标右键，在弹出的菜单中选择【对象属性】命令，弹出【对象属性】对话框，选中【背面消隐】复选框，如图13-6所示。

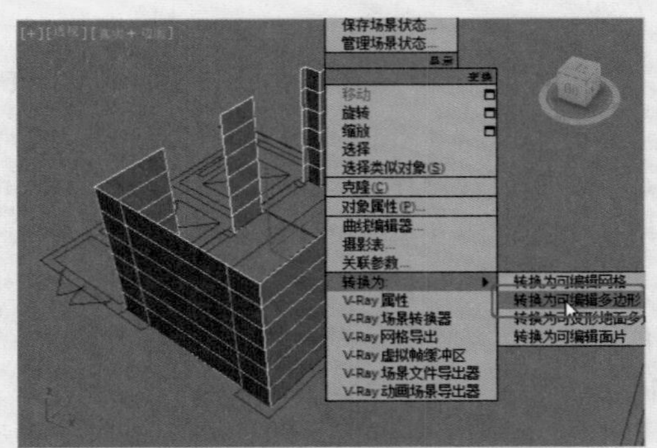

图13-5　转换为可编辑多边形物体

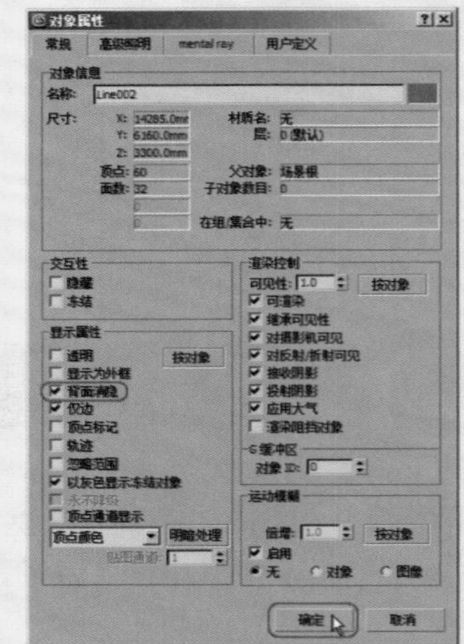

图13-6　设置墙体的对象属性

Step 09 此时墙体以单面的形式显示，这样电梯间的内部就可以看得很清楚了，只是法线的方向反了，如图13-7所示。

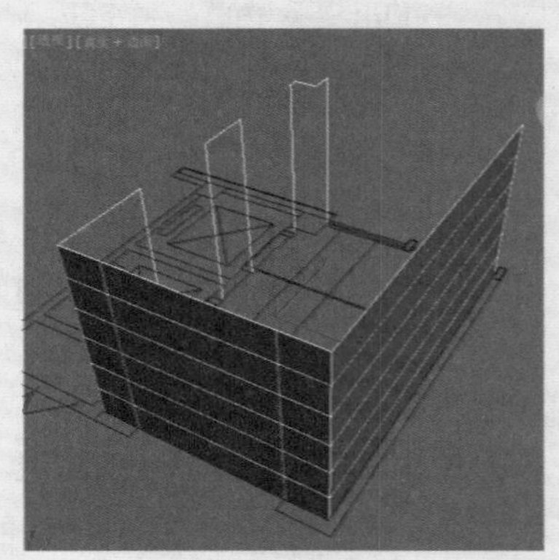

图13-7　选中【背面消隐】复选框后的效果

Step 10 按5键，进入【元素】层级子物体，按Ctrl+A组合键，选择所有多边形，单击 翻转 按钮，翻转法线，如图13-8所示。

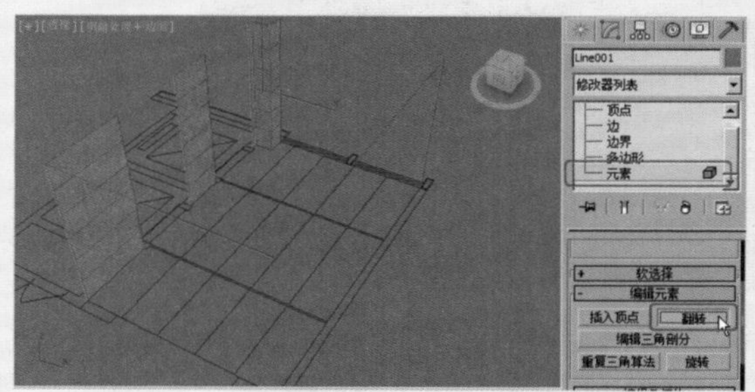

图13-8 翻转法线

Step 11 在视图中选择墙体，按2键，进入【边】层级子物体，在左视图中选择如图13-9所示的边。

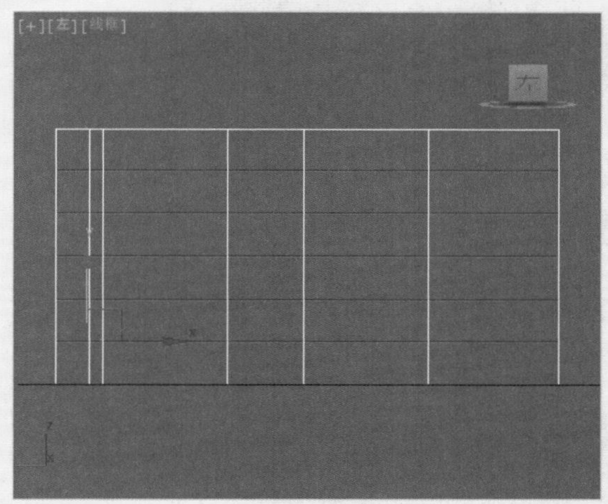

图13-9 选择墙体的边

Step 12 单击【编辑边】卷展栏下 挤出 右侧的小按钮，在弹出的对话框中将【高度】设置为-10.0mm，将【宽度】设置为5.0mm，单击【确定】按钮，如图13-10所示。

Step 13 确认执行【挤出】命令后的边处于被选中状态，单击【编辑边】卷展栏下 切角 右侧的小按钮，在弹出的对话框中将【边切角量】设置为6.0mm，单击【确定】按钮，如图13-11所示。

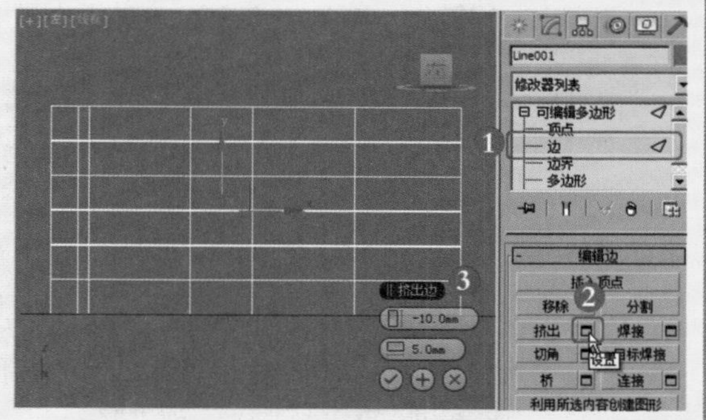

图13-10 使用【挤出】命令制作V型槽

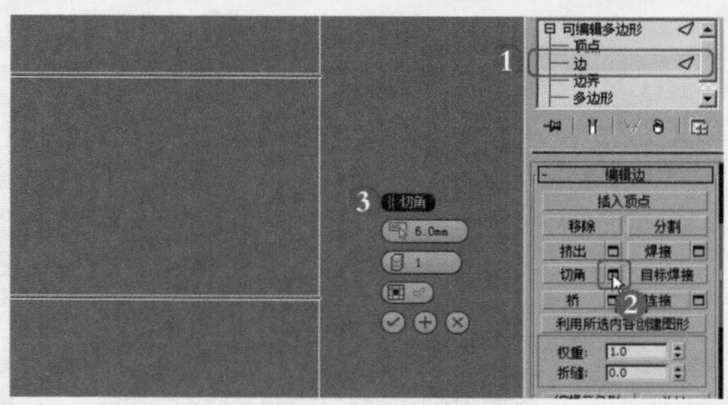

图13-11 使用切角制作凹槽

通过上面的步骤得到了墙面的V型槽，这样做出来的模型有一个尖锐的角，可以执行切角操作，使V型槽的锐角出现一段直面造型的凹槽。

Step 14 激活顶视图，确认捕捉模式处于2.5维捕捉。单击【创建】|【图形】| 线 按钮，参照平面图绘制电梯的大理石门套线，执行【挤出】命令，设置【数量】为3150.0mm；同样用线绘制电梯门的线形，执行【挤出】命令，设置【数量】为2200.0mm；用矩形绘制电梯门上档，执行【挤出】命令，设置【数量】为1200.0mm；在前视图中沿Y轴将其移动到1950mm的高度，如图13-12所示。

Step 15 将制作的电梯门、门套和门上档沿Y轴复制一组，具体位置参考平面图。

Step 16 在顶视图中用矩形绘制窗台，为其执行【挤出】命令，设置【数量】为200.0mm，在左视图中沿Y轴向上复制一个窗台，作为窗户上面的过梁，效果如图13-13所示。

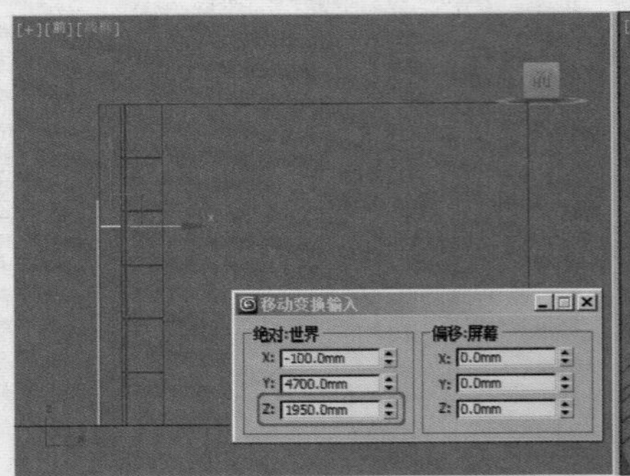

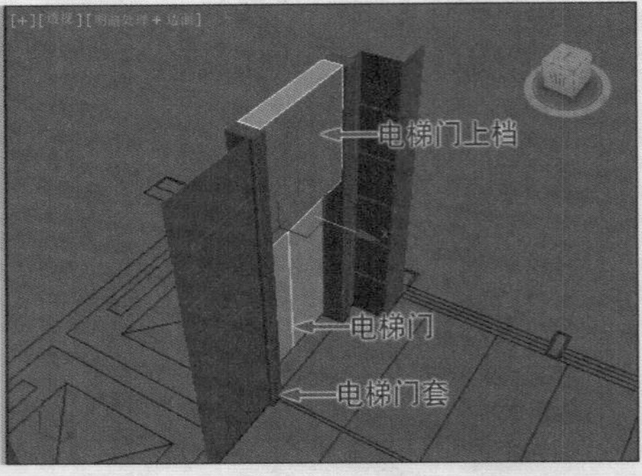

图13-12　制作的电梯门、门套和门上档

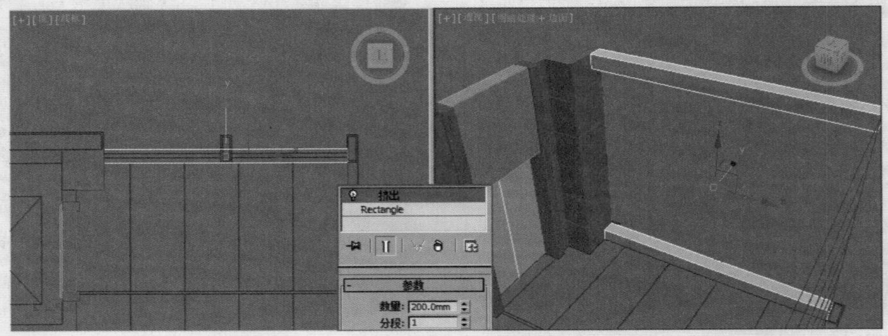

图13-13　制作窗台和过梁

Step 17 激活顶视图，参照平面图用矩形绘制窗框的线形，执行【挤出】命令，设置【数量】为2750.0mm，效果如图13-14所示。

Step 18 为了让制作的窗框在渲染时产生高光效果，可以为绘制的矩形执行【编辑样条线】命令，进入【顶点】层级子物体，选择矩形的顶点，设置数量为5的切角，如图13-15所示。

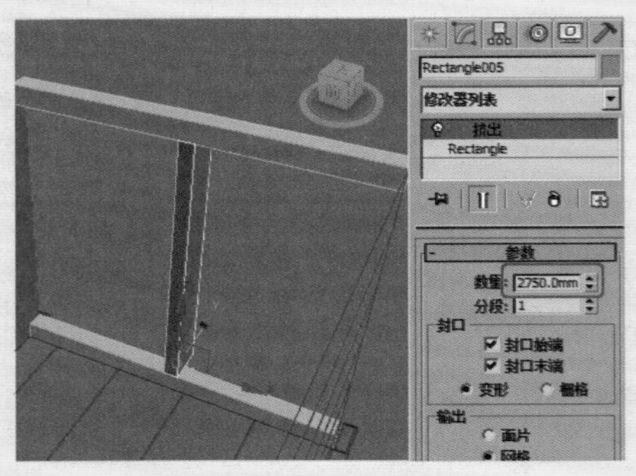

图13-14　制作窗框

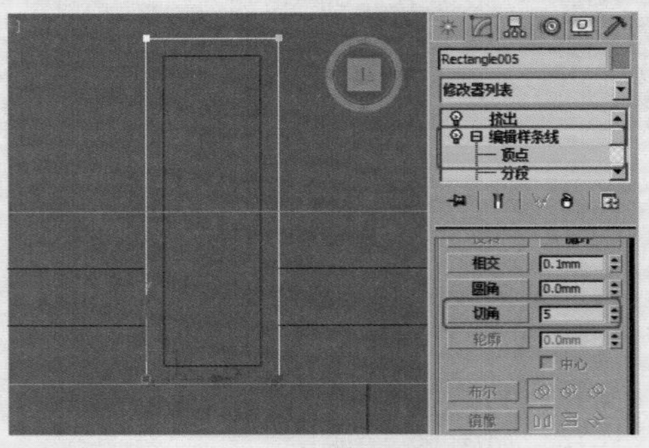

图13-15　修改窗框的顶点

Step 19 按Ctrl+S组合键，将文件保存为“电梯间.max”文件。

13.2.2 制作天花

电梯间的墙体和窗户已经完成，下面制作天花。

现场实战 制作天花

Step01 单击【创建】|【图形】|线按钮，在顶视图中沿着天花图的形态用线捕捉绘制天花的线形，执行【挤出】命令，设置【数量】为80.0mm，如图13-16所示。

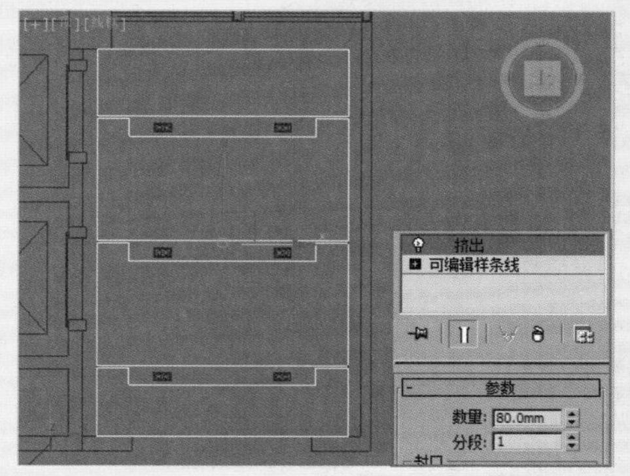

图13-16 制作天花

Step02 在视图中调整天花的位置，效果如图13-17所示。

Step03 将制作的天花在原来的位置复制一个，进入【线段】层级子物体，在顶视图中删除多余的线段并将其调整为一个矩形，修改【挤出】命令的【数量】为10.0mm，在前视图中移动位置，使其位于天花的顶部，如图13-18所示。

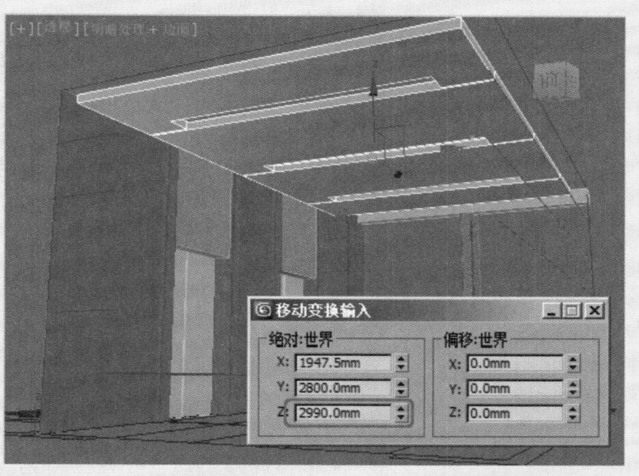

图13-17 天花的位置

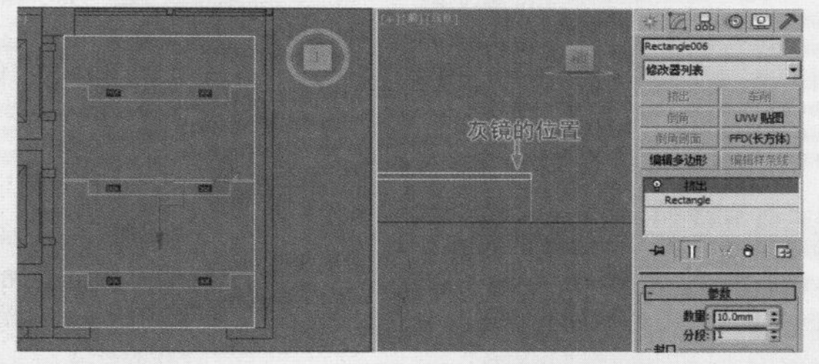

图13-18 天花灰镜的位置

Step04 在顶视图中参照平面图纸，创建一个6400mm × 4225mm × -10mm的长方体作为地面，在前视图中沿Y轴向上复制一个作为顶。

Step05 按Ctrl+S组合键，对文件进行保存。

13.2.3 设置摄影机及合并家具

把场景中的框架制作完成后，就可以设置摄影机了。

现场实战 设置摄影机及合并家具

Step01 单击【创建】|【摄影机】|目标按钮，在顶视图中沿Y轴从下向上拖动鼠标指针，创建一架目标摄影机，然后将摄影机移动到高度为1200mm左右的位置，修改【镜头】为24.0mm，效果如图13-19所示。

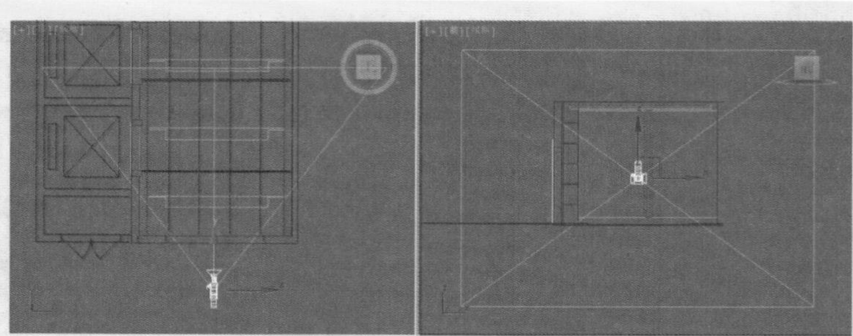

图13-19　摄影机的效果

Step 02 激活透视图，按C键，透视图即成为摄影机视图。因为摄影机被前面的墙体挡住了，所以必须选中【手动剪切】复选框，设置【近距剪切】为1435.0mm，【远距剪切】为11000.0mm，最后再调整摄影机的位置，效果如图13-20所示。

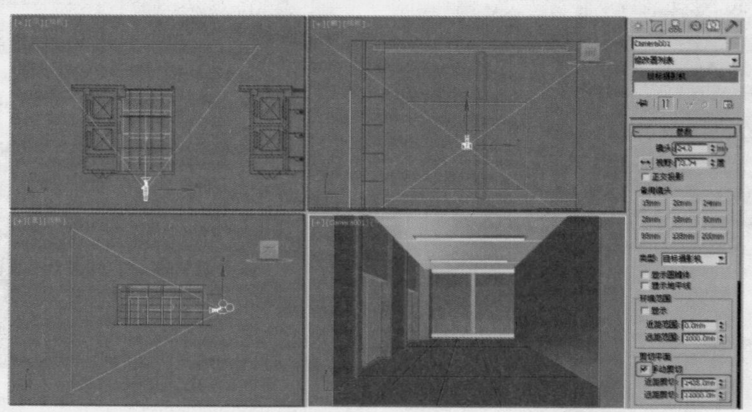

图13-20　修改摄影机参数

Step 03 调整好后，按Shift + C组合键，快速隐藏摄影机。

Step 04 执行按钮下的【导入】|【合并】命令，将本书配套光盘中“场景\第13章\电梯间家具.max”文件合并到场景中，如图13-21所示。

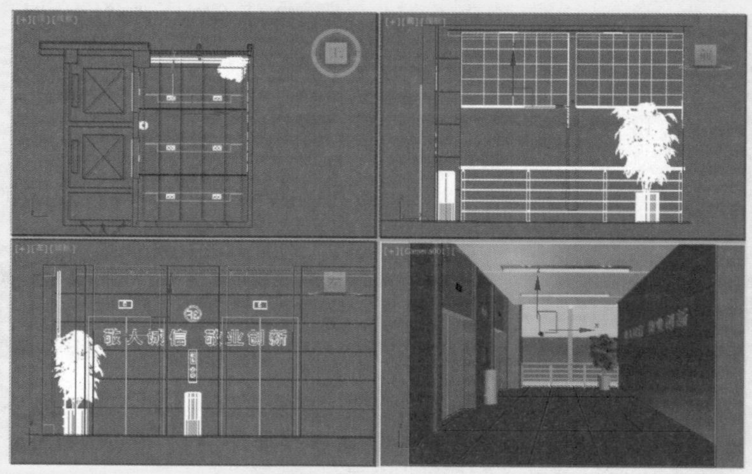

图13-21　合并家具后的效果

Step 05 最后将图纸解冻后删除，按Ctrl + S组合键，将文件进行快速保存。

合并到电梯间的模型中包括电梯按钮、垃圾桶、扶栏、窗帘植物、斗胆灯和企业标语等，它们的具体位置已经调整好了。如果模型合并到场景里有不合适的地方，可以根据实际情况进行调整。

13.3 设置材质

电梯间的框架模型已经制作完成，合并进来的家具材质也已经赋予好了。下面讲解场景中主要材质的调制，包括白乳胶漆、灰麻、灰麻01、灰麻地面、灰镜等，效果如图13-22所示。

在调制材质前，先指定VRay为当前渲染器，然后按M键，弹出【材质编辑器】窗口，选择一个材质球，调制一种白乳胶漆分别赋给天花和顶，具体步骤在这里就不讲解了。

图13-22 场景中的主要材质

13.3.1 灰麻材质

现场实战 调制灰麻材质

Step 01 选择一个未用的材质球，调制一种“灰麻”材质，在【漫反射】中添加一张名为“灰麻.jpg”的位图，设置【坐标】卷展栏下的【模糊】为0.1，调整【反射】的颜色（R、G、B分别是32），其他参数设置如图13-23所示。

Step 02 将调制好的“灰麻”材质赋给墙体、窗台，然后添加【UVW贴图】修改器，将贴图类型设置为【长方体】，设置【长度】、【宽度】、【高度】均为1000.0mm，效果如图13-24所示。

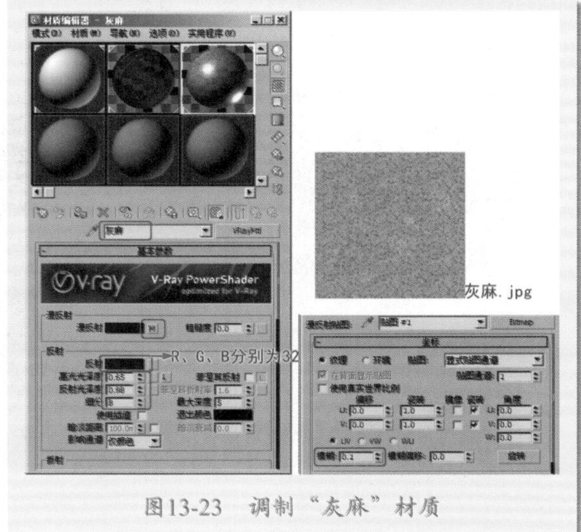

图13-23 调制“灰麻”材质

图13-24 为墙体和窗台赋予“灰麻”材质

Step 03 将调制好的“灰麻”材质球拖动复制一个，修改材质名称为“灰麻01”，在【漫反射】中修改位图为“深灰麻.jpg”，将其赋给电梯门套和门上档，分别添加长、宽、高为1000mm的【UVW贴图】修改器，效果如图13-25所示。

图13-25 赋予“灰麻01”材质

Step 04 将调制好的“灰麻”材质球再复制一个，修改材质名称为“灰麻地面”，在【漫反射】中修改位图为“灰麻带2缝.jpg”，将其赋给电梯间的地面，添加【UVW贴图】修改器，设置贴图类型为【长方体】，设置【长度】为1200.0mm、【宽度】为768.0mm、【高度】为10.0mm，效果如图13-26所示。

图13-26 赋予“灰麻地面”材质

通过图13-26可以发现，灰麻地面和平面图纸的缝没有对齐，需要调整一下。

Step 05 将【UVW贴图】前面的■激活，在顶视图中参照图纸进行尺寸的对齐，效果如图13-27所示。

图13-27 调整【UVW贴图】的位置

13.3.2 窗框材质

现场实战 调制窗框材质

Step 01 复制“白乳胶漆”材质球，将其命名为“窗框”，修改【漫反射】的颜色为浅灰色，调整【反射】的颜色（R、G、B分别是25），其他参数设置如图13-28所示。

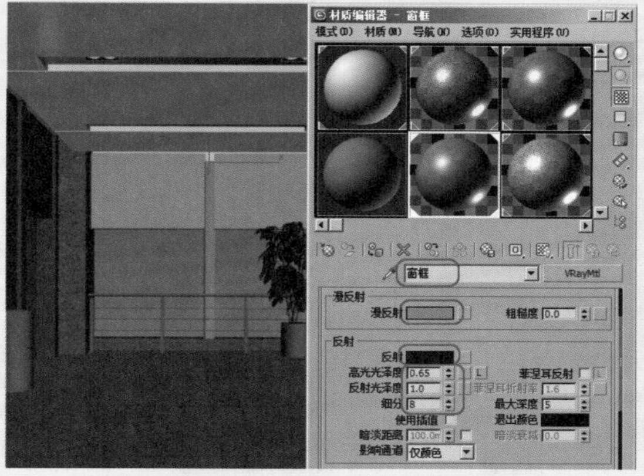

图13-28 为窗框赋予材质

Step 02 调制“灰镜”材质赋给天花上的造型，复制“窗框”材质球，修改【漫反射】的颜色为深灰，调整【反射】的颜色（R、G、B分别是25），其他参数设置如图13-29所示。

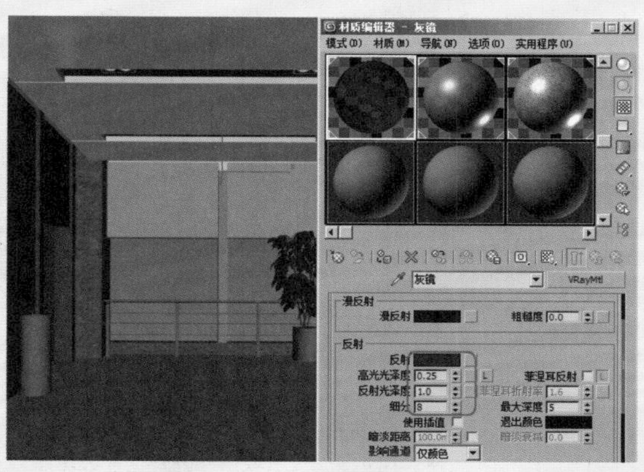

图13-29 为灰镜赋予材质

Step 03 使用【吸管工具】在垃圾桶上拾取不锈钢材质，将其赋给电梯门。

电梯间的材质已经调制完成，合并的模型已经被赋予了材质，在这里就不赘述了。

13.4 设置灯光并进行草图渲染

13.4.1 设置天空光

现场实战 设置天空光

Step 01 单击【创建】|【灯光】|【VRay】| VR灯光 按钮，在前视图中窗户的位置创建一盏VR灯光，大小与窗户差不多，将它移动到窗户的外面，设置【颜色】为天蓝色，【倍增】为6.0左右，选中【不可见】复选框，取消选中【影响反射】复选框，效果如图13-30所示。

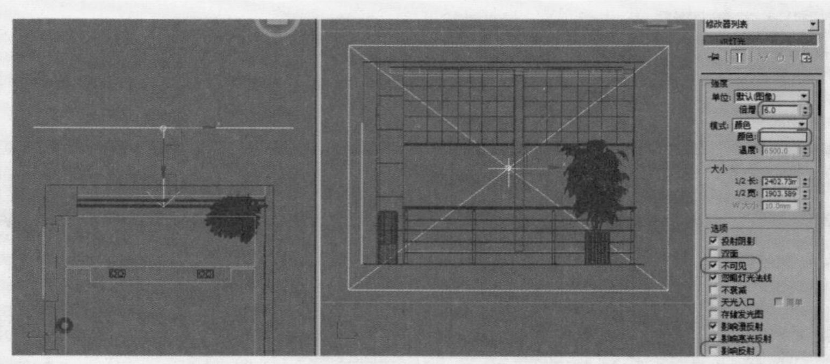

图13-30　VR灯光的位置及参数设置

Step 02 按F10键，弹出【渲染设置】窗口，设置【V-Ray】、【间接照明】选项卡下的参数。进行草图设置的目的，是为了快速进行渲染，以观看整体的效果，参数设置如图13-31所示。

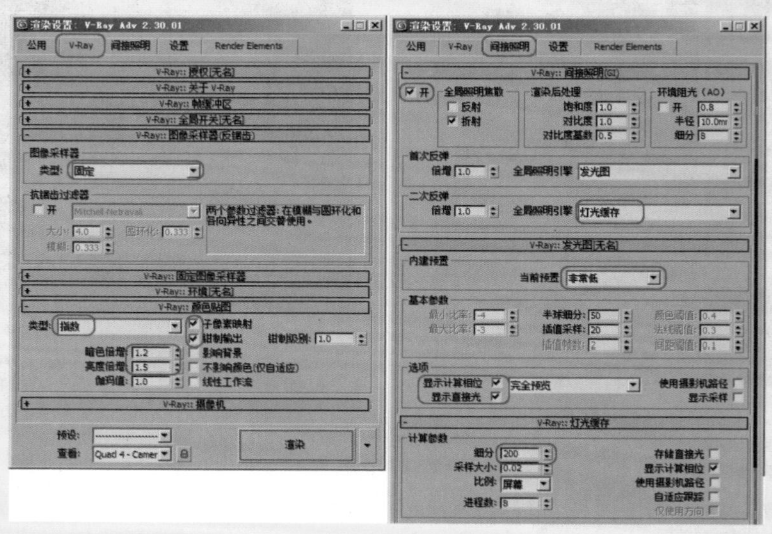

图13-31　设置草图渲染参数

Step 03 按Shift+Q组合键，快速渲染摄影机视图，渲染效果如图13-32所示。

通过渲染效果可以看出，整体的光感还是不够理想，此时可以设置室内的灯光作为辅助光源来提亮整体的空间。

图13-32　渲染效果

13.4.2 设置辅助灯

现场实战 设置辅助灯

Step 01 在前视图中天花和顶的位置创建一盏VR灯光，大小与天花和顶之间的距离差不多，设置【颜色】为暖黄色，【倍增】为3.0左右，选中【不可见】复选框，取消选中【影响反射】复选框，然后在对应的位置复制两盏并分别调整大小，效果如图13-33所示。

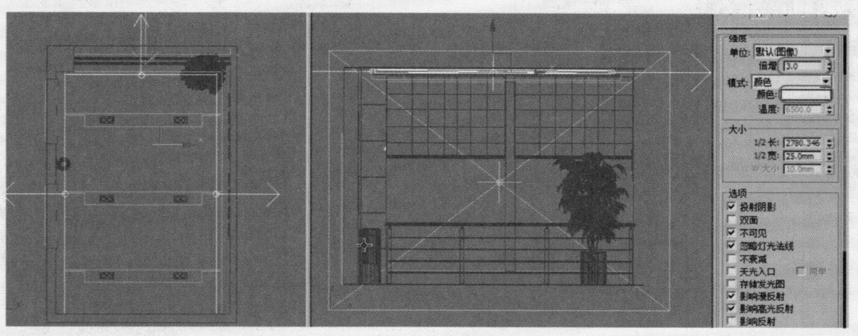

图13-33 为天花设置灯带

Step 02 在前视图中创建一盏目标灯光，选中【阴影】参数区下的【启用】复选框，选择【VRay阴影】选项，将【灯光分布（类型）】设置为【光度学Web】，选择“标准(cooper).ies”文件，根据筒灯的位置进行实例复制，如图13-34所示。

Step 03 在顶视图中创建一盏VR灯光，用来模拟筒灯整体的发光效果，将它移动到天花的下面。设置【颜色】为淡黄色，【倍增】为1.0，选中【不可见】复选框，取消选中【影响反射】复选框，如图13-35所示。

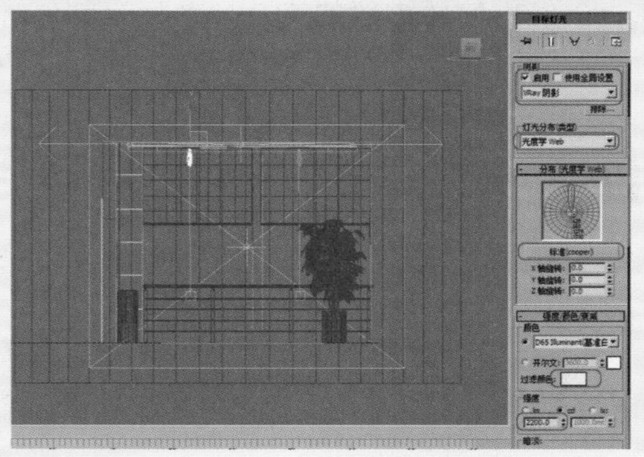

图13-34 为筒灯设置灯光

图13-35 为筒灯创建整体光源

Step 04 按Shift+Q组合键，快速渲染摄影机视图，渲染效果如图13-36所示。

图13-36　渲染效果

从现在的效果来看，整体还是不错的。对于有些局部细节，可以通过设置渲染参数来解决，为了模拟真实效果，在窗外添加一张风景图片。

Step 05 使用前面讲解的方法，为场景制作一个风景板，赋予【VR灯光材质】，效果如图13-37所示。

Step 06 对摄影机视图进行快速渲染，渲染效果如图13-38所示。

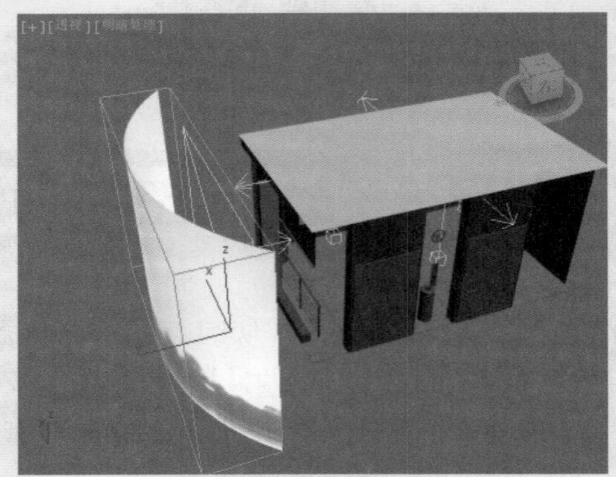

图13-37　为场景创建风景板

图13-38　渲染效果

13.5 设置成图渲染参数

通过上面的操作，已经可以为电梯间的场景设置最终的渲染参数了，这样就可以得到这个空间的成图了。

现场实战　设置成图渲染参数

Step 01 选择在窗户外面模拟天光的VR灯光，修改【参数】卷展栏下的【细分】为20左右，如图13-39所示。

Step 02 重新设置渲染参数，按F10键，在弹出的【渲染设置】窗口中选择【V-Ray】和【间接照明】选项卡，设置【V-Ray::图像采样器（反锯齿）】、【V-Ray::颜色贴图】、【V-Ray::发光图】和【V-Ray::灯光缓存】卷展栏下的参数，如图13-40所示。

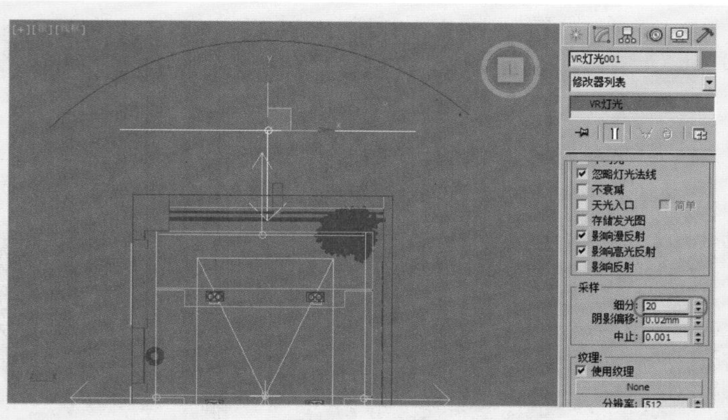

图13-39　修改灯光的【细分】参数

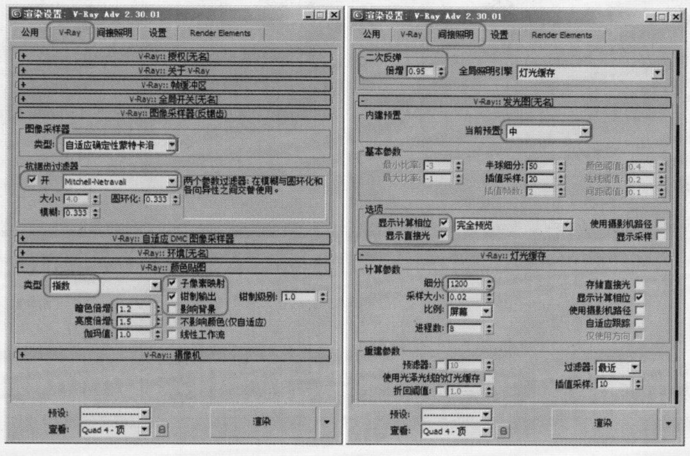

图13-40　设置最终的渲染参数

Step 03 为了使最终效果更加细腻，可以设置【设置】选项卡【V-Ray::DMC采样器】卷展栏下的参数，如图13-41所示。

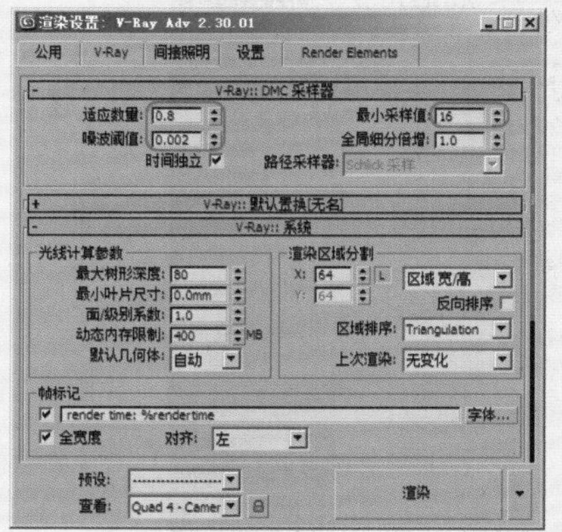

图13-41　设置卷展栏参数

关于光子图的渲染在这里就不进行讲解了，读者可以按照前面章节中的方法进行设置，光子图的渲染尺寸为417mm × 500mm。

Step 04 最终成图的渲染尺寸为1668mm × 2000mm，将渲染完成的成图保存为“电梯间.tga”文件，如图13-42所示。

图13-42　渲染的最终效果

13.6 Photoshop后期处理

在效果图渲染输出后，还需要用Photoshop来修改渲染输出的图像，借助它来修饰、美化图像的细节，对效果图的光照、明暗、颜色等进行调节。图13-43所示是电梯间处理前后的对比效果。

处理前的效果

处理后的效果

图13-43　使用Photoshop处理前后的对比效果

现场实战　对电梯间进行后期处理

Step 01 启动Photoshop CS6中文版。

Step 02 打开上面输出的“电梯间.tga”文件，这张渲染图是按照1668mm× 2000mm的尺寸来渲染的，效果如图13-44所示。

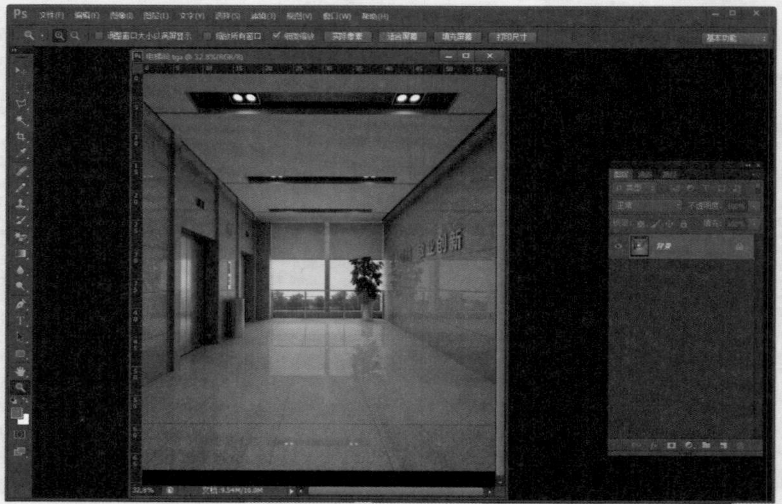

图13-44　打开渲染的电梯间文件

通过渲染的图像，可以看出效果稍微有些暗，并且发灰，可以使用Photoshop来调节该图像的亮度和对比度。

Step 03 按Ctrl+J组合键，将【背景】图层进行复制并粘贴到一个新的图层中，如图13-45所示。

图13-45 复制图层

Step 04 按Ctrl+M组合键，弹出【曲线】对话框，对图像的亮度进行调整，如图13-46所示。

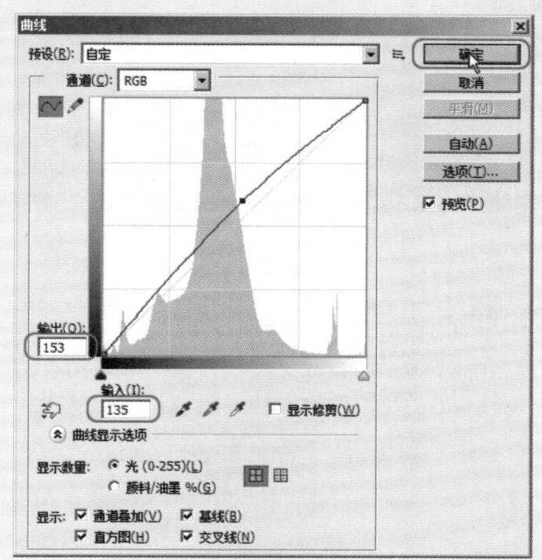

图13-46 调整图像的亮度

Step 05 按Ctrl+L组合键，弹出【色阶】对话框，调整图像的明暗对比度，如图13-47所示。

Step 06 画面的亮度及明暗对比度调整完成，效果如图13-48所示。

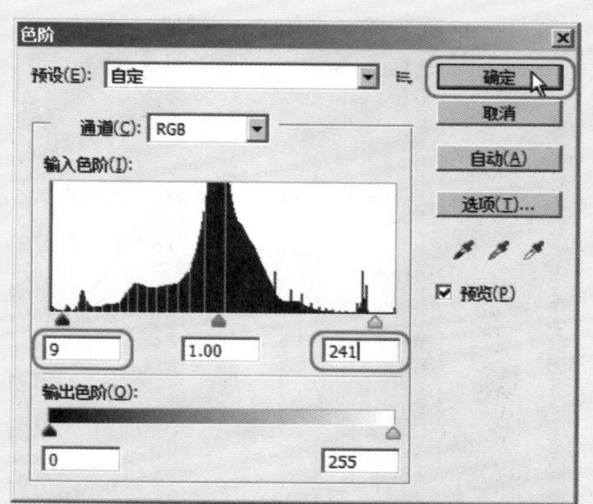

图13-47 调整图像的明暗对比度

图13-48 调整后的效果

下面调整画面的色调。

Step 07 按Ctrl+B组合键，弹出【色彩平衡】对话框，调整图像的高光色阶，如图13-49所示。

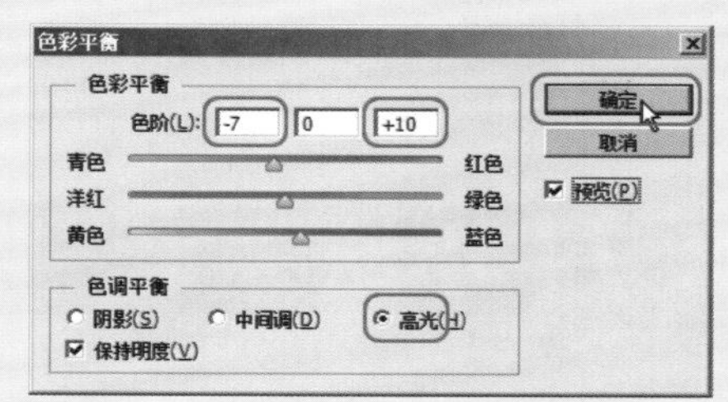

图13-49 调整高光色阶

Step 08 按M键，使用【矩形选区工具】选择如图13-50所示的范围。

图13-50　选择范围

Step 09 单击鼠标右键，在弹出的菜单中选择【羽化】命令，修改选区的【羽化半径】为150像素，如图13-51所示。

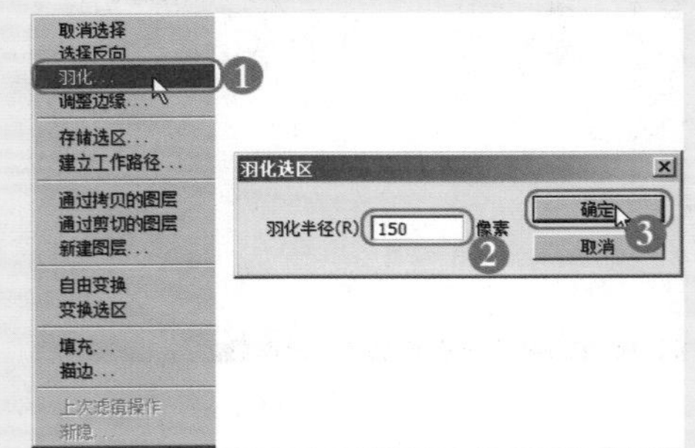

图13-51　修改羽化半径

Step 10 按Ctrl＋Shift＋I组合键，执行反选操作。按Ctrl＋M组合键，在弹出的对话框中将图像四周的色调调暗，以增强空间的景深感，如图13-52所示。

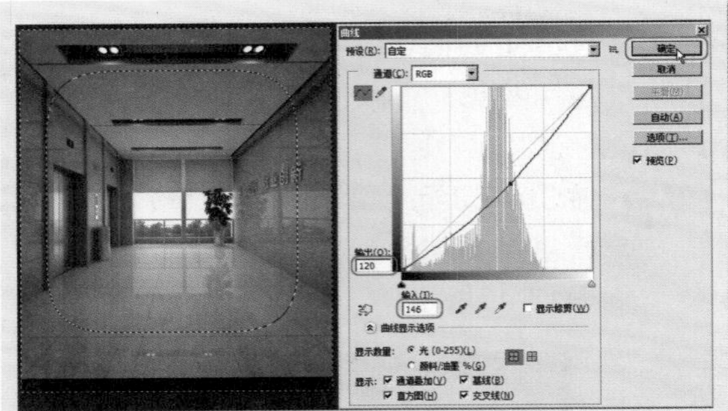

图13-52　调暗图像的四周色调

Step 11 按Ctrl＋D组合键取消选区，电梯间的后期处理完成，效果如图13-53所示。

图13-53　电梯间效果图的最终效果

Step 12 将上面的两个图层进行合并，将处理后的文件保存为“电梯间后期. psd”文件。读者还可以查看本书配套光盘中“场景\第13章\后期”中的文件。

13.7 小结

本章学习了电梯间的设计与表现，重点学习的是专业的建模方法。借助AutoCAD的平面布置图和天花布置图来建立模型，所有的框架完成后，再根据图纸上的显示合并家具，最后赋予材质、布置灯光及进行VRay渲染，从而快速地表现出设计方案的真实效果。逼真的效果和较快的速度，正是制作商业效果图的要求所在。

第14章

工装——敞开式办公区的设计表现

Chapter 14

本章内容

- 介绍案例
- 分析模型
- 设置摄影机
- 调用材质库
- 设置灯光
- 渲染出图
- Photoshop后期处理
- 小结

本章学习敞开式办公区效果图的表现。在写字楼里，办公室是公司员工长时间工作的地方，好的工作环境可以让人振奋精神，提高工作效率，更有效地利用工作时间。那么办公空间应该如何设计和表现呢？下面就来学习这方面的相关知识。

14.1 介绍案例

本案例学习的是敞开式办公空间效果图的表现。在一个公司中，作为大多数客户必到的敞开式办公区，在装修设计时要注意表达整体形象，为自己和生意伙伴创造愉快放松的商务洽谈氛围，使其成为商业洽谈的成功助力。要从多方面进行考虑，一方面，敞开式办公区可以加强公司的实力感，通过用料和规模将实力形象化；另一方面，敞开式办公区可以加强公司的团结感，通过优化的平面布局，使各个空间既独立又团结。本案例采用浅米色的整体色调，使比较开阔的空间不至于过于冷清，同时也可以让人感觉很温馨，在心理上不会产生与环境的排斥感。另外，在设计这种敞开式办公区时要考虑到有足够的储物空间，办公隔断旁边的矮柜是必不可少的。综合上面的因素，制作敞开式办公区应该就不是难事了。

本案例制作的敞开式办公区的最终效果图，如图14-1所示。

图14-1 敞开式办公区的设计效果图

14.2 分析模型

敞开式办公区的模型在制作时要复杂一些，这里重点学习灯光的布置和渲染。大家也可以根据提供的图纸，自己试着制作本空间的模型。办公区的制作方法和前面学习的案例类似，也是先导入平面图，借助平面图准确地把握整个空间的尺寸。这个场景虽然很大，但是建筑结构比较简单，都是原建筑墙体和柱子，较复杂的是天花。为了让整个图像的细节丰富一些，这里按照实际铝扣板的大小，绘制矩形后再执行【倒角】命令制作模型。空间里的家具是被合并到场景里的，模型效果如图14-2所示。

图14-2 制作的模型

14.3 设置摄影机

敞开式办公区的模型制作完成后，家具也被合并到场景里了，都是很简单的直线条，颜色也很干净，是统一的米色和白色。为了让整个画面的色彩丰富一些，在办公区里摆放了若干大小不一的绿色植物，既活跃了画面，也为这个空间赋予了生机。

现场实战 为场景设置摄影机

Step 01 启动3ds Max 2013中文版。

Step 02 打开随书光盘“场景\第14章\敞开办公区模型.max”文件，如图14-3所示。

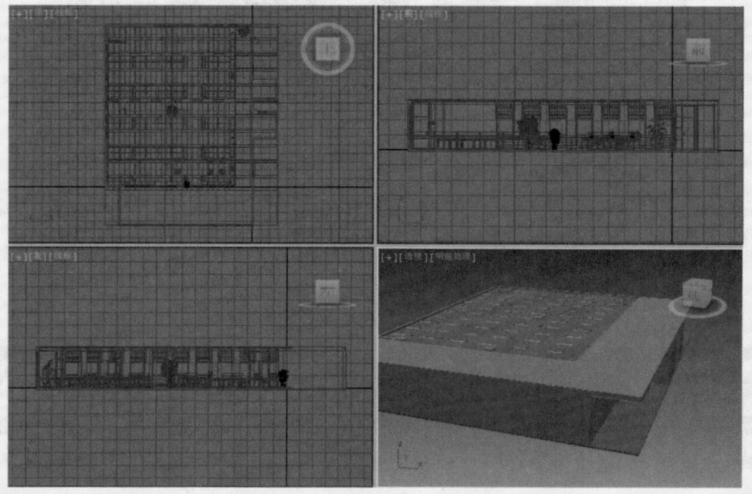

图14-3 打开的场景文件

Step 03 在顶视图中创建一架摄影机，用来观看敞开式办公区的整体效果，调整摄影机的【镜头】为24.0mm，高度为1400mm左右，效果如图14-4所示。

Step 04 单击菜单栏中的按钮，在弹出的菜单中选择【另存为】命令，将场景另存为“敞开办公区成图.max”文件。

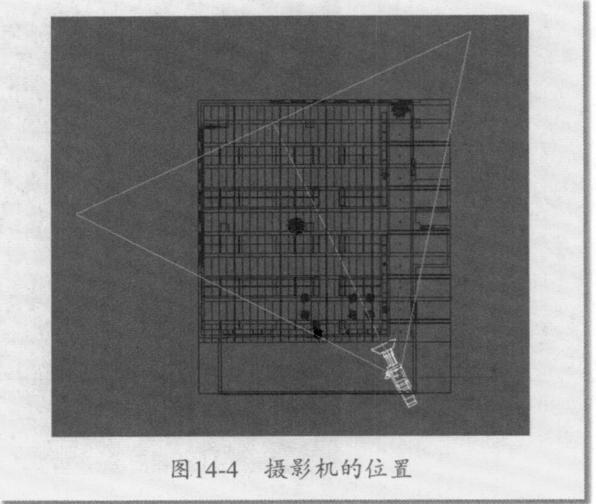

图14-4　摄影机的位置

14.4 调用材质库

在这个场景中的材质也是经常用到的一些材质，分别是白乳胶漆、铝板、冲孔铝板、米黄大理石地面、玻璃、木纹材质等，效果如图14-5所示。

图14-5　场景中的主要材质

首先将VRay指定为当前渲染器，按F10键，弹出【渲染设置】窗口，选择【公用】选项卡，在【指定渲染器】卷展栏下单击...按钮，在弹出的【选择渲染器】对话框中选择【V-Ray Adv 2.10 .01】选项。

现场实战　调用材质库

Step 01 按M键，弹出【材质编辑器】窗口，激活第1个材质球，也就是“白乳胶漆”材质球，单击 Standard （标准）按钮，在弹出的【材质/贴图浏览器】对话框中，单击【材质/贴图浏览器】按钮，在弹出的菜单中选择【打开材质库】命令，如图14-6所示。

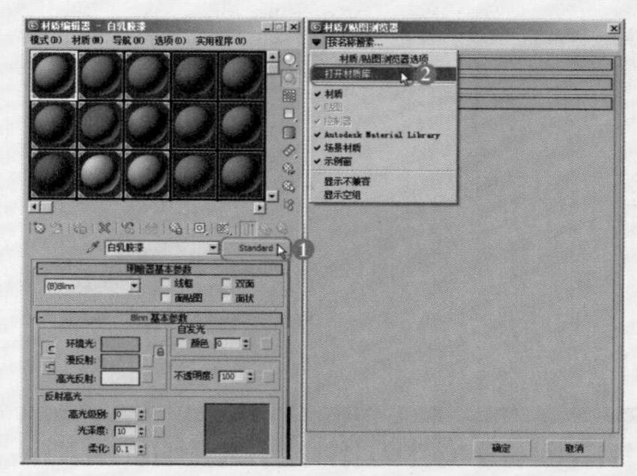

图14-6　选择【打开材质库】命令

Step 02 在弹出的【导入材质库】对话框中，选择本书配套光盘中“场景\第14章\办公区材质库.mat”文件，单击 打开(O) 按钮，如图14-7所示。

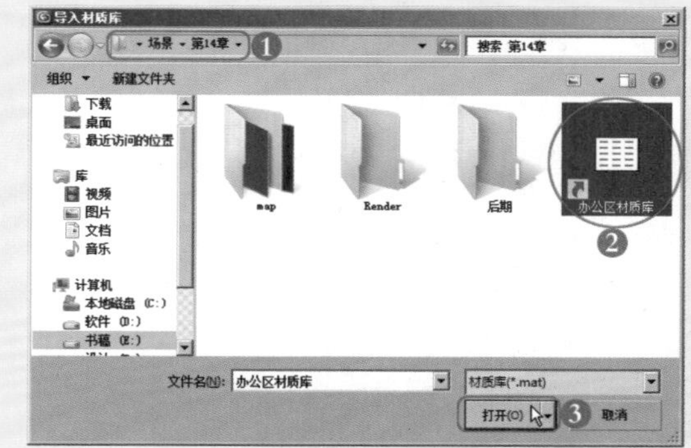

图14-7　【导入材质库】对话框

Step 03 导入的材质库效果如图14-8所示。

Step 04 在材质库中双击“白乳胶漆”，此时的颜色被替换为“白乳胶漆”材质了，也不需要赋给物体了，因为之前已经赋过了，这样场景中物体的颜色会一起改变。

Step 05 在【材质编辑器】窗口中选择第2个材质球，这个材质球是“铝板”材质，在材质库中双击“铝板”材质，材质球及场景中凡是被赋予铝板的颜色都会变成“铝板”材质了。

Step 06 在【材质编辑器】对话框中选择第3个材质球，这个材质球是“冲孔铝板”材质，在材质库中双击“冲孔铝板”材质，第3个材质球及场景中凡是被赋予冲孔铝板的颜色都会变成“冲孔铝板”材质了，如图14-9所示。

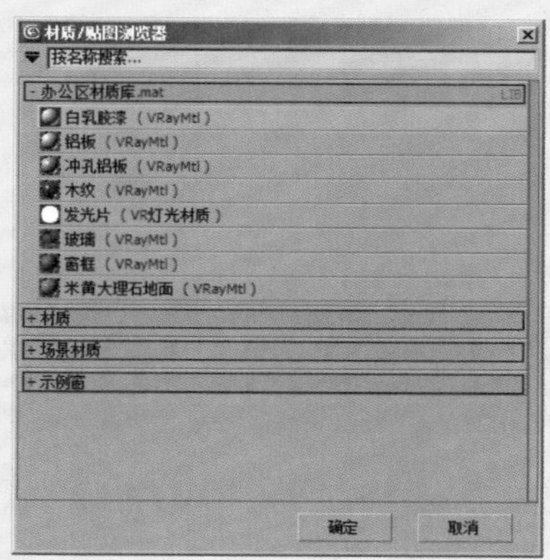

图14-8　材质库

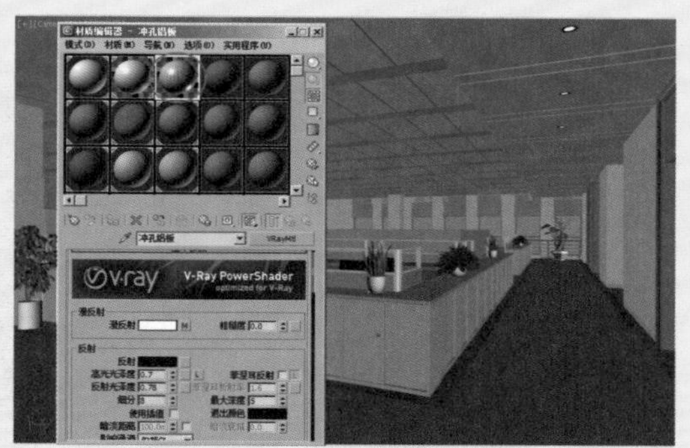

图14-9　替换“冲孔铝板”材质

Step 07 使用同样的方法，将材质球中的颜色替换为材质库中的材质，名字都是对应的，最终效果如图14-10所示。

图14-10　全部替换为材质后的效果

所有材质替换完成，为了得到更加真实的效果，为场景制作一个球天，具体的制作方法在第12章中已经详细讲解了，在这里不再重复。

14.5 设置灯光

在这个场景中幕墙窗户很多，可以将这个空间表现为白天的效果，灯光相对来说比较简单，主要靠窗外的天光照明，然后再加上室内的发光片和筒灯就可以了。

14.5.1 设置天光

现场实战　设置天光

Step 01 单击【创建】|【灯光】|【VRay】| VR灯光 按钮，在左视图中窗户的位置创建一盏VR灯光，用于模拟天空光，设置【颜色】为浅蓝色（天空的颜色），设置【倍增】为10.0左右，选中【不可见】复选框，取消选中【影响反射】复选框，对应着窗户实例复制多盏，效果如图14-11所示。

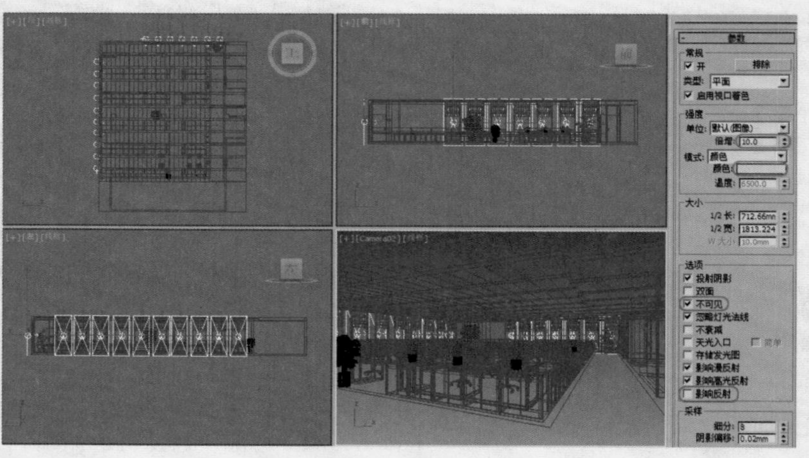

图14-11　VR平面光的效果

设置完天光后，可以简单地设置渲染参数，以进行渲染并观看效果。

Step 02 因为是测试，所以参数设置得比较低，目的是为了得到一个比较快的渲染速度。

Step 03 按F10键，弹出【渲染设置】窗口，选择低参数的【固定】类型，取消选中【抗锯齿过滤器】参数区下的【开】复选框，其他参数设置如图14-12所示。

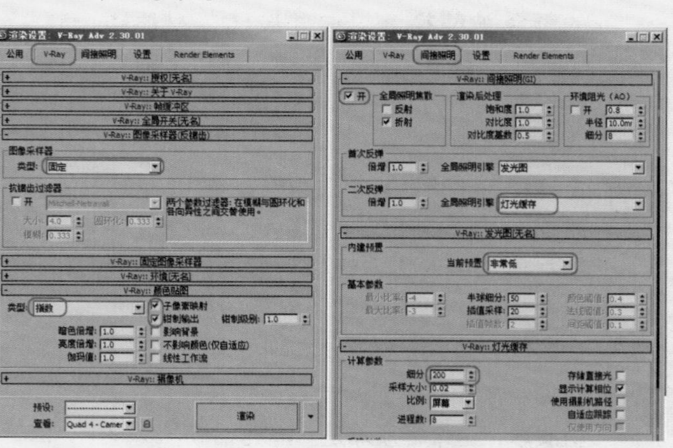

图14-12　设置草图渲染参数

Step 04 渲染敞开式办公区，渲染效果如图14-13所示。

通过渲染效果可以看出，整体的光感太暗了，需要为场景设置室内灯光才可以将整体照亮。除了设置灯光，还需要设置渲染参数来提高场景的亮度。

图14-13 渲染效果

14.5.2 设置室内灯光

现场实战 设置室内灯光

Step 01 在顶视图中灯片的位置创建一盏VR灯光用于模拟室内灯，设置【颜色】为浅黄色，【倍增】为16.0左右，取消选中【不可见】和【影响反射】复选框，实例复制多盏，效果如图14-14所示。

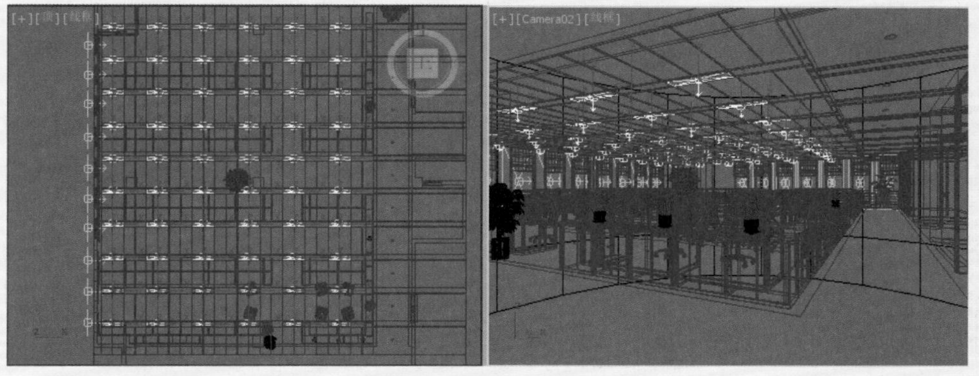

图14-14 VR平面光的位置

Step 02 在前视图中创建一盏目标灯光，在有筒灯的位置以【实例】方式复制一盏，选中【阴影】参数区下的【开】复选框，选择【VRay阴影】选项，将【灯光分布（类型）】设置为【光度学Web】，选择“1（4500cd）.ies”文件，将【强度】修改为5000左右，将灯光的【颜色】调整为淡黄色，效果如图14-15所示。

Step 03 按F10键，弹出【渲染设置】窗口，调整【V-Ray::颜色贴图】卷展栏下的参数，提高整体的亮度及对比度，如图14-16所示。

图14-15 为筒灯设置灯光

V-Ray:: 颜色贴图
类型: 指数
☑ 子像素映射
☑ 钳制输出 钳制级别: 1.0
暗色倍增: 2.0
亮度倍增: 1.5
伽玛值: 1.0
☐ 影响背景
☐ 不影响颜色(仅自适应)
☐ 线性工作流

图14-16 调整卷展栏参数

Step 04 快速渲染摄影机视图以观看效果，渲染效果如图14-17所示。

整个场景中的灯光设置完成，可以看出整体效果还是可以的。下面需要做的就是精细调整灯光的【细分】参数及提高渲染参数，加强整体的亮度及对比度，再进行最终的渲染出图。

图14-17 渲染效果

14.6 渲染出图

一个大的场景从导入图纸、建立模型、调制材质、设置灯光到最终的渲染出图，可能需要一天或者更长的时间，任何一个小细节都是关键，只有这样才能最终渲染出好的效果图。前面的模型、材质、灯光都制作完成后，接下来就可以设置参数进行渲染输出了。

14.6.1 设置最终渲染参数

现场实战 设置最终渲染参数

Step 01 将场景里所有VR光源的【细分】参数修改为20。

Step 02 重新设置渲染参数，按F10键，在弹出的【渲染设置】窗口中选择【V-Ray】和【间接照明】选项卡，设置【V-Ray::图像采样器（反锯齿）】、【V-Ray::颜色贴图】、【V-Ray::发光图】和【V-Ray::间接照明(GI)】卷展栏下的参数，如图14-18所示。

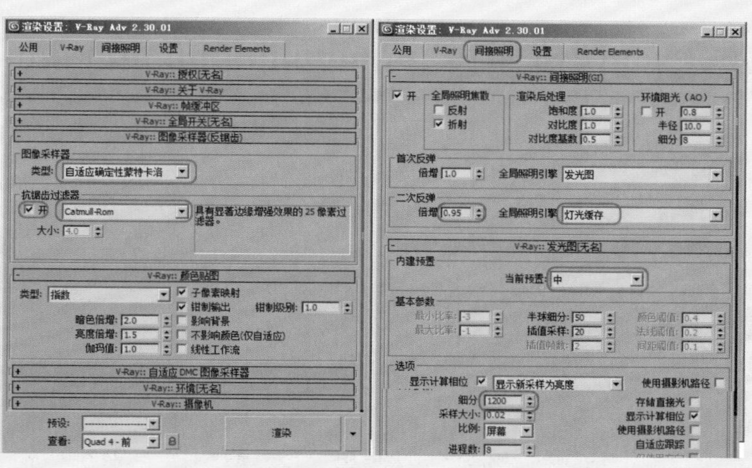

图14-18　设置最终的渲染参数

Step 03 为了得到更加细腻的效果，设置【设置】选项卡【V-Ray::DMC采样器】卷展栏下的参数，如图14-19所示。

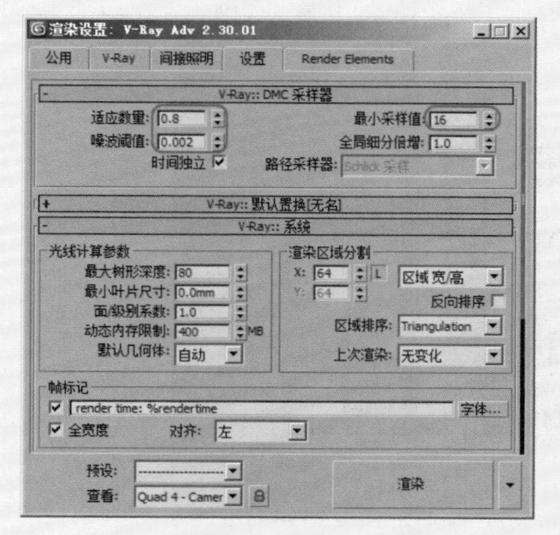

图14-19　设置卷展栏参数

关于光子图的渲染在这里就不进行讲解了，希望读者按照前面章节的方法进行设置，光子图渲染的尺寸为500mm × 354mm。

Step 04 最终成图的渲染尺寸为2000mm × 1417mm，将渲染的成图保存为“敞开办公区.tga”文件，如图14-20所示。

图14-20　渲染的最终效果

Step 05 最后将敞开式办公区的场景进行保存。

14.6.2 渲染通道

在效果图的渲染中，根据场景中不同的材质所形成的不同的单色色块而构成图像，这种渲染方式被称为“通道渲染”。渲染通道的目的，是使制作者能够更方便地在Photoshop中选择、修改效果图。使用Photoshop的选择颜色功能，可以选择不同物体的区域进行局部细节的调整。渲染通道的尺寸和格式要与渲染效果图相同，最重要的是角度要保证相同，只有这样在Photoshop中才能完全对应。

现场实战　渲染通道

Step 01 继续上面的操作步骤。

Step 02 在工具栏中选择【L-灯光】选项，按Ctrl+A组合键，选择所有灯光，然后删除，如图14-21所示。

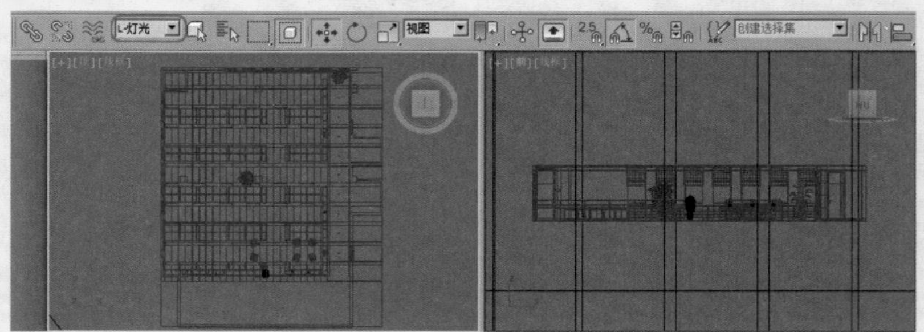

图14-21　删除所有灯光

Step 03 执行菜单栏中的【MAXScript】|【运行脚本】命令，弹出【选择编辑器文件】对话框。选择本书光盘中“场景\清空材质.mse”文件，在弹出的面板中选中【转换所有材质（→Standard）】复选框，单击 转换为通道渲染场景 按钮，此时的场景被一种带有自发光的单色所替代，如图14-22所示。

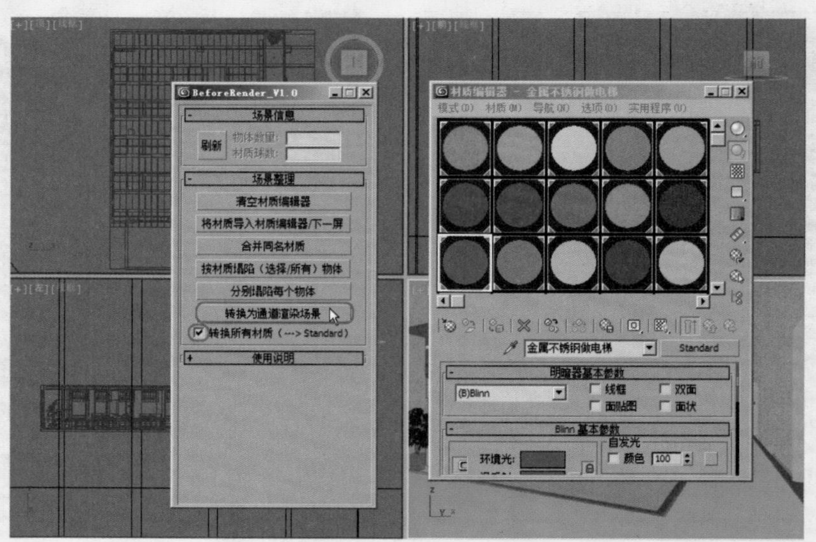

图14-22　转换为通道渲染场景

Step 04 按F10键，弹出【渲染设置】窗口，在【公用】选项卡下取消选中VRay渲染器，使用3ds Max默认的扫描线渲染器就可以了，如图14-23所示。

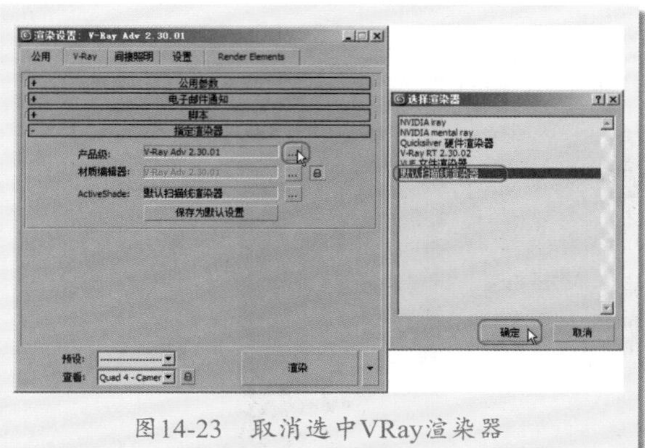

图14-23 取消选中VRay渲染器

Step 05 所有材质全部调制完成后，就可以对场景进行输出了，通道图的尺寸为2000mm × 1417mm，与前面输出的效果图尺寸一致，将渲染的成图保存为“敞开办公区 t.tga”文件，输出的效果如图14-24所示。

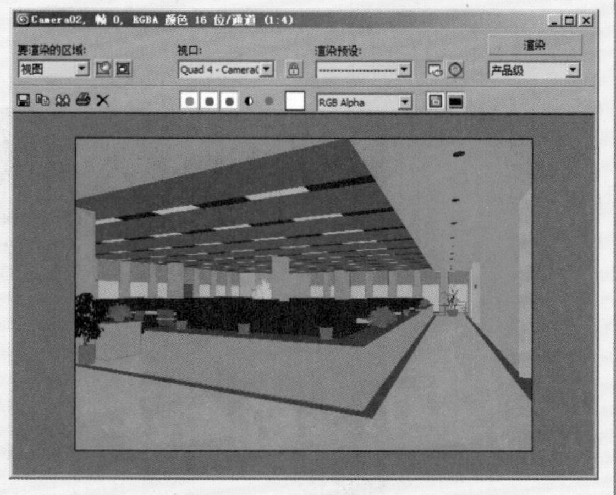

图14-24 输出效果

下面详细地讲解使用通道为效果图进行后期处理的方法与技巧。

14.7 Photoshop后期处理

在效果图渲染输出后，还需要用Photoshop来修改渲染输出的图像，借助它来修饰、美化图像的细节，对效果图的光照、明暗、颜色等方面进行调整。本节主要讲解怎样利用通道进行更专业的后期处理，处理前后的对比效果如图14-25所示。

处理前的效果　　处理后的效果

图14-25 使用Photoshop处理前后的对比效果

现场实战 对办公区进行后期处理

Step 01 启动Photoshop CS6中文版。

Step 02 打开上面输出的“敞开办公区.tga” 及“敞开办公区 t.tga”文件，这两张渲染图都是按照2000mm × 1417mm的尺寸来渲染输出的，效果如图14-26所示。

图14-26　渲染的图像效果

Step 03 选择【移动工具】，同时按住Shift键，将“敞开办公区 t.tga”拖曳到“敞开办公区.tga”图像中，在【图层】面板中将通道图层【图层1】关闭，复制【背景】图层，效果如图14-27所示。

图14-27　关闭通道图层并复制【背景】图层

3ds Max渲染出来的图像一般稍微有些暗且发灰，饱和度也不够，这就需要使用Photoshop来调节整体的画面效果。

Step 04 按Ctrl＋M组合键，弹出【曲线】对话框，对图像的亮度进行调整，如图14-28所示。

Step 05 按Ctrl＋L组合键，弹出【色阶】对话框，调整图像的明暗对比度，如图14-29所示。

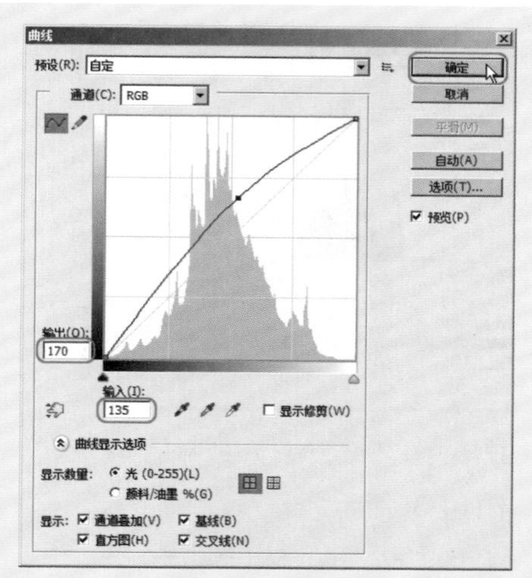

图14-28 调整图像的亮度

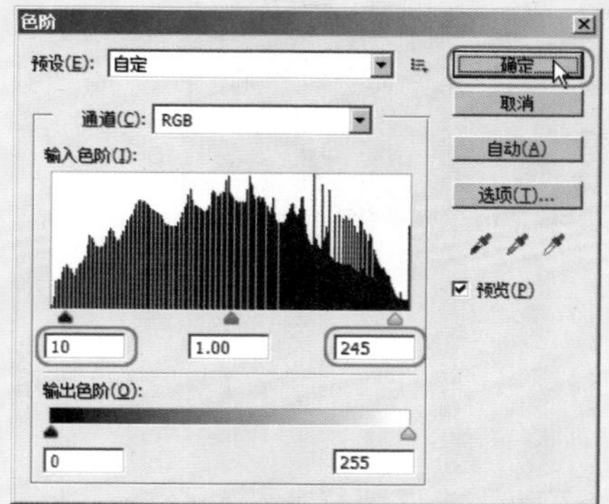

图14-29 调整图像的明暗对比度

Step 06 画面的亮度及明暗对比度调整完成，效果如图14-30所示。

图14-30 调整后的效果

下面就可以对场景中的局部细节进行调整了。

Step 07 确认当前图层为通道图层，选择工具箱中的【魔棒工具】（或按W键）。在图像中点击地面部分，此时地面的材质全部处于被选中状态，如图14-31所示。

图14-31 在通道中选择"白乳胶漆"材质

Step 08 在【图层】面板中切换到【背景副本】图层，按Ctrl＋J组合键，单独复制选区到一个新图层，如图14-32所示。

图14-32 将地面单独复制一层

从画面中可以看出，色调比较冷、比较亮，下面进行调整。

Step 09 按Ctrl＋B组合键，弹出【色彩平衡】对话框，调整中间调的色阶，如图14-33所示。

Step 10 按Ctrl＋L组合键，弹出【色阶】对话框，调整图像的明暗对比度，如图14-34所示。

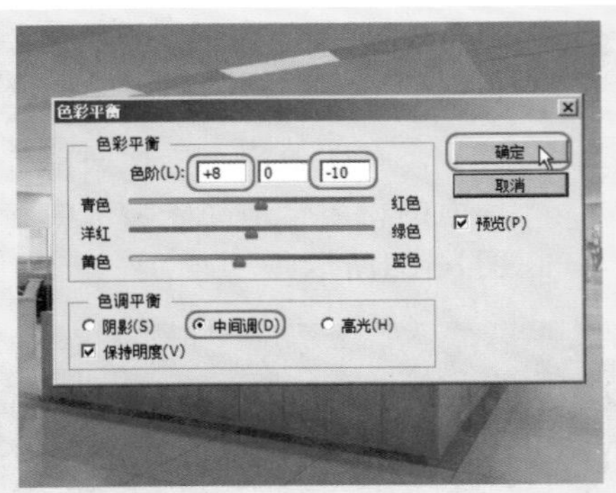
图14-33　调整中间调的色阶

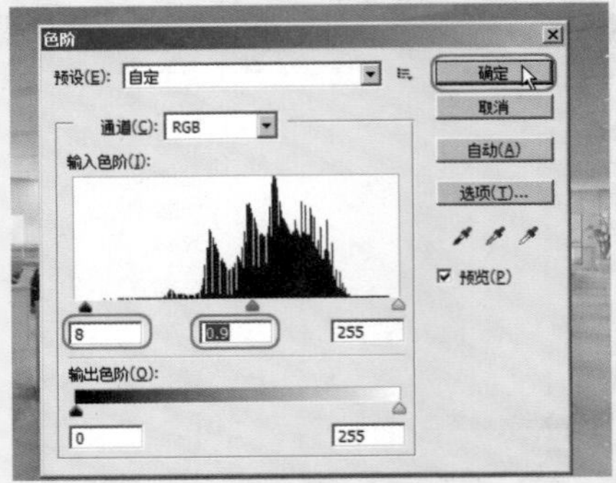
图14-34　调整图像的明暗对比度

Step 11 使用同样的方法，调整柜子的色调及亮度，效果如图14-35所示。

处理前的效果　　处理后的效果

图14-35　调整柜子前后的对比效果

Step 12 继续使用同样的方法，将不太理想的部分单独复制到一个图层，执行【亮度/对比度】、【色彩平衡】等命令进行调整，最后还要仔细调整明暗变化。

这个空间整体给人的感觉应该是稍微冷一些的调子。下面执行【照片滤镜】命令，改变整体的色调。

Step 13 将所有单独调整的图层及图层的副本进行合并，复制调整后的图层，设置图层混合模式为【柔光】，调整【不透明度】为60%左右，目的是让画面更有层次感，效果如图14-36所示。

图14-36　调整效果

Step 14 将上面的两个图层进行合并，确认位于【图层】面板最上方的图层为当前图层，在【图层】面板的下方单击按钮，在弹出的菜单中选择【照片滤镜】命令，在【属性】面板中调整参数，如图14-37所示。

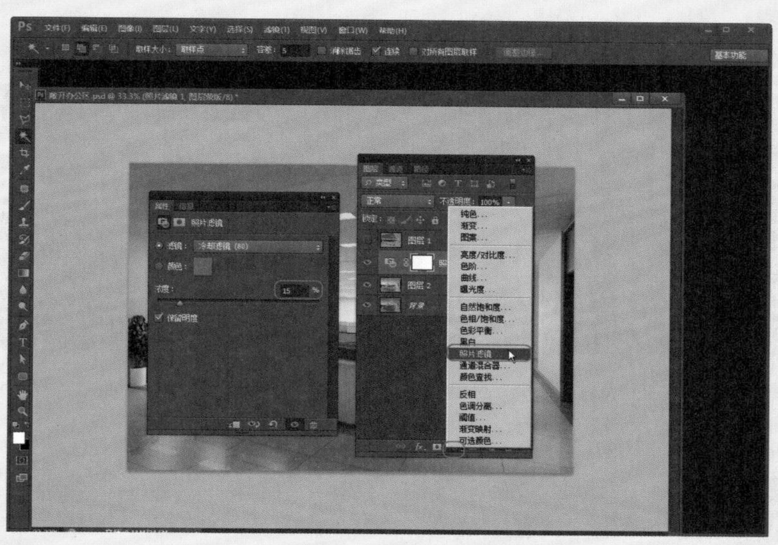

图14-37 执行【照片滤镜】命令

Step 15 最后再为筒灯添加光晕效果。

到此为止，这张办公区效果图的后期处理就完成了，读者也可以根据实际情况再进行局部的调整，每个人的感觉和对色彩的要求是不一样的，最终效果如图14-38所示。

Step 16 执行菜单栏中的【文件】|【存储为】命令，将处理后的文件另存为“敞开办公区后期.psd”文件，读者可以在本书配套光盘中“场景\第14章\后期”文件夹中找到。

图14-38 办公区效果图处理的最终效果

14.8 小结

本章通过对敞开式办公区的练习，了解到渲染输出的图像一定要先看大体的渲染效果，尤其是复杂场景的渲染图像。不要总是在3ds Max中反复进行调整，因为在3ds Max中调整的时间比较长，效果也不如在Photoshop中调整的效果好。只要整体效果比较理想，然后利用Photoshop这一强大的图像处理软件进行修饰和美化就可以了。

第15章

Chapter 15 工装——酒店大堂的设计表现

本章内容

- 介绍案例
- 分析模型
- 设置摄影机
- 调用材质库
- 设置灯光
- 渲染出图
- Photoshop后期处理
- 小结

本章学习酒店大堂效果图的表现。大堂是酒店中最重要的区域，是整个空间设计的重中之重，是酒店整体形象的体现。酒店的大堂是宾客出入的必经之地，是接待客人的第一空间，也是使客人对酒店产生第一印象的地方，更是宾客办理手续、咨询等场所，是通向酒店其他主要公共空间的交通中心，是整个酒店的枢纽。因此，酒店大堂的设计、布局以及所营造的独特氛围，将直接影响酒店的形象与其本身功能的发挥。

15.1 介绍案例

对于酒店的设计者来说，大堂应该是设计工作量最大，也是含金量最高的空间。这是因为酒店大堂里精神和物质的需求太多，设计的潜在目标也会增多。在酒店设计中，只依靠材料和装饰语言来表达创意的设计者是没有发展的，而这种错误也最容易在设计大堂的时候发生。酒店的设计者，应该是一种特定生活质量和现代交际环境的创造者，不仅要不断积累大量的生活体验，还要通晓酒店大堂所有的设计细节。

本章所学习的酒店大堂，从一开始就被整体定义为欧式新古典风格，于是采用了米色和白色两种清新淡雅的色调，墙面大量采用木质并以白色混油饰面，配以米色大理石墙裙，柱子延续墙面的凹板线条造型，形成浑然一体的呼应效果。大堂服务台的背景依旧延续墙面的凹板线造型，只是材质改用了深色木纹，3幅色彩浓重的油画在古铜色壁灯的映衬下，显示出浓郁的文化底蕴。与服务台背景墙的重色相呼应，将大堂的楼梯踏步也以暗红色大理石进行铺设。由楼梯下来，出彩的地方显而易见，五色大理石组成的卷草纹拼花犹如彩带在飘舞，动感的韵律活跃在这个安静的白色空间中，这正是动静相宜的体现。基于建筑原有的欧式元素拱形窗，将这一造型延续至服务台二楼和楼梯背景墙，以茶镜衬底，映射周围的环境，虚实结合的效果使空间的延展更有层次。对于这个酒店大堂，在整体的造型上没有使用太过复杂的花线和柱头，反以简洁的线条、淡雅的色调拉近相互之间的距离。

本案例表现的酒店大堂的最终效果图，如图15-1所示。

图15-1　酒店大堂的设计效果图

15.2 分析模型

酒店大堂模型的制作过程太复杂了，在这里就不一一进行讲解了，其中常用的命令是【挤出】、【倒角】、【倒角剖面】和【编辑多边形】等。模型的好坏主要是在比例和尺寸的把握上，这需要平时多留意身边的事物，观察以怎样的比例制作的效果会更好。最后，将家具合并到场景中。下面重点学习大场景中灯光的布置和渲染，模型的最终效果如图15-2所示。

图15-2 制作的模型

15.3 设置摄影机

这个场景是一个敞开式的大堂，模型的制作相对来说比较简单。为了丰富画面，需要添加很多绿色植物。

现场实战 为场景设置摄影机

Step01 启动3ds Max 2013中文版。

Step02 打开随书光盘“场景\第15章\大堂模型.max”文件，效果如图15-3所示。

Step03 设置摄影机前可以将所有物体隐藏起来，这样操作时会快捷方便一些。

Step04 在顶视图中创建一架摄影机，从服务台往楼梯的方向看，调整摄影机的【镜头】为24.0mm，高度为1300mm左右，效果如图15-4所示。

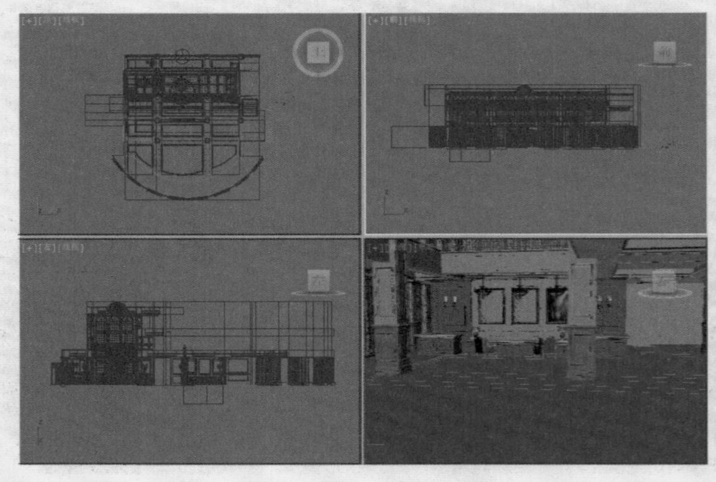

图15-3 打开的场景文件

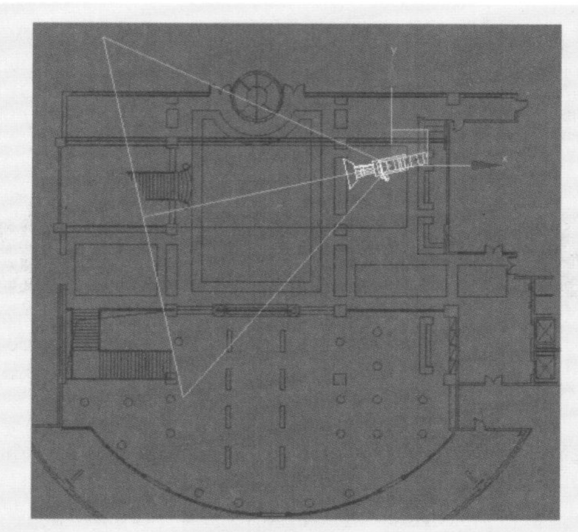

图15-4 摄影机的位置

Step 05 选择摄影机的视点，将高度移动到2200mm的位置，稍微带些仰视的效果，如图15-5所示。

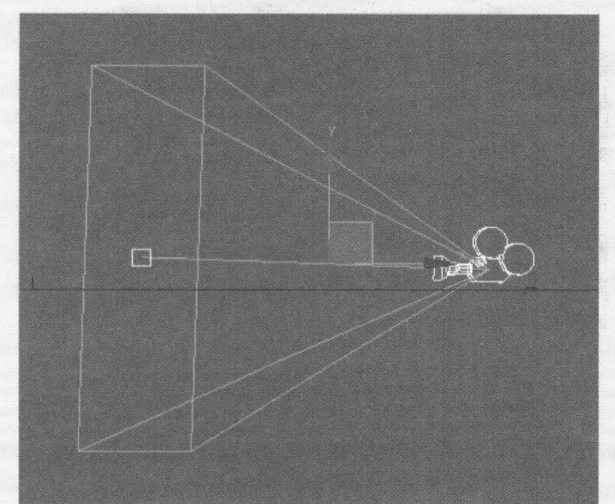

图15-5 摄影机视点的高度

Step 06 确认摄影机处于被选中状态，单击鼠标右键，在弹出的菜单中选择【应用摄影机校正修改器】命令，如图15-6所示。

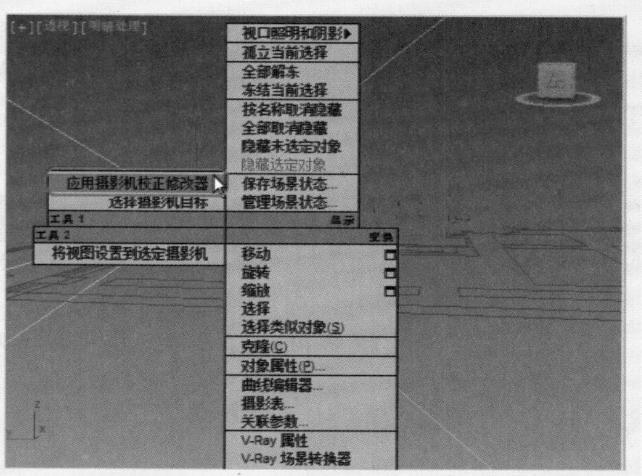

图15-6 选择命令

Step 07 设置渲染尺寸为450mm × 600mm，按Shift+F组合键显示安全框，此时的摄影机视图如图15-7所示。

图15-7 摄像机视图

Step 08 使用同样的方法，在顶视图中再创建一架摄影机，从楼梯往服务台方向看，设置【镜头】为24.0mm，高度为1500mm左右，效果如图15-8所示。

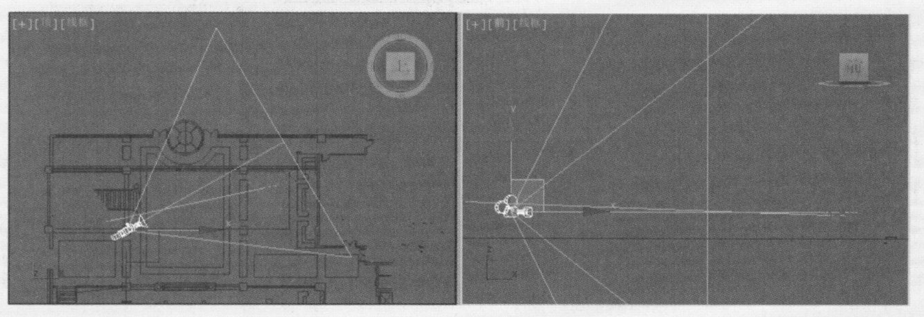

图15-8 另一架摄影机的位置及高度

Step 09 单击菜单栏中的按钮，在弹出的菜单中选择【另存为】命令，将场景另存为“大堂成图.max”文件。

15.4 调用材质库

这个场景中的材质也是经常用到的一些材质，分别是乳胶漆、大理石、茶镜、木纹材质等，效果如图15-9所示。

图15-9　场景中的主要材质

现场实战　调用材质库

Step 01 继续上面的操作步骤。

Step 02 按M键，弹出【材质编辑器】窗口，激活第1个材质球，也就是“白乳胶漆”材质球，单击 Standard （标准）按钮，在弹出的【材质/贴图浏览器】对话框中，单击【材质/贴图浏览器】按钮，在弹出的菜单中选择【打开材质库】命令，如图15-10所示。

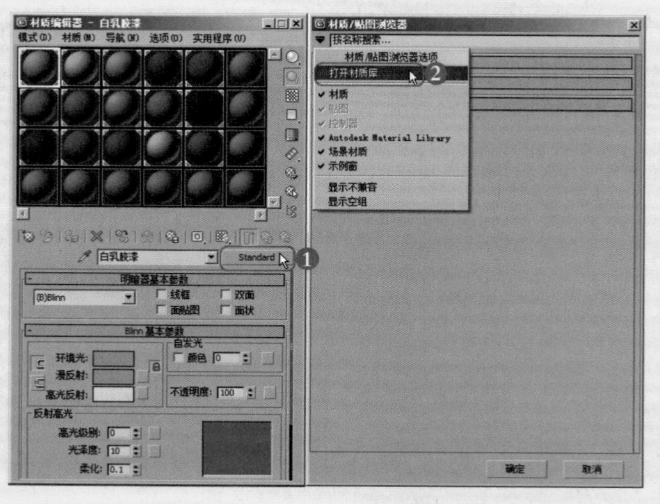

图15-10　选择【打开材质库】命令

Step 03 在弹出的【导入材质库】对话框中，选择本书配套光盘中“场景\第15章\大堂材质库.mat”文件，单击打开(O)按钮，效果如图15-11所示。

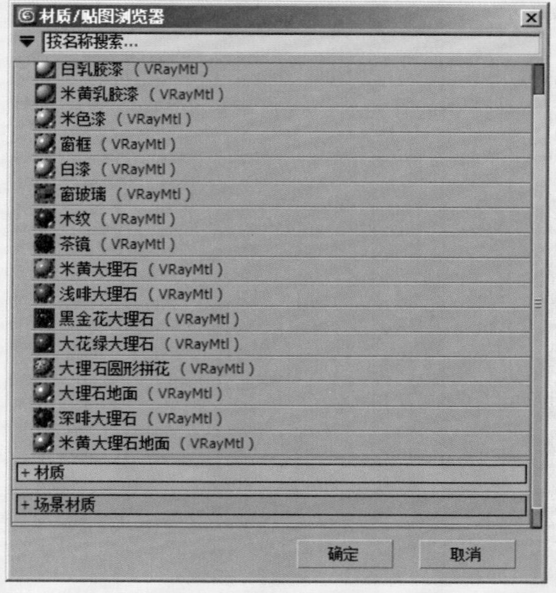

图15-11　材质库

Step 04 在材质库中双击“白乳胶漆”，此时的颜色被替换为“白乳胶漆”材质，也不需要赋给物体了，因为之前已经赋予过了，场景中物体的颜色也一起被改变。

Step 05 在【材质编辑器】窗口中选择第2个材质球，这个材质球是“米黄乳胶漆”材质，在材质库中双击“米黄乳胶漆”材质，材质球及场景中凡是被赋予米黄乳胶漆的颜色都会变成“米黄乳胶漆”材质了。

Step 06 在【材质编辑器】窗口中选择第3个材质球，这个材质球是“米色漆”材质，在材质库中双击“米色漆”材质，第3个材质球及场景中凡是被赋予米色漆的颜色都会变成“米色漆”材质了，如图15-12所示。

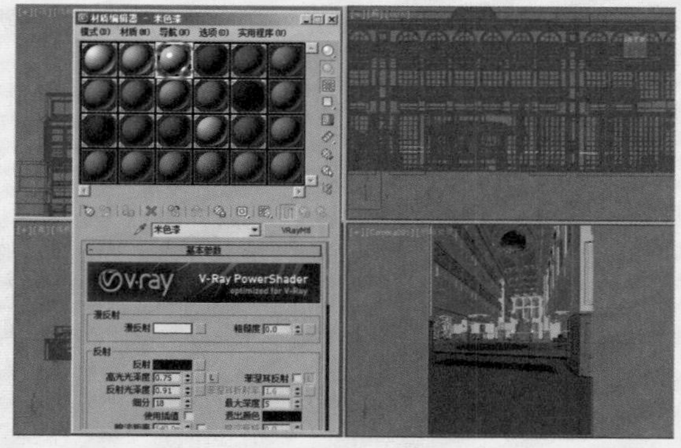

图15-12　替换为“米色漆”材质

Step 07 使用同样的方法，将材质球中的颜色替换为材质库中的材质，名字都是对应的，最终效果如图15-13所示。

图15-13　全部替换为材质后的效果

所有材质替换完成。可以看出，有一个自己的材质库是多么的重要，在制作效果图时可以大大提高制图效率。如果需要不一样的纹理，直接在【漫反射】中更换位图就可以了，其他参数设置基本相同。

15.5 设置灯光

这个场景中的灯光比较麻烦，因为空间比较复杂，在设置灯光时就要考虑得多一些了。

15.5.1 设置天光

现场实战 设置天光

Step01 单击【创建】|【灯光】|【VRay】| VR灯光 按钮，在左视图中窗户的位置创建一盏VR灯光，用于模拟天空光。设置【颜色】为浅蓝色（天空的颜色），【倍增】为8.0左右，选中【不可见】复选框，实例复制多盏（弧形窗户的位置需要旋转角度），效果如图15-14所示。

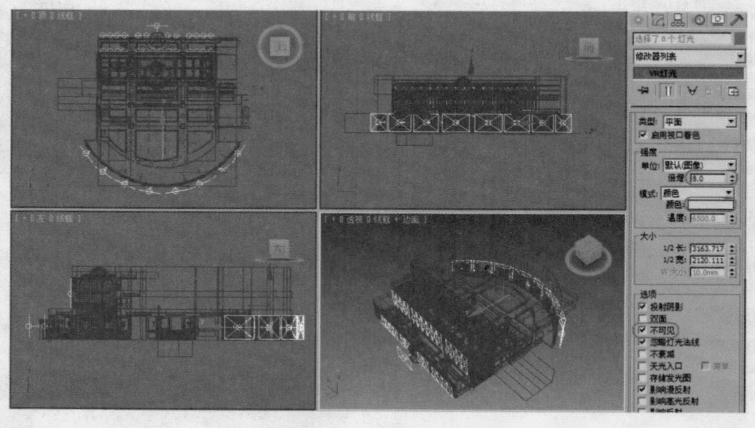

图15-14 VR平面光的位置及参数设置

设置完天光后就可以简单设置渲染参数了，以进行渲染并观看效果。

Step02 因为是测试，所以参数设置得比较低，目的是为了得到一个比较快的渲染速度。

Step03 按F10键，弹出【渲染设置】窗口，选择【V-Ray】、【间接照明】选项卡，设置各项参数，如图15-15所示。

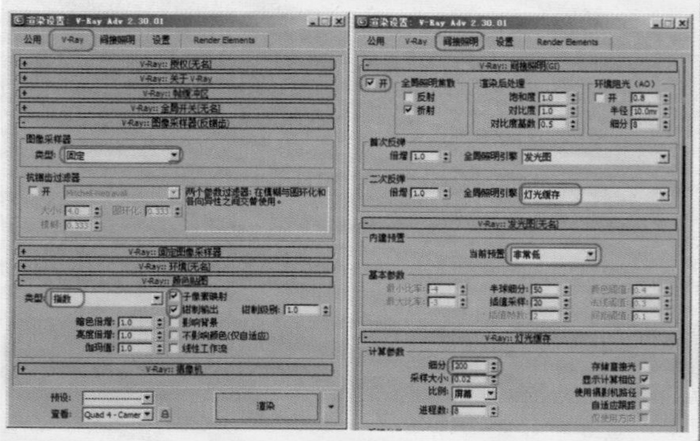

图15-15 设置草图渲染参数

Step04 渲染第1个角度，渲染效果如图15-16所示。

图15-16 渲染效果

通过渲染效果可以看出，整体的光感还是不够理想，需要设置室内灯光作为辅助光源来提亮整体空间。

15.5.2 设置室内灯光

现场实战 设置室内灯光

Step 01 在前视图中创建一盏目标灯光，在有筒灯的位置以【实例】方式复制一盏，选中【阴影】参数区下的【开】复选框，选择【VRay阴影】选项，将【灯光分布（类型）】设置为【光度学Web】，选择一个“7.ies”文件，【强度】参数使用默认设置就可以了，灯光的【颜色】被调整为淡黄色，效果如图15-17所示。

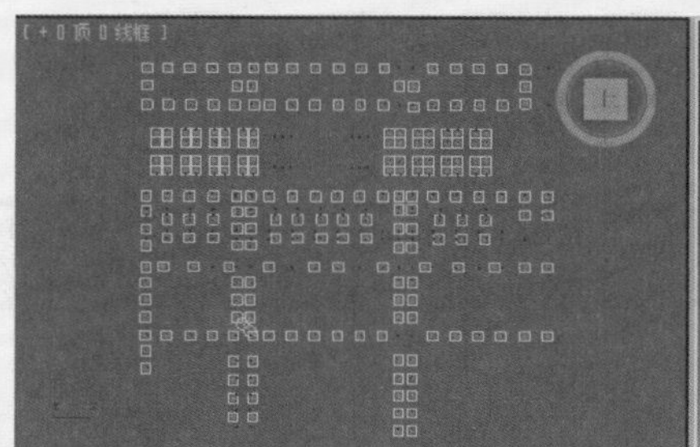

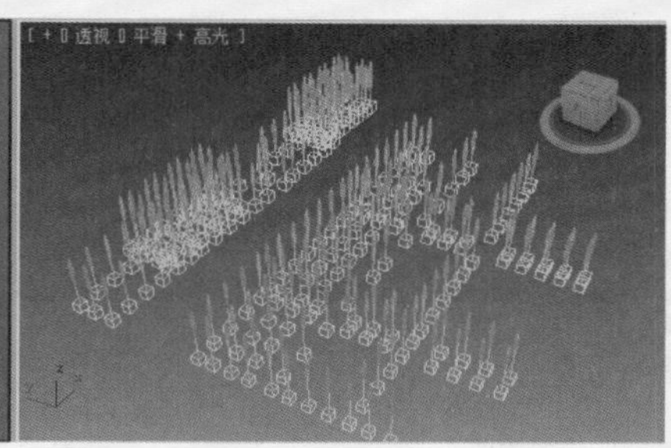

图15-17 为筒灯设置灯光

Step 02 按F10键，弹出【渲染设置】窗口，调整【V-Ray::颜色贴图】卷展栏下的参数，以提高整体的亮度及对比度，如图15-18所示。

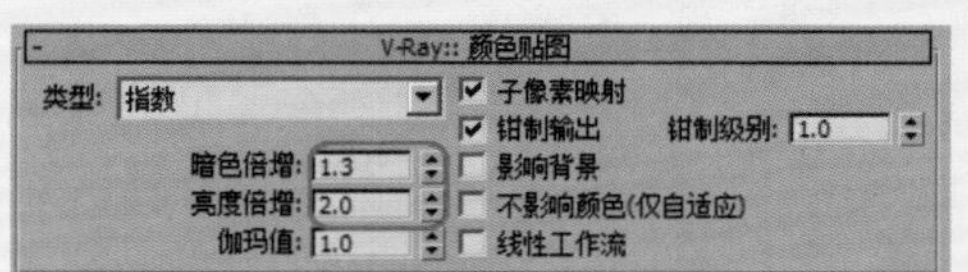

图15-18 调整卷展栏参数

Step 03 快速渲染摄影机视图以观看效果，渲染效果如图15-19所示。

Step 04 使用前面讲解的方法，为所有的灯槽设置VR平面光，设置【颜色】为淡黄色，【倍增】为4.0左右，方向向上，效果如图15-20所示。

Step 05 其他的壁灯、台灯、吊灯都使用VR球形灯来照亮就可以了，在这里不再赘述。

当将角度切换为第2个摄影机时，画面会被前面的柱子挡住，所以在渲染第2个角度时，一定要将挡住摄影机的柱子隐藏起来。

图15-19 渲染效果

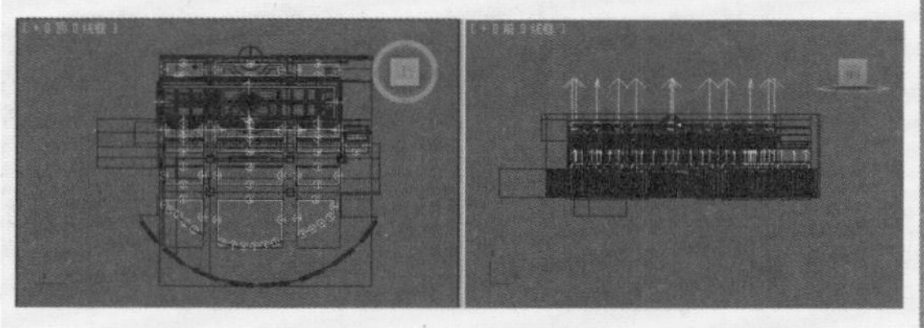

图15-20 为场景创建灯槽灯光

Step 06 快速渲染两个摄影机视图观看效果，渲染效果如图15-21所示。

整个场景中的灯光设置完成，从现在这个效果可以看出，整体感觉还是可以的。下面需要做的就是精细调整灯光的【细分】参数及提高渲染参数，以加强整体的亮度及对比度，再进行最终的渲染出图。

图15-21　渲染效果

15.6 渲染出图

前面的工作已经全部完成，又到了相对来说轻松的一步了。因为只要调整好参数后让电脑渲染出图就可以了，大部分渲染出图是利用晚上睡觉的时间进行的。

15.6.1 设置最终渲染参数

现场实战　设置最终渲染参数

Step 01 修改所有VR灯光的【细分】参数为20。重新设置渲染参数，按F10键，在弹出的【渲染设置】窗口中选择【V-Ray】和【间接照明】选项卡，设置【V-Ray::图像采样器（反锯齿）】、【V-Ray::颜色贴图】、【V-Ray::发光图】和【V-Ray::间接照明(GI)】卷展栏下的参数，如图15-22所示。

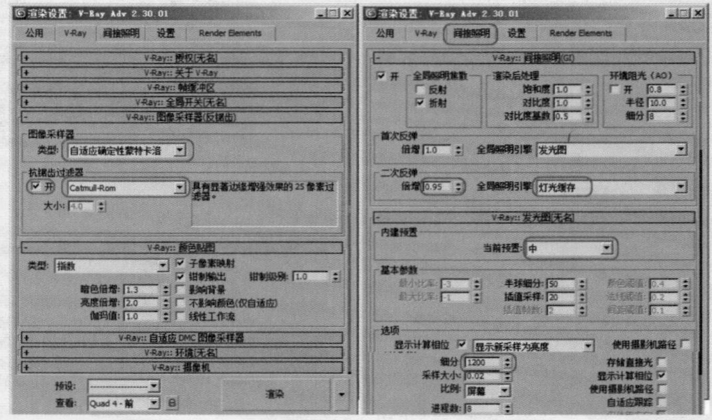

图15-22　设置最终的渲染参数

关于光子图的渲染在这里就不进行讲解了，希望读者按照前面章节的方法进行设置，光子图渲染的尺寸为450mm × 600mm。

Step 02 最终成图的渲染尺寸为1950mm× 2600mm，将渲染的成图分别保存为“大堂01.tga”和“大堂02.tga”文件，如图15-23所示。

Step 03 将场景进行保存。

图15-23 渲染的最终效果

15.6.2 渲染通道

现场实战 渲染通道

Step 01 继续上面的操作步骤。在工具栏中选择【L-灯光】选项，按Ctrl+A组合键，选择所有灯光，然后删除，效果如图15-24所示。

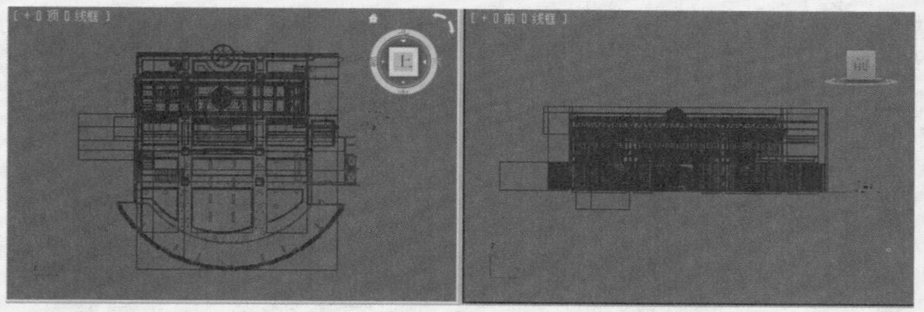

图15-24 删除所有灯光

Step 02 执行菜单栏中的【MAXScript】|【运行脚本】命令，此时弹出【选择编辑器文件】对话框。选择本书光盘中“场景\清空材质.mse”文件，在弹出的面板中选中【转换所有材质（→Standard）】复选框，单击 转换为通道渲染场景 按钮，此时的场景被一种带有自发光的单色所替代，如图15-25所示。

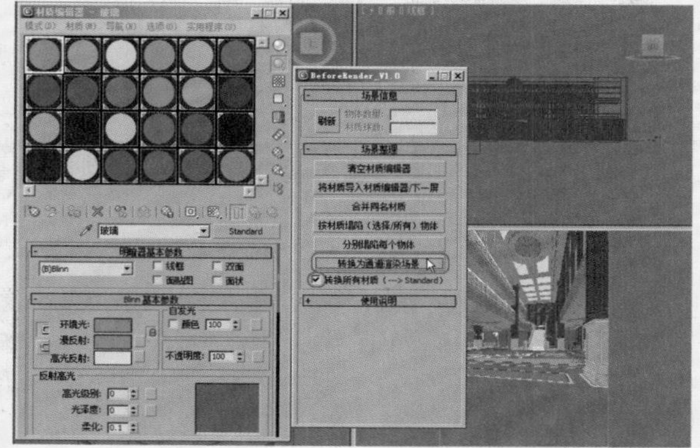

图15-25 转换为通道渲染场景

Step 03 按F10键，弹出【渲染设置】窗口，在【公用】选项卡下取消选中VRay渲染器，使用3ds Max默认的扫描线渲染器就可以了。

Step 04 输出的的尺寸为1950mm × 2600mm，与前面输出的效果图尺寸一致，两个角度输出后的效果如图15-26所示。

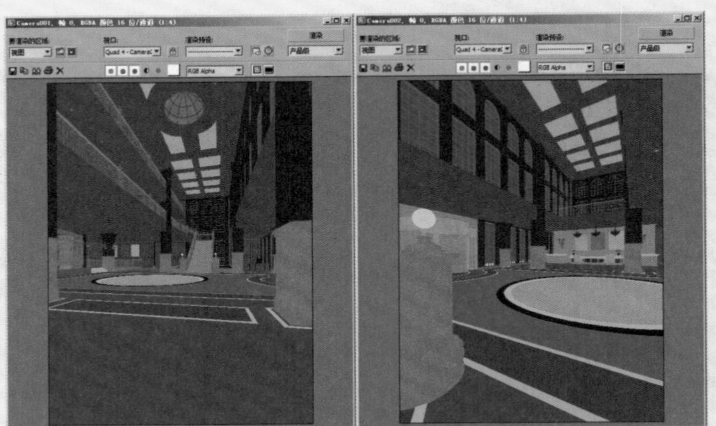

图15-26　渲染的通道效果

15.7 Photoshop后期处理

在效果图渲染输出后，需要用Photoshop来修改渲染输出的图像，借助它来修饰、美化图像的细节，对效果图的光照、明暗、颜色等方面进行调整。本节主要讲解怎样利用通道进行更专业的后期处理，图像处理前后的对比效果如图15-27所示。

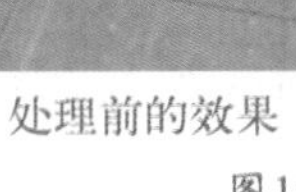

处理前的效果

处理后的效果

图15-27　使用Photoshop处理前后的对比效果

现场实战　对酒店大堂进行后期处理

Step 01 启动Photoshop CS6中文版。打开上面输出的“大堂01.tga”以及“大堂01（通道）.tga”文件，这两张渲染图都是按照1950mm×2600mm的尺寸来渲染输出的，如图15-28所示。

图15-28　渲染的两张图像效果

Step 02 按Shift键，将“大堂01（通道）.tga”拖曳到“大堂.tga”图像中，在【图层】面板中将通道图层【图层1】关闭，复制【背景】图层，效果如图15-29所示。

图15-29　关闭通道图层并复制【背景】图层

观察和分析渲染的图像，可以看出效果稍微有些暗，并且发灰，需要使用Photoshop来调节整体的亮度和对比度。

Step 03 按Ctrl＋M组合键，弹出【曲线】对话框，对图像的亮度进行调整，如图15-30所示。

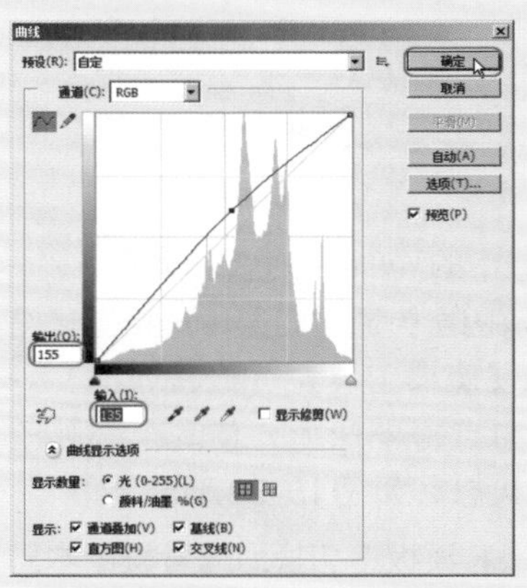

图15-30　调整图像的亮度

Step 04 按Ctrl＋L组合键，弹出【色阶】对话框，调整图像的明暗对比度，如图15-31所示。

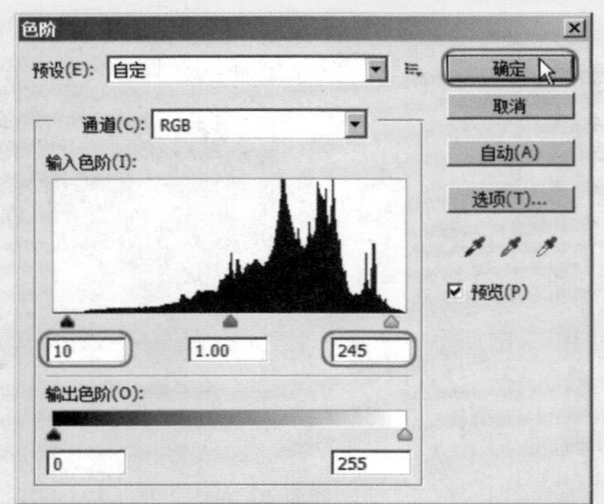

图15-31　调整图像的明暗对比度

Step 05 画面的亮度及明暗对比度调整完成，效果如图15-32所示。

图15-32　调整后的效果

下面对场景中的局部细节进行调整。

Step 06 确认当前图层为通道图层，选择工具箱中的【魔棒工具】（或按W键）。在图像中点击半球顶，使其全部处于被选中状态，如图15-33所示。

Step 07 在【图层】面板中切换到【背景副本】图层，按Ctrl＋J组合键，把选区中的图像单独复制到一个新图层里，如图15-34所示。

图15-33　在通道中选择半球顶

图15-34　将半球顶单独复制一层

从画面中可以看出，半球顶太暗了，色调也不太理想。下面对这两个问题进行调整。

Step 08 按Ctrl＋M组合键，弹出【曲线】对话框，对图像的亮度进行调整，如图15-35所示。

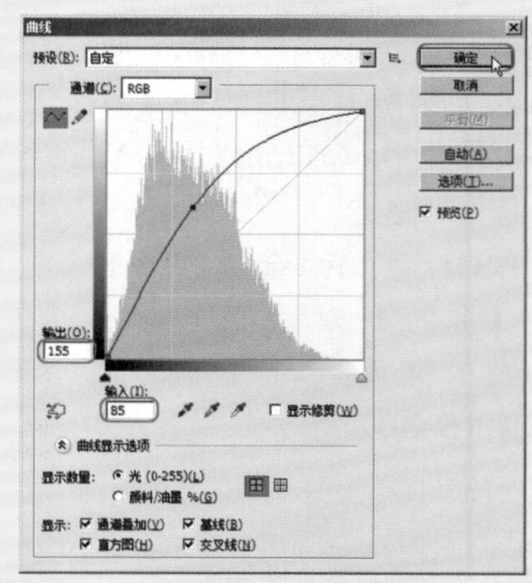

图15-35　调整图像的亮度

Step 09 按Ctrl＋L组合键，弹出【色阶】对话框，调整图像的明暗对比度，如图15-36所示。

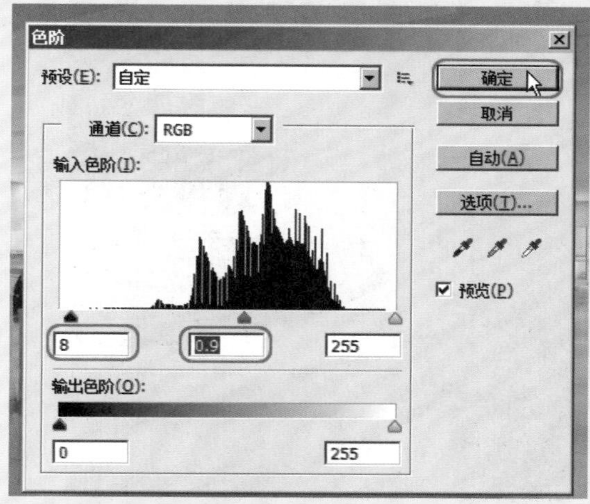

图15-36 调整图像的明暗对比度

Step 10 使用同样的方法，调整米黄乳胶漆部分的色调及亮度，效果如图15-37所示。

处理前的效果　处理后的效果

图15-37 调整前后的对比效果

Step 11 如果感觉不理想，还可以使用工具箱中的一些工具进行局部调整。

Step 12 使用同样的方法，将不太理想的部分单独复制到一个新图层中，执行【亮度/对比度】、【色彩平衡】等命令进行调整，注意明暗的变化。

下面执行【照片滤镜】命令，改变整体的色调。

Step 13 将所有单独调整的图层及【背景副本】图层合并，复制合并后的图层，设置图层混合模式为【柔光】，调整【不透明度】为50%左右，目的是让画面更有层次感，效果如图15-38所示。

图15-38 调整效果

Step 14 将上面的两个图层进行合并，确认位于【图层】面板最上方的图层是当前图层，在【图层】面板下方单击按钮，在弹出的菜单中选择【照片滤镜】命令，在【属性】面板中调整参数，如图15-39所示。

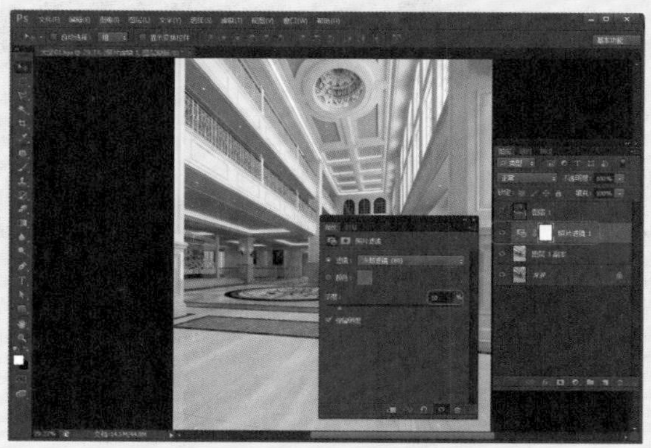

图15-39 执行【照片滤镜】命令

Step 15 打开随书光盘中“场景\第15章\后期\吊灯.psd”文件，将其拖动到正在处理的大堂效果图中，调整其大小及位置，最后再添加一些植物，将处理后的文件另存为“大堂01后期.psd”文件，效果如图15-40所示。

Step 16 另一个角度效果图的设置在这里就不讲解了，希望大家按照前面讲解的方法自己处理，最终效果如图15-41所示。

图15-40 “大堂01”效果图处理的最终效果

图15-41 “大堂02”效果图处理的最终效果

15.8 小结

通过对本章大堂效果图的练习，了解到渲染输出的图像一定要看大体的渲染效果。对于复杂的场景，就不要总是在3ds Max中进行反复调整了，因为在3ds Max中调整的时间会比较长。只要大体的效果比较理想，就可以利用Photoshop这一强大的图像处理软件根据渲染出图的效果来进行处理了。